今すぐ使える かんたん

Word & Excel 2016

Windows 10 / 8.1 / 7 対応版

Imasugu Tsukaeru Kantan Series : Word & Excel 2016

技術評論社

本書の使い方

- 画面の手順解説だけを読めば、操作できるようになる！
- もっと詳しく知りたい人は、両端の「側注」を読んで納得！
- これだけは覚えておきたい機能を厳選して紹介！

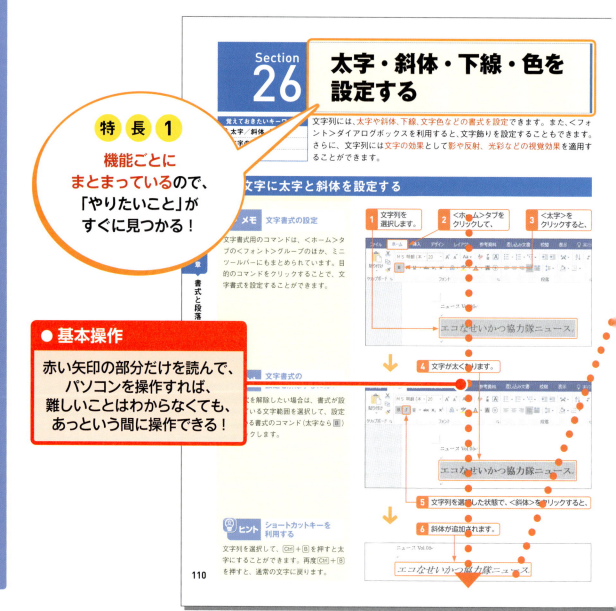

特長 1
機能ごとにまとまっているので、「やりたいこと」がすぐに見つかる！

● **基本操作**
赤い矢印の部分だけを読んで、パソコンを操作すれば、難しいことはわからなくても、あっという間に操作できる！

本書の使い方

特長 2
やわらかい上質な紙を使っているので、**開いたら閉じにくい！**

● 補足説明
操作の補足的な内容を「側注」にまとめているので、よくわからないときに活用すると、疑問が解決！

 メモ　補足説明
 ヒント　便利な機能
 キーワード　用語の解説
 ステップアップ　応用操作解説
 タッチ　タッチ操作
 新機能　新しい機能
 注意　注意事項

特長 3
大きな操作画面で該当箇所を囲んでいるのでよくわかる！

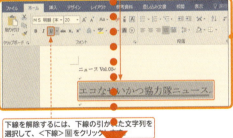

目次

Wordの部

第1章 Word 2016の基本操作

Section 01　Wordとは?　　30
Wordは高機能なワープロソフト
Wordでできること

Section 02　Word 2016を起動・終了する　　32
Word 2016を起動して白紙の文書を開く
Word 2016を終了する

Section 03　Word 2016の画面構成　　36
Word 2016の基本的な画面構成
文書の表示モードを切り替える
ナビゲーション作業ウィンドウを利用する

Section 04　リボンの基本操作　　42
リボンを操作する
リボンからダイアログボックスを表示する
必要に応じてリボンが追加される
リボンの表示／非表示を切り替える

Section 05　操作をもとに戻す・やり直す・繰り返す　　46
操作をもとに戻す・やり直す
操作を繰り返す

Section 06　Word文書を保存する　　48
名前を付けて保存する
上書き保存する

Section 07　保存したWord文書を閉じる　　50
文書を閉じる
保存せずに閉じた文書を回復する

Section 08　保存したWord文書を開く　　52
保存した文書を開く
文書を開いているときにほかの文書を開く
エクスプローラーでファイルを検索して開く
タスクバーのジャンプリストから文書を開く

| Section 09 | **新しい文書を開く** | 56 |

　　新規文書を作成する
　　テンプレートを利用して新規文書を作成する
　　テンプレートを検索してダウンロードする

| Section 10 | **文書のサイズや余白を設定する** | 60 |

　　用紙のサイズを設定する
　　ページの余白と用紙の向きを設定する
　　文字数と行数を設定する

| Section 11 | **Word文書を印刷する** | 64 |

　　印刷プレビューで印刷イメージを確認する
　　印刷設定を確認して印刷する

| Section 12 | **さまざまな方法で印刷する** | 66 |

　　両面印刷をする
　　手動で両面印刷する
　　1枚の用紙に複数のページを印刷する
　　部単位とページ単位で印刷する

第2章 文字入力の基本

| Section 13 | **文字入力の基本を知る** | 70 |

　　日本語入力と英字入力
　　入力モードを切り替える
　　「ローマ字入力」と「かな入力」を切り替える

| Section 14 | **日本語を入力する** | 72 |

　　ひらがなを入力する
　　カタカナを入力する
　　漢字を入力する
　　複文節を変換する
　　確定後の文字を再変換する

| Section 15 | **アルファベットを入力する** | 76 |

　　入力モードが<半角英数>の場合
　　入力モードが<ひらがな>の場合

目次

Section 16　難しい漢字を入力する　78
　IMEパッドを表示する
　手書きで検索した漢字を入力する
　総画数で検索した漢字を入力する
　部首で検索した漢字を入力する

Section 17　記号や特殊文字を入力する　82
　記号の読みから変換して入力する
　＜記号と特殊文字＞ダイアログボックスを利用して入力する
　＜IMEパッド－文字一覧＞を利用して特殊文字を入力する

Section 18　文章を改行する　86
　文章を改行する
　空行を入れる

Section 19　文章を修正する　88
　文字カーソルを移動する
　文字を削除する
　文字を挿入する
　文字を上書きする

Section 20　文字列を選択する　92
　ドラッグして文字列を選択する
　ダブルクリックして単語を選択する
　行を選択する
　文（センテンス）を選択する
　段落を選択する
　離れたところにある文字を同時に選択する
　ブロック選択で文字を選択する

Section 21　文字列をコピー・移動する　96
　文字列をコピーして貼り付ける
　ドラッグ&ドロップで文字列をコピーする
　文字列を切り取って移動する
　ドラッグ&ドロップで文字列を移動する

Section 22　便利な方法で文字列を貼り付ける　100
　Officeのクリップボードを利用して貼り付ける
　別のアプリから貼り付ける

第3章 書式と段落の設定

Section 23　書式と段落の考え方　　104
段落書式と文字書式
設定した書式の内容を確認する

Section 24　フォントの種類　　106
目的に応じてフォントを使い分ける
既定のフォント設定を変更する

Section 25　フォント・フォントサイズを変更する　　108
フォントを変更する
フォントサイズを変更する

Section 26　太字・斜体・下線・色を設定する　　110
文字に太字と斜体を設定する
文字に下線を設定する
文字に色を付ける
ミニツールバーを利用して設定する
文字にデザインを設定する
そのほかの文字効果を設定する

Section 27　箇条書きを設定する　　116
箇条書きを作成する
あとから箇条書きに設定する
箇条書きを解除する

Section 28　段落番号を設定する　　118
段落に連続した番号を振る
段落番号の番号を変更する
段落番号の書式を変更する
段落番号の途中から新たに番号を振り直す

Section 29　文章を中央揃え／右揃えにする　　122
段落の配置
文字列を中央に揃える
文字列を右側に揃える
文章を均等に配置する
両端揃えで行末を揃える

目次

Section 30　文字の先頭を揃える　126
文章の先頭にタブ位置を設定する
タブ位置を変更する
タブ位置を数値で設定する
文字列を行末のタブ位置で揃える

Section 31　字下げを設定する　130
インデントとは
段落の1行目を下げる
段落の2行目以降を下げる
すべての行を下げる
1文字ずつインデントを設定する

Section 32　行の間隔を設定する　134
行の間隔を指定して設定する
段落の間隔を広げる

Section 33　改ページを設定する　136
改ページ位置を設定する
改ページ位置の設定を解除する

Section 34　段組みを設定する　138
文書全体に段組みを設定する
特定の範囲に段組みを設定する

Section 35　セクション区切りを設定する　140
文章にセクション区切りを設定する
セクション単位でページ設定を変更する

Section 36　段落に囲み線や網かけを設定する　142
段落に囲み線を設定する
段落に網かけを設定する

Section 37　形式を選択して貼り付ける　144
貼り付ける形式を選択して貼り付ける

Section 38　書式をコピーして貼り付ける　146
設定済みの書式をほかの文字列に設定する
書式を連続してほかの文字列に適用する

Section 39　文書にスタイルを設定する　148
スタイルギャラリーを利用してスタイルを個別に設定する
スタイルセットを利用して書式をまとめて変更する

| Section 40 | **文書のスタイルを作成する** | 150 |

　　書式からスタイルを作成する
　　作成したスタイルをほかの段落に適用する
　　作成したスタイルをまとめて変更する

第 4 章　図形・画像・ページ番号の挿入

| Section 41 | **図形を挿入する** | 156 |

　　図形を描く
　　直線を引く
　　自由な角のある図形を描く
　　吹き出しを描く

| Section 42 | **図形を編集する** | 160 |

　　図形の色を変更する
　　図形のサイズを変更する
　　図形を回転する
　　図形に効果を設定する
　　図形の中に文字を配置する
　　作成した図形の書式を既定に設定する

| Section 43 | **図形を移動・整列する** | 166 |

　　図形を移動・コピーする
　　図形を整列する
　　図形の重なり順を変更する
　　図形をグループ化する

| Section 44 | **文字列の折り返しを設定する** | 170 |

　　文字列の折り返しを表示する

| Section 45 | **文書の自由な位置に文字を挿入する** | 172 |

　　テキストボックスを挿入して文章を入力する
　　テキストボックスのサイズを調整する
　　テキストボックス内の余白を調整する
　　テキストボックスの枠線を消す

| Section 46 | **写真を挿入する** | 176 |

　　文書の中に写真を挿入する
　　写真にスタイルを設定する
　　写真にアート効果を設定する
　　写真を文書の背景に挿入する

目次

Section 47 イラストを挿入する　　　180
　　イラストを検索して挿入する

Section 48 SmartArtを挿入する　　　182
　　SmartArtの図形を挿入する
　　SmartArtに文字を入力する
　　SmartArtに図形パーツを追加する
　　SmartArtの色やデザインを変更する

Section 49 ワードアートを挿入する　　　186
　　ワードアートを挿入する
　　ワードアートを移動する
　　ワードアートの書式を変更する
　　ワードアートに効果を付ける

Section 50 ページ番号を挿入する　　　190
　　文書の下にページ番号を挿入する
　　ページ番号のデザインを変更する

Section 51 ヘッダー／フッターを挿入する　　　192
　　ヘッダーに文書タイトルを挿入する
　　企業のロゴをヘッダーに挿入する
　　日付をヘッダーに設定する

Section 52 文書全体を装飾する　　　196
　　文書に表紙を挿入する
　　文書全体を罫線で囲む

第5章　表の作成と編集

Section 53 表を作成する　　　200
　　行数と列数を指定して表を作成する
　　すでにあるデータから表を作成する
　　罫線を引いて表を作成する
　　罫線を削除する

Section 54 セルを選択する　　　206
　　セルを選択する
　　複数のセルを選択する
　　表全体を選択する

Section 55　行や列を挿入／削除する　208
- 行を挿入する
- 列を挿入する
- 行や列を削除する
- 表全体を削除する
- セルを挿入する

Section 56　セルを結合／分割する　212
- セルを結合する
- セルを分割する

Section 57　列幅／行高を変更する　214
- 列幅をドラッグで調整する
- 列幅を均等にする
- 列幅を自動調整する

Section 58　表の罫線を変更する　216
- 罫線の種類や太さを変更する

Section 59　表に書式を設定する　218
- セル内の文字配置を変更する
- セルの背景色を変更する
- セル内のフォントを変更する
- ＜表のスタイル＞を設定する

Section 60　表の数値で計算する　222
- 数値の合計を求める
- 算術記号を使って合計を求める
- AVERAGEやMAXを利用する
- 計算結果を更新する

Section 61　表のデータを並べ替える　226
- 番号順に並べ替える
- 名前の順に並べ替える

Section 62　Excelの表をWordに貼り付ける　228
- Excelの表をWordの文書に貼り付ける
- Excel形式で表を貼り付ける

目次

第6章 文書の編集と校正

Section 63 文字を検索／置換する … 232
文字列を検索する
文字列を置換する

Section 64 編集記号や行番号を表示する … 234
編集記号を個別に表示／非表示にする
行番号を表示する

Section 65 よく使う単語を登録する … 236
単語を登録する
登録した単語を削除する

Section 66 スペルチェックと文章校正を実行する … 238
スペルチェックと文章校正を実行する
表記ゆれの設定を行う
表記ゆれチェックを実行する

Section 67 コメントを挿入する … 242
コメントを挿入する
コメントに返答する
インク注釈を利用する

Section 68 変更履歴を記録する … 244
変更履歴を記録する
変更履歴を非表示にする
変更履歴を文書に反映させる
変更した内容を取り消す

Section 69 同じ文書を並べて比較する … 248
文書を表示して比較する
変更内容を1つの文書に組み込む

Excelの部

第1章 Excel 2016の基本操作

Section 01　Excelとは?　252
表計算ソフトとは?
Excelではこんなことができる

Section 02　Excel 2016を起動・終了する　254
Excel 2016を起動して空白のブックを開く
Excel 2016を終了する

Section 03　Excelの画面構成とブックの構成　258
基本的な画面構成
ブック・シート・セル

Section 04　リボンの基本操作　260
リボンを操作する
リボンの表示／非表示を切り替える
リボンからダイアログボックスを表示する
作業に応じたタブが表示される

Section 05　操作をもとに戻す・やり直す　264
操作をもとに戻す
操作をやり直す

Section 06　表示倍率を変更する　266
ワークシートを拡大／縮小表示する
選択したセル範囲をウィンドウ全体に表示する

Section 07　ブックを保存する　268
ブックに名前を付けて保存する
ブックを上書き保存する
ブックにパスワードを設定する

Section 08　ブックを閉じる　272
保存したブックを閉じる

Section 09　ブックを開く　274
保存してあるブックを開く

目次

Section 10　ヘルプ画面を表示する　276
＜Excel 2016ヘルプ＞画面を利用する

第2章　表作成の基本

Section 11　表作成の基本を知る　278
新しいブックを作成する
データを入力／編集する
必要な計算をする
セルに罫線を引く
文字書式や背景色を設定する

Section 12　新しいブックを作成する　280
ブックを新規作成する
テンプレートを利用して新規ブックを作成する

Section 13　データ入力の基本　284
データを入力する
「,」や「¥」、「％」付きの数値を入力する
日付を入力する
データを続けて入力する

Section 14　同じデータを入力する　288
オートコンプリートを使って入力する
入力済みのデータを一覧から選択して入力する

Section 15　連続したデータを入力する　290
同じデータをコピーする
連続するデータを入力する
間隔を指定して日付データを入力する
オートフィルの動作を変更して入力する

Section 16　データを修正する　294
セル内のデータ全体を書き換える
セル内のデータの一部を修正する

Section 17　データを削除する　296
1つのセルのデータを削除する
複数のセルのデータを削除する

| Section 18 | **セル範囲を選択する** | 298 |

複数のセル範囲を選択する
離れた位置にあるセルを選択する
アクティブセル領域を選択する
行や列を選択する
行や列をまとめて選択する

| Section 19 | **データをコピー・移動する** | 302 |

データをコピーする
ドラッグ操作でデータをコピーする
データを移動する
ドラッグ操作でデータを移動する

| Section 20 | **合計や平均を計算する** | 306 |

連続したセル範囲のデータの合計を求める
離れた位置にあるセルに合計を求める
複数の行と列、総合計をまとめて求める
平均を求める

| Section 21 | **罫線を引く** | 310 |

選択したセル範囲に罫線を引く
セルに斜線を引く
線のスタイルを指定して罫線を引く
スタイルの異なる罫線をまとめて引く
罫線の色を変更する

第3章 数式や関数の利用

| Section 22 | **数式と関数の基本** | 316 |

数式とは?
関数とは?
関数の書式

| Section 23 | **数式を入力する** | 318 |

数式を入力して計算する
数式にセル参照を利用する
ほかのセルに数式をコピーする

| Section 24 | **計算する範囲を変更する** | 322 |

参照先のセル範囲を移動する
参照先のセル範囲を広げる

目次

Section 25 計算の対象を自動で切り替える──参照方式　324
相対参照・絶対参照・複合参照の違い
参照方式を切り替えるには

Section 26 常に同じセルを使って計算する──絶対参照　326
相対参照でコピーするとエラーが表示される
数式を絶対参照にしてコピーする

Section 27 行または列を固定して計算する──複合参照　328
複合参照でコピーする

Section 28 表に名前を付けて利用する　330
セル範囲に名前を付ける
引数に名前を指定する

Section 29 関数を入力する　332
関数の入力方法
＜関数ライブラリ＞のコマンドを使って入力する
＜関数の挿入＞ダイアログボックスを使う
キーボードから関数を直接入力する

Section 30 2つの関数を組み合わせる　338
ここで入力する関数
最初のIF関数を入力する
内側に追加するAVERAGE関数を入力する
IF関数に戻って引数を指定する

Section 31 計算結果を切り上げ・切り捨てる　342
数値を四捨五入する
数値を切り上げる
数値を切り捨てる

Section 32 条件を満たす値を集計する　344
条件を満たす値の合計を求める
条件を満たすセルの個数を求める

Section 33 計算結果のエラーを解決する　346
エラーインジケーターとエラー値
エラー値「#VALUE!」が表示されたら…
エラー値「#####」が表示されたら…
エラー値「#NAME?」が表示されたら…
エラー値「#DIV/0!」が表示されたら…

エラー値「#N/A」が表示されたら…
数式を検証する

第4章 文字とセルの書式

Section 34　セルの表示形式と書式の基本　352
表示形式と表示結果
書式とは

Section 35　セルの表示形式を変更する　354
数値を3桁区切りで表示する
表示形式をパーセンテージスタイルに変更する
日付の表示形式を変更する
表示形式を通貨スタイルに変更する

Section 36　文字の配置を変更する　358
文字をセルの中央に揃える
セルに合わせて文字を折り返す
文字の大きさをセルの幅に合わせる
文字を縦書きで表示する

Section 37　文字色やスタイルを変更する　362
文字に色を付ける
文字を太字にする
文字を斜体にする
文字に下線を付ける

Section 38　文字サイズやフォントを変更する　366
文字サイズを変更する
フォントを変更する

Section 39　セルの背景に色を付ける　368
セルの背景に<標準の色>を設定する
セルの背景に<テーマの色>を設定する

Section 40　列幅や行の高さを調整する　370
ドラッグして列幅を変更する
セルのデータに列幅を合わせる

Section 41　表の見た目をまとめて変更する──テーマ　372
テーマを変更する
テーマの配色やフォントを変更する

目次

Section 42　セルを結合する　　374
セルを結合して文字を中央に揃える
文字配置を維持したままセルを結合する

Section 43　ふりがなを表示する　　376
文字にふりがなを表示する
ふりがなを編集する
ふりがなの種類や配置を変更する

Section 44　セルの書式だけを貼り付ける　　378
書式をコピーして貼り付ける
書式を連続して貼り付ける

Section 45　形式を選択して貼り付ける　　380
＜貼り付け＞で利用できる機能
値のみを貼り付ける
数式と数値の書式を貼り付ける
もとの列幅を保持して貼り付ける

Section 46　条件に基づいて書式を変更する　　384
特定の値より大きい数値に色を付ける
平均値より小さい数値に色を付ける
数値の大小に応じて色やアイコンを付ける
数式を使って条件を設定する

第5章　セル・シート・ブックの操作

Section 47　行や列を挿入・削除する　　390
行や列を挿入する
行や列を削除する

Section 48　行や列をコピー・移動する　　392
行や列をコピーする
行や列を移動する

Section 49　セルを挿入・削除する　　394
セルを挿入する
セルを削除する

| Section 50 | **セルをコピー・移動する** | 396 |

　　　　　セルをコピーする
　　　　　セルを移動する

| Section 51 | **文字列を検索する** | 398 |

　　　　　<検索と置換>ダイアログボックスを表示する
　　　　　文字を検索する

| Section 52 | **文字列を置換する** | 400 |

　　　　　<検索と置換>ダイアログボックスを表示する
　　　　　文字を置換する

| Section 53 | **行や列を非表示にする** | 402 |

　　　　　列を非表示にする
　　　　　非表示にした列を再表示する

| Section 54 | **見出しを固定する** | 404 |

　　　　　見出しの行を固定する
　　　　　行と列を同時に固定する

| Section 55 | **ワークシートを操作する** | 406 |

　　　　　ワークシートを追加する
　　　　　ワークシートを削除する
　　　　　ワークシートを移動・コピーする
　　　　　ブック間でワークシートを移動・コピーする
　　　　　シート名を変更する
　　　　　シート見出しに色を付ける

| Section 56 | **ウィンドウを分割・整列する** | 410 |

　　　　　ウィンドウを上下に分割する
　　　　　1つのブックを左右に並べて表示する

| Section 57 | **シートやブックを保護する** | 412 |

　　　　　シートの保護とは
　　　　　データの編集を許可するセル範囲を設定する
　　　　　シートを保護する
　　　　　ブックを保護する

目次

第6章 表の印刷

Section 58　印刷機能の基本　418
＜印刷＞画面の各部の名称と機能
＜印刷＞画面の印刷設定機能
＜ページレイアウト＞タブの利用

Section 59　ワークシートを印刷する　420
印刷プレビューを表示する
印刷の向きや用紙サイズ、余白の設定を行う
印刷を実行する

Section 60　1ページにおさまるように印刷する　424
印刷プレビューで印刷状態を確認する
はみ出した表を1ページにおさめる

Section 61　改ページの位置を変更する　426
改ページプレビューを表示する
改ページ位置を移動する

Section 62　印刷イメージを見ながらページを調整する　428
ページレイアウトビューを表示する
ページの横幅を調整する

Section 63　ヘッダーとフッターを挿入する　430
ヘッダーを設定する
フッターを設定する

Section 64　指定した範囲だけを印刷する　434
印刷範囲を設定する
特定のセル範囲を一度だけ印刷する

Section 65　2ページ目以降に見出しを付けて印刷する　436
列見出しをタイトル行に設定する

Section 66　ワークシートをPDFに変換する　438
ワークシートをPDF形式で保存する
PDFファイルを開く

第7章 グラフの利用

Section 67　グラフの種類と用途　　442
データを比較する
データの推移を見る
異なるデータの関連性を見る
全体に占める割合を見る
そのほかの主なグラフ

Section 68　グラフを作成する　　446
＜おすすめグラフ＞を利用してグラフを作成する

Section 69　グラフの位置やサイズを変更する　　448
グラフを移動する
グラフをほかのシートに移動する
グラフのサイズを変更する

Section 70　グラフ要素を追加する　　452
軸ラベルを表示する
軸ラベルの文字方向を変更する
目盛線を表示する

Section 71　グラフのレイアウトやデザインを変更する　　456
グラフ全体のレイアウトを変更する
グラフのスタイルを変更する

Section 72　目盛の範囲と表示単位を変更する　　458
縦（値）軸の範囲と表示単位を変更する

Section 73　グラフの書式を設定する　　460
グラフエリアに書式を設定する

Section 74　セルの中にグラフを作成する　　462
スパークラインを作成する
スパークラインのスタイルを変更する

Section 75　グラフの種類を変更する　　464
グラフの種類を変更する
複合グラフを作成する

目次

第8章 データベースとしての利用

Section 76 データベースとは? … 468
- データベース形式の表とは?
- データベース機能とは?
- テーブルとは?

Section 77 データを並べ替える … 470
- データを昇順や降順に並べ替える
- 2つの条件で並べ替える
- 独自の順序で並べ替える

Section 78 条件に合ったデータを抽出する … 474
- オートフィルターを利用してデータを抽出する
- トップテンオートフィルターを利用する
- 複数の条件を指定してデータを抽出する

Section 79 データを自動的に加工する … 478
- データを分割する
- データを一括で変換する

Section 80 テーブルを作成する … 480
- 表をテーブルに変換する
- テーブルのスタイルを変更する

Section 81 テーブル機能を利用する … 482
- テーブルにレコードを追加する
- 集計用のフィールドを追加する
- テーブルに集計行を表示する
- 重複したレコードを削除する

Section 82 アウトライン機能を利用する … 486
- アウトラインとは?
- 集計行を自動的に作成する
- アウトラインを自動作成する
- アウトラインを操作する

Section 83 ピボットテーブルを作成する … 490
- ピボットテーブルとは?
- ピボットテーブルを作成する
- 空のピボットテーブルにフィールドを配置する
- ピボットテーブルのスタイルを変更する

Section 84	ピボットテーブルを操作する	494

スライサーを追加する
ピボットテーブルの集計結果をグラフ化する

Appendix 1	クイックアクセスツールバーをカスタマイズする	496
Appendix 2	Wordの便利なショートカットキー	498
Appendix 3	Excelの便利なショートカットキー	500
Appendix 4	ローマ字・かな変換表	501

索引（Word）	502
索引（Excel）	507

ご注意：ご購入・ご利用の前に必ずお読みください

● 本書に記載された内容は、情報提供のみを目的としています。したがって、本書を用いた運用は、必ずお客様自身の責任と判断によって行ってください。これらの情報の運用の結果について、技術評論社および著者はいかなる責任も負いません。

● ソフトウェアに関する記述は、特に断りのないかぎり、2015年9月現在での最新情報をもとにしています。これらの情報は更新される場合があり、本書の説明とは機能内容や画面図などが異なってしまうことがあり得ます。あらかじめご了承ください。

● 本書の内容は、以下の環境で制作し、動作を検証しています。それ以外の環境では、機能内容や画面図が異なる場合があります。
　・Windows 10 Pro
　・Word 2016 Preview Update 2
　・Excel 2016 Preview Update 2

● インターネットの情報については、URLや画面などが変更されている可能性があります。ご注意ください。

以上の注意事項をご承諾いただいた上で、本書をご利用願います。これらの注意事項をお読みいただかずに、お問い合わせいただいても、技術評論社および著者は対処しかねます。あらかじめご承知おきください。

■本書に掲載した会社名、プログラム名、システム名などは、米国およびその他の国における登録商標または商標です。本文中では™、®マークは明記していません。

パソコンの基本操作

- 本書の解説は、基本的にマウスを使って操作することを前提としています。
- お使いのパソコンのタッチパッド、タッチ対応モニターを使って操作する場合は、各操作を次のように読み替えてください。

1 マウス操作

▼ クリック（左クリック）

クリック（左クリック）の操作は、画面上にある要素やメニューの項目を選択したり、ボタンを押したりする際に使います。

マウスの左ボタンを1回押します。

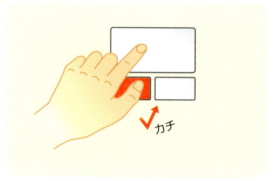

タッチパッドの左ボタン（機種によっては左下の領域）を1回押します。

▼ 右クリック

右クリックの操作は、操作対象に関する特別なメニューを表示する場合などに使います。

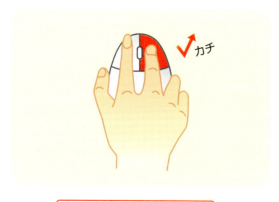

マウスの右ボタンを1回押します。

タッチパッドの右ボタン（機種によっては右下の領域）を1回押します。

▼ ダブルクリック

ダブルクリックの操作は、各種アプリを起動したり、ファイルやフォルダーなどを開く際に使います。

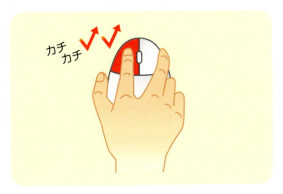

マウスの左ボタンをすばやく2回押します。

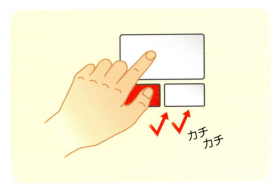

タッチパッドの左ボタン（機種によっては左下の領域）をすばやく2回押します。

▼ ドラッグ

ドラッグの操作は、画面上の操作対象を別の場所に移動したり、操作対象のサイズを変更する際などに使います。

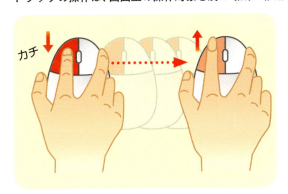

マウスの左ボタンを押したまま、マウスを動かします。目的の操作が完了したら、左ボタンから指を離します。

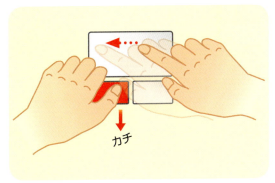

タッチパッドの左ボタン（機種によっては左下の領域）を押したまま、タッチパッドを指でなぞります。目的の操作が完了したら、左ボタンから指を離します。

メモ　ホイールの使い方

ほとんどのマウスには、左ボタンと右ボタンの間にホイールが付いています。ホイールを上下に回転させると、Webページなどの画面を上下にスクロールすることができます。そのほかにも、Ctrlを押しながらホイールを回転させると、画面を拡大／縮小したり、フォルダーのアイコンの大きさを変えることができます。

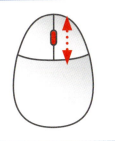

パソコンの基本操作

2 利用する主なキー

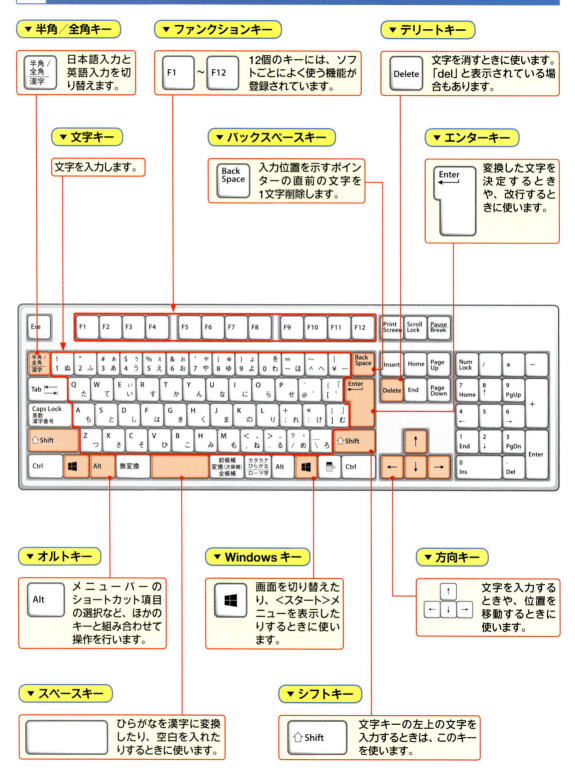

▼半角/全角キー
日本語入力と英語入力を切り替えます。

▼ファンクションキー
12個のキーには、ソフトごとによく使う機能が登録されています。

▼デリートキー
文字を消すときに使います。「del」と表示されている場合もあります。

▼文字キー
文字を入力します。

▼バックスペースキー
入力位置を示すポインターの直前の文字を1文字削除します。

▼エンターキー
変換した文字を決定するときや、改行するときに使います。

▼オルトキー
メニューバーのショートカット項目の選択など、ほかのキーと組み合わせて操作を行います。

▼Windows キー
画面を切り替えたり、<スタート>メニューを表示したりするときに使います。

▼方向キー
文字を入力するときや、位置を移動するときに使います。

▼スペースキー
ひらがなを漢字に変換したり、空白を入れたりするときに使います。

▼シフトキー
文字キーの左上の文字を入力するときは、このキーを使います。

3 タッチ操作

▼タップ

画面に触れてすぐ離す操作です。ファイルなど何かを選択する時や、決定を行う場合に使用します。マウスでのクリックに当たります。

▼ダブルタップ

タップを2回繰り返す操作です。各種アプリを起動したり、ファイルやフォルダーなどを開く際に使用します。マウスでのダブルクリックに当たります。

▼ホールド

画面に触れたまま長押しする操作です。詳細情報を表示するほか、状況に応じたメニューが開きます。マウスでの右クリックに当たります。

▼ドラッグ

操作対象をホールドしたまま、画面の上を指でなぞり上下左右に移動します。目的の操作が完了したら、画面から指を離します。

▼スワイプ／スライド

画面の上を指でなぞる操作です。ページのスクロールなどで使用します。

▼フリック

画面を指で軽く払う操作です。スワイプと混同しやすいので注意しましょう。

▼ピンチ／ストレッチ

2本の指で対象に触れたまま指を広げたり狭めたりする操作です。拡大（ストレッチ）／縮小（ピンチ）が行えます。

▼回転

2本の指先を対象の上に置き、そのまま両方の指で同時に右または左方向に回転させる操作です。

サンプルファイルのダウンロード

● 本書で使用しているサンプルファイルは、以下のURLのサポートページからダウンロードすることができます。ダウンロードしたときは圧縮ファイルの状態なので、展開してから使用してください。

http://gihyo.jp/book/2015/978-4-7741-7709-0/support

▼ サンプルファイルをダウンロードする

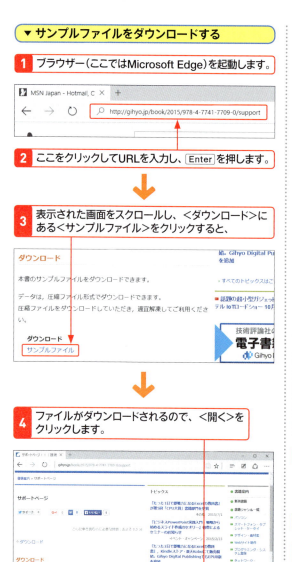

▼ ダウンロードした圧縮ファイルを展開する

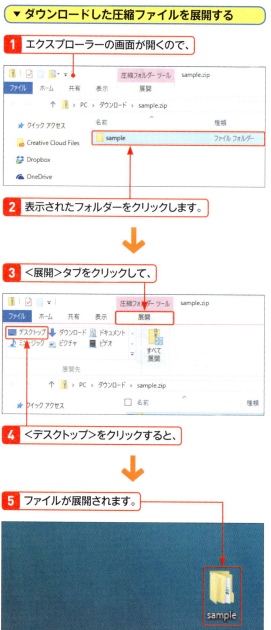

Chapter 01

第1章

Word 2016の基本操作

Section	01	Wordとは？
	02	Word 2016を起動・終了する
	03	Word 2016の画面構成
	04	リボンの基本操作
	05	操作をもとに戻す・やり直す・繰り返す
	06	Word文書を保存する
	07	保存したWord文書を閉じる
	08	保存したWord文書を開く
	09	新しい文書を開く
	10	文書のサイズや余白を設定する
	11	Word文書を印刷する
	12	さまざまな方法で印刷する

Section 01 Wordとは？

覚えておきたいキーワード
- Word 2016
- ワープロソフト
- Microsoft Office

Wordは、世界中で広く利用されているワープロソフトです。文字装飾や文章の構成を整える機能はもちろん、図形描画や画像の挿入、表作成など、多彩な機能を備えています。最新バージョンのWord 2016では、レイアウト機能やタッチ操作に対応した機能も追加されています。

1 Wordは高機能なワープロソフト

キーワード ワープロソフト

「ワープロソフト」は、パソコン上で文書を作成し、印刷するためのアプリケーションです。Windows 10には、簡易的なワープロソフト（ワードパッド）が付属していますが、レイアウトを詳細に設定したり、タイトルロゴや画像などを使った文書を作成することはできません。見栄えのする文書の作成には、Wordなどの多機能なワープロソフトが必要です。

キーワード Word 2016

「Word 2016」は、ビジネスソフトの統合パッケージである最新の「Microsoft Office 2016」に含まれるワープロソフトです。市販のパソコンにあらかじめインストールされていることもあります。

Wordを利用した文書作成の流れ

文章を入力します。

文字装飾機能などを使って、文書を仕上げます。

必要に応じて、プリンターで印刷します。

2 Wordでできること

ワードアートを利用して、タイトルロゴを作成できます。

インターネットで検索したイラストや画像を挿入できます。

文字列に影や光彩などの効果を適用できます。

テキストボックスを挿入できます。

段落の周りを罫線で囲んだり、背景色を付けたりすることができます。

表を作成して、さまざまなスタイルを施すことができます。

数値の合計もかんたんに求めることができます。

メモ 豊富な文字装飾機能

Word 2016には、「フォント・フォントサイズ・フォントの色」「太字・斜体・下線」「囲み線」「背景色」など、ワープロソフトに欠かせない文字装飾機能が豊富に用意されています。また、文字列に影や光彩、反射などの視覚効果を適用できます。

メモ 自由度の高いレイアウト機能

文書のレイアウトを整える機能として、「段落の配置」「タブ」「インデント」「行間」「箇条書き」などの機能が用意されています。思うままに文書をレイアウトすることができます。

メモ 文書を効果的に見せる機能

「画像」「ワードアート」「図形描画機能」など、文書をより効果的に見せる機能があります。図にさまざまなスタイルやアート効果を適用することもできます。

メモ 表の作成機能

表やグラフを作成する機能が用意されています。表内の数値の合計もかんたんに求められます。また、Excelの表をWordに貼り付けることもできます（Sec.62参照）。

Section 02 Word 2016を起動・終了する

覚えておきたいキーワード
☑ 起動
☑ 白紙の文書
☑ 終了

Word 2016を起動するには、Windows 10のスタートメニューに登録されているWordのアイコンをクリックします。Wordが起動するとテンプレート選択画面が表示されるので、そこから目的の操作をクリックします。作業が終わったら、<閉じる>をクリックしてWordを終了します。

1 Word 2016を起動して白紙の文書を開く

新機能 Windows 10でWordを起動する

Windows 10で<スタート>をクリックすると、スタートメニューが表示されます。左側にはアプリのメニュー、右側にはよく使うアプリのアイコンが表示されます。<すべてのアプリ>をクリックして<Word 2016>をクリックすると、Wordが起動します。

1 Windows 10を起動して、

2 <スタート>をクリックして、

3 <すべてのアプリ>をクリックします。

4 <Word 2016>をクリックすると、

 キーワード Windows 10

Windows 10は、Windowsの最新のバージョンです(2015年9月現在)。本書は、Windows 10上でWord 2016を使用する方法について解説を行います。ほかのWindowsのバージョンでも、Word自体の操作は変わりませんが、画面の表示が一部異なる場合があります。

5 Word 2016が起動して、Word 2016のテンプレート選択画面が開きます。

6 <白紙の文書>をクリックすると、

7 新しい文書が作成されます。

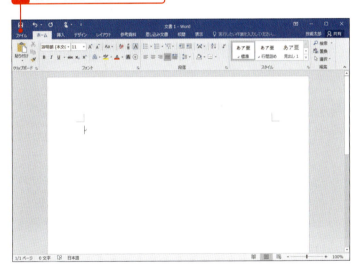

メモ Windows 7でWord 2016を起動する

Windows 7でWord 2016を起動するには、<スタート>ボタンをクリックして、<すべてのプログラム>をクリックします。表示される一覧の<Word 2016>をクリックします。

タッチモードに切り替える

パソコンがタッチスクリーンに対応している場合は、クイックアクセスツールバーに<タッチ／マウスモードの切り替え>が表示されます。これをクリックすることで、タッチモードとマウスモードを切り替えることができます。タッチモードにすると、タブやコマンドの表示間隔が広がってタッチ操作がしやすくなります。

1 <タッチ／マウスモードの切り替え>をクリックして、

2 <タッチ>をクリックします。

2 Word 2016 を終了する

ヒント 複数の文書を開いている場合

Word を終了するには、右の手順で操作を行います。ただし、複数の文書を開いている場合は、＜閉じる＞をクリックしたウィンドウの文書だけが閉じられます。

1 ＜閉じる＞をクリックすると、

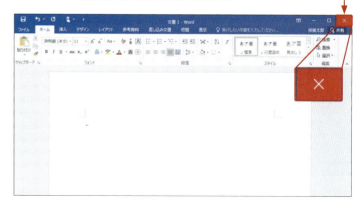

2 Word 2016 が終了して、デスクトップ画面に戻ります。

ヒント 文書を閉じる

Word 2016 自体を終了するのではなく、開いている文書に対する作業を終了する場合は、「文書を閉じる」操作を行います（Sec.07 参照）。

ヒント 文書を保存していない場合

文書の作成や編集をしていた場合に、文書を保存しないで Word を終了しようとすると、右図の画面が表示されます。文書の保存について、詳しくは Sec.06 を参照してください。なお、Word では、文書を保存せずに閉じた場合、4 日以内であれば文書を回復できます（P.51 参照）。

Word の終了を取り消すには、＜キャンセル＞をクリックします。

文書を保存してから終了するには、＜保存＞をクリックします。

文書を保存せずに終了するには、＜保存しない＞をクリックします。

スタートメニューやタスクバーにWordのアイコンを登録する

スタートメニューやタスクバーにWordのアイコンを登録（ピン留め）しておくと、Wordの起動をすばやく行うことができます。
スタートメニューの右側にアイコンを登録するには、＜スタート＞をクリックして、＜すべてのアプリ＞をクリックし、＜Word 2016＞を右クリックして、＜スタート画面にピン留めする＞をクリックします。また、＜タスクバーにピン留めする＞をクリックすると、画面下のタスクバーに登録されます。
Wordを起動するとタスクバーに表示されるWordのアイコンを右クリックして、＜タスクバーにピン留めする＞をクリックしても登録できます。アイコンの登録をやめるには、登録したWordアイコンを右クリックして、＜タスクバーからピン留めを外す＞をクリックします。

スタートメニューから登録する

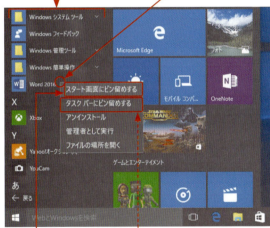

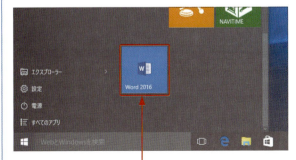

起動したWordのアイコンから登録する

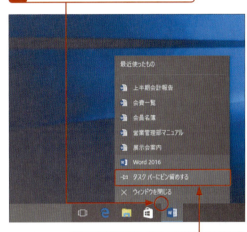

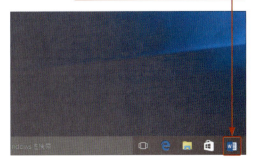

Section 03 Word 2016の画面構成

覚えておきたいキーワード
- タブ
- コマンド
- リボン

Word 2016の基本画面は、機能を実行するためのリボン（タブで切り替わるコマンドの領域）と、文字を入力する文書で構成されています。また、＜ファイル＞タブをクリックすると、文書に関する情報や操作を実行するメニューが表示されます。

1 Word 2016の基本的な画面構成

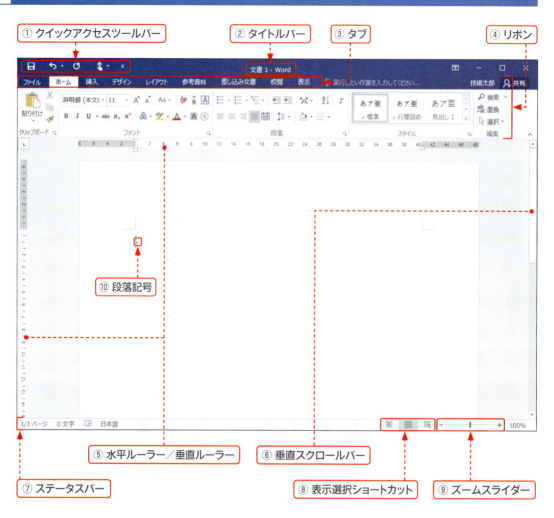

① クイックアクセスツールバー
② タイトルバー
③ タブ
④ リボン
⑤ 水平ルーラー／垂直ルーラー
⑥ 垂直スクロールバー
⑦ ステータスバー
⑧ 表示選択ショートカット
⑨ ズームスライダー
⑩ 段落記号

名　称	機　能
① クイックアクセスツールバー	＜上書き保存＞＜元に戻す＞＜やり直し＞のほか、頻繁に使うコマンドを追加／削除できます。また、タッチとマウスのモードの切り替えも行えます。
② タイトルバー	現在作業中のファイルの名前が表示されます。
③ タブ	初期設定では、9つのタブが用意されています。タブをクリックしてリボンを切り替えます（＜ファイル＞タブは下記参照）。
④ リボン	目的別のコマンドが機能別に分類されて配置されています。
⑤ 水平ルーラー／垂直ルーラー※	水平ルーラーはインデントやタブの設定を行い、垂直ルーラーは余白の設定や表の行の高さを変更します。
⑥ 垂直スクロールバー	文書を縦にスクロールするときに使用します。画面の横移動が可能な場合には、画面下に水平スクロールバーが表示されます。
⑦ ステータスバー	カーソルの位置の情報や、文字入力の際のモードなどを表示します。
⑧ 表示選択ショートカット	文書の表示モードを切り替えます。
⑨ ズームスライダー	スライダーをドラッグするか、＜縮小＞ −、＜拡大＞ ＋ をクリックすると、文書の表示倍率を変更できます。
⑩ 段落記号	段落記号は編集記号※※の一種で、段落の区切りとして表示されます。

※水平ルーラー／垂直ルーラーは、初期設定では表示されません。＜表示＞タブの＜ルーラー＞をオンにすると表示されます。
※※初期設定での編集記号は、段落記号のみが表示されます。そのほかの編集記号の表示方法は、Sec.64を参照してください。

＜ファイル＞画面

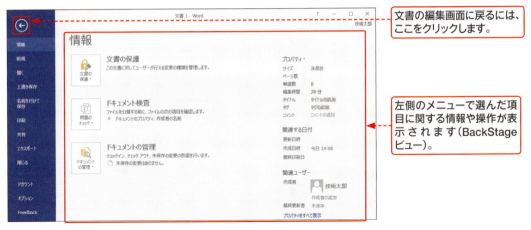

メニュー	内　容
情報	開いているファイルに関する情報やプロパティが表示されます。
新規	白紙の文書や、テンプレートを使って文書を新規作成します（Sec.09参照）。
開く	文書ファイルを選択して開きます（Sec.08参照）。
上書き保存	文書ファイルを上書きして保存します（Sec.06参照）。
名前を付けて保存	文書ファイルに名前を付けて保存します（Sec.06参照）。
印刷	文書の印刷に関する設定と、印刷を実行します（Sec.11参照）。
共有	文書をほかの人と共有できるように設定します。
エクスポート	PDFファイルのほか、ファイルの種類を変更して文書を保存します。
閉じる	文書を閉じます（Sec.07参照）。
アカウント	ユーザー情報を管理します。
オプション	Wordの機能を設定するオプション画面を開きます（次ページ参照）。オプション画面では、Wordの基本的な設定や画面への表示方法、操作や編集に関する詳細な設定を行うことができます。

＜Wordのオプション＞画面

🔍 キーワード　Wordのオプション

＜Wordのオプション＞画面は、＜ファイル＞タブの＜オプション＞をクリックすると表示される画面です。ここで、Word全般の基本的な操作や機能の設定を行います。＜表示＞では画面や編集記号の表示／非表示、＜文章校正＞では校正機能や入力オートフォーマット機能の設定、＜詳細設定＞では編集機能や画面表示項目オプションの設定などを変更することができます。

メニューをクリックすると、右側に設定項目が表示されます。

2 文書の表示モードを切り替える

📝 メモ　文書の表示モード

Word 2016の文書の表示モードには、大きく分けて5種類あります（それぞれの画面表示はP.39、40参照）。初期の状態では、「印刷レイアウト」モードで表示されます。表示モードは、ステータスバーにある＜表示選択ショートカット＞をクリックしても切り替えることができます。

初期設定では、「印刷レイアウト」モードで表示されます。

1 ＜表示＞タブをクリックして、

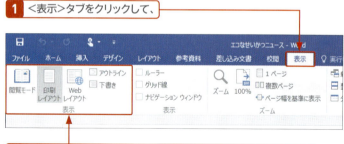

2 目的のコマンドをクリックすると、表示モードが切り替わります。

🔍 キーワード　印刷レイアウト

「印刷レイアウト」モードは、余白やヘッダー／フッターの内容も含め、印刷結果のイメージに近い画面で表示されます。

印刷レイアウト　　　　通常の画面表示です。

閲覧モード（列のレイアウト）

ここでは、＜ツール＞と＜表示＞メニューが利用できます（前ページの「メモ」参照）。編集はできません。

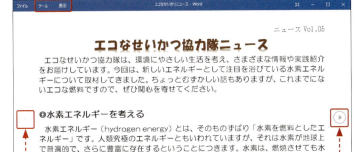

左右にあるこのコマンドをクリックして、ページをめくります。

ページの最後には、文書の最後 ■ マークが表示されます。

キーワード 閲覧モード

「閲覧モード」は、画面上で文書を読むのに最適な表示モードです。1ページ表示のほか、複数ページ表示も可能で、横（左右）方向にページをめくるような感覚で文書を閲覧できます。閲覧モードの＜ツール＞タブでは、文書内の検索と、スマート検索が行えます。＜表示＞タブでは、ナビゲーションウィンドウやコメントの表示、ページの列幅や色、レイアウトの変更が行えます。

Webレイアウト

キーワード Webレイアウト

「Webレイアウト」モードは、Webページのレイアウトで文書を表示できます。横長の表などを編集する際に適しています。なお、文書をWebページとして保存するには、文書に名前を付けて保存するときに、＜ファイルの種類＞で＜Webページ＞をクリックします（P.48参照）。

アウトライン表示

＜アウトライン＞タブが表示されます。

終了するには、＜アウトライン表示を閉じる＞をクリックします。

キーワード アウトライン

「アウトライン」モードは、＜表示＞タブの＜アウトライン＞をクリックすると表示できます。「アウトライン」モードは、章や節、項など見出しのスタイルを設定している文書の階層構造を見やすく表示します。見出しを付ける、段落ごとに移動するなどといった編集作業に適しています。＜アウトライン＞タブの＜レベルの表示＞でレベルをクリックして、指定した見出しだけを表示できます。

Section 03 Word 2016の画面構成

キーワード　下書き

「下書き」モードは、＜表示＞タブの＜下書き＞をクリックすると表示できます。「下書き」モードでは、クリップアートや画像などを除き、本文だけが表示されます。文字だけを続けて入力する際など、編集スピードを上げるときに利用します。

下書きモード

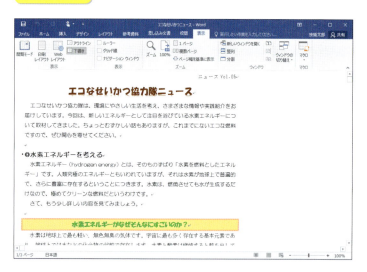

3 ナビゲーション作業ウィンドウを利用する

キーワード　ナビゲーション作業ウィンドウ

＜ナビゲーション＞作業ウィンドウは、複数のページにわたる文書を閲覧したり、編集したりする場合に利用するウィンドウです。

1. ＜表示＞タブの＜ナビゲーションウィンドウ＞をクリックしてオンにすると、
2. ＜ナビゲーション＞作業ウィンドウが表示されます。
3. ＜見出し＞をクリックすると、
4. 文書全体の見出しを表示できます。
5. 見出しをクリックすると、
6. 該当箇所にすばやく移動します。
7. ＜ページ＞をクリックすると、

ヒント　そのほかの作業ウィンドウの種類と表示方法

Wordに用意されている作業ウィンドウには、＜クリップボード＞（＜ホーム＞タブの＜クリップボード＞の）、＜図形の書式設定＞（＜描画ツール＞の＜書式＞タブの＜図形のスタイル＞の ）、＜図の書式設定＞（＜図ツール＞の＜書式＞タブの＜図のスタイル＞の ）などがあります。

8 ページがサムネイル（縮小画面）で表示されます。

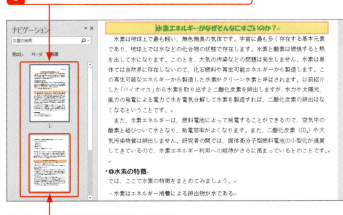

9 特定のページをクリックすると、

10 該当ページにすばやく移動します。

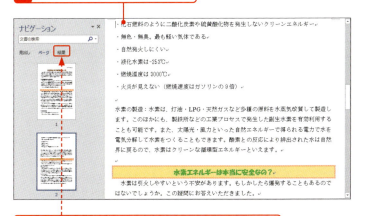

＜結果＞には、キーワードで検索した結果が表示されます。

ヒント　ナビゲーションの活用

＜見出し＞では、目的の見出しへすばやく移動するほかに、見出しをドラッグ＆ドロップして文書の構成を入れ替えることもできます。

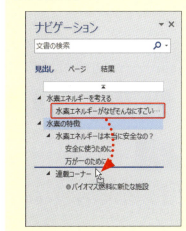

ステップアップ　ミニツールバーを表示する

文字列を選択したり、右クリックしたりすると、対象となった文字の近くに「ミニツールバー」が表示されます。ミニツールバーに表示されるコマンドの内容は、操作する対象によって変わります。
文字列を選択したときのミニツールバーには、選択対象に対して書式などを設定するコマンドが用意されています。

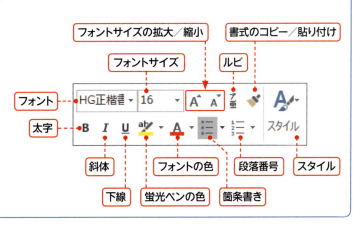

Section 04 リボンの基本操作

覚えておきたいキーワード
- ☑ リボン
- ☑ コマンド
- ☑ グループ

Wordでは、ほとんどの機能をリボンの中に登録されているコマンドから実行することができます。また、リボンに用意されていない機能は、ダイアログボックスや作業ウィンドウを表示させて設定できます。リボンを非表示にすることもできます。

1 リボンを操作する

メモ Word 2016のリボン

Word 2016の初期状態で表示されるリボンは、＜ファイル＞を加えた9種類のタブによって分類されています。また、それぞれのタブは、用途別の「グループ」に分かれています。各グループのコマンドをクリックすることによって、機能を実行したり、メニューやダイアログボックス、作業ウィンドウなどを表示したりすることができます。

ヒント 必要なコマンドが見つからない？

必要なコマンドが見つからない場合は、グループの右下にある をクリックしたり（次ページ参照）、メニューの末尾にある項目をクリックしたりすると、該当するダイアログボックスや作業ウィンドウが表示されます。

ヒント リボンの表示は画面サイズによって変わる

リボンのグループとコマンドの表示は、画面のサイズによって変わります。画面サイズを小さくしている場合は、リボンが縮小し、グループだけが表示される場合があります。

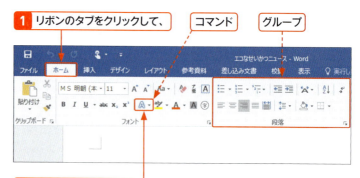

1 リボンのタブをクリックして、 コマンド グループ

2 目的のコマンドをクリックします。

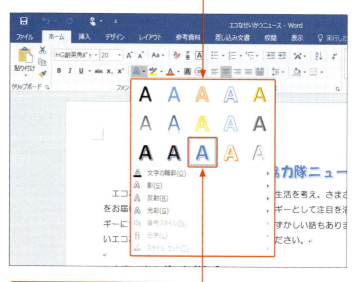

3 コマンドをクリックしてドロップダウンメニューが表示されたときは、

4 メニューから目的の機能をクリックします。

2 リボンからダイアログボックスを表示する

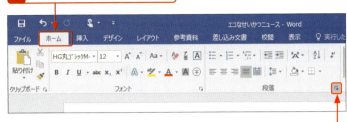

1 いずれかのタブをクリックして、

2 各グループの右下にある をクリックすると、

3 ダイアログボックスが表示され、詳細な設定を行うことができます。

> **メモ　追加のオプションがある場合**
>
> 各グループの右下に 🔲（ダイアログボックス起動ツール）が表示されているときは、そのグループに追加のオプションがあることを示しています。

> **ヒント　コマンドの機能を確認する**
>
> コマンドにマウスポインターを合わせると、そのコマンドの名称と機能を文章や画面のプレビューで確認することができます。

1 コマンドにマウスポインターを合わせると、

2 コマンドの機能がプレビューで確認できます。

3 必要に応じてリボンが追加される

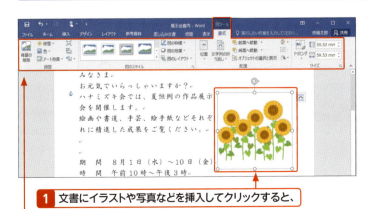

1 文書にイラストや写真などを挿入してクリックすると、

2 ＜図ツール＞の＜書式＞タブが追加表示されます。

> **メモ　作業に応じて追加されるタブ**
>
> 通常の9種類のタブのほかに、図や写真、表などをクリックして選択すると、右端にタブが追加表示されます。このように作業に応じて表示されるタブには、＜SmartArtツール＞の＜デザイン＞＜書式＞タブや、＜表ツール＞の＜デザイン＞＜レイアウト＞タブなどがあります。文書内に図や表があっても、選択されていなければこのタブは表示されません。

4 リボンの表示／非表示を切り替える

メモ　リボンの表示方法

リボンは、タブとコマンドがセットになった状態のことを指します。＜リボンの表示オプション＞ を利用すると、タブとコマンドの表示／非表示を切り替えることができます。
また、＜リボンを折りたたむ＞ を利用しても、タブのみの表示にすることができます（次ページの「ステップアップ」参照）。

1 ＜リボンの表示オプション＞をクリックし、

2 ＜タブの表示＞をクリックします。

3 リボンのコマンド部分が非表示になり、タブのみが表示されます。

4 タブをクリックすると、

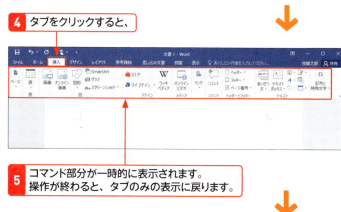

5 コマンド部分が一時的に表示されます。操作が終わると、タブのみの表示に戻ります。

6 ＜リボンの表示オプション＞をクリックし、

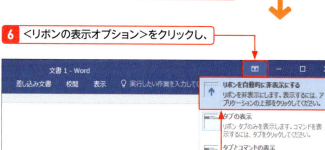

7 ＜リボンを自動的に非表示にする＞をクリックすると、

ヒント　リボンを非表示にするそのほかの方法

いずれかのタブを右クリックして、メニューから＜リボンを折りたたむ＞をクリックします。これで、リボンを非表示にすることができます。

8 全画面表示になります。

9 <リボンの表示オプション>をクリックし、

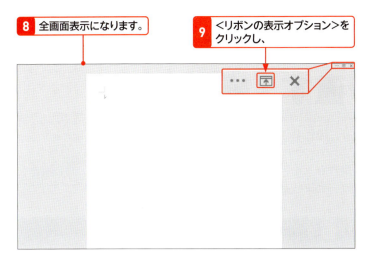

10 <タブとコマンドの表示>をクリックすると、もとの表示に戻ります。

ヒント 全画面で一時的にリボンを表示する

全画面表示の右上にある をクリックすると、一時的にタブとコマンドを表示することができます。

ヒント 表示倍率を変更するには?

<表示>タブの<ズーム>をクリックして表示される<ズーム>ダイアログボックスや画面右下のズームスライダーや <縮小>／<拡大>を使って、画面の表示倍率を変更することができます。

ステップアップ <リボンを折りたたむ>機能を利用する

リボンの右端に表示される<リボンを折りたたむ> をクリックすると、リボンがタブのみの表示になります。必要なときにタブをクリックして、コマンド部分を一時的に表示することができます。もとの表示に戻すには、<リボンの固定> をクリックします。

1 <リボンを折りたたむ>をクリックすると、

2 リボンのコマンド部分が非表示になり、タブ名のみが表示されます。

3 タブをクリックすると、

4 リボンが一時的に表示されます。

5 <リボンの固定>をクリックすると、リボンがつねに表示された状態になります。

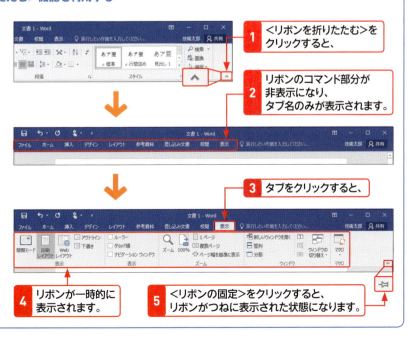

Section 04 リボンの基本操作

Word 第1章 Word 2016の基本操作

Section 05 操作をもとに戻す・やり直す・繰り返す

覚えておきたいキーワード
- 元に戻す
- やり直し
- 繰り返し

操作を間違ったり、操作をやり直したい場合は、クイックアクセスツールバーにある＜元に戻す＞や＜やり直し＞を使います。直前に行った操作だけでなく、連続した複数の操作も、まとめて取り消すことができます。また、同じ操作を続けて行う場合は、＜繰り返し＞を利用すると便利です。

1 操作をもとに戻す・やり直す

メモ 操作をもとに戻す

クイックアクセスツールバーの＜元に戻す＞ ５・ の ５ をクリックすると、直前に行った操作を最大100ステップまで取り消すことができます。ただし、ファイルを閉じると、もとに戻すことはできなくなります。

ステップアップ 複数の操作をもとに戻す

直前の操作だけでなく、複数の操作をまとめて取り消すことができます。＜元に戻す＞ ５・ の ・ をクリックし、表示される一覧から目的の操作をクリックします。やり直す場合も、同様の操作が行えます。

1 ここをクリックすると、

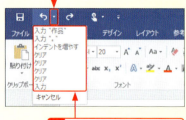

2 複数の操作をまとめて取り消すことができます。

1 文字列を選択して、

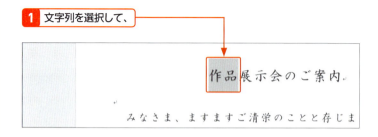

2 Delete か BackSpace を押して削除します。

3 ＜元に戻す＞をクリックすると、

4 直前に行った操作が取り消され、もとに戻ります。

5 ＜やり直し＞をクリックすると、

6 直前に行った操作がやり直され、文字列が削除されます。

メモ 操作をやり直す

クイックアクセスツールバーの<やり直し>をクリックすると、取り消した操作を順番にやり直すことができます。ただし、ファイルを閉じるとやり直すことはできなくなります。

2 操作を繰り返す

1 文字列を入力して、

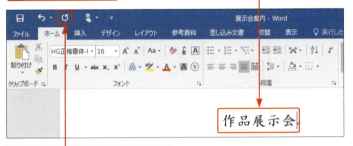

メモ 操作を繰り返す

Wordでは、文字の入力や貼り付け、書式設定といった操作を繰り返すことができます。操作を1回行うと、クイックアクセスツールバーに<繰り返し>が表示されます。をクリックすることで、別の操作を行うまで何度でも同じ操作を繰り返せます。

2 <繰り返し>をクリックすると、

3 直前の操作が繰り返され、同じ文字列が入力されます。

4 カーソルをほかの場所に移動して、

5 <繰り返し>をクリックすると、

ヒント 文書を閉じるともとに戻せない

ここで解説した、操作を元に戻す・やり直す・繰り返す機能は、文書を開いてから閉じるまでの操作に対して利用することができます。
文書を保存して閉じたあとに再度文書を開いても、文書を閉じる前に行った操作にさかのぼることはできません。文書を閉じる際には注意しましょう。

6 同じ文字列が入力されます。

Section 06 Word文書を保存する

覚えておきたいキーワード
- 名前を付けて保存
- 上書き保存
- ファイルの種類

作成した文書をファイルとして保存しておけば、あとから何度でも利用できます。ファイルの保存には、作成したファイルや編集したファイルを新規ファイルとして保存する名前を付けて保存と、ファイル名はそのままで、ファイルの内容を更新する上書き保存があります。

1 名前を付けて保存する

メモ 名前を付けて保存する

作成した文書を新しいWordファイルとして保存するには、保存場所を指定して名前を付けます。一度保存したファイルを、違う名前で保存することも可能です。また、保存した名前はあとから変更することもできます（次ページの「ステップアップ」参照）。

ヒント 文書ファイルの種類

Word 2016の文書として保存する場合は、＜名前を付けて保存＞ダイアログボックスの＜ファイルの種類＞で＜Word文書＞に設定します。そのほかの形式にしたい場合は、ここからファイル形式を選択します。

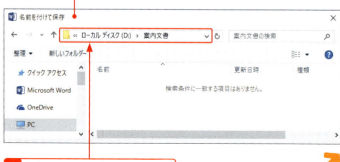

6 ファイル名を入力し、　　　**7** <保存>をクリックします。

8 文書が保存されて、タイトルバーにファイル名が表示されます。

ヒント フォルダーを作成するには？

Wordを使った保存の操作では、保存先のフォルダーを新しく作ることができます。<名前を付けて保存>ダイアログボックスで、<新しいフォルダー>をクリックします。新しいフォルダーの名前を入力して、そのフォルダーをファイルの保存先に指定します。

1 <新しいフォルダー>をクリックして、

2 フォルダーの名前を入力します。

2 上書き保存する

<上書き保存>をクリックすると、文書が上書き保存されます。一度も保存していない場合は、<名前を付けて保存>ダイアログボックスが表示されます。

キーワード 上書き保存

文書をたびたび変更して、その内容の最新のものだけを残しておくことを、「上書き保存」といいます。上書き保存は、<ファイル>タブの<上書き保存>をクリックしても行うことができます。

ステップアップ 保存後にファイル名を変更する

タスクバーの<エクスプローラー> をクリックしてエクスプローラーの画面を開き、変更したいファイルをクリックします。<ホーム>タブの<名前の変更>をクリックするか、ファイル名を右クリックして<名前の変更>をクリックすると、名前を入力し直すことができます。ただし、開いている文書のファイル名を変更することはできません。

1 <名前の変更>をクリックして、

2 名前を入力し直します。

Section 07 保存したWord文書を閉じる

覚えておきたいキーワード
- ☑ 閉じる
- ☑ 保存
- ☑ 文書の回復

文書の編集・保存が終わったら、文書を閉じます。複数の文書を開いている場合、1つの文書を閉じてもWord 2016自体は終了しないので、ほかの文書ファイルをすぐに開くことができます。なお、保存しないでうっかり閉じてしまった文書は、未保存のファイルとして回復できます。

1 文書を閉じる

ヒント 文書を閉じるそのほかの方法

文書が複数開いている場合は、ウィンドウの右上隅にある<閉じる>をクリックすると、文書が閉じます。ただし、文書を1つだけ開いている状態でクリックすると、文書だけが閉じるのではなく、Word 2016も終了します。

ヒント 文書が保存されていないと?

文書に変更を加えて保存しないまま閉じようとすると、下図の画面が表示されます。文書を保存する場合は<保存>、保存しない場合は<保存しない>、文書を閉じずに作業に戻る場合は<キャンセル>をクリックします。
文書を保存せずに閉じた場合、4日以内であれば回復が可能です(右ページ参照)。

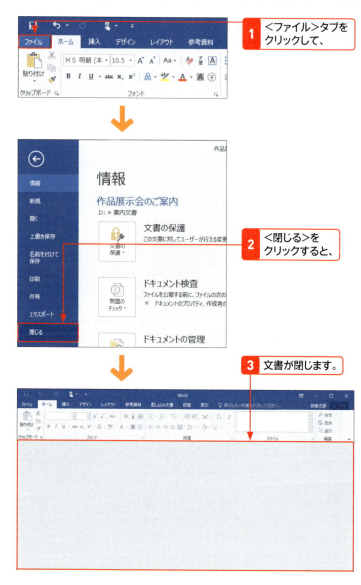

1 <ファイル>タブをクリックして、
2 <閉じる>をクリックすると、
3 文書が閉じます。

2 保存せずに閉じた文書を回復する

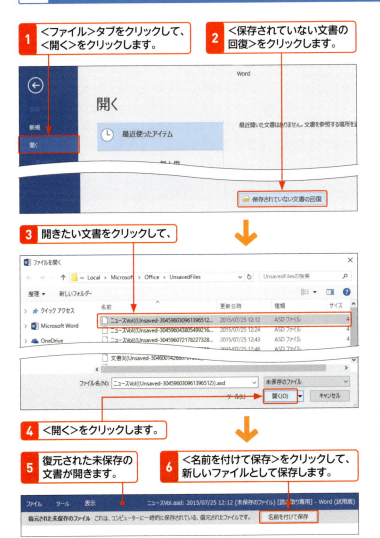

メモ 文書の自動回復

Wordでは、作成した文書や編集内容を保存せずに閉じた場合、4日以内であれば文書を回復することができます。この機能は、Wordの初期設定で有効になっています。もし、保存されない場合は、<ファイル>タブの<オプション>をクリックして表示される<Wordのオプション>画面で、<保存>の<次の間隔で自動回復用データを保存する>と<保存しないで終了する場合、最後に自動保存されたバージョンを残す>をオンにします。

ステップアップ 作業中に閉じてしまった文書を回復するには？

名前を付けて保存した文書を編集中に、パソコンの電源が落ちるなどして、文書が閉じてしまった場合、Wordでは自動的にドキュメントの回復機能が働きます。次回Wordを起動すると、回復されたファイルが表示されるので、開いて内容を確認してから保存し直します。

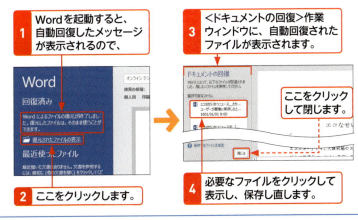

Section 08 保存したWord文書を開く

覚えておきたいキーワード
☑ 開く
☑ 最近使った文書
☑ ジャンプリスト

保存した文書を開くには、＜ファイルを開く＞ダイアログボックスで保存した場所を指定して、ファイルを選択します。また、最近使った文書やタスクバーのジャンプリストから選択することもできます。Wordには、文書を開く際に前回作業していた箇所を表示して再開できる機能もあります。

1 保存した文書を開く

 メモ 最近使ったファイル

Wordを起動して、＜最近使ったファイル＞に目的のファイルが表示されている場合は、クリックするだけで開きます。なお、＜最近使ったファイル＞は初期設定では表示されるようになっていますが、表示させないこともできます（次ページの「ステップアップ」参照）。

1 Wordを起動します。 　　左の「メモ」参照

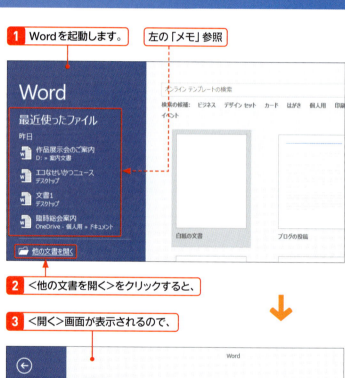

2 ＜他の文書を開く＞をクリックすると、

3 ＜開く＞画面が表示されるので、

4 ＜参照＞をクリックします。

5 <ファイルを開く>ダイアログボックスが表示されます。

6 開きたい文書が保存されているフォルダーを指定して、

メモ ファイルのアイコンから文書を開く

左の手順のほかに、デスクトップ上やフォルダーの中にあるWordファイルのアイコンをダブルクリックして、直接開くこともできます。

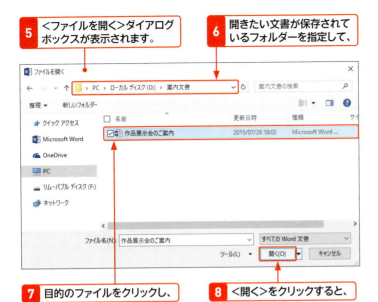

デスクトップに保存されたWordファイルのアイコン

7 目的のファイルをクリックし、

8 <開く>をクリックすると、

9 目的の文書が開きます。

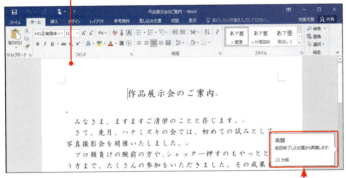

右の「ヒント」参照

ヒント 閲覧の再開

編集後に保存して文書を閉じた場合、次回その文書を開くと、右端に<再開>のメッセージが表示されます。再開のメッセージまたは<再開>マーク をクリックすると、前回最後に編集していた位置(ページ)に移動します。

 最近使ったファイル(アイテム)の表示/非表示

Wordを起動したときに表示される<最近使ったファイル>は、初期設定で表示されるようになっています。また、<ファイル>タブの<開く>をクリックしたときに表示される<最近使ったアイテム>も同様です。ほかの人とパソコンを共有する場合など、これまでに利用したファイル名を表示させたくないときなどは、この一覧を非表示にすることができます。また、表示数も変更することができます。
<Wordのオプション>画面(P.38参照)の<詳細設定>で、<最近使った文書の一覧に表示する文書の数>を「0」にします。さらに、<[ファイル]タブのコマンド一覧に表示する、最近使った文書の数>をオフにします。

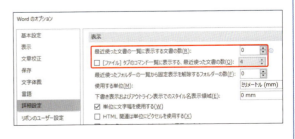

2 文書を開いているときにほかの文書を開く

 メモ 最近使ったアイテム

＜最近使ったアイテム＞に目的のファイルがあれば、クリックするだけですばやく開くことができます。この一覧になければ、＜参照＞をクリックします。

1 Wordの文書をすでに開いている場合は、＜ファイル＞タブをクリックします。

2 ＜開く＞をクリックします。

3 ＜最近使ったアイテム＞に目的のファイルがあれば、クリックすると開きます。

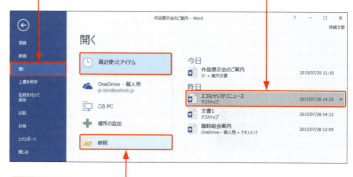

4 ファイルがなければ、＜参照＞をクリックします。以降の操作は、P.52の手順 **4** と同じです。

ヒント 一覧に表示したくない場合

＜最近使ったアイテム＞の一覧に表示されたくない文書は、ファイルを右クリックして、＜一覧から削除＞をクリックします。

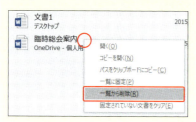

3 エクスプローラーでファイルを検索して開く

メモ エクスプローラーで検索する

エクスプローラーはファイルを管理する画面です。検索ボックスにキーワードを入力すると、関連するファイルが表示されます。保存場所がわからなくなった場合などに利用するとよいでしょう。

1 タスクバーの＜エクスプローラー＞をクリックして、

2 検索先を指定して、　　**3** ファイル名を入力すると、

> **ヒント　検索先の指定**
>
> エクスプローラーの画面を開くと、検索先に＜クイックアクセス＞が指定されています。クイックアクセスはよく利用するフォルダーが対象になるので、最近開いたファイルでない場合は、＜PC＞や＜ドキュメント＞などに変更したほうがよいでしょう。

4 ファイルが検索されます。開きたいファイルをダブルクリックします。

4 タスクバーのジャンプリストから文書を開く

1 Wordのアイコンを右クリックすると、

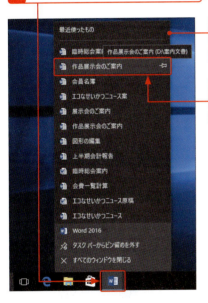

2 直近で使用した文書の一覧が表示されます（ジャンプリスト）。

3 目的の文書をクリックすると、文書が開きます。

> **ヒント　ジャンプリストを利用する**
>
> よく使う文書をジャンプリストにつねに表示させておきたい場合は、ファイルを右クリックして、＜一覧にピン留めする＞をクリックします。ジャンプリストから削除したい場合は、右クリックして、＜この一覧から削除＞をクリックします。
>
>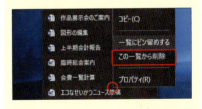

ステップアップ　タスクバーのアイコンで文書を切り替える

複数の文書が開いている場合は、タスクバーのWordのアイコンにマウスポインターを移動すると、文書の内容がサムネイル表示されます。目的の文書をクリックすると、文書を切り替えられます。

Section 09 新しい文書を開く

覚えておきたいキーワード
- ☑ 新規
- ☑ 白紙の文書
- ☑ テンプレート

Wordを起動した画面では、＜白紙の文書＞をクリックすると、新しい文書を作成できます。すでに文書を開いている場合は、＜ファイル＞タブの＜新規＞をクリックして、＜白紙の文書＞をクリックします。また、＜新規＞の画面からテンプレートを使って新しい文書を作成することもできます。

1 新規文書を作成する

メモ Wordの起動画面

Wordを起動した画面では、＜白紙の文書＞をクリックすると新しい文書を開くことができます（Sec.02参照）。

すでに文書を開いている状態で、新しい文書を作成します。

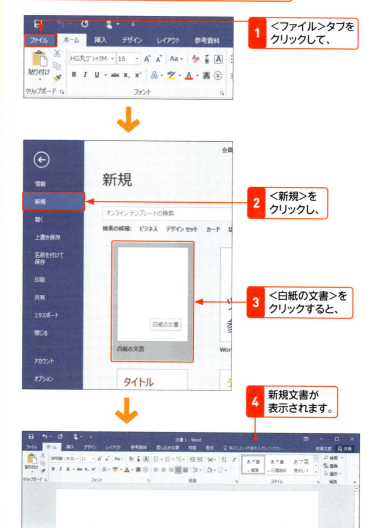

1 ＜ファイル＞タブをクリックして、

2 ＜新規＞をクリックし、

3 ＜白紙の文書＞をクリックすると、

4 新規文書が表示されます。

ヒント 新規文書の書式

新規文書の書式は、以下のような初期設定となっています。新規文書の初期設定の書式を変更する方法については、P.63の「ヒント」を参照してください。

書式	設定
フォント	游明朝
フォントサイズ	10.5pt
用紙サイズ	A4
1ページの行数	36行
1行の文字数	40文字

2 テンプレートを利用して新規文書を作成する

すでに文書が開いている状態で、テンプレートを利用します。

1 ＜ファイル＞タブをクリックして、

2 ＜新規＞をクリックします。

3 ドラッグしながらテンプレートを探して、

4 使いたいテンプレートをクリックします。

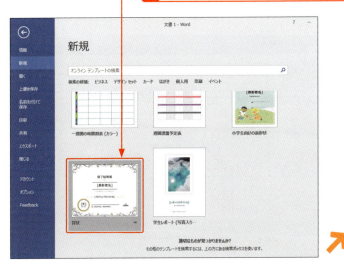

キーワード テンプレート

「テンプレート」とは、あらかじめデザインが設定された文書のひな形のことです。作成したい文書の内容と同じテンプレートがある場合、白紙の状態から文書を作成するよりも効率的に文書を作成することができます。Word 2016では、Backstageビューに表示されているテンプレートから探すか、＜オンラインテンプレートの検索＞ボックスで検索します。

ヒント ほかのテンプレートに切り替える

テンプレートをクリックすると、プレビュー画面が表示されます。左右の ◀ ▶ をクリックすると、テンプレートが順に切り替わるので、選び直すことができます。なお、プレビュー画面でテンプレートの選択をやめたい場合は、手順 5 のウィンドウの＜閉じる＞ ✕ をクリックします。

ヒント テンプレート内の書式設定

テンプレートの種類によっては、入力位置が表形式で固定されている場合があります。書式の設定を確認して利用しましょう。

ヒント テンプレートの保存

ダウンロードしたテンプレートは、通常の Word 文書と同じ扱いができます。保存は、「Word 文書」でも、「Word テンプレート」でも保存することができます。＜名前を付けて保存＞ダイアログボックスの＜ファイルの種類＞で選びます。

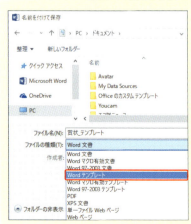

5 ＜作成＞をクリックします。

6 テンプレートがダウンロードされます。

7 自分用に書き換えて利用します。

3 テンプレートを検索してダウンロードする

1 <ファイル>タブをクリックし、<新規>をクリックします。
2 ここをクリックして、

3 キーワードを入力し、Enterを押します。

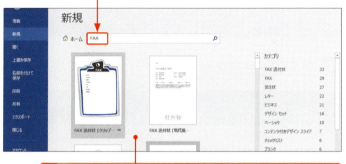

4 キーワードに関連するテンプレートの一覧が表示されるので、

5 目的のテンプレートをクリックすると、 右の「ヒント」参照

6 プレビュー画面が表示されるので、<作成>をクリックすると、テンプレートがダウンロードされます。

メモ テンプレートの検索

Word 2016に表示されるテンプレートの種類はあまり多くありません。使いたいテンプレートがない場合は、オンラインで検索してダウンロードしましょう。テンプレートを検索するには、<オンラインテンプレートの検索>ボックスにキーワードを入力します。検索には、<検索の候補>にあるカテゴリを利用することもできます。

ヒント カテゴリで絞り込む

テンプレートをキーワードで検索すると、キーワードに合致するテンプレートの一覧のほかに、<カテゴリ>が表示されます。カテゴリをクリックすると、テンプレートが絞り込まれて表示されるので、探しやすくなります。

カテゴリを絞り込みます。

Section 10 文書のサイズや余白を設定する

覚えておきたいキーワード
- ページ設定
- 用紙サイズ／余白
- 文字数／行数

新しい文書は、A4サイズの横書きが初期設定として表示されます。文書を作成する前に、用紙サイズや余白、文字数、行数などのページ設定をしておきます。ページ設定は、＜ページ設定＞ダイアログボックスの各タブで一括して行います。また、次回から作成する文書に適用することもできます。

1 用紙のサイズを設定する

キーワード ページ設定

「ページ設定」とは、用紙のサイズや向き、余白、文字数や行数など、文書全体にかかわる設定のことです。

ヒント 用紙サイズの種類

選択できる用紙サイズは、使用しているプリンターによって異なります。また用紙サイズは、＜レイアウト＞タブの＜サイズ＞をクリックしても設定できます。

ヒント 目的のサイズが見つからない場合は？

目的の用紙サイズが見つからない場合は、＜用紙サイズ＞の一覧から＜サイズを指定＞をクリックして、＜幅＞と＜高さ＞に数値を入力します。

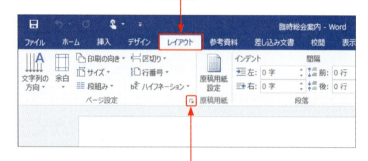

1. ＜レイアウト＞タブをクリックして、
2. ここをクリックすると、

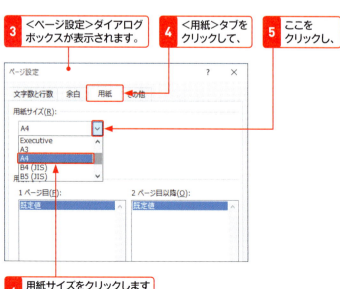

3. ＜ページ設定＞ダイアログボックスが表示されます。
4. ＜用紙＞タブをクリックして、
5. ここをクリックし、
6. 用紙サイズをクリックします（初期設定ではA4）。

2 ページの余白と用紙の向きを設定する

1. <余白>タブをクリックして、
2. 上下左右の余白を設定し、
3. 印刷の向きをクリックします。
4. このままページ設定を続けるので、次ページへ進みます。

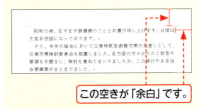

キーワード　余白

「余白」とは、上下左右の空きのことです。余白を狭くすれば、文書の1行の文字数、1ページの行数を増やすことができます。見やすい文書を作る場合は、上下左右「20mm」程度の余白が適当です。

この空きが「余白」です。

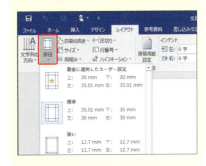

ヒント　余白の調節

余白の設定は、<ページ設定>ダイアログボックスで行う以外に<レイアウト>タブの<余白>でも行うことができます。

ステップアップ 文書のイメージを確認しながら余白を設定する

余白の設定は、<ページ設定>ダイアログボックスの<余白>タブで行いますが、実際に文書を作成していると、文章の量や見栄えなどから余白を変更したい場合もあります。そのようなときは、ルーラーのグレーと白の境界部分をドラッグして、印刷時のイメージを確認しながら設定することもできます。
なお、ルーラーが表示されていない場合は、<表示>タブの<ルーラー>をオンにして表示します。

マウスポインターが ⇔ の状態でドラッグすると、イメージを確認しながら余白を変更できます。

3 文字数と行数を設定する

メモ 横書きと縦書き

＜文字方向＞は＜横書き＞か＜縦書き＞を選びます。ここでは、＜横書き＞にしていますが、文字方向は文書作成中でも変更することができます。文書作成中に文字方向を変更する場合は、＜レイアウト＞タブの＜文字列の方向＞をクリックします。なお、縦書き文書の作成方法は、次ページの「ステップアップ」を参照してください。

ヒント 字送りと行送りの設定

「字送り」は文字の左端（縦書きでは上端）から次の文字の左端（上端）までの長さ、「行送り」は行の上端（縦書きでは右端）から次の行の上端（右端）までの長さを指します。文字数や行数、余白によって、自動的に最適値が設定されます。

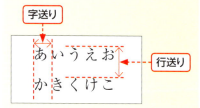

メモ ＜フォント＞ダイアログボックスの利用

＜ページ設定＞ダイアログボックスから開いた＜フォント＞ダイアログボックスでは、使用するフォント（書体）やスタイル（太字や斜体）などの文字書式や文字サイズを設定することができます。

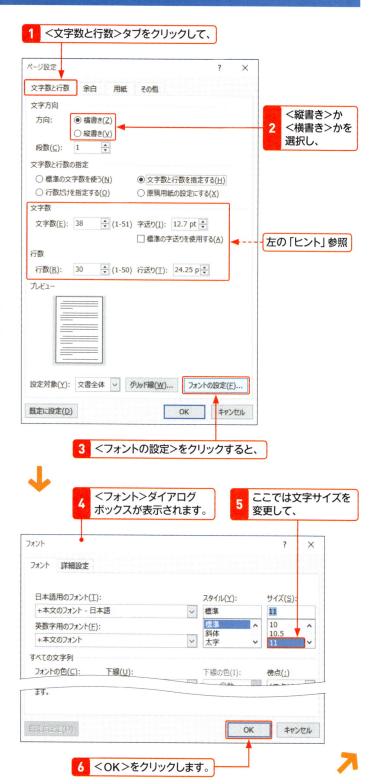

1 ＜文字数と行数＞タブをクリックして、
2 ＜縦書き＞か＜横書き＞かを選択し、
左の「ヒント」参照
3 ＜フォントの設定＞をクリックすると、
4 ＜フォント＞ダイアログボックスが表示されます。
5 ここでは文字サイズを変更して、
6 ＜OK＞をクリックします。

Section 10 文書のサイズや余白を設定する

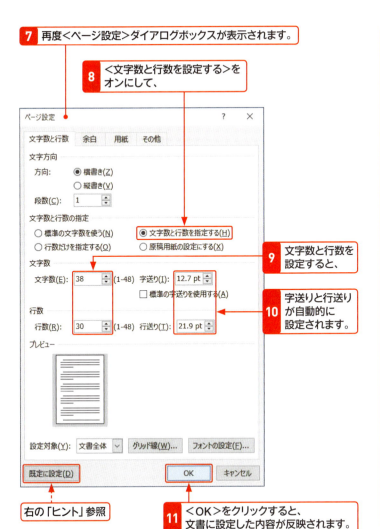

7 再度<ページ設定>ダイアログボックスが表示されます。

8 <文字数と行数を設定する>をオンにして、

9 文字数と行数を設定すると、

10 字送りと行送りが自動的に設定されます。

右の「ヒント」参照

11 <OK>をクリックすると、文書に設定した内容が反映されます。

メモ 文字数と行数

「文字数」は1行の文字数、「行数」は1ページの行数です。手順8のように<文字数と行数を指定する>をクリックしてオンにすると、<文字数>と<行数>が指定できるようになります。なお、プロポーショナルフォント（Sec.24参照）を利用する場合、1行に入る文字数が設定した文字数と異なることがあります。

ヒント ページ設定の内容を新規文書に適用するには？

左図の<既定に設定>をクリックして、表示される画面で<はい>をクリックすると、ページ設定の内容が保存され、次回から作成する新規文書にも適用されます。設定を初期値に戻す場合は、設定を初期値に変更して（P.56の「ヒント」参照）、<既定に設定>をクリックします。

ステップアップ 縦書き文書を作成する

手紙などの縦書き文書を作成する場合も、<ページ設定>ダイアログボックスで設定します。<余白>タブで<用紙の向き>を<横>にして、<余白>を設定します。手紙などの場合は、上下左右の余白を大きくすると読みやすくなります。
また、<文字数と行数>タブで<文字方向>を<縦書き>にして、文字数や行数を設定します。

Section 11 Word文書を印刷する

覚えておきたいキーワード
- ☑ 印刷プレビュー
- ☑ 印刷
- ☑ 表示倍率

文書が完成したら、印刷してみましょう。印刷する前に、印刷プレビューで印刷イメージをあらかじめ確認します。Word 2016では＜ファイル＞タブの＜印刷＞をクリックすると、印刷プレビューが表示されます。印刷する範囲や部数の設定を行い、印刷を実行します。

1 印刷プレビューで印刷イメージを確認する

🔍 キーワード　印刷プレビュー

「印刷プレビュー」は、文書を印刷したときのイメージを画面上に表示する機能です。印刷する内容に問題がないかどうかをあらかじめ確認することで、印刷の失敗を防ぐことができます。

1. 印刷したい文書を開きます。
2. ＜ファイル＞タブをクリックして、

3. ＜印刷＞をクリックすると、

💡 ヒント　印刷プレビューの表示倍率を変更するには？

印刷プレビューの表示倍率を変更するには、印刷プレビューの右下にあるズームスライダーを利用します。ズームスライダーを左にドラッグして、倍率を下げると、複数ページを表示できます。表示倍率をもとの大きさに戻すには、＜ページに合わせる＞をクリックします。

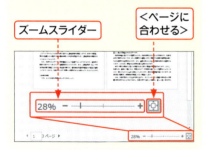

ズームスライダー / ＜ページに合わせる＞

文書が複数ページある場合は、ここをクリックして、2ページ目以降を確認します。

4. 印刷プレビューが表示されます。

2 印刷設定を確認して印刷する

1 プリンターの電源と用紙がセットされていることを確認して、<印刷>画面を表示します。

2 印刷に使うプリンターを指定して、

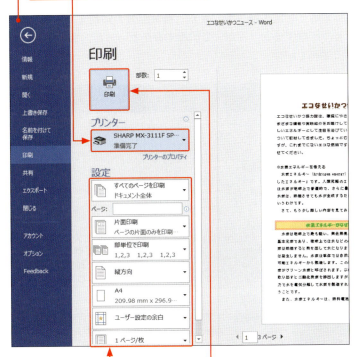

3 印刷の設定を確認し、

4 <印刷>をクリックすると、

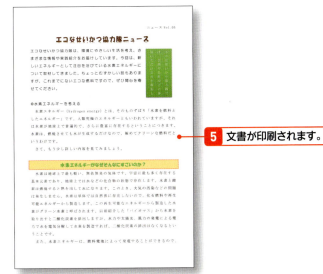

5 文書が印刷されます。

メモ 印刷する前の準備

印刷を始める前に、パソコンにプリンターを接続して、プリンターの設定を済ませておく必要があります。プリンターの接続方法や設定方法は、プリンターに付属するマニュアルを参照してください。

ヒント 印刷部数を指定する

初期設定では、文書は1部だけ印刷されます。印刷する部数を指定する場合は、<部数>で数値を指定します。

ヒント <印刷>画面でページ設定できる?

<印刷>画面でも用紙サイズや余白、印刷の向きを変更することができますが、レイアウトが崩れてしまう場合があります。<印刷>画面のいちばん下にある<ページ設定>をクリックして、<ページ設定>ダイアログボックスで変更し、レイアウトを確認してから印刷するようにしましょう。

Section 12 さまざまな方法で印刷する

覚えておきたいキーワード
- ☑ 両面印刷
- ☑ 複数ページ
- ☑ 部単位／ページ単位

通常の印刷のほかに、プリンターの機能によっては両面印刷や複数のページを1枚の用紙に印刷することも可能です。また、複数部数の印刷をする場合に、順番をページ単位で印刷するか、部単位で印刷するかといった、さまざまな印刷を行うことができます。

1 両面印刷をする

キーワード　両面印刷

通常は1ページを1枚に印刷しますが、両面印刷は1ページ目を表面、2ページ目を裏面に印刷します。両面印刷にすることで、用紙の節約にもなります。なお、ソーサーのないプリンターの場合は、自動での両面印刷はできません。＜手動で両面印刷＞を利用します（次ページ参照）。

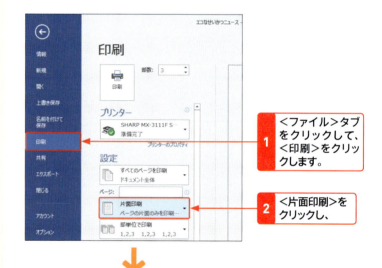

1. ＜ファイル＞タブをクリックして、＜印刷＞をクリックします。
2. ＜片面印刷＞をクリックし、

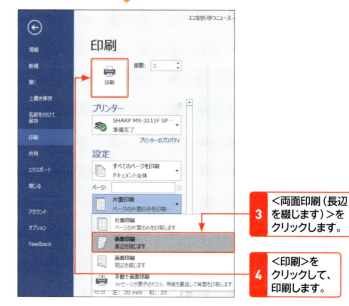

3. ＜両面印刷（長辺を綴じます）＞をクリックします。
4. ＜印刷＞をクリックして、印刷します。

ヒント　長辺・短辺を綴じる

自動の両面印刷には、＜長辺を綴じます＞と＜短辺を綴じます＞の2種類があります。文書が縦長の場合は＜長辺を綴じます＞、横長の場合は＜短辺を綴じます＞を選択します。

2 手動で両面印刷する

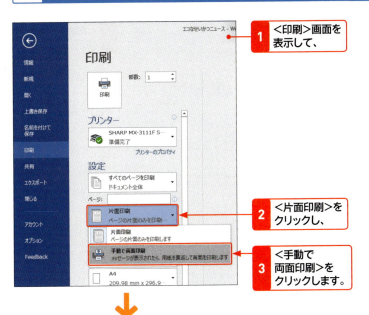

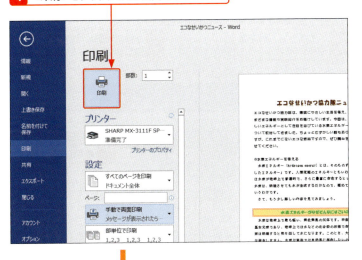

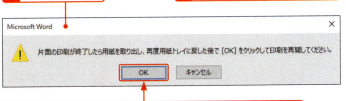

 メモ 手動で両面印刷をする

ソーサーのないプリンターの場合は、自動での両面印刷はできないため、用紙を手動でセットする両面印刷を利用します。

 ヒント 用紙を再セットする際に注意する

両面印刷を手動で行う場合、片面の印刷ができた用紙を用紙カセットに入れ直します。このとき、印刷する面を間違えてセットすると、同じ面、あるいは上下逆に印刷されてしまいます。印刷される面がどちらになるか、上下も併せて事前に確認しておきましょう。

3 1枚の用紙に複数のページを印刷する

メモ 複数ページを印刷する

複数ページの文書で見開き2ページずつ印刷したいという場合などは、右の手順で印刷を行います。1枚の用紙に印刷できる最大のページ数は16ページです。

ヒント 複数ページをプレビュー表示する

印刷プレビューでズームスライダーを調整すると、複数ページを表示することができます。

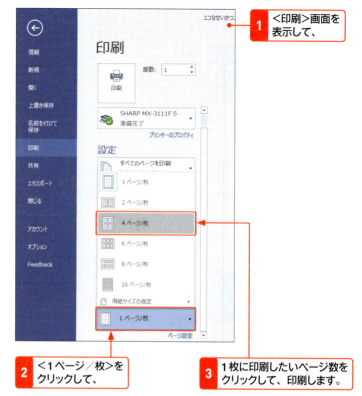

1 <印刷>画面を表示して、

2 <1ページ/枚>をクリックして、

3 1枚に印刷したいページ数をクリックして、印刷します。

4 部単位とページ単位で印刷する

メモ 部単位とページ単位

複数ページの文書の場合、部単位で印刷するか、ページ単位で印刷するかを指定できます。「部単位」とは1ページから最後のページまで順に印刷したものを1部とし、指定した部数がそのまとまりで印刷されます。「ページ単位」とは指定した部数を1ページ目、2ページ目とページごとに印刷します。

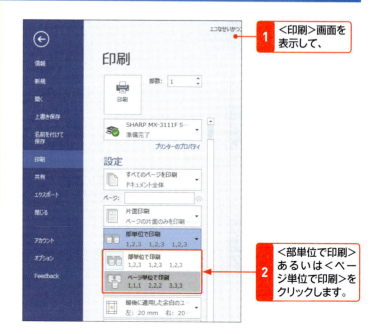

1 <印刷>画面を表示して、

2 <部単位で印刷>あるいは<ページ単位で印刷>をクリックします。

Chapter 02

第2章

文字入力の基本

Section	13	文字入力の基本を知る
	14	日本語を入力する
	15	アルファベットを入力する
	16	難しい漢字を入力する
	17	記号や特殊文字を入力する
	18	文章を改行する
	19	文章を修正する
	20	文字列を選択する
	21	文字列をコピー・移動する
	22	便利な方法で文字列を貼り付ける

Section 13 文字入力の基本を知る

覚えておきたいキーワード
- ☑ 入力モード
- ☑ ローマ字入力
- ☑ かな入力

文字を入力するための、入力形式や入力方式を理解しておきましょう。日本語の場合は「ひらがな」入力モードにして、読みを変換して入力します。英字の場合は「半角英数」入力モードにして、キーボードの英字キーを押して直接入力します。日本語を入力する方式には、ローマ字入力とかな入力があります。

1 日本語入力と英字入力

キーワード 入力モード

「入力モード」とは、キーを押したときに入力される「ひらがな」や「半角カタカナ」、「半角英数」などの文字の種類を選ぶ機能のことです（入力モードの切り替え方法は次ページ参照）。

メモ 日本語入力

日本語を入力するには、「ひらがな」入力モードにして、キーを押してひらがな（読み）を入力します。漢字やカタカナの場合は入力したひらがなを変換します。

メモ 英字入力

英字を入力する場合、「半角英数」モードにして、英字キーを押すと小文字で入力されます。大文字にするには、Shiftを押しながら英字キーを押します。

日本語入力（ローマ字入力の場合）

1. 入力モードを「ひらがな」にして、キーボードで K O N P Y U - T A - とキーを押し、

> こんぴゅーたー

2. Space を押して変換します。

> コンピューター

3. Enter を押して確定します。

英字入力

1. 入力モードを「半角英数」にして、キーボードで C O M P U T E R とキーを押すと入力されます。

> computer

2 入力モードを切り替える

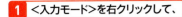

メモ 入力モードの種類

入力モードには、次のような種類があります。

入力モード（表示）	入力例
ひらがな　　（あ）	あいうえお
全角カタカナ（カ）	アイウエオ
全角英数　　（A）	ａｉｕｅｏ
半角カタカナ（_カ）	ｱｲｳｴｵ
半角英数　　（A）	aiueo

ステップアップ キー操作による入力モードの切り替え

入力モードは、次のようにキー操作で切り替えることもできます。

- 半角/全角：「半角英数」と「ひらがな」を切り替えます。
- 無変換：「ひらがな」と「全角カタカナ」「半角カタカナ」を切り替えます。
- カタカナひらがな：「ひらがな」へ切り替えます。
- Shift + カタカナひらがな：「全角カタカナ」へ切り替えます。

3 「ローマ字入力」と「かな入力」を切り替える

メモ ローマ字入力とかな入力

日本語入力には、「ローマ字入力」と「かな入力」の2種類の方法があります。ローマ字入力は、キーボードのアルファベット表示に従って、K A →「か」のように、母音と子音に分けて入力します。かな入力は、キーボードのかな表示に従って、あ →「あ」のように、直接かなを入力します。なお、本書ではローマ字入力の方法で以降の解説を行っています。

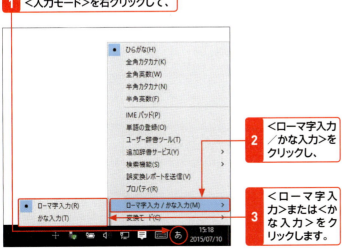

Section 14 日本語を入力する

覚えておきたいキーワード
- ☑ 入力モード
- ☑ 変換
- ☑ 文節／複文節

日本語を入力するには、入力モードを＜ひらがな＞にします。文字の「読み」としてひらがなを入力し、カタカナや漢字にする場合は変換します。変換の操作を行うと、読みに該当する漢字が変換候補として一覧で表示されるので、一覧から目的の漢字をクリックします。

1 ひらがなを入力する

メモ 入力と確定

キーボードのキーを押して画面上に表示されたひらがなには、下線が引かれています。この状態では、まだ文字の入力は完了していません。下線が引かれた状態で Enter を押すと、入力が確定します。

ヒント 予測候補の表示

入力が始まると、漢字やカタカナの変換候補が表示されます。ひらがなを入力する場合は無視してかまいません。

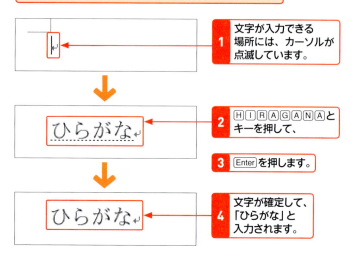

2 カタカナを入力する

メモ カタカナに変換する

＜ひらがな＞モードで入力したひらがなに下線が引かれている状態で Space を押すと、カタカナに変換することができます。入力した内容によっては、一度でカタカナに変換されず、次ページのような変換候補が表示される場合があります。そのときは、次ページの方法でカタカナを選択し、確定します。

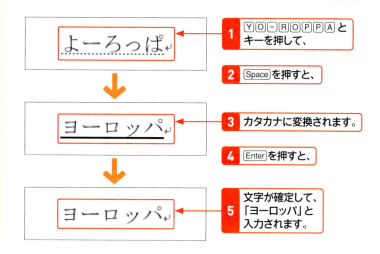

3 漢字を入力する

「秋涼」という漢字を入力します。

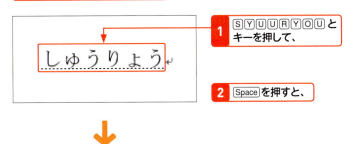

1 SYUURYOUとキーを押して、
2 Spaceを押すと、

3 漢字に変換されます。

4 違う漢字に変換するために、再度Spaceを押すと、下方に候補一覧が表示されます。

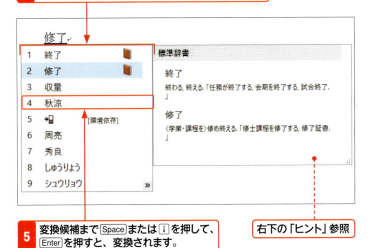

5 変換候補までSpaceまたは↓を押して、Enterを押すと、変換されます。

右下の「ヒント」参照

6 Enterを押すと、
7 文字が確定して、入力されます。

メモ 漢字に変換する

漢字を入力するには、漢字の「読み」を入力し、Spaceを押して漢字に変換します。入力候補が表示されるので、Spaceまたは↓を押して目的の漢字を選択し、Enterを押します。また、目的の変換候補をマウスでクリックしても、同様に選択できます。

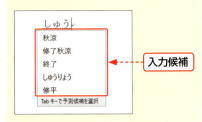

入力候補

ヒント 確定した語句の変換

一度確定した語句は、次回以降同じ読みを入力すると最初の変換候補として表示されます。ほかの漢字に変換する場合は、手順4のように候補一覧を表示して、目的の漢字を選択し、Enterを押します。

ヒント 同音異義語のある語句

同音異義語のある語句の場合、候補一覧には手順4の画面のように語句の横に■マークが表示され、語句の意味（用法）がウィンドウで表示されます。漢字を選ぶ場合に参考にするとよいでしょう。

4 複文節を変換する

キーワード 文節と複文節

「文節」とは、末尾に「～ね」や「～よ」を付けて意味が通じる、文の最小単位のことです。たとえば、「私は写真を撮った」は、「私は（ね）」「写真を（ね）」「撮った（よ）」という3つの文節に分けられます。このように、複数の文節で構成された文字列を「複文節」といいます。

メモ 文節ごとに変換できる

複文節の文字列を入力して Space を押すと、複文節がまとめて変換されます。このとき各文節には下線が付き、それぞれの単位が変換の対象となります。右の手順のように文節の単位を変更したい場合は、Shift を押しながら ← → を押して、変換対象の文節を調整します。

メモ 文節を移動する

太い下線が付いている文節が、現在の変換対象となっている文節です。変換の対象をほかの文節に移動するには、← → を押して太い下線を移動します。

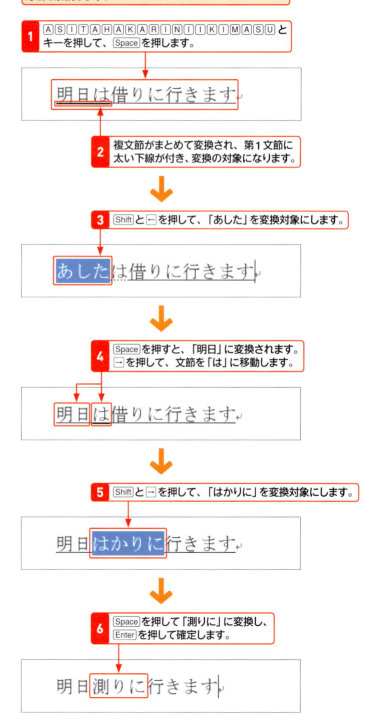

「明日測りに行きます」と入力したいところで、「明日は借りに行きます」と変換されてしまった場合の複文節の変換方法を解説します。

1 A S I T A H A K A R I N I I K I M A S U とキーを押して、Space を押します。

明日は借りに行きます

2 複文節がまとめて変換され、第1文節に太い下線が付き、変換の対象になります。

3 Shift と ← を押して、「あした」を変換対象にします。

あしたは借りに行きます

4 Space を押すと、「明日」に変換されます。→ を押して、文節を「は」に移動します。

明日は借りに行きます

5 Shift と → を押して、「はかりに」を変換対象にします。

明日はかりに行きます

6 Space を押して「測りに」に変換し、Enter を押して確定します。

明日測りに行きます

5 確定後の文字を再変換する

1 確定した文字をドラッグして選択します。

2 変換 を押すと、

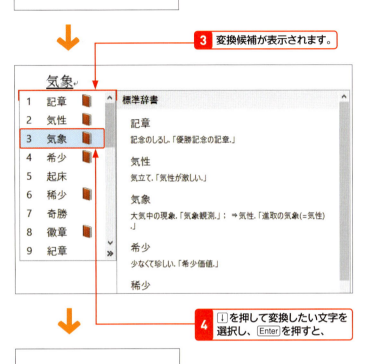

3 変換候補が表示されます。

4 ↓を押して変換したい文字を選択し、Enterを押すと、

5 文字が変換されます。

メモ 確定後に再変換する

読みを入力して変換して確定した文字は、変換 を押すと再変換されて、変換候補が表示されます。ただし、読みによっては正しい候補が表示されない場合があります。

ヒント 文字の選択

文字は、文字の上でドラッグすることによって選択します。単語の場合は、文字の間にマウスポインターを移動して、ダブルクリックすると、単語の単位で選択することができます。

タッチ タッチ操作での文字の選択

タッチ操作で文字を選択するには、文字の上で押し続ける(ホールドする)と、単語の単位で選択することができます。タッチ操作については、P.27を参照してください。

ステップアップ ファンクションキーで一括変換する

確定前の文字列は、キーボードにあるファンクションキー(F6～F10)を押すと、「ひらがな」「カタカナ」「英数字」に一括して変換することができます。

PASOKONとキーを押してファンクションキーを押すと…

ぱそこn

F6キー「ひらがな」

ぱそこん

F7キー「全角カタカナ」

パソコン

F8キー「半角カタカナ」

パソコン

F9キー「全角英数」

ｐａｓｏｋｏｎ

F10キー「半角英数」

pasokon

Section 15 アルファベットを入力する

覚えておきたいキーワード
☑ 半角英数
☑ ひらがな
☑ 大文字

アルファベットを入力するには、2つの方法があります。1つは<半角英数>入力モードで入力する方法で、英字が直接入力されるので、長い英文を入力するときに向いています。もう1つは<ひらがな>入力モードで入力する方法で、日本語と英字が混在する文章を入力する場合に向いています。

1 入力モードが<半角英数>の場合

メモ 入力モードを<半角英数>にする

入力モードを<半角英数> A にして入力すると、変換と確定の操作が不要になるため、英語の長文を入力する場合に便利です。

ヒント 大文字の英字を入力するには

入力モードが<半角英数> A の場合、英字キーを押すと小文字で英字が入力されます。Shift を押しながらキーを押すと、大文字で英字が入力されます。

ステップアップ 大文字を連続して入力する

大文字だけの英字入力が続く場合は、大文字入力の状態にするとよいでしょう。キーボードの Shift + CapsLock を押すと、大文字のみを入力できるようになります。このとき、小文字を入力するには、Shift を押しながら英字キーを押します。もとに戻すには、再度 Shift + CapsLock を押します。

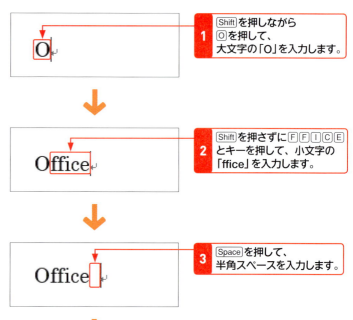

2 入力モードが＜ひらがな＞の場合

入力モードを＜ひらがな＞に切り替えます(Sec.13参照)。

1 ⑤⑥ⒸⓊⓇⒾⓉⓎ とキーを押します。

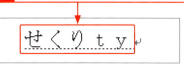

2 F10 を1回押します。

← 半角小文字に変換されます。

3 F10 をもう1回押します(計2回)。

← 半角大文字に変換されます。

4 F10 をもう1回押します(計3回)。

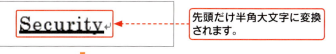
← 先頭だけ半角大文字に変換されます。

5 F10 を4回押すと、1回押したときと同じ変換結果になります。

メモ　入力モードを＜ひらがな＞にする

和英混在の文章を入力する場合は、入力モードを＜ひらがな＞ あ にしておき、必要な語句だけを左の手順に従ってアルファベットに変換すると便利です。

ヒント　入力モードを一時的に切り替える

日本語の入力中に Shift を押しながらアルファベットの1文字目を入力すると（この場合、入力された文字は大文字になります）、入力モードが一時的に＜半角英数＞ A に切り替わり、再度 Shift を押すまでアルファベットを入力することができます。

ステップアップ　1文字目が大文字に変換されてしまう

アルファベットをすべて小文字で入力しても、1文字目が大文字に変換されてしまう場合は、Wordが文の先頭文字を大文字にする設定になっています。＜ファイル＞タブの＜オプション＞をクリックし、＜Wordのオプション＞画面を開きます。＜文章校正＞の＜オートコレクトのオプション＞をクリックして、＜オートコレクト＞タブの＜文の先頭文字を大文字にする＞をクリックしてオフにします。

Section 16 難しい漢字を入力する

覚えておきたいキーワード
- IMEパッド
- 手書きアプレット
- 総画数アプレット

読みのわからない漢字は、IMEパッドを利用して検索します。手書きアプレットでは、ペンで書くようにマウスで文字を書き、目的の漢字を検索して入力することができます。また、総画数アプレットでは画数から、部首アプレットでは部首から目的の漢字を検索することができます。

1 IMEパッドを表示する

キーワード IMEパッド

「IMEパッド」は、キーボードを使わずにマウス操作だけで文字を入力するためのツール（アプレット）が集まったものです。読みのわからない漢字や記号などを入力したい場合に利用します。IMEパッドを閉じるには、IMEパッドのタイトルバーの右端にある<閉じる>✕をクリックします。

1 <入力モード>を右クリックして、
2 <IMEパッド>をクリックすると、
3 IMEパッドが表示されます。

ヒント IMEパッドのアプレット

IMEパッドには、以下の5つのアプレットが用意されています。左側のアプレットバーのアイコンをクリックすると、アプレットを切り替えることができます。

- 手書きアプレット（次ページ参照）
- 文字一覧アプレット
  文字の一覧から目的の文字をクリックして、文字を入力します。
- ソフトキーボードアプレット
  マウスで画面上のキーをクリックして、文字を入力します。
- 総画数アプレット（P.80参照）
- 部首アプレット（P.81参照）

文字一覧アプレット　　　アプレットバー

ソフトキーボードアプレット

2 手書きで検索した漢字を入力する

「詊田」（せだか）の「詊」を検索します。

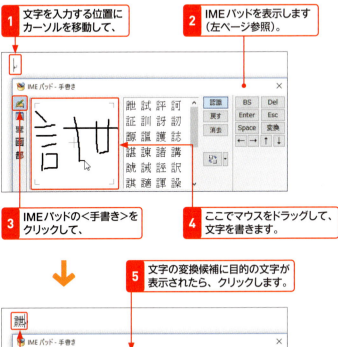

キーワード 手書きアプレット

「手書きアプレット」は、ペンで紙に書くようにマウスで文字を書き、目的の文字を検索することができるアプレットです。

メモ マウスのドラッグの軌跡が線として認識される

手書きアプレットでは、マウスをドラッグした軌跡が線として認識され、文字を書くことができます。入力された線に近い文字を検索して変換候補を表示するため、文字の1画を書くごとに、変換候補の表示内容が変わります。文字をすべて書き終わらなくても、変換候補に目的の文字が表示されたらクリックします。

ヒント マウスで書いた文字を消去するには？

手書きアプレットで、マウスで書いた文字をすべて消去するにはIMEパッドの＜消去＞をクリックします。また、直前の1画を消去するには＜戻す＞をクリックします。

Section 16 難しい漢字を入力する

3 総画数で検索した漢字を入力する

キーワード 総画数アプレット

「総画数アプレット」は、漢和辞典の総画数索引のように、漢字の総画数から目的の漢字を検索して、入力するためのアプレットです。

「大畷」（おおはた）の「畷」を検索します。

1 IMEパッドの＜総画数＞をクリックします。

IMEパッドを表示しておきます（P.78参照）。

2 ここをクリックして、

3 目的の漢字の画数をクリックすると（ここでは＜16画＞）、

4 指定した画数の漢字が一覧表示されます。

5 目的の漢字をクリックすると、

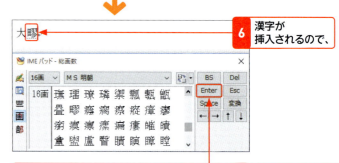

6 漢字が挿入されるので、

7 IMEパッドの＜Enter＞をクリックするか、Enterを押して確定します。

ヒント 漢字の読みを表示する

各アプレットでの検索結果の一覧表示では、目的の漢字にマウスポインターを合わせると、読みが表示されます。

漢字にマウスポインターを合わせると読みが表示されます。

4 部首で検索した漢字を入力する

「松本」の「松」を検索します。

1 IMEパッドの＜部首＞をクリックします。

IMEパッドを表示しておきます（P.78参照）。

2 ここをクリックして、

3 部首の画数をクリックし（ここでは＜4画＞）、

右の「ヒント」参照

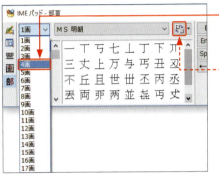

4 目的の部首をクリックすると、

5 指定した部首が含まれる漢字が一覧表示されます。

6 目的の漢字をクリックすると、

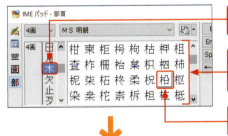

7 漢字が挿入されるので、

8 IMEパッドの＜Enter＞をクリックするか、Enterを押して確定します。

キーワード　部首アプレット

「部首アプレット」は、漢和辞典の部首別索引のように、部首の画数から目的の部首を検索して、その部首が含まれるものから目的の漢字を検索し、入力するためのアプレットです。

ヒント　漢字の一覧を詳細表示に切り替える

総画数や部首アプレットで、＜一覧表示の拡大／詳細の切り替え＞をクリックすると、漢字の一覧が詳細表示に切り替わり、画数（部首）と読みを表示することができます。

＜一覧表示の拡大／詳細の切り替え＞

ステップアップ　IMEパッドでキーボード操作を行う

IMEパッドの右側にある＜BS＞や＜Del＞などのアイコンは、それぞれキーボードのキーに対応しています。これらのアイコンをクリックすると、改行やスペースを挿入したり、文書内の文字列を削除したりするなど、いちいちキーボードに手を戻さなくてもキーボードと同等の操作を行うことができます。

Section 17 記号や特殊文字を入力する

覚えておきたいキーワード
- ☑ 記号／特殊文字
- ☑ 環境依存
- ☑ IME パッド

記号や特殊文字を入力する方法には、記号の読みを変換する、＜記号と特殊文字＞ダイアログボックスで探す、＜IMEパッド-文字一覧＞で探すの3通りの方法があります。一般的な記号の場合は、読みを変換すると変換候補に記号が表示されるので、かんたんに入力できます。

1 記号の読みから変換して入力する

メモ ひらがな（読み）から記号に変換する

●や◎（まる）、■や◆（しかく）、★や☆（ほし）などのかんたんな記号は、読みを入力して Space を押せば、変換の候補一覧に記号が表示されます。また、「きごう」と入力して変換すると、一般的な記号が候補一覧に表示されます。

ヒント ○付き数字を入力するには？

1、2、…を入力して変換すると、①、②、…のような○付き数字を入力できます。Windows 10では、50までの数字を○付き数字に変換することができます。ただし、○付き数字は環境依存の文字なので、表示に関しては注意が必要です（下の「キーワード」参照）。なお、51以上の○付き数字を入力する場合は、囲い文字を利用します（P.85の「ステップアップ」参照）。

キーワード 環境依存

「環境依存」とは、特定の環境でないと正しく表示されない文字のことをいいます。環境依存の文字を使うと、Windows 10や7／8.1、Vista以外のパソコンとの間で文章やメールのやりとりを行う際に、文字化けが発生する場合があります。

郵便記号の「〒」を入力します。

1 記号の読みを入力して（ここでは「ゆうびん」）、Space を2回押します。

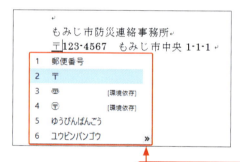

2 変換の候補一覧が表示されるので、

3 目的の記号を選択して Enter を押すと、

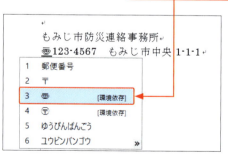

4 選択した記号が挿入されます。

2 ＜記号と特殊文字＞ダイアログボックスを利用して入力する

組み文字の「℡」を入力します。

1 文字を挿入する位置にカーソルを移動します。

2 ＜挿入＞タブをクリックして、

3 ＜記号と特殊文字＞をクリックします。

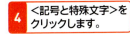

4 ＜記号と特殊文字＞をクリックします。

5 ＜その他の記号＞をクリックすると、

6 ＜記号と特殊文字＞ダイアログボックスが表示されます。

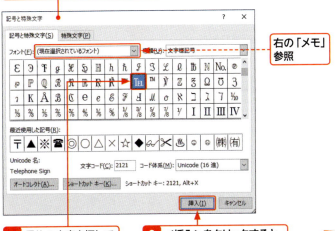

右の「メモ」参照

7 目的の文字を探してクリックして、

8 ＜挿入＞をクリックすると、

メモ 記号と特殊文字の入力

＜記号と特殊文字＞ダイアログボックスに表示される記号や文字は、選択するフォントによって異なります。この手順では、「現在選択されているフォント」(ここでは「MSゴシック」)を選択していますが、より多くの種類の記号が含まれているのは、「Webdings」などの記号専用のフォントです。

ステップアップ 特殊文字の選択

手順**4**で開くメニュー一覧に目的の特殊文字がある場合は、マウスでクリックすれば入力できます。この一覧の内容は、利用状況によって内容が変わります。また、新しい特殊文字を選択すると、ここに表示されるようになります。

ヒント 種類を選択する

＜記号と特殊文字＞ダイアログボックスで特殊文字を探す際に、文字の種類がわかっている場合は、種類ボックスの▽をクリックして種類を選択すると、目的の文字を探しやすくなります。

ヒント　上付き文字／下付き文字を入力する

8^3 などのように右肩に付いた小さい文字を上付き文字、H_2O のように右下に付いた小さい文字を下付き文字といいます。文字を選択して、＜ホーム＞タブの＜上付き文字＞、＜下付き文字＞をクリックすると変換できます。
もとの文字に戻すには、文字を選択して、再度＜上付き文字＞、＜下付き文字＞をクリックします。

9 文字が挿入されます。

```
＊連絡事項
防災グッズご希望の方は、下記へお問い合わせください。

もみじ市防災連絡事務所
〒123-4567　もみじ市中央1-1-1
TEL 098-7654-3210
```

10 ＜記号と特殊文字＞ダイアログボックスの＜閉じる＞をクリックします。

3　＜IMEパッド－文字一覧＞を利用して特殊文字を入力する

メモ　IMEパッドの文字一覧を利用する

記号や特殊文字は、IMEパッドの＜文字一覧アプレット＞からも挿入することができます。文字一覧アプレットの＜文字カテゴリ＞には、ラテン文字やアラビア文字など多言語の文字のほか、各種記号や特殊文字が用意されています。

ここでは、「✂」を入力します。

1 特殊文字を入れたい位置にカーソルを移動します。

2 ＜入力モード＞を右クリックして、

3 ＜IMEパッド＞をクリックします。

4 IMEパッドが表示されます。

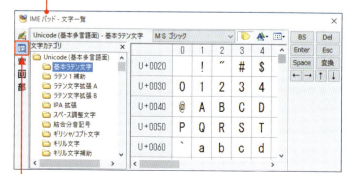

5 ＜文字一覧＞をクリックして、

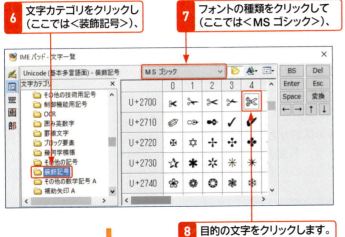

ヒント 文字カテゴリの選択

文字カテゴリがわからない場合は、文字一覧をスクロールして文字を探すとよいでしょう。なお、指定したフォントの種類によっては、目的の文字が表示されない場合もあります。

ヒント 特殊文字のフォントサイズ

特殊文字や環境依存の文字などには、フォントサイズが小さいものがあります。ほかの文字とのバランスが悪い場合は、その文字のみフォントサイズを大きくしてバランスよく配置するとよいでしょう。

ステップアップ　囲い文字で○付き数字を入力する

51以上の2桁の数字を○付き数字にするには、囲い文字を利用します。数字を半角で入力して選択し、＜ホーム＞タブの＜囲い文字＞ をクリックします。＜囲い文字＞ダイアログボックスが表示されるので、以下の手順で操作を行います。

Section 18 文章を改行する

覚えておきたいキーワード
- ☑ 改行
- ☑ 空行
- ☑ 段落記号

文章を入力して Enter を押し、次の行（段落）に移ることを改行といいます。一般に、改行は段落の区切りとして扱われるため、段落記号が表示されます。次の行で何も入力せず、再度 Enter を押すと、空行が入ります。また、段落の途中で改行を追加することもできます。これを強制改行といいます。

1 文章を改行する

キーワード 改行

「改行」とは文章の中で行を新しくすることです。Enter を押すと次の行にカーソルが移動し、改行が行われます。行を変えるので「改行」と呼びますが、実際には段落を変えています。

1 文章を入力して、文末で Enter を押すと、

```
拝啓
初秋の候、ますます御健勝のこととお慶び申し上げます。日頃は大
変お世話になっております。
```

2 改行され、カーソルが次の行に移動します。

```
拝啓
初秋の候、ますます御健勝のこととお慶び申し上げます。日頃は大
変お世話になっております。
```

左の「ヒント」参照

ヒント 段落と段落記号

入力し始める先頭の位置には「段落記号」↵ が表示され、文章を入力する間、つねに文章の最後に表示されています。文章の区切りで Enter を押して改行すると、改行した末尾と、次の行の先頭に段落記号が表示されます。この文章の最初から段落記号までを、1つの「段落」と数えます。

3 続けて文章を入力して、Enter を押すと、

```
拝啓
初秋の候、ますます御健勝のこととお慶び申し上げます。日頃は大
変お世話になっております。
さて、本年の総会において災害時緊急避難対策の見直しとして、災
害対策検討委員会を設置しました。
```

4 改行されます。

2 空行を入れる

1 改行して、行の先頭にカーソルを移動します。

> さて、本年の総会において災害時緊急避難対策の見直しとして、災害対策検討委員会を設置しました。

キーワード　空行

文字の入力されていない行（段落）を「空行」といいます。文書によっては、読みやすさや話題を変えるときに、1行空けるとよいでしょう。

2 Enterを押すと、

3 次の行にカーソルが移動するので文章を入力します。

この行が、空行になります。

> さて、本年の総会において災害時緊急避難対策の見直しとして、災害対策検討委員会を設置しました。
>
> この災害時対策要綱案の説明と承認を行うため、下記のとおり臨時総会を開催いたします。

ステップアップ　強制改行する

文章の始まりから最初の段落記号までを1段落と数えますが、その段落内で改行することを「強制改行」といいます。1段落として扱いたい文章の中に、箇条書きなどで表現したい場合に使います。段落にしておくと、書式の設定などを段落単位で扱うことができます。強制改行にするには、Shift + Enterを押します。強制改行の記号は ↓ で表示されます。

1 強制改行したい先頭の位置にカーソルを移動して、Shift + Enterを押します。

> さて、本年の総会において災害時緊急避難対策の見直しとして、災害対策検討委員会を設置しました。各方面の方々からのご助言や要望をお聞きし、検討を重ねてまいりましたが、この度けやき自治会要綱案がまとまりました。
> この災害時対策要綱案の説明と承認を行うため、下記のとおり臨時

2 改行されます。　　　強制改行の記号が表示されます。

> さて、本年の総会において災害時緊急避難対策の見直しとして、災害対策検討委員会を設置しました。↓
> 各方面の方々からのご助言や要望をお聞きし、検討を重ねてまいりましたが、この度けやき自治会要綱案がまとまりました。
> この災害時対策要綱案の説明と承認を行うため、下記のとおり臨時

Section 19 文章を修正する

覚えておきたいキーワード
- ☑ 文字の挿入
- ☑ 文字の削除
- ☑ 文字の上書き

入力した文章の間に文字を挿入したり、文字を削除したりできます。文字を挿入するには、挿入する位置にカーソルを移動して入力します。文字を削除するには、削除したい文字の左側にカーソルを移動して Delete を押します。また、入力済みの文章に、別の文字を上書きすることができます。

1 文字カーソルを移動する

キーワード 文字カーソル

「文字カーソル」は、一般に「カーソル」といい、文字の入力など操作を開始する位置を示すアイコンです。任意の位置をクリックすると、その場所に文字カーソルが移動します。

1 修正したい文字の左側をクリックすると、

> 拝啓
> 初秋の候、ますます御健勝のこととお慶び申し上げます
> 変お世話になっております。
> さて、本年の総会において災害時緊急避難対策の見直し
> 害対策検討委員会を設置しました。各方面の方々からの
> 望をお聞きし、検討を重ねてまいりましたが、この度け
> 要綱案がまとまりました。
> この災害時対策要綱案の説明と承認を行うため、臨時総
> たします。

ヒント 文字カーソルを移動するそのほかの方法

キーボードの ↑ ↓ ← → を押して、文字カーソルを移動することもできます。

2 カーソルが移動します。

> 拝啓
> 初秋の候、ますます御健勝のこととお慶び申し上げます
> 変お世話になっております。
> さて、本年の総会において災害時緊急避難対策の見直し
> 害対策検討委員会を設置しました。各方面の方々からの
> 望をお聞きし、検討を重ねてまいりましたが、この度け
> 要綱案がまとまりました。
> この災害時対策要綱案の説明と承認を行うため、臨時総
> たします。

ステップアップ 入力オートフォーマット

Wordは、入力をサポートする入力オートフォーマット機能を備えています。たとえば、「拝啓」と入力して Enter を押すと、改行されて、自動的に「敬具」が右揃えで入力されます。また、「記」と入力して Enter を押すと、改行されて、自動的に「以上」が右揃えで入力されます。

2 文字を削除する

1文字ずつ削除する

「緊急」を1文字ずつ消します。

1 ここにカーソルを移動して、BackSpace を押すと、

```
拝啓
初秋の候、ますます御健勝のこととお慶び
変お世話になっております。
さて、本年の総会において災害時緊|急避難
害対策検討委員会を設置しました。各方面
```

2 カーソルの左側の文字が削除されます。

```
拝啓
初秋の候、ますます御健勝のこととお慶び
変お世話になっております。
さて、本年の総会において災害時|急避難
対策検討委員会を設置しました。各方面
```

3 Delete を押すと、

4 カーソルの右側の文字が削除されます。

```
拝啓
初秋の候、ますます御健勝のこととお慶び
変お世話になっております。
さて、本年の総会において災害時|避難対策
策検討委員会を設置しました。各方面の
```

メモ 文字の削除

文字を1文字ずつ削除するには、Delete または BackSpace を使います。削除したい文字の右側にカーソルを移動して BackSpace を押すと、カーソルの左側の文字が削除されます。Delete を押すと、カーソルの右側の文字が削除されます。ここでは、2つの方法を紹介していますが、必ずしも両方を覚える必要はありません。使いやすい方法を選び、使用してください。

Delete を押すと、カーソルの右側の文字（急）が削除されます。

BackSpace を押すと、カーソルの左側の文字（緊）が削除されます。

ヒント 文字を選択して削除する

左の操作では、1文字ずつ削除していますが、文字を選択してから Delete を押しても削除できます。文字を選択するには、選択したい文字の左側にカーソルを移動して、文字の右側までドラッグします。文字列の選択方法について詳しくは、Sec.20を参照してください。

📝 メモ　文章単位で削除する

1文字ずつではなく、1行や複数行の単位で文章を削除するには、文章をドラッグして選択し、Delete または BackSpace を押します。

文章単位で削除する

1 文章をドラッグして選択し、BackSpace または Delete を押すと、

> 初秋の候、ますます御健勝のこととお慶び申し上げます。日頃は大変お世話になっております。
> さて、本年の総会において災害時緊急避難対策の見直しとして、災害対策検討委員会を設置しました。各方面の方々からのご助言や要望をお聞きし、検討を重ねてまいりましたが、この度けやき自治会要綱案がまとまりました。
> この災害時対策要綱案の説明と承認を行うため、臨時総会を開催い

2 選択した文章がまとめて削除されます。

> 初秋の候、ますます御健勝のこととお慶び申し上げます。日頃は大変お世話になっております。
> この災害時対策要綱案の説明と承認を行うため、臨時総会を開催いたします。

3 文字を挿入する

📝 メモ　文字列の挿入

「挿入」とは、入力済みの文字を削除せずに、カーソルのある位置に文字を追加することです。このように文字を追加できる状態を、「挿入モード」といいます。Wordの初期設定では、あらかじめ「挿入モード」になっています。

Wordには、「挿入モード」のほかに、「上書きモード」が用意されています。「上書きモード」は、入力されている文字を上書き（消し）しながら文字を置き換えて入力していく方法です。モードの切り替えは、キーボードの Insert (Ins) を押して行います。

1 文字を挿入する位置をクリックして、カーソルを移動します。

> 初秋の候、ますます御健勝のこととお慶び
> 変お世話になっております。
> さて、本年の総会において災害時緊急避難

2 文字を入力し、確定すると、

> 初秋の候、ますます御健勝のこととお慶び
> 変お世話になっております。
> さて、本年の定期総会において災害時緊急
> 災害対策検　提供　　　　　ました。各方
> 要望をお聞　定期　　　　てまいりまし
> 会要綱案が　提供する
> この災害時　定期預金　月と承認を行う
> たします。　定期的
> 　　　　Tabキーで予測候補を選択

3 文字が挿入されます。

```
初秋の候、ますます御健勝のこととお慶び申し
変お世話になっております。
さて、本年の定期総会において災害時緊急避難
```

4 文字を上書きする

1 入力済みの文字列を選択して、

```
初秋の候、ますます御健勝のこととお慶び申し
変お世話になっております。
さて、本年の定期総会において災害時緊急避難
災害対策検討委員会を設置しました。各方面の
要望をお聞きし、検討を重ねてまいりましたが
```

メモ 文字列の上書き

「上書き」とは、入力済みの文字を選択して、別の文字に書き換えることです。上書きするには、書き換えたい文字を選択してから入力します。

2 上書きする文字列を入力すると、

```
初秋の候、ますます御健勝のこととお慶び申し
変お世話になっております。
さて、本年の定期総会において災害時緊急避難
災害時対策理事会を設置しました。各方面の方
望をお聞きし、検討を重ねてまいりましたが、
```

3 文字列が上書きされます。

```
初秋の候、ますます御健勝のこととお慶び申し
変お世話になっております。
さて、本年の定期総会において災害時緊急避難
災害時対策理事会を設置しました。各方面の方
望をお聞きし、検討を重ねてまいりましたが、
```

Section 20 文字列を選択する

覚えておきたいキーワード
- ☑ 文字列の選択
- ☑ 行の選択
- ☑ 段落の選択

文字列に対してコピーや移動、書式変更などを行う場合は、まず操作する文字列や段落を選択します。文字列を選択するには、選択したい文字列をマウスでドラッグするのが基本ですが、ドラッグ以外の方法で単語や段落を選択することもできます。また、離れた文字列を同時に選択することもできます。

1 ドラッグして文字列を選択する

メモ ドラッグで選択する

文字列を選択するには、文字列の先頭から最後までをドラッグする方法がかんたんです。文字列に網がかかった状態を「選択された状態」といいます。

1 選択したい文字列の先頭をクリックして、

臨時総会開催のご案内

2 文字列の最後までドラッグすると、文字列が選択されます。

臨時総会開催のご案内

ヒント 選択の解除

文字の選択を解除するには、文書上のほかの場所をクリックします。

2 ダブルクリックして単語を選択する

メモ 単語の選択

単語を選択するには、単語の上にマウスポインター を移動して、ダブルクリックします。単語を一度に選択することができます。

1 単語の上にマウスカーソルを移動して、

臨時総会開催のご案内

2 ダブルクリックすると、

3 単語が選択された状態になります。

臨時総会開催のご案内

3 行を選択する

1 選択する行の左側の余白にマウスポインターを移動してクリックすると、

2 行が選択されます。

> 大変お世話になっております。
> さて、本年の総会において災害時緊急避難対策の見直しとして、災害対策検討委員会を設置しました。各方面の方々からのご助言や要望をお聞きし、検討を重ねてまいりましたが、この度けやき自治会要綱案がまとまりました。

メモ 行の選択

「行」の単位で選択するには、選択する行の余白でクリックします。そのまま下へドラッグすると、複数行を選択することができます。

3 左側の余白をドラッグすると、

> 大変お世話になっております。
> さて、本年の総会において災害時緊急避難対策の見直しとして、災害対策検討委員会を設置しました。各方面の方々からのご助言や要望をお聞きし、検討を重ねてまいりましたが、この度けやき自治会要綱案がまとまりました。

4 ドラッグした範囲の行がまとめて選択されます。

4 文（センテンス）を選択する

1 文のいずれかの文字の上にマウスポインターを移動して、

> 臨時総会開催のご案内
>
> 拝啓
> 　初秋の候、ますます御健勝のこととお慶び申し上げます。日頃は大変お世話になっております。
> 　さて、本年の総会において災害時緊急避難対策の見直しとして、災害対策検討委員会を設置しました。各方面の方々からのご助言や

メモ 文の選択

Wordにおける「文」とは、句点「。」で区切られた範囲のことです。文の上でを押しながらクリックすると、「文」の単位で選択することができます。

2 を押しながらクリックすると、

3 文が選択されます。

> 臨時総会開催のご案内
>
> 拝啓
> 　初秋の候、ますます御健勝のこととお慶び申し上げます。日頃は大変お世話になっております。
> 　さて、本年の総会において災害時緊急避難対策の見直しとして、災害対策検討委員会を設置しました。各方面の方々からのご助言や

5 段落を選択する

メモ　段落の選択

Wordにおける「段落」とは、文書の先頭または段落記号⏎から、文書の末尾または段落記号⏎までの文章のことです。段落の左側の余白でダブルクリックすると、段落全体を選択することができます。

ヒント　そのほかの段落の選択方法

目的の段落内のいずれかの文字の上でトリプルクリック（マウスの左ボタンをすばやく3回押すこと）しても、段落を選択できます。

1 選択する段落の左余白にマウスポインターを移動して、

2 ダブルクリックすると、

3 段落が選択されます。

6 離れたところにある文字を同時に選択する

メモ　離れた場所にある文字を同時に選択する

文字列をドラッグして選択したあと、Ctrlを押しながら別の箇所の文字列をドラッグすると、離れた場所にある複数の文字列を同時に選択することができます。

1 文字列をドラッグして選択します。

2 Ctrlを押しながら、ほかの文字列をドラッグします。

3 Ctrlを押しながら、ほかの文字列をドラッグします。

4 同時に複数の文字列を選択することができます。

7 ブロック選択で文字を選択する

1 選択する範囲の左上隅にマウスポインターを移動して、

```
          記
日程：9月20日（日）   午後2時～5時
  2時      開会
  2時15分  災害対策について（吉岡氏）・質疑
  3時30分  臨時総会議事
  5時      閉会
```

2 Altを押しながらドラッグすると、

3 ブロックで選択されます。

```
          記
日程：9月20日（日）   午後2時～5時
  2時      開会
  2時15分  災害対策について（吉岡氏）・質疑
  3時30分  臨時総会議事
  5時      閉会
```

🔍 キーワード　ブロック選択

「ブロック選択」とは、ドラッグした軌跡を対角線とする四角形の範囲を選択する方法のことです。箇条書きや段落番号に設定している書式だけを変更する場合などに利用すると便利です。

💡 ヒント　キー操作で文字を選択するには？

キーボードを使って文字を選択することもできます。Shiftを押しながら、選択したい方向の↑↓←→を押します。

- Shift + ← / →
  カーソルの左／右の文字列まで、選択範囲が広がります。
- Shift + ↑
  カーソルから上の行の文字列まで、選択範囲が広がります。
- Shift + ↓
  カーソルから下の行の文字列まで、選択範囲が広がります。

1 選択する範囲の先頭にカーソルを移動して、

```
     臨時総会開催のご案内
拝啓
```

2 Shift + →を1回押すと、カーソルから右へ1文字選択されます。

```
     臨時総会開催のご案内
拝啓
```

3 さらに→を押し続けると、押した回数（文字数）分、選択範囲が右へ広がります。

```
     臨時総会開催のご案内
拝啓
```

Section 20　文字列を選択する

Word 第2章　文字入力の基本

Section 21 文字列をコピー・移動する

覚えておきたいキーワード
- ☑ コピー
- ☑ 切り取り
- ☑ 貼り付け

同じ文字列を繰り返し入力したり、入力した文字列を別の場所に移動したりするには、コピーや切り取り、貼り付け機能を利用すると便利です。コピーされた文字列はクリップボードに格納され、何度でも利用できます。また、コピーと移動はドラッグ＆ドロップでも実行できます。

1 文字列をコピーして貼り付ける

メモ 文字列のコピー

文字列をコピーするには、右の手順に従って操作を行います。コピーされた文字列はクリップボード（下の「キーワード」参照）に保管され、＜貼り付け＞をクリックすると、何度でも別の場所に貼り付けることができます。

1 コピーする文字列を選択します。

2 ＜ホーム＞タブをクリックして、

3 ＜コピー＞をクリックします。

4 選択した文字列がクリップボードに保管されます。

キーワード クリップボード

「クリップボード」とは、コピーしたり切り取ったりしたデータを一時的に保管する場所のことです。文字列以外に、画像や音声などのデータを保管することもできます。

5 文字列を貼り付ける位置にカーソルを移動して、

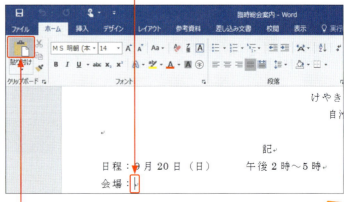

ヒント ショートカットキーを利用する

コピーと貼り付けは、ショートカットキーを利用すると便利です。コピーする場合は文字を選択して、Ctrl＋Cを押します。コピー先にカーソルを移動して、貼り付けのCtrl＋Vを押します。

6 ＜貼り付け＞の上の部分をクリックすると、

7 クリップボードに保管した文字列が貼り付けられます。

```
                        けやきマンション自治会
                        自治会長　花田　次郎

                記
日程：9月20日（日）　午後2時～5時
会場：けやきマンション
配布資料：「避難対策要綱案」（当日ご持参ください）
※保育受付をご希望される世帯は、8月 25 日までにお申し出くだ
さい。
```

＜貼り付けのオプション＞が表示されます（右の「ヒント」参照）。

ヒント ＜貼り付けのオプション＞を利用するには？

貼り付けたあと、その結果の右下に表示される＜貼り付けのオプション＞ をクリックすると、貼り付ける状態を指定するためのメニューが表示されます。詳しくは、Sec.37 を参照してください。

2 ドラッグ＆ドロップで文字列をコピーする

1 コピーする文字列を選択して、

```
　ご多忙中のことと存じますが、ご出席いただけますようご案内申
し上げます。
                                敬具
                    けやきマンション自治会
                        自治会長　花田　次郎

                記
日程：9月20日（日）　午後2時～5時
会場：
配布資料：「避難対策要綱案」（当日ご持参ください）
※保育受付をご希望される世帯は、8月 25 日までにお申し出くだ
```

2 Ctrl を押しながらドラッグすると、

メモ ドラッグ＆ドロップで文字列をコピーする

文字列を選択して、Ctrl を押しながらドラッグすると、マウスポインターの形が に変わります。この状態でマウスボタンから指を離す（ドロップする）と、文字列をコピーできます。なお、この方法でコピーすると、クリップボードにデータが保管されないため、データは一度しか貼り付けられません。

3 文字列がコピーされます。　　もとの文字列も残っています。

```
　ご多忙中のことと存じますが、ご出席いただけますようご案内申
し上げます。
                                敬具
                    けやきマンション自治会
                        自治会長　花田　次郎

日程：9
会場：けやきマンション
配布資料：「避難対策要綱案」（当日ご持参ください）
※保育受付をご希望される世帯は、8月 25 日までにお申し出くだ
```

3 文字列を切り取って移動する

メモ 文字列の移動

文字列を移動するには、右の手順に従って操作を行います。切り取られた文字列はクリップボードに保管されるので、コピーの場合と同様、＜貼り付け＞をクリックすると、何度でも別の場所に貼り付けることができます。

1 移動する文字列を選択して、

2 ＜ホーム＞タブをクリックし、

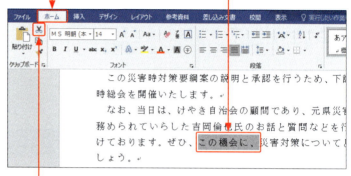

3 ＜切り取り＞をクリックすると、

4 選択した文字列が切り取られ、クリップボードに保管されます。

5 文字列を貼り付ける位置にカーソルを移動して、

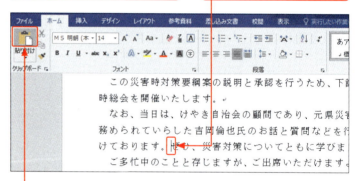

6 ＜貼り付け＞の上の部分をクリックすると、

7 クリップボードに保管した文字列が貼り付けられます。

＜貼り付けのオプション＞が表示されます(Sec.37参照)。

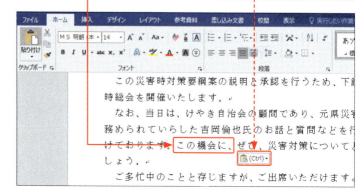

ヒント ショートカットキーを利用する

切り取りと貼り付けは、ショートカットキーを利用すると便利です。移動する場合は文字を選択して、Ctrl+Xを押します。移動先にカーソルを移動して、貼り付けのCtrl+Vを押します。

4 ドラッグ＆ドロップで文字列を移動する

1 移動する文字列を選択して、

　この災害時対策要綱案の説明と承認を行うため、下記のとおり臨時総会を開催いたします。
　なお、当日は、けやき自治会の顧問であり、元県災害対策部長を務められていらした吉岡倫也氏のお話と質問などを行う時間を設けております。ぜひ、この機会に、災害対策についてともに学びましょう。
　ご多忙中のことと存じますが、ご出席いただけますようご案内申し上げます。

2 移動先にドラッグ＆ドロップすると、

3 文字列が移動します。　　もとの文字列はなくなります。

　この災害時対策要綱案の説明と承認を行うため、下記のとおり臨時総会を開催いたします。
　なお、当日は、けやき自治会の顧問であり、元県災害対策部長を務められていらした吉岡倫也氏のお話と質問などを行う時間を設けております。この機会に、ぜひ、災害対策についてともに学びましょう。
　ご多忙中のことと存じますが、ご出席いただけますようご案内申し上げます。

メモ ドラッグ＆ドロップで文字列を移動する

文字列を選択して、そのままドラッグすると、マウスポインターの形がに変わります。この状態でマウスボタンから指を離す（ドロップする）と、文字列を移動できます。ただし、この方法で移動すると、クリップボードにデータが保管されないため、データは一度しか貼り付けられません。

ヒント ショートカットメニューでのコピーと移動

コピー、切り取り、貼り付けの操作は、文字を選択して、右クリックして表示されるショートカットメニューからも行うことができます。

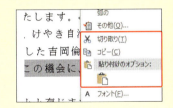

タッチ タッチ操作で行うコピー、切り取り、貼り付け

タッチ操作で、コピー、切り取り、貼り付けをするには、文字の上でタップしてハンドル○を表示します。○をスライドすると、文字を選択できます。選択した文字の上でホールド（タッチし続ける）し、表示されるショートカットメニューからコピー、切り取り、貼り付けの操作を選択します。

1 ○（ハンドル）を操作して文字を選択し、

、けやき自治会の顧問であり、元県災害対策部長をした吉岡倫也氏のお話と質問などを行う時間を設ぜひ、この機会に、災害対策についてともに学びまとと存じますが、ご出席いただけますようご案内申

2 文字の上をホールドします。

3 ショートカットメニューが表示されるので、目的の操作をタップします。

Section 22 便利な方法で文字列を貼り付ける

覚えておきたいキーワード
- ☑ クリップボード
- ☑ データの保管
- ☑ 貼り付けオプション

Wordには、コピー（または切り取り）したデータを保管しておくWindows全体のクリップボードとは別に、Office専用のクリップボードが用意されています。1個のデータしか保管できないWindowsのクリップボードに対し、24個までのデータを保管できるため、複数のデータを繰り返し利用できます。

1 Officeのクリップボードを利用して貼り付ける

メモ Officeのクリップボード

Wordでは、Windows全体のクリップボードのほかに、24個までのデータを保管することができるOffice専用のクリップボードが利用できます。Officeのクリップボードに保管されているデータは、＜クリップボード＞作業ウィンドウで管理でき、Officeのすべてのアプリケーションどうしで連携して作業することが可能です。

なお、WindowsのクリップボードにはOfficeのクリップボードに最後に保管（コピー）されたデータが保管されます。

ヒント Office専用のクリップボードのデータ

Office専用のクリップボードに保管されたデータは、同時に開いているほかのWordの文書でも利用できます。なお、データが24個以上になった場合は、古いデータから順に削除されます。

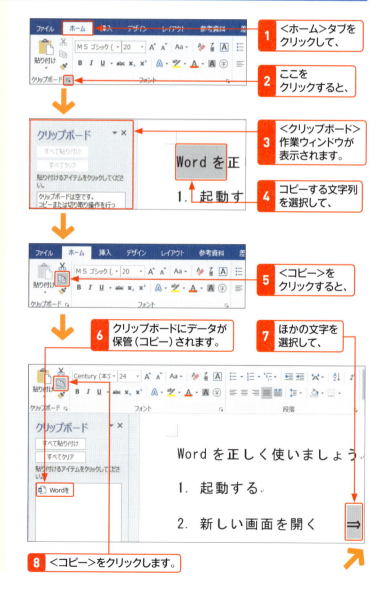

1. ＜ホーム＞タブをクリックして、
2. ここをクリックすると、
3. ＜クリップボード＞作業ウィンドウが表示されます。
4. コピーする文字列を選択して、
5. ＜コピー＞をクリックすると、
6. クリップボードにデータが保管（コピー）されます。
7. ほかの文字を選択して、
8. ＜コピー＞をクリックします。

9 データが保管されます。

10 同様の操作で、複数のデータをクリップボードに保管します。

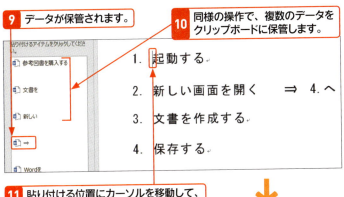

11 貼り付ける位置にカーソルを移動して、

12 貼り付けるデータをクリックすると、

13 データが貼り付けられます。

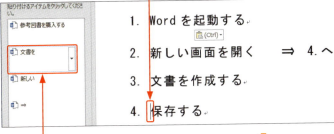

14 ほかの貼り付ける位置にカーソルを移動して、

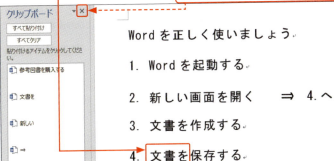

15 データをクリックすると、

16 データが貼り付けられます。

＜閉じる＞をクリックすると、作業ウィンドウが閉じられます。

Section 22 便利な方法で文字列を貼り付ける

ステップアップ 保管されたデータの削除

Office専用のクリップボードに保管したデータを削除するには、削除したいデータにマウスポインターを合わせると右側に表示される｜をクリックして、＜削除＞をクリックします。
また、クリップボードのすべてのデータを削除したい場合は、＜クリップボード＞作業ウィンドウの上側にある＜すべてクリア＞をクリックします。

1 ここをクリックして、

2 ＜削除＞をクリックします。

Word 第2章 文字入力の基本

2 別のアプリから貼り付ける

メモ ほかのアプリからコピーする

Word以外のExcelやPowerPoint文書の中の文章や、Webページに記載されている文章は、コピー操作でWord文書に貼り付けることができます。ここでは、ショートカットキーを使った操作を解説していますが、通常の操作（P.96参照）でも同じことができます。

注意 著作権の確認

Webページの文章は著作権などが適用される場合がありますので、利用する場合は注意してください。

ヒント 貼り付けのオプション

コピーした文字列を貼り付けると、＜貼り付けのオプション＞ が表示されます。これは、文字列の書式をもとのまま貼り付けるか、貼り付け先に合わせるかなどの選択ができる機能です。貼り付けのオプションについては、Sec.37を参照してください。また、書式については、第3章を参照してください。

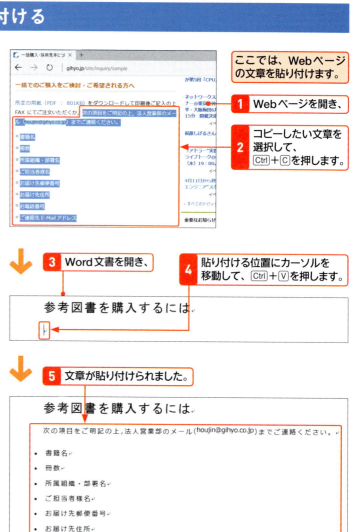

Chapter 03

第3章

書式と段落の設定

Section	23	書式と段落の考え方
	24	フォントの種類
	25	フォント・フォントサイズを変更する
	26	太字・斜体・下線・色を設定する
	27	箇条書きを設定する
	28	段落番号を設定する
	29	文章を中央揃え／右揃えにする
	30	文字の先頭を揃える
	31	字下げを設定する
	32	行の間隔を設定する
	33	改ページを設定する
	34	段組みを設定する
	35	セクション区切りを設定する
	36	段落に囲み線や網かけを設定する
	37	形式を選択して貼り付ける
	38	書式をコピーして貼り付ける
	39	文書にスタイルを設定する
	40	文書のスタイルを作成する

Section 23 書式と段落の考え方

覚えておきたいキーワード
- ☑ 段落書式
- ☑ 文字書式
- ☑ 書式の詳細

体裁の整った文書を作成するには、書式の仕組みを知っておくことが重要です。Wordの書式には、段落単位で書式を設定する「段落書式」と、文字単位で書式を設定する「文字書式」があります。文書内で設定されている書式は、＜書式の詳細設定＞作業ウィンドウでかんたんに確認することができます。

1 段落書式と文字書式

🔍 キーワード 段落書式

「段落書式」とは、段落単位で設定する書式のことです。代表的な段落書式には次のようなものがあります。

- ・配置
- ・インデント
- ・行間
- ・タブ
- ・箇条書き

段落単位で設定する書式

- 中央揃えを設定しています。
- 右揃えを設定しています。
- 通常は両端揃えになっています。

🔍 キーワード 文字書式

「文字書式」とは、段落にとらわれずに、文字単位で設定できる書式のことです。代表的な文字書式には次のようなものがあります。

- ・フォント
- ・太字
- ・文字色
- ・傍点
- ・フォントサイズ
- ・斜体
- ・下線
- ・文字飾り

文字単位で設定する書式

- フォントを「HG丸ゴシックM-PRO」、フォントサイズを「18pt」に設定しています。
- フォントに太字と斜体を設定しています。

第3章 書式と段落の設定

2 設定した書式の内容を確認する

1 書式を設定した文字を選択して、Shift+F1を押すと、

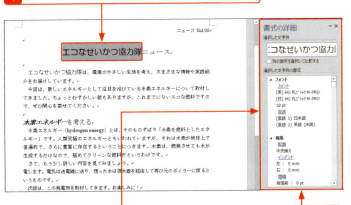

  ＜書式の詳細＞作業ウィンドウが表示されます。

3 書式の内容を確認できます。

> **メモ ＜書式の詳細＞作業ウィンドウを表示する**
>
> Shift+F1を押すと、＜書式の詳細＞作業ウィンドウが表示されます。＜書式の詳細＞作業ウィンドウを利用すると、選択した文字列に設定されている書式の詳細情報を確認することができます。

4 ここをクリックしてオンにして、

5 比較したい文字列を選択すると、

6 書式の違いを調べることができます。

ここをクリックすると、ウィンドウが閉じます。

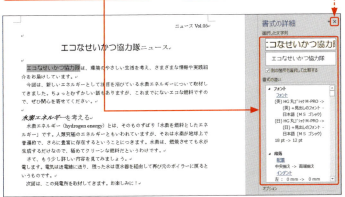

> **メモ 文字列の書式の違いを調べる**
>
> 文字列の書式の違いを調べるには、最初に1番目の文字列を選択して、＜書式の詳細＞作業ウィンドウを表示します。ウィンドウの＜別の箇所を選択して比較する＞をクリックしてオンにして、比較する2番目の文字列を選択します。これで、2つの文字列の書式を比較して表示することができます。

Section 24 フォントの種類

覚えておきたいキーワード
- 明朝体
- ゴシック体
- 既定のフォント

フォントとは、画面表示や印刷に使われる文字の書体のことです。日本語の表示に使用するものと、英数字の表示に使用するものとに大別され、用途に応じて使い分けます。Wordには既定のフォントが設定されていますが、これは変更することができます。

1 目的に応じてフォントを使い分ける

メモ フォントの系統

フォントには、本文やタイトルなど、文書中の位置に応じて使い分ける次の2種類の系統があります。

- **明朝体（セリフ系）**
  主に文書の本文に利用します。字体は細く、筆書きの文字の「はね」のような飾り（セリフ）があるのが特徴です。

- **ゴシック体（サンセリフ系）**
  タイトルや見出しなど、文書の目立たせたい部分に利用します。字体は太く、直線的なデザインが特徴です。

主に本文に利用するフォント

明朝体（MS明朝）

セリフフォント（Century）

主にタイトルに利用するフォント

ゴシック体（MSゴシック）

サンセリフフォント（Arial）

キーワード 等幅フォントとプロポーショナルフォント

「等幅フォント」は、各文字の幅や文字と文字の間隔が一定になるように作られているフォントです。文字の位置をきちんと揃えたい場合などは、等幅フォントを使用することをおすすめします。
「プロポーショナルフォント」は、各文字の幅や文字と文字の間隔が文字ごとに異なるフォントです。文字の並びが美しく見えるように、使用する幅が文字ごとに決められています。

等幅フォント（MS明朝）

ギジュツヒョウロンシャ

1文字の幅と字間の幅が決まっているため、文字が整然と並びます。

プロポーショナルフォント（MS P明朝）

ギジュツヒョウロンシャ

文字によって文字幅、字間の幅が異なるので、最適なバランスで配置されます。

2 既定のフォント設定を変更する

メモ 既定の設定を変更する

Word 2016のフォントの初期設定は、「游明朝」の「10.5」ptです。この設定を自分用に変更し、既定のフォントとして設定することができます。
フォントの設定は個別の文字ごとに変更することもできますが（Sec.25参照）、文書全体をつねに同じ書式にしたい場合は、既定に設定しておくとよいでしょう。

メモ ＜フォント＞ダイアログボックスでの設定

＜フォント＞ダイアログボックスでは、フォントの種類やサイズを設定する以外にも、フォントの色や下線などを設定することができます。また、＜ホーム＞タブにはない文字飾りなどを設定することができます（P.114の「ステップアップ」参照）。

ヒント 既定のフォントの設定対象

手順7の確認のダイアログボックスでは、既定のフォントの適用対象を選択できます。＜Normalテンプレートを使用したすべての文書＞は、＜フォント＞ダイアログボックスで設定した内容が既定のフォントとして保存され、次回から作成する新規文書にも適用されます。＜この文書だけ＞は、設定した文書のみに適用されます。

Section 25 フォント・フォントサイズを変更する

覚えておきたいキーワード
- ☑ フォント
- ☑ フォントサイズ
- ☑ リアルタイムプレビュー

フォントやフォントサイズ（文字サイズ）は、目的に応じて変更できます。フォントサイズを大きくしたり、フォントを変更したりすると、文書のタイトルや重要な部分を目立たせることができます。フォントサイズやフォントの変更は、＜フォントサイズ＞ボックスと＜フォント＞ボックスを利用します。

1 フォントを変更する

メモ フォントの変更
フォントを変更するには、文字列を選択して、＜ホーム＞タブの＜フォント＞ボックスやミニツールバーから目的のフォントを選択します。

1 フォントを変更したい文字列をドラッグして選択します。

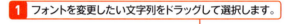
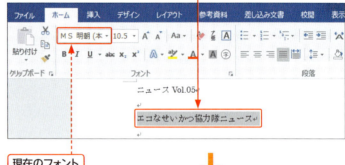

現在のフォント

メモ 一覧に実際のフォントが表示される
手順**2**で＜フォント＞ボックスの▼をクリックすると表示される一覧には、フォント名が実際のフォントのデザインで表示されます。また、フォントにマウスポインターを近づけると、そのフォントが適用されて表示されます。

2 ＜ホーム＞タブの＜フォント＞のここをクリックし、

3 目的のフォントをクリックすると、

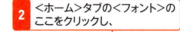
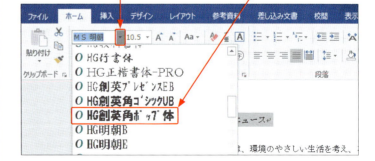

ヒント フォントやフォントサイズをもとに戻すには？
フォントやフォントサイズを変更したあとでもとに戻したい場合は、同様の操作で、それぞれ「游明朝」、「10.5」ptを指定します。また、＜ホーム＞タブの＜すべての書式をクリア＞ をクリックすると、初期設定に戻ります。

4 フォントが変更されます。

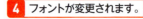

第3章 書式と段落の設定

2 フォントサイズを変更する

1 フォントサイズを変更したい文字列を選択します。

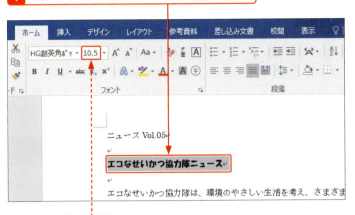

現在のフォントサイズ

2 ＜ホーム＞タブの＜フォントサイズ＞の
ここをクリックして、

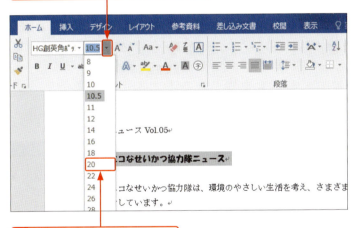

3 目的のサイズをクリックすると、

4 文字の大きさが変更されます。

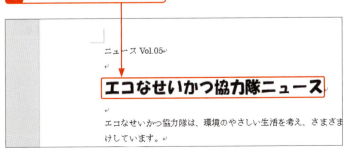

メモ　フォントサイズの変更

フォントサイズとは、文字の大きさのことです。フォントサイズを変更するには、文字列を選択して＜ホーム＞タブの＜フォントサイズ＞ボックスやミニツールバーから目的のサイズを選択します。

ヒント　直接入力することもできる

＜フォントサイズ＞ボックスをクリックして、目的のサイズの数値を直接入力することもできます。入力できるフォントサイズの範囲は、1～1,638ptです。

ヒント　リアルタイムプレビュー

＜フォントサイズ＞ボックスの▼をクリックすると表示される一覧で、フォントサイズにマウスポインターを近づけると、そのサイズが選択中の文字列にリアルタイムで適用されて表示されます。

Section 26 太字・斜体・下線・色を設定する

覚えておきたいキーワード
- ☑ 太字／斜体／下線
- ☑ 文字の色
- ☑ 文字の効果

文字列には、太字や斜体、下線、文字色などの書式を設定できます。また、＜フォント＞ダイアログボックスを利用すると、文字飾りを設定することもできます。さらに、文字列には文字の効果として影や反射、光彩などの視覚効果を適用することができます。

1 文字に太字と斜体を設定する

 メモ 文字書式の設定

文字書式用のコマンドは、＜ホーム＞タブの＜フォント＞グループのほか、ミニツールバーにもまとめられています。目的のコマンドをクリックすることで、文字書式を設定することができます。

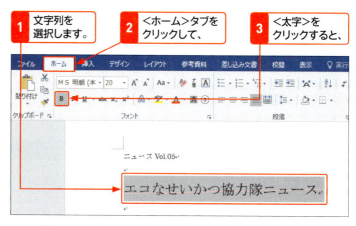

1. 文字列を選択します。
2. ＜ホーム＞タブをクリックして、
3. ＜太字＞をクリックすると、
4. 文字が太くなります。

ヒント 文字書式の設定を解除するには？

文字書式を解除したい場合は、書式が設定されている文字範囲を選択して、設定されている書式のコマンド（太字なら ）をクリックします。

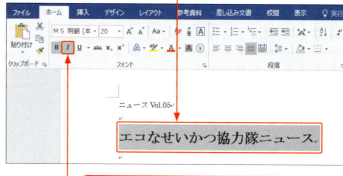

5. 文字列を選択した状態で、＜斜体＞をクリックすると、
6. 斜体が追加されます。

 ヒント ショートカットキーを利用する

文字列を選択して、[Ctrl]+[B]を押すと太字にすることができます。再度[Ctrl]+[B]を押すと、通常の文字に戻ります。

2 文字に下線を設定する

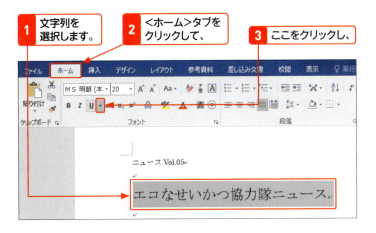

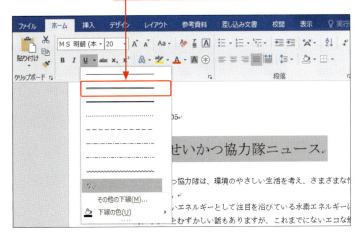

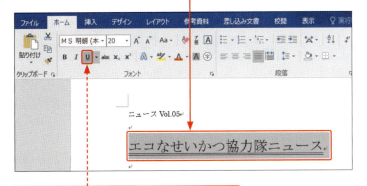

下線を解除するには、下線の引かれた文字列を選択して、＜下線＞をクリックします。

メモ　下線の種類・色を選択する

下線の種類は、＜ホーム＞タブの＜下線＞ U の をクリックして表示される一覧から選択します。また、下線の色は、初期設定で「黒（自動）」になります。下線の色を変更するには、下線を引いた文字列を選択して、手順 4 で＜下線の色＞をクリックし、色パレットから目的の色をクリックします。

ステップアップ　そのほかの下線を設定する

手順 4 のメニューから＜その他の下線＞をクリックすると、＜フォント＞ダイアログボックスが表示されます。＜下線＞ボックスをクリックすると、＜下線＞メニューにない種類を選択できます。

ヒント　ショートカットキーを利用する

文字列を選択して、Ctrl＋Uを押すと下線を引くことができます。再度Ctrl＋Uを押すと、通常の文字に戻ります。

3 文字に色を付ける

メモ 文字の色を変更する

文字の色は、初期設定で「黒（自動）」になっています。この色はあとから変更することができます。

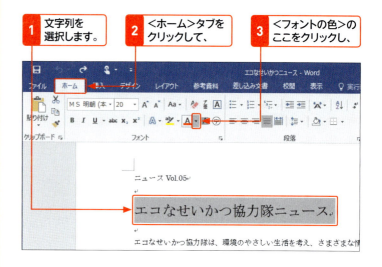

1. 文字列を選択します。
2. <ホーム>タブをクリックして、
3. <フォントの色>のここをクリックし、

4. 目的の色をクリックすると、

ヒント 文字の色をもとに戻す方法

文字の色をもとの色に戻すには、色を変更した文字列を選択して、<ホーム>タブの<フォントの色>の ▼ をクリックし、<自動>をクリックします。

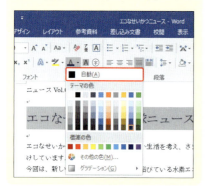

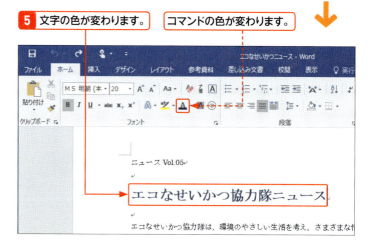

5. 文字の色が変わります。 コマンドの色が変わります。

4 ミニツールバーを利用して設定する

ここでは、太字と下線を設定します。

1 書式を設定したい文字列を選択すると、

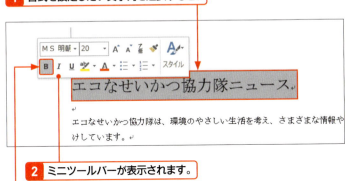

2 ミニツールバーが表示されます。

3 ＜太字＞をクリックすると、

4 太字になります。

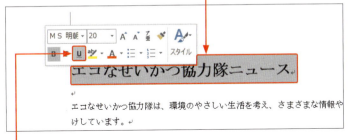

5 文字が選択された状態で、＜下線＞をクリックすると、

6 下線の書式が追加されます。

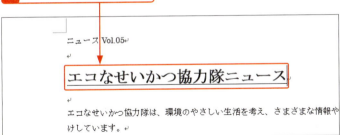

🔍 キーワード　ミニツールバー

対象範囲を選択すると表示されるツールバーを「ミニツールバー」といいます。ミニツールバーには、フォントやフォントサイズ、太字や斜体、フォントの色など、対象範囲に対して行える簡易のコマンドが表示されます。いちいち＜ホーム＞タブを開いてコマンドをクリックするという動作をしなくても済むため、便利です。

💡 ヒント　ミニツールバーの下線の種類

ミニツールバーの＜下線＞は、＜ホーム＞タブの＜下線＞のように種類を選ぶことはできません。既定の下線（黒色の実線）のみが引かれます。

5 文字にデザインを設定する

キーワード 文字の効果と体裁

「文字の効果と体裁」は、Wordに用意されている文字列に影や反射、光彩などの視覚効果を設定する機能です。メニューから設定を選ぶだけで、かんたんに文字の見た目を変更することができます。

ステップアップ ＜ホーム＞タブにない文字飾りを設定する

＜ホーム＞タブの＜フォント＞グループの右下にある ⬚ をクリックすると、＜フォント＞ダイアログボックスの＜フォント＞タブが表示されます。このダイアログボックスを利用すると、傍点や二重取り消し線など、＜ホーム＞タブに用意されていない設定や、下線のほかの種類などを設定することができます。

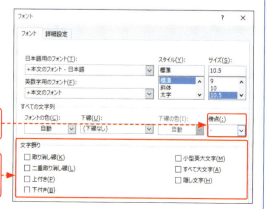

6 そのほかの文字効果を設定する

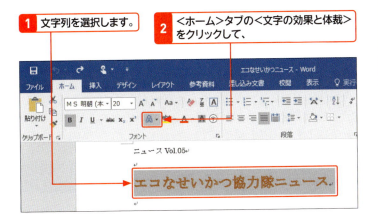

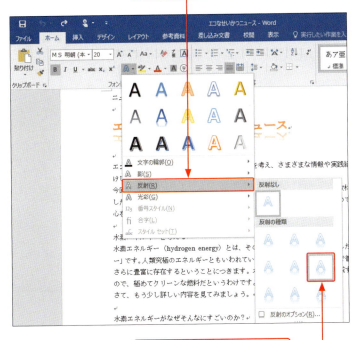

メモ 文字の効果を試す

文字の効果には、デザインの設定に加えて、影や反射、光彩などを設定することができます。
見栄えのよい文字列を作成したい場合は、いろいろな効果を試してみるとよいでしょう。

ヒント 効果をもとに戻すには？

個々の効果をもとに戻すには、効果を付けた文字列を選択して、＜文字の効果と体裁＞ をクリックします。表示されたメニューから設定した効果をクリックし、左上の＜なし＞をクリックします。

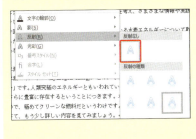

ヒント 文字の書式をクリアするには？

書式を設定した文字列を選択して、＜すべての書式をクリア＞ をクリックすると、設定されたすべての書式を解除して、もとの書式に戻すことができます。このとき、段落に設定された書式も同時に解除されるので、注意が必要です。

Section 27 箇条書きを設定する

覚えておきたいキーワード
- ☑ 箇条書き
- ☑ 行頭文字
- ☑ 入力オートフォーマット

リストなどの入力をする場合、先頭に「・」や◆、●などの行頭文字を入力すると、次の行も自動的に同じ記号が入力され、箇条書きの形式になります。この機能を入力オートフォーマットといいます。また、入力した文字に対して、あとから箇条書きを設定することもできます。

1 箇条書きを作成する

🔍 キーワード 行頭文字

箇条書きの先頭に付ける「・」のことを「行頭文字」といいます。また、◆や●、■などの記号の直後に空白文字を入力し、続けて文字列を入力して改行すると、次の行頭にも同じ行頭記号が入力されます。この機能を「入力オートフォーマット」といいます。なお、箇条書きの行頭文字は、単独で選択することができません。

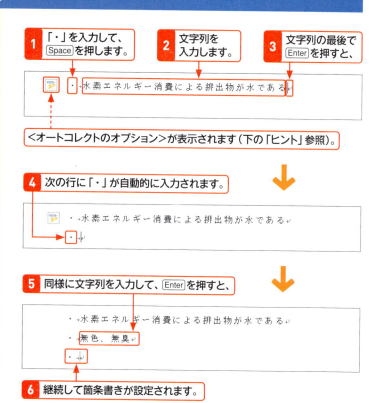

💡 ヒント オートコレクトのオプション

箇条書きが設定されると、＜オートコレクトのオプション＞が表示されます。これをクリックすると、下図のようなメニューが表示されます。設定できる内容は、上から順に次のとおりです。

- 元に戻す：操作をもとに戻したり、やり直したりすることができます。
- 箇条書きを自動的に作成しない：箇条書きを解除します。
- オートフォーマットオプションの設定：＜オートコレクト＞ダイアログボックスを表示します。

2 あとから箇条書きに設定する

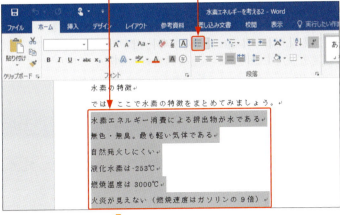

1. 項目を入力した範囲を選択して、
2. <ホーム>タブの<箇条書き>をクリックすると、
3. 箇条書きに設定されます。

ステップアップ 行頭文字を変更する

手順**2**で、<箇条書き> の をクリックすると、行頭文字の種類を選択することができます。この操作は、すでに箇条書きが設定された段落に対して行うことができます。

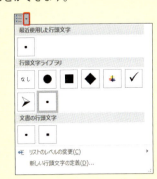

3 箇条書きを解除する

1. 箇条書きの最終行のカーソル位置で BackSpace を2回押すと、

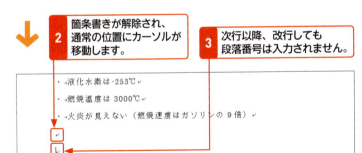

2. 箇条書きが解除され、通常の位置にカーソルが移動します。
3. 次行以降、改行しても段落番号は入力されません。

メモ 箇条書きの解除

Wordの初期設定では、いったん箇条書きが設定されると、改行するたびに段落記号が入力されるため、意図したとおりに文書を作成できないことがあります。箇条書きを解除するには、箇条書きにすべき項目を入力し終えてから、左の操作を行います。

Section 28 段落番号を設定する

覚えておきたいキーワード
- ☑ 段落番号
- ☑ 段落番号の書式
- ☑ 段落番号の番号

段落番号を設定すると、段落の先頭に連続した番号を振ることができます。段落番号は、順番を入れ替えたり、追加や削除を行ったりしても、自動的に連続した番号で振り直されます。また、段落番号の番号を変更することで、(ア)、(イ)、(ウ)…、A)、B)、C)…などに設定することもできます。

1 段落に連続した番号を振る

メモ 段落番号の設定

「段落番号」とは、箇条書きで段落の先頭に付けられる「1.」「2.」などの数字のことです。ただし、段落番号の後ろに文字列を入力しないと、改行しても箇条書きは作成されません。段落番号を設定するには、<ホーム>タブの<段落番号> を利用します。

また、入力時に行頭に「1.」や「①」などを入力して Space を押すと、入力オートフォーマットの機能により、自動的に段落番号が設定されます。

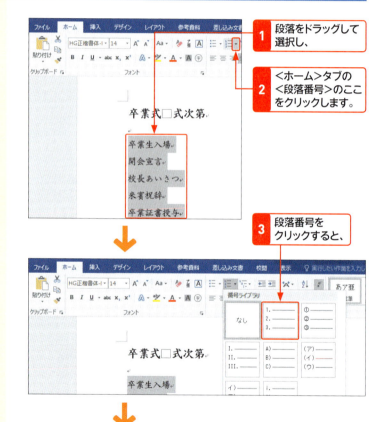

1. 段落をドラッグして選択し、
2. <ホーム>タブの<段落番号>のここをクリックします。
3. 段落番号をクリックすると、
4. 段落に連続した番号が振られます。

ヒント 段落番号を削除する

段落番号を削除するには、段落番号を削除したい段落をすべて選択して、有効になっている<段落番号> をクリックします。

2 段落番号の番号を変更する

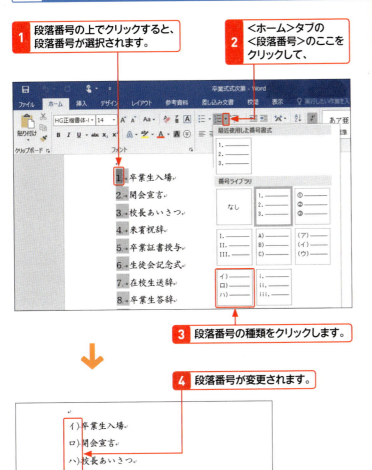

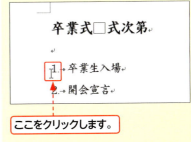

メモ 段落番号を選択する

段落番号の番号を変更する場合、段落番号の上でクリックすれば、すべての段落番号を一度に選択することができます。これで、段落番号のみを対象に番号や書式（次ページ参照）などを変更することができます。

ヒント 段落番号のない行を作成するには？

段落末で Enter を押して新しい段落を作成し、再度 Enter をクリックすると、段落番号が解除され、通常の行になります。段落番号は、次の段落に自動的に振られます。

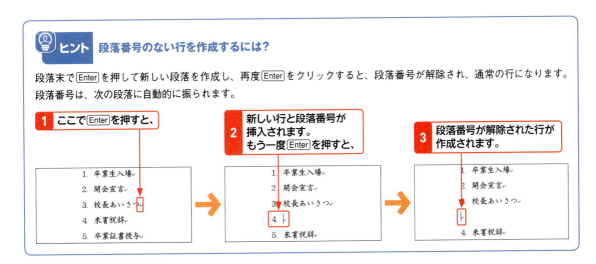

3 段落番号の書式を変更する

 メモ 段落番号の書式変更

ここでは段落番号のフォントを変更しました。同様の方法で、段落番号のフォントサイズや文字色、太字などの書式を変更することも可能です。

1 段落番号の上をクリックして、すべての段落番号を選択します。

2 ＜フォント＞のここをクリックして、

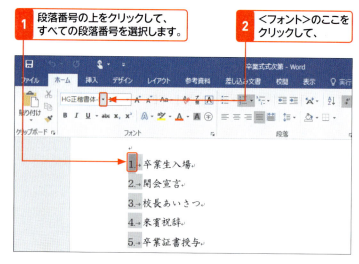

3 フォントをクリックします。

 ヒント 段落番号の書式が登録される

変更した段落番号の書式は、＜文書の番号書式＞として＜番号ライブラリ＞に登録され、再利用することができます。現在開いているすべての文書で＜文書の番号書式＞を利用できます。

変更した段落番号の書式は、＜文書の番号書式＞として登録されます。

4 段落番号のフォントだけが変更されます。

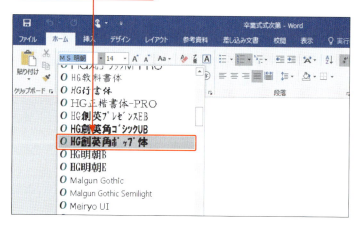

4 段落番号の途中から新たに番号を振り直す

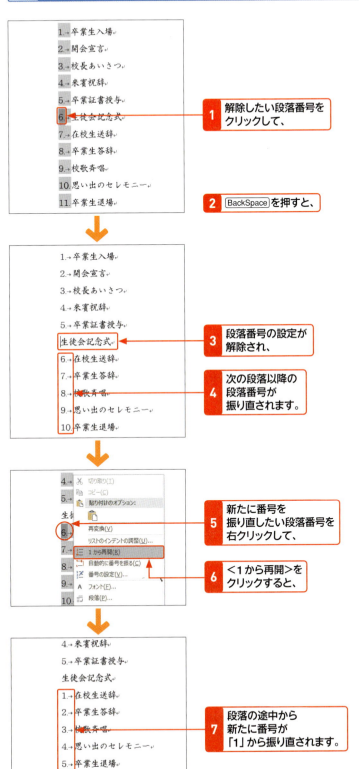

メモ 段落番号を振り直す

段落番号の設定を途中で解除すると、次の段落以降の番号が自動で振り直されます。段落番号の途中から、新たに番号を振り直す場合は、番号を振り直したい段落の段落番号を右クリックして、＜1から再開＞をクリックします。

ヒント そのほかの番号の振り直し方法

段落番号を振り直したい段落を選択して、＜段落番号＞をクリックし、段落番号をいったん解除します。再度、＜段落番号＞をクリックすると、1からの連番に振り直されます。

Section 29

文章を中央揃え／右揃えにする

覚えておきたいキーワード
- 中央揃え
- 右揃え
- 両端揃え

ビジネス文書では、日付は右、タイトルは中央に揃えるなどの書式が一般的です。このような段落の配置は、右揃えや中央揃えなどの機能を利用して設定します。また、見出しの文字列を均等に配置したり、両端揃えで行末を揃えたりすることもできます。

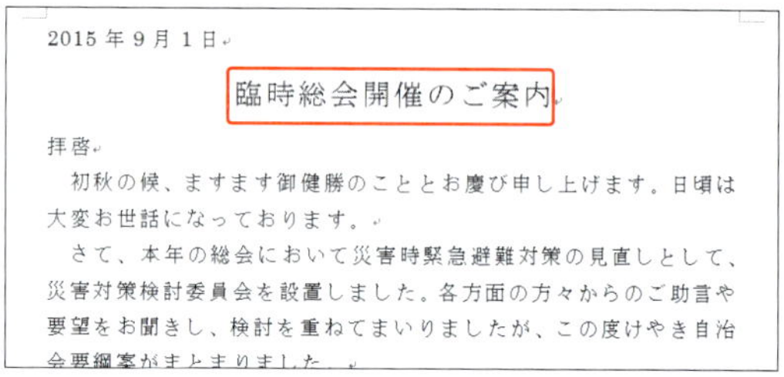

1 段落の配置

段落の配置は、＜ホーム＞タブにある＜左揃え＞、＜中央揃え＞、＜右揃え＞、＜両端揃え＞、＜均等割り付け＞をクリックするだけで、かんたんに設定することができます。段落の配置を変更する場合は、段落内の任意の位置をクリックして、あらかじめカーソルを移動しておきます。

左揃え

2015年9月1日
臨時総会開催のご案内
拝啓
初秋の候、ますます御健勝のこととお慶び申し上げます。日頃は大変お世話になっております。
さて、本年の総会において災害時緊急避難対策の見直しとして、災害対策検討委員会を設置しました。各方面の方々からのご助言や要望をお聞きし、検討を重ねてまいりましたが、この度けやき自治会要綱案がまとまりました。

中央揃え

2015年9月1日
臨時総会開催のご案内
拝啓
初秋の候、ますます御健勝のこととお慶び申し上げます。日頃は大変お世話になっております。
さて、本年の総会において災害時緊急避難対策の見直しとして、災害対策検討委員会を設置しました。各方面の方々からのご助言や要望をお聞きし、検討を重ねてまいりましたが、この度けやき自治会要綱案がまとまりました。

右揃え

2015年9月1日
臨時総会開催のご案内
拝啓
初秋の候、ますます御健勝のこととお慶び申し上げます。日頃は大変お世話になっております。
さて、本年の総会において災害時緊急避難対策の見直しとして、災害対策検討委員会を設置しました。各方面の方々からのご助言や要望をお聞きし、検討を重ねてまいりましたが、この度けやき自治会要綱案がまとまりました。

両端揃え

2015年9月1日
臨時総会開催のご案内
拝啓
初秋の候、ますます御健勝のこととお慶び申し上げます。日頃は大変お世話になっております。
さて、本年の総会において災害時緊急避難対策の見直しとして、災害対策検討委員会を設置しました。各方面の方々からのご助言や要望をお聞きし、検討を重ねてまいりましたが、この度けやき自治会要綱案がまとまりました。

均等割り付け

けやきマンション自治会
自治会長　花田 次郎
記
日　　程：9月20日（日）　午後2時～5時
会　　場：けやきマンション自治ホール
配 布 物：「避難対策要綱案」（当日ご持参ください）
※保育受付をご希望される世帯は、8月25日までにお申し出ください。

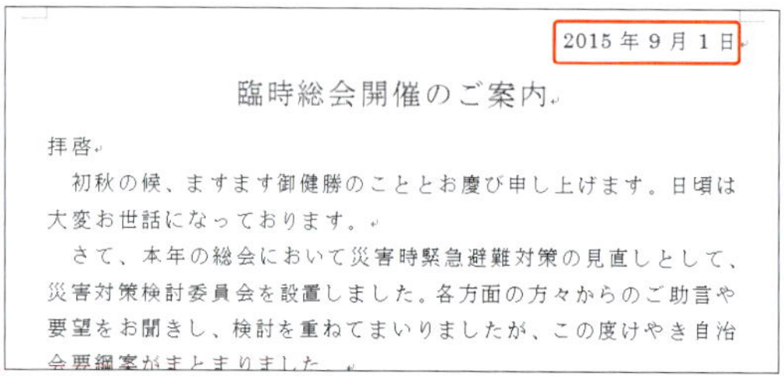

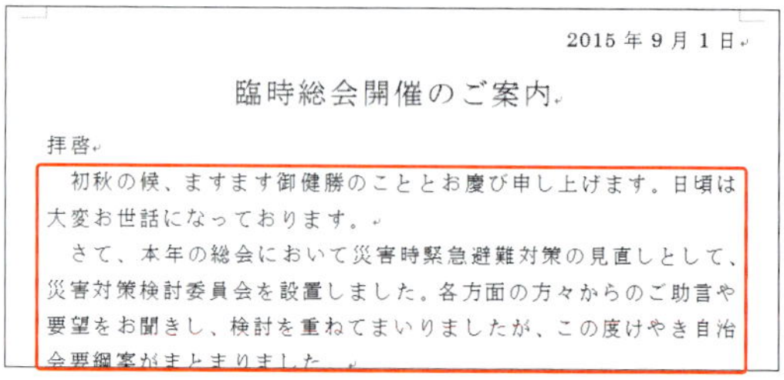

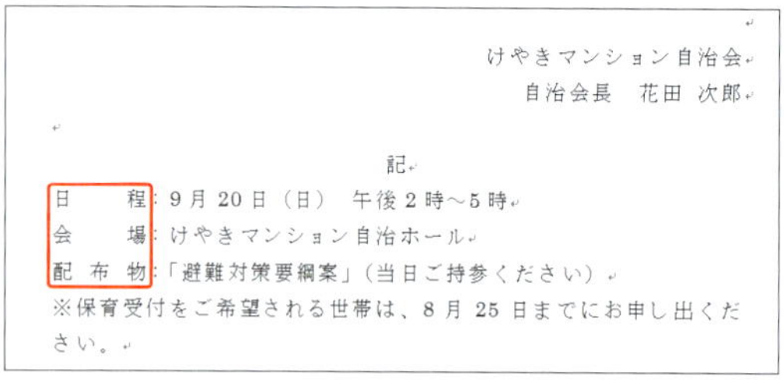

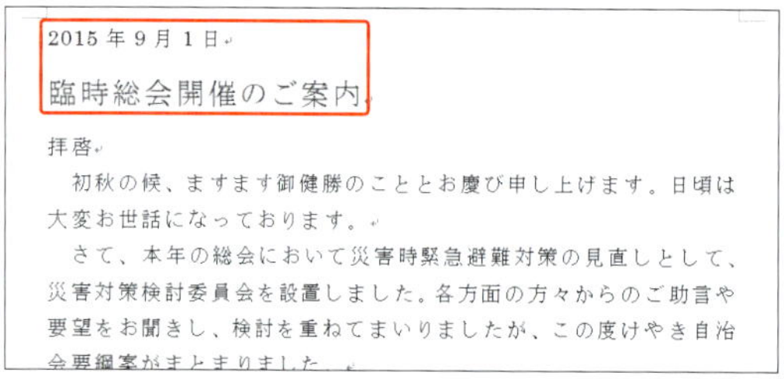

2 文字列を中央に揃える

メモ 中央揃えにする

文書のタイトルは、通常、本文より目立たせるために、中央揃えにします。段落を中央揃えにするには、左の手順に従います。

3 文字列を右側に揃える

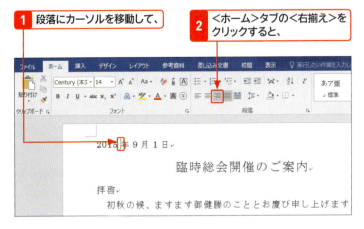

メモ 右揃えにする

横書きのビジネス文書の場合、日付や差出人名などは、右揃えにするのが一般的です。段落を選択して、＜ホーム＞タブの＜右揃え＞ をクリックすると、右揃えになります。

ヒント 段落の配置を解除するには？

Wordの初期設定では、段落の配置は両端揃えになっています。設定した右揃え、中央揃え、左揃え、均等割り付けを解除するには、配置が設定された段落にカーソルを移動して、＜ホーム＞タブの＜両端揃え＞ をクリックします。

4 文章を均等に配置する

メモ 文字列を均等割り付けする

文字列の幅を指定して文字列を均等に割り付けるには、＜ホーム＞タブの＜均等割り付け＞ を利用して、右の手順に従います。均等割り付けは、右のように見出しや項目など複数の行の文字幅を揃えたいときに利用します。

ヒント 段落記号の選択

均等割り付けの際に文字列を選択する場合、行末の段落記号 を含んで選択すると、正しく均等割り付けできません。文字列だけを選択するようにしましょう。手順 **1**、**2** の場合は、「：」を含まずに選択するときれいに揃います。

ヒント 文字列の均等割り付けを解除するには？

文字列の均等割り付けを解除するには、均等割り付けを設定した文字列を選択して、＜ホーム＞タブの＜均等割り付け＞ をクリックして表示される＜文字の均等割り付け＞ダイアログボックスで、＜解除＞をクリックします。

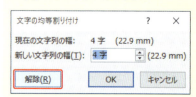

---

1 両端を揃えたい文字列を選択します。

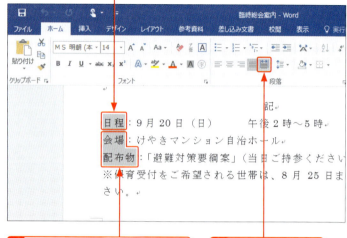

2 続けて、Ctrlを押しながら文字列をドラッグし、複数の文字列を選択します（P.94参照）。

3 ＜ホーム＞タブの＜均等割り付け＞をクリックします。

4 ＜文字の均等割り付け＞ダイアログボックスが表示されます。

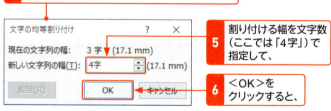

5 割り付ける幅を文字数（ここでは「4字」）で指定して、

6 ＜OK＞をクリックすると、

7 指定した幅に文字列の両端が揃えられます。

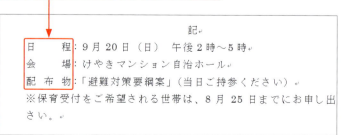

5 両端揃えで行末を揃える

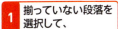
左揃えの行末が揃っていません。

1 揃っていない段落を選択して、

2 <ホーム>タブの<両端揃え>をクリックして、左揃えを解除すると、

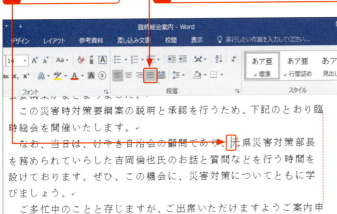

3 行末がきれいに揃います。

メモ 行末が揃わない

長文を入力したときに、行末がきれいに揃わない場合は、段落の配置が<左揃え>になっている場合があります。この場合は、段落を選択して、<ホーム>タブの<両端揃え>をクリックして有効にします。

ステップアップ あいさつ文を挿入する

Wordには、手紙などの書き出し文（あいさつ文）をかんたんに入力できる機能があります。<挿入>タブの<あいさつ文>の<あいさつ文の挿入>クリックして、<あいさつ文>ダイアログボックスで、月、季節や安否、感謝のあいさつを選択します。

Section 30 文字の先頭を揃える

覚えておきたいキーワード
- ☑ タブ位置
- ☑ タブマーカー
- ☑ ルーラー

箇条書きなどで項目を同じ位置に揃えたい場合は、タブを使うと便利です。タブを挿入すると、タブの右隣の文字列をルーラー上のタブ位置に揃えることができます。また、タブの種類を指定すると、小数点の付いた文字列を小数点の位置で揃えたり、文字列の右側で揃えたりすることができます。

1 文章の先頭にタブ位置を設定する

メモ タブ位置に揃える

Wordでは、水平ルーラー上の「タブ位置」を基準に文字列の位置を揃えることができます。タブは文の先頭だけでなく、行の途中でも利用することができます。箇条書きなどで利用すると便利です。

ヒント 編集記号を表示するには？

＜ホーム＞タブの＜編集記号の表示/非表示＞をクリックすると、スペースやタブを表す編集記号が表示されます（記号は印刷されません）。再度クリックすると、編集記号が非表示になります。

ヒント ルーラーの表示

ルーラーが表示されていない場合は、＜表示＞タブをクリックし、＜ルーラー＞をクリックしてオンにします。

1 タブで揃える段落を選択して、
2 タブで揃えたい位置をルーラー上でクリックすると、

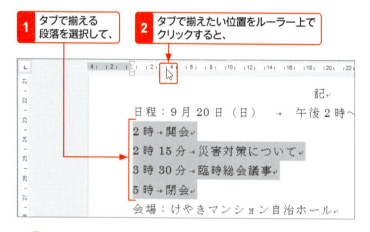

3 ルーラー上に、タブマーカーが表示されます。

4 揃えたい文字の前にカーソルを移動して、Tabを押します。

5 タブが挿入され、文字列の先頭がタブ位置に移動します。

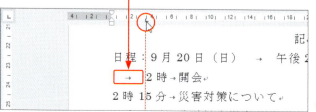

6 同様の方法で、ほかの行にもタブを挿入して、文字列を揃えます。

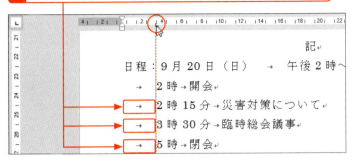

> **ヒント** 最初に段落を選択するのを忘れずに！
>
> タブを設定する場合は、最初に段落を選択しておきます。段落を選択しておかないと、タブがうまく揃わない場合があります。

7 2つめのタブが設定されている行を選択して、

8 ルーラー上で2つめのタブ位置をクリックすると、文字列の先頭が揃います。

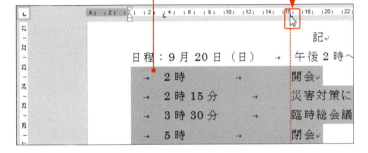

> **ヒント** タブを削除するには？
>
> 挿入したタブを削除するには、タブの右側にカーソルを移動して、BackSpaceを押します。

2 タブ位置を変更する

1 タブが設定されている行を選択して、

2 タブマーカーにマウスポインターを合わせてドラッグすると、

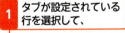

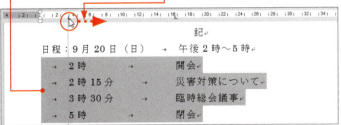

> **メモ** タブ位置の調整
>
> 設定したタブ位置を変更するには、タブ位置を変更したい段落を選択して、タブマーカーをドラッグします。このとき、Altを押しながらドラッグすると、タブ位置を細かく調整することができます。

3 タブ位置が変更され、

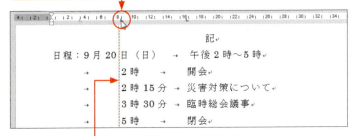

4 文字列が変更後のタブ位置に揃えられます。

> **ヒント** タブ位置を解除するには？
>
> タブ位置を解除するには、タブの段落を選択して、タブマーカーをルーラーの外にドラッグします。
>
>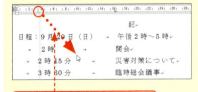
>
> タブマーカーをドラッグします。

3 タブ位置を数値で設定する

メモ タブ位置の設定

タブの位置をルーラー上で選択すると、微妙にずれてしまうことがあります。数値で設定すれば、すべての段落が同じタブ位置になるので、きれいに揃います。ここでは、2つのタブ位置を数値で設定します。

ヒント そのほかの表示方法

＜タブとリーダー＞ダイアログボックスは、＜ホーム＞タブの＜段落＞グループの右下にある をクリックすると表示される＜段落＞ダイアログボックスの＜タブ設定＞をクリックしても表示されます。

ステップアップ タブをまとめて設定する

＜タブとリーダー＞ダイアログボックスを利用すると、タブ位置やリーダーなどを設定することができます。リーダーを設定すると、タブが入力されている部分に「・」などの文字を挿入できます。

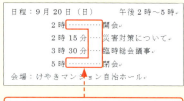

選択した段落のタブ位置にリーダーが入力されます。

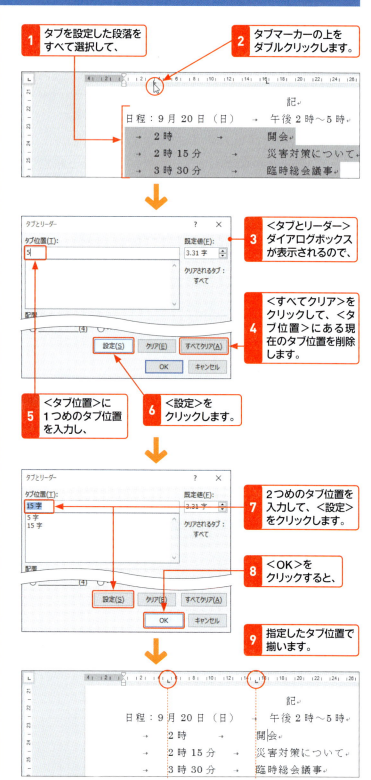

1 タブを設定した段落をすべて選択して、
2 タブマーカーの上をダブルクリックします。
3 ＜タブとリーダー＞ダイアログボックスが表示されるので、
4 ＜すべてクリア＞をクリックして、＜タブ位置＞にある現在のタブ位置を削除します。
5 ＜タブ位置＞に1つめのタブ位置を入力し、
6 ＜設定＞をクリックします。
7 2つめのタブ位置を入力して、＜設定＞をクリックします。
8 ＜OK＞をクリックすると、
9 指定したタブ位置で揃います。

4 文字列を行末のタブ位置で揃える

1 タブを設定した段落を選択して、

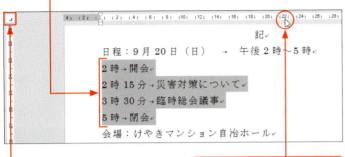

2 ここを何度かクリックして、＜右揃え＞を選択します。

3 タブ位置をクリックすると、

4 文字列の右側で揃います。

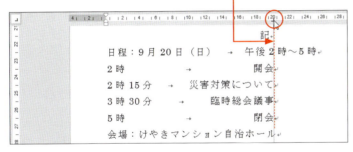

メモ 文字列を行末で揃える

文字列を揃える場合、先頭を揃える以外にも、行末で揃えたり、小数点の位置で揃えたりする場面があります。Wordのタブの種類を利用して、見やすい文書を作成しましょう。タブの種類の使い方は、下の「ステップアップ」を参照してください。

ステップアップ タブの種類と揃え方

通常はタブの種類に＜左揃え＞が設定されています。タブの種類を切り替えることによって、揃え方を変更することができます。ルーラーの左端にある＜タブの種類＞をクリックするたびに、タブの種類が切り替わるので、目的の種類に設定してからルーラー上のタブ位置をクリックし、文字列を揃えます。

ここをクリックして、タブの種類を切り替えてから、タブ位置を設定します。

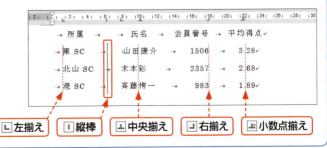

左揃え ／ 縦棒 ／ 中央揃え ／ 右揃え ／ 小数点揃え

129

Section 31 字下げを設定する

覚えておきたいキーワード
- ☑ インデント
- ☑ 1行目の字下げ
- ☑ 2行目のぶら下げ

引用文などを見やすくするために段落の左端を字下げするときは、インデントを設定します。インデントを利用すると、最初の行と2行目以降に、別々の下げ幅を設定することもできます。インデントによる字下げの設定は、インデントマーカーを使って行います。

1 インデントとは

キーワード インデント

「インデント」とは、段落の左端や右端を下げる機能のことです。インデントには、「選択した段落の左端を下げるもの」「1行目だけを下げるもの（字下げ）」「2行目以降を下げるもの（ぶら下げ）」と「段落の右端を下げるもの（右インデント）」があります。それぞれのインデントは、対応するインデントマーカーを利用して設定します。

インデントマーカー

水素エネルギー（hydrogen energy）とは、そのものずばギー」です。人類究極のエネルギーともいわれています遍的で、さらに豊富に存在するということにつきま

＜1行目のインデント＞マーカー
段落の1行目だけを下げます（字下げ）。

水素エネルギー（hydrogen energy）とは、そのもエネルギー」です。人類究極のエネルギーともいわれて上で普遍的で、さらに豊富に存在するということにつき

＜ぶら下げインデント＞マーカー
段落の2行目以降を下げます（ぶら下げ）。

水素エネルギー（hydrogen energy）とは、そのものずばギー」です。人類究極のエネルギーともいが地球上で普遍的で、さらに豊富に存在す

ヒント インデントとタブの使い分け

インデントは段落を対象に両端の字下げを設定して文字を揃えますが、タブ（Sec.30参照）は行の先頭だけでなく、行の途中にも設定して文字を揃えることができます。インデントは右のように段落の字下げなどに利用し、タブは行頭や行の途中で文字を揃えたい場合に利用します。

＜左インデント＞マーカー
選択した段落で、すべての行の左端を下げます。

水素エネルギー（hydrogen energy）と燃料としたエネルギー」です。人類究極のますが、それは水素が地球上で普遍的で

2 段落の1行目を下げる

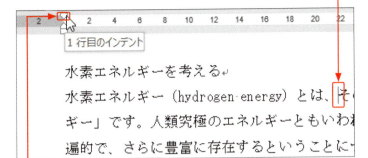

1 段落の中にカーソルを移動して、

2 ＜1行目のインデント＞マーカーにマウスポインターを合わせ、

3 ドラッグすると、

4 1行目の先頭が下がります。

> **メモ　段落の1行目を下げる**
>
> インデントマーカーのドラッグは、段落の1行目を複数文字下げる場合に利用します。段落の先頭を1文字下げる場合は、先頭にカーソルを移動して Space を押します。

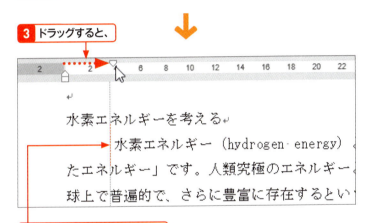

> **ヒント　インデントマーカーの調整**
>
> Alt を押しながらインデントマーカーをドラッグすると、段落の左端の位置を細かく調整することができます。

3 段落の2行目以降を下げる

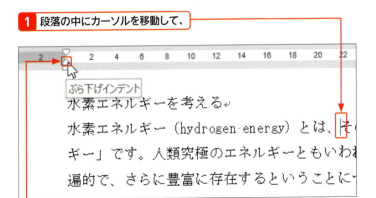

1 段落の中にカーソルを移動して、

2 ＜ぶら下げインデント＞マーカーにマウスポインターを合わせ、

> **メモ　＜ぶら下げインデント＞マーカー**
>
> 2行目以降を字下げする＜ぶら下げインデント＞マーカーは、段落の先頭数文字を目立たせたいときなどに利用するとよいでしょう。

ヒント インデントを解除するには？

インデントを解除して、段落の左端の位置をもとに戻したい場合は、目的の段落を選択して、インデントマーカーをもとの左端にドラッグします。また、インデントが設定された段落の先頭にカーソルを移動して、文字数分 BackSpace を押しても、インデントを解除することができます。

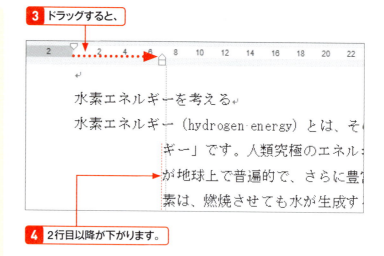

3 ドラッグすると、

4 2行目以降が下がります。

4 すべての行を下げる

メモ ＜左インデント＞マーカー

＜左インデント＞マーカーは、段落全体を字下げするときに利用します。段落を選択して、＜左インデント＞マーカーをドラッグするだけで字下げができるので便利です。

ステップアップ 数値で字下げを設定する

インデントマーカーをドラッグすると、文字単位できれいに揃わない場合があります。字下げやぶら下げを文字数で揃えたいときは、＜ホーム＞タブの＜段落＞グループの右下にある 📖 をクリックします。表示される＜段落＞ダイアログボックスの＜インデントと行間隔＞タブで、インデントを指定できます。

1 段落の中にカーソルを移動して、

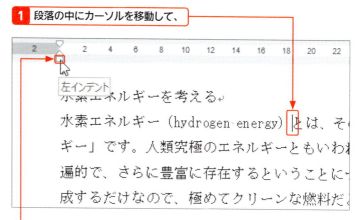

2 ＜左インデント＞マーカーにマウスポインターを合わせ、

3 ドラッグすると、

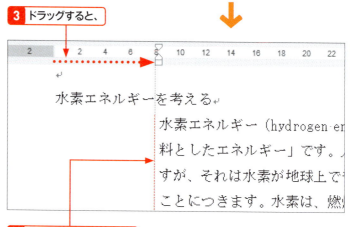

4 段落全体が下がります。

5 1文字ずつインデントを設定する

1 段落の中にカーソルを移動して、

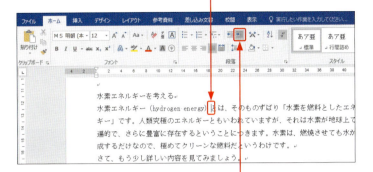

2 ＜ホーム＞タブの＜インデントを増やす＞をクリックします。

3 段落全体が1文字分下がります。

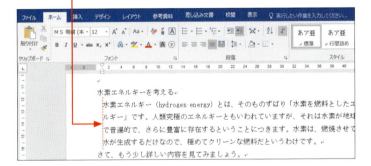

メモ インデントを増やす

＜ホーム＞タブの＜インデントを増やす＞ をクリックすると、段落全体が左端から1文字分下がります。

ヒント インデントを減らす

インデントの位置を戻したい場合は、＜ホーム＞タブの＜インデントを減らす＞ をクリックします。

 右端を字下げする

インデントには、段落の右端を字下げする「右インデント」があります。段落を選択して、＜右インデント＞マーカーを左にドラッグすると、字下げができます。なお、右インデントは、特定の段落の字数を増やしたい場合に、右にドラッグして文字数を増やすこともできます。既定の文字数をはみ出しても1行におさめたい場合に利用できます。

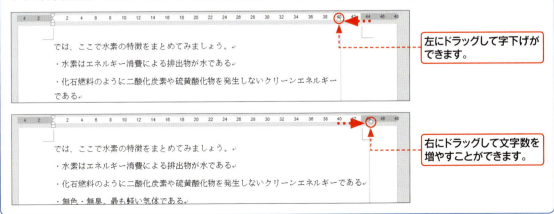

Section 32 行の間隔を設定する

覚えておきたいキーワード
- ☑ 行間
- ☑ 段落の間隔
- ☑ 段落前に間隔を追加

行の間隔を設定すると、1ページにおさまる行数を増やしたり、見出しと本文の行間を調整したりして、文書を読みやすくすることができます。行の間隔は、倍数やポイント数で指定しますが、設定した数値内に行がおさまりきらない場合は、必要に応じて自動調整されます。また、段落の間隔も変更できます。

1 行の間隔を指定して設定する

メモ 行の間隔の指定方法

Wordでは、行と行の間隔を数値で指定することができます。行の間隔は、次の2つの方法で指定します。

- 1行の高さの倍数で指定する
  右の手順を参照してください。
- ポイント数で指定する
  右下段図の<行間>で<固定値>をクリックし、<間隔>でポイント数を指定します。

ヒント そのほかの行間隔の設定方法

行の間隔を指定するには、右の方法のほかに、<ホーム>タブの<行と段落の間隔>  をクリックすると表示される一覧から数値をクリックして設定することができます。なお、一覧に表示される<1.5>や<2.0>の間隔は、<行間>を<倍数>にして、<間隔>に「1.5」や「2」を入力したときと同じ行の間隔になります。

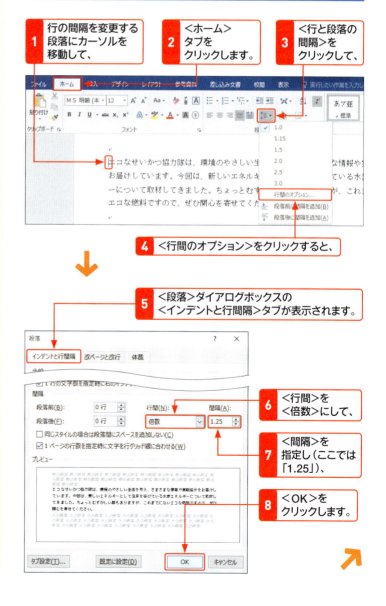

1 行の間隔を変更する段落にカーソルを移動して、
2 <ホーム>タブをクリックします。
3 <行と段落の間隔>をクリックして、
4 <行間のオプション>をクリックすると、
5 <段落>ダイアログボックスの<インデントと行間隔>タブが表示されます。
6 <行間>を<倍数>にして、
7 <間隔>を指定し(ここでは「1.25」)、
8 <OK>をクリックします。

9 行の間隔が、「1行」の1.25倍になります。

> エコなせいかつ協力隊は、環境のやさしい生活を考え、さまざまな情報や実践紹介をお届けしています。今回は、新しいエネルギーとして注目を浴びている水素エネルギーについて取材してきました。ちょっとむずかしい話もありますが、これまでにないエコな燃料ですので、ぜひ関心を寄せてください。

水素エネルギーを考える

ヒント 行間をもとに戻すには？

行間を変更前の状態に戻したい場合は、段落にカーソルを移動して、＜段落＞ダイアログボックスの＜インデントと行間隔＞タブで＜行間＞が＜1行＞の初期設定値に戻します。

2 段落の間隔を広げる

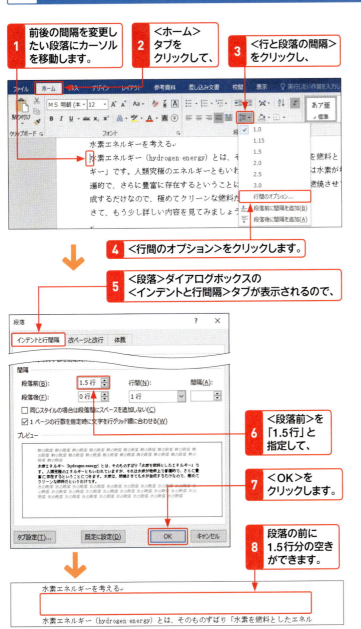

1 前後の間隔を変更したい段落にカーソルを移動します。

2 ＜ホーム＞タブをクリックして、

3 ＜行と段落の間隔＞をクリックし、

4 ＜行間のオプション＞をクリックします。

5 ＜段落＞ダイアログボックスの＜インデントと行間隔＞タブが表示されるので、

6 ＜段落前＞を「1.5行」と指定して、

7 ＜OK＞をクリックします。

8 段落の前に1.5行分の空きができます。

メモ 段落の前後を広げる

段落の間隔を広げるというのは、段落内の行間は同じで、段落の前あるいは後ろの間隔を空けるという設定です。複数の段落があるときに、話題の区切りなどで段落どうしの間隔を広げると、文章が見やすくなります。段落の間隔は、段落の前後で別々に指定する必要があります。

ヒント そのほかの段落間隔の指定方法

手順**4**で＜段落前に間隔を追加＞あるいは＜段落後に間隔を追加＞をクリックすると、選択した段落の前や後ろを12pt分空けることができます。
この方法で設定した間隔を解除するには、同様の方法で、＜段落前の間隔を削除＞あるいは＜段落後の間隔を削除＞をクリックします。

Section 33 改ページを設定する

覚えておきたいキーワード
- ☑ 改ページ
- ☑ ページ区切り
- ☑ 改ページ位置の自動修正

文章が1ページの行数をオーバーすると、自動的に次のページに送られます。中途半端な位置で次のページに送られ、体裁がよくない場合は、ページが切り替わる改ページ位置を手動で設定することができます。また、条件を指定して改ページ位置を自動修正できる機能もあります。

1 改ページ位置を設定する

キーワード 改ページ位置

「改ページ位置」とは、文章を別のページに分ける位置のことです。カーソルのある位置に設定されるので、カーソルの右側にある文字以降の文章が次のページに送られます。

ヒント ＜ページ区切り＞の表示

画面のサイズが大きい場合は、下図のように＜挿入＞タブの＜ページ＞グループに＜ページ区切り＞が表示されます。なお、＜レイアウト＞タブの＜ページ／セクション区切りの挿入＞をクリックしたメニューにも＜改ページ＞があります。どちらを利用してもかまいません。

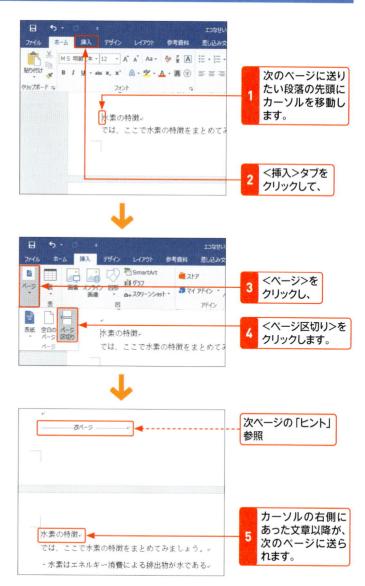

1 次のページに送りたい段落の先頭にカーソルを移動します。
2 ＜挿入＞タブをクリックして、
3 ＜ページ＞をクリックし、
4 ＜ページ区切り＞をクリックします。
次ページの「ヒント」参照
5 カーソルの右側にあった文章以降が、次のページに送られます。

2 改ページ位置の設定を解除する

1 改ページされたページの先頭にカーソルを移動します。

2 BackSpace を2回押すと、

3 改ページ位置の設定が解除されます。

ヒント 改ページ位置の表示

改ページを設定すると、改ページ位置が点線と「改ページ」の文言で表示されます。表示されない場合は、＜ホーム＞タブの＜編集記号の表示／非表示＞ をクリックします。

ステップアップ 改ページ位置の自動修正機能を利用する

ページ区切りによって、段落の途中や段落間で改ページされたりしないように設定することができます。
これらの設定は、＜ホーム＞タブの＜段落＞グループの右下にある をクリックして表示される＜段落＞ダイアログボックスで＜改ページと改行＞タブをクリックし、＜改ページ位置の自動修正＞で行います。

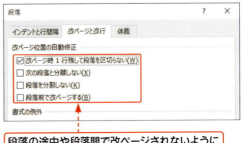

段落の途中や段落間で改ページされないように設定できます。

Section 34 段組みを設定する

覚えておきたいキーワード
- 段組み
- 段数
- 境界線

Wordでは、かんたんに段組みを設定することができます。<段組み>のメニューには3段組みまで用意されています。2段組みの場合は、左右の段幅を変えるなど、バラエティに富んだ設定が行えます。また、段間に境界線を入れて読みやすくすることも可能です。

1 文書全体に段組みを設定する

メモ 文書全体に段組みを設定する

1行の文字数が長すぎて読みにくいというときは、段組みを利用すると便利です。<段組み>のメニューには、次の5種類の段組みが用意されています。

- 1段
- 2段
- 3段
- 1段目を狭く
- 2段目を狭く

1段目を狭くした例

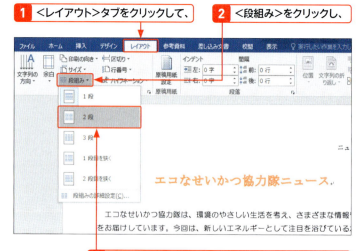

1 <レイアウト>タブをクリックして、
2 <段組み>をクリックし、
3 設定したい段数をクリックすると(ここでは<2段>)、
4 指定した段数で段組みが設定されます。

範囲を選択せずに段組みを設定すると、ページ単位で段組みが有効になります。

2 特定の範囲に段組みを設定する

1 段組みを設定したい範囲を選択して、

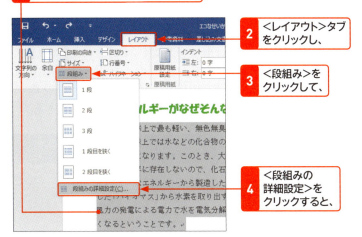

2 <レイアウト>タブをクリックし、
3 <段組み>をクリックして、
4 <段組みの詳細設定>をクリックすると、

5 <段組み>ダイアログボックスが表示されます。

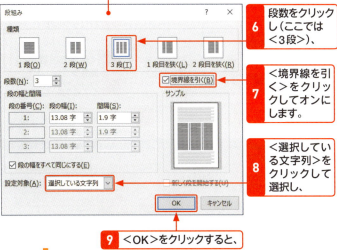

6 段数をクリックし（ここでは<3段>）、
7 <境界線を引く>をクリックしてオンにします。
8 <選択している文字列>をクリックして選択し、
9 <OK>をクリックすると、

10 選択した文字列に、段組みが設定されます。

メモ 特定の範囲に設定する

見出しを段組みに含めたくない場合や文書内の一部だけを段組みにしたい場合は、段組みに設定する範囲を最初に選択しておきます。

メモ <段組み>ダイアログボックスの利用

<段組み>ダイアログボックスを利用すると、段の幅や間隔などを指定して段組みを設定することができます。また、手順7のように<境界線を引く>をオンにすると、段と段の間に境界線を引くことができます。

ヒント 段ごとに幅や間隔を指定するには？

段ごとに幅や間隔を指定するには、<段組み>ダイアログボックスで<段の幅をすべて同じにする>をオフにして、目的の<段の番号>にある<段の幅>や<間隔>に文字数を入力します。また、段数を3段組み以上にしたいときは、<段組み>ダイアログボックスの<段数>で設定します。

ここで段数を指定します。

Section 35 セクション区切りを設定する

覚えておきたいキーワード
- ☑ セクション
- ☑ セクション区切り
- ☑ 編集記号

文書内でのレイアウトや書式は、通常は全ページに対して設定されます。この設定を適用する範囲をセクションといいます。セクション区切りをすると、そのセクション内で個別にレイアウトや書式の設定を行うことができるので、1つの文書内で縦置きや横置き、あるいはA4とB5のような設定ができます。

1 文章にセクション区切りを設定する

キーワード　セクション

「セクション」とは、レイアウトや書式設定を適用する範囲のことです。通常、1つの文書は1つのセクションとして扱われ、ページ設定は全ページが対象となります。セクションを区切ることで、文書内の一部分を段組みにしたり、縦置きと横置きを併用したり、異なる用紙サイズにしたりすることができます。

横書きの文書の中で一部を縦書きにします。

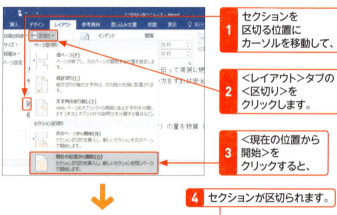

1 セクションを区切る位置にカーソルを移動して、
2 <レイアウト>タブの<区切り>をクリックします。
3 <現在の位置から開始>をクリックすると、

メモ　文章にセクションを設定する

右の手順のように、文章に新たにセクションを設定すると、セクションが区切られた箇所以降から、新たなページ設定を行うことができます。文章ごとにレイアウトを設定したい場合に利用します。

4 セクションが区切られます。
5 <レイアウト>タブの<文字列の方向>をクリックして、
6 <縦書き>をクリックすると、

ヒント　セクション区切りの記号

文章をセクションで区切ると、手順 4 のようにセクション区切りの記号が挿入されます。記号が表示されない場合は、<ホーム>タブの<編集記号の表示/非表示> をオンにします。

7 セクションで区切った以降が縦書きになります。

2 セクション単位でページ設定を変更する

A4サイズの文書内にB5サイズのページを設定します。

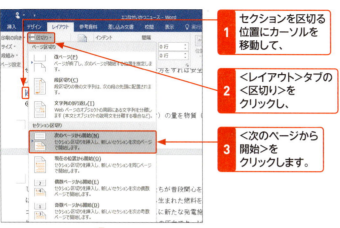

1 セクションを区切る位置にカーソルを移動して、
2 <レイアウト>タブの<区切り>をクリックし、
3 <次のページから開始>をクリックします。

 セクションがページで区切られます。

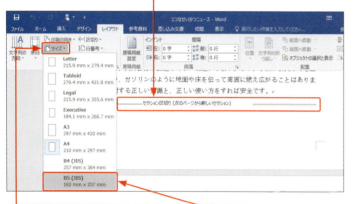

5 <レイアウト>タブの<サイズ>をクリックして、
6 <B5>をクリックします。

7 セクションで区切った以降のページが、B5サイズになります。

メモ セクション区切りの位置

ページの途中にセクション区切りを挿入する場合、カーソルのある位置からセクションを開始させることも、次のページからセクションを開始させることも可能です。

ヒント セクション区切りを解除するには?

セクション区切りを解除するには、セクション区切りマークを選択して、BackSpaceあるいはDeleteをクリックします。区切りマークを表示していない場合は、区切られたセクションの先頭にカーソルを置いてBackSpaceを押します。

Section 36 段落に囲み線や網かけを設定する

覚えておきたいキーワード
 囲み線
 網かけ
 段落

文書のタイトルや見出しなど、目立たせたい部分に囲み線や背景色を設定すると、読む人の目に留まりやすくなります。囲み線や背景色などの書式は、段落を対象としても設定することができます。なお、囲み線は図形の罫線ではなく、段落罫線として扱われます。

1 段落に囲み線を設定する

メモ 段落に書式を設定する

ここでは、見出しに囲み線を付けて、さらに網かけ（背景色）を設定します。囲み線や網かけの設定対象は「段落」にします。

1 段落にカーソルを移動します。

2 <ホーム>タブの<罫線>のここをクリックして、

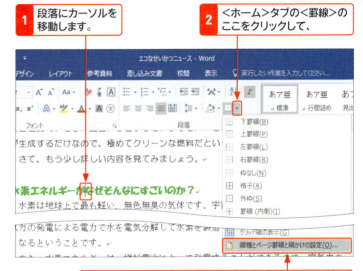

3 <罫線とページ罫線と網かけの設定>をクリックします。

4 <線種とページ罫線と網かけの設定>ダイアログボックスの<罫線>タブが表示されます。

ヒント そのほかの表示方法

<線種とページ罫線と網かけの設定>ダイアログボックスは、<デザイン>タブの<ページ罫線>をクリックしても表示できます。

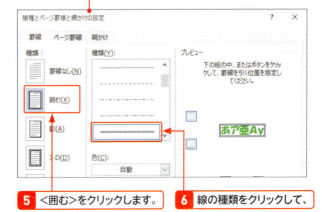

5 <囲む>をクリックします。

6 線の種類をクリックして、

7 <色>、<線の太さ>をそれぞれクリックして設定します。

8 <設定対象>をクリックして、

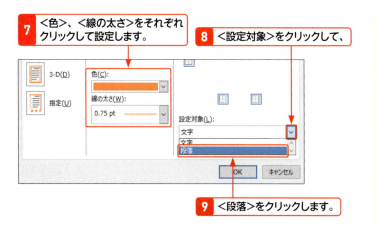

9 <段落>をクリックします。

> **メモ** 設定対象を<段落>にした場合
>
> 罫線や網かけの設定対象を<段落>にすると、罫線や網かけは、その段落の行間に設定されます。行間の設定については、Sec.32を参照してください。

2 段落に網かけを設定する

上記手順 **9** の続きから操作します。

1 <網かけ>タブをクリックして、

2 <背景の色>をクリックして指定します。

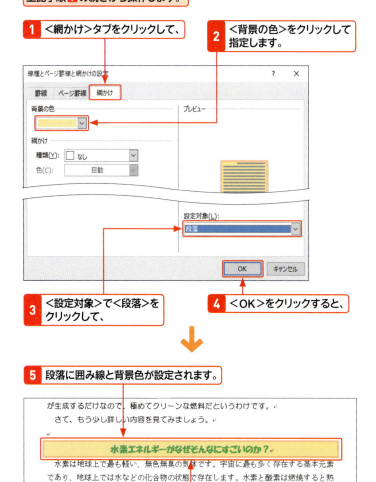

3 <設定対象>で<段落>をクリックして、

4 <OK>をクリックすると、

5 段落に囲み線と背景色が設定されます。

6 <ホーム>タブの<中央揃え>をクリックして、中央揃えにします。

> **ヒント** 囲み線や背景色の設定を解除するには？
>
> 囲み線の設定を解除するには、目的の段落を選択したあと、<線種とページ罫線と網かけの設定>ダイアログボックスの<罫線>タブの<種類>で<罫線なし>をクリックします。
> また、背景色の設定を解除するには、<網かけ>タブの<背景の色>で<色なし>をクリックします。

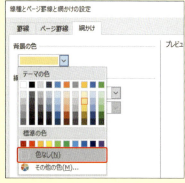

Section 37 形式を選択して貼り付ける

覚えておきたいキーワード
- ☑ 貼り付けのオプション
- ☑ 書式
- ☑ 既定の貼り付けの設定

コピーや切り取った文字列を貼り付ける際、初期設定ではコピーもとの書式が保持されますが、貼り付けのオプションを利用すると、貼り付け先の書式に合わせたり、文字列のデータのみを貼り付けたりすることができます。なお、Word 2016では、貼り付けた状態をプレビューで確認できます。

1 貼り付ける形式を選択して貼り付ける

メモ 貼り付ける形式を選択する

ここでは、コピーした文字列をもとの書式のまま貼り付けています。文字列の貼り付けを行うと、通常、コピー（切り取り）もとで設定されている書式が貼り付け先でも適用されますが、＜貼り付けのオプション＞を利用すると、貼り付け時の書式の扱いを選択することができます。

1. 書式（フォントサイズ：14pt、文字書式：太字）が設定された文字列を選択します。
2. ＜ホーム＞タブの＜コピー＞をクリックします。

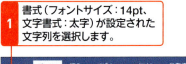

3. 貼り付けたい位置にカーソルを移動して、

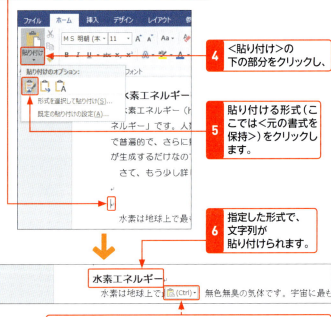

4. ＜貼り付け＞の下の部分をクリックし、
5. 貼り付ける形式（ここでは＜元の書式を保持＞）をクリックします。
6. 指定した形式で、文字列が貼り付けられます。

＜貼り付けのオプション＞が表示されます（左の「ヒント」参照）。

ヒント 貼り付けのオプション

貼り付ける形式を選択したあとでも、貼り付けた文字列の右下には＜貼り付けのオプション＞（Ctrl）が表示されています。この＜貼り付けのオプション＞をクリックして、あとから貼り付ける形式を変更することもできます。＜貼り付けのオプション＞は、別の文字列を入力するか、Escを押すと消えます。

ステップアップ 貼り付けのオプション

＜ホーム＞タブの＜貼り付け＞の下部分をクリックして表示される＜貼り付けのオプション＞のメニューには、それぞれのオプションがアイコンで表示されます。それぞれのアイコンにマウスポインターを合わせると、適用した状態がプレビューされるので、書式のオプションが選択しやすくなります。

元の書式を保持

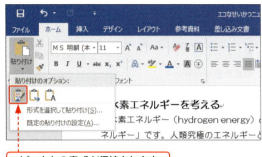

コピーもとの書式が保持されます。

書式を結合

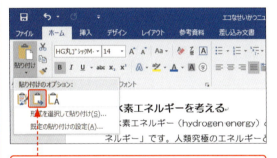

貼り付け先と同じ書式で貼り付けられます。ただし、文字列に太字や斜体、下線が設定されている場合は、その設定が保持されます。

テキストのみ保持

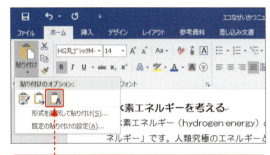

文字データだけがコピーされ、コピーもとに設定されていた書式は保持されません。

形式を選択して貼り付け

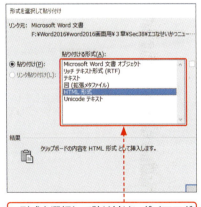

＜形式を選択して貼り付け＞ダイアログボックスが表示され、貼り付ける形式を選択することができます。

既定の貼り付けの設定

＜Wordのオプション＞の＜詳細設定＞が表示され、貼り付け時の書式の設定を変更することができます。

Section 38 書式をコピーして貼り付ける

覚えておきたいキーワード
- ☑ 書式のコピー
- ☑ 書式の貼り付け
- ☑ 書式を連続して貼り付け

複数の文字列や段落に同じ書式を繰り返し設定したい場合は、書式のコピー／貼り付け機能を利用します。書式のコピー／貼り付け機能を使うと、すでに文字列や段落に設定されている書式を別の文字列や段落にコピーすることができるので、同じ書式設定を繰り返し行う手間が省けます。

1 設定済みの書式をほかの文字列に設定する

メモ　書式のコピー／貼り付け

「書式のコピー／貼り付け」機能では、文字列に設定されている書式だけをコピーして、別の文字列に設定することができます。書式をほかの文字列や段落にコピーするには、書式をコピーしたい文字列や段落を選択して、＜書式のコピー／貼り付け＞をクリックし、目的の文字列や段落上をドラッグします。

1 書式をコピーしたい文字列を選択します。

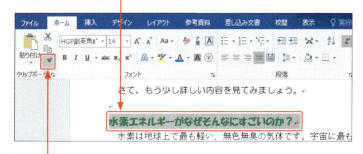

2 ＜ホーム＞タブの＜書式のコピー／貼り付け＞をクリックします。

3 マウスポインターの形が に変わった状態で、

4 書式を設定したい範囲をドラッグして選択すると、

5 書式がコピーされます。

ヒント　書式を繰り返し利用する別の方法

同じ書式を何度も繰り返し利用する方法としては、書式のコピーのほかに、書式を「スタイル」に登録して利用する方法もあります（Sec.40参照）。

2 書式を連続してほかの文字列に適用する

1 書式をコピーしたい文字列を選択します。

2 <ホーム>タブをクリックして、<書式のコピー/貼り付け>をダブルクリックします。

3 マウスポインターの形が に変わった状態で、

・水素はエネルギー消費による排出物が水である。
・化石燃料のように二酸化炭素や硫黄酸化物を発生しないクリーンエネルギ
・無色・無臭。最も軽い気体である。
・自然発火しにくい。

4 書式を設定したい範囲をドラッグして選択すると、

・水素はエネルギー消費による排出物が水である。
・化石燃料のように二酸化炭素や硫黄酸化物を発生しないクリーンエネルギ
・無色・無臭。最も軽い気体である。
・自然発火しにくい。

5 書式がコピーされます。

・*水素はエネルギー消費による排出物が水である*
・化石燃料のように二酸化炭素や硫黄酸化物を発生しないクリーンエネルギ
・無色・無臭。最も軽い気体である。
・自然発火しにくい。

6 続けて文字列をドラッグすると、

7 書式を連続してコピーできます。

・*水素はエネルギー消費による排出物が水である*
・化石燃料のように二酸化炭素や硫黄酸化物を発生しないクリーンエネルギ
・*無色・無臭。最も軽い気体である*
・自然発火しにくい。

メモ 書式を連続してコピーする

<書式のコピー／貼り付け>をクリックすると、書式の貼り付けを一度だけ行えます。複数の箇所に連続して貼り付けたい場合は、左の操作のように<書式のコピー／貼り付け>をダブルクリックします。

ヒント 書式のコピーを終了するには?

書式のコピーを終了するには、Escを押すか、有効になっている<書式のコピー／貼り付け>をクリックします。するとマウスポインターが通常の形に戻り、書式のコピーが終了します。

Section 39 文書にスタイルを設定する

覚えておきたいキーワード
- ☑ スタイルギャラリー
- ☑ 書式設定
- ☑ スタイルセット

スタイルギャラリーに登録されているスタイルを利用すると、文書の見出しなどをかんたんに書式設定することができます。また、スタイルを適用した文書では、スタイルセットを利用して一括で書式を変更することができます。スタイルセットは＜デザイン＞タブに29種類用意されています。

1 スタイルギャラリーを利用してスタイルを個別に設定する

メモ スタイルを設定する

「スタイル」とは、Word 2016に用意されている書式設定で、タイトルや見出しなどの文字や段落の書式を個別に設定できる機能です。見出しを選択して、スタイルを指定すると、その書式設定が適用されます。同じレベルのほかの見出しにも、同じスタイルを設定できるので便利です。

1 スタイルを設定したい段落にカーソルを移動します。

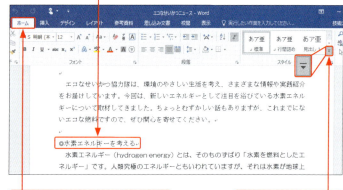

2 ＜ホーム＞タブをクリックして、

3 ここをクリックし、

4 スタイルギャラリーの中から目的のスタイルをクリックすると（ここでは＜表題＞）、

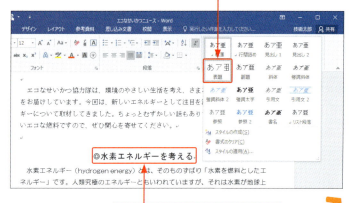

5 段落にスタイルが設定されます。

キーワード スタイルギャラリー

スタイルギャラリーには、標準で16種類のスタイルが用意されています。スタイルにマウスポインターを合わせるだけで、設定された状態をプレビューで確認できます。また、スタイルから＜表題＞や＜見出し＞などを設定すると、Wordのナビゲーション機能での「見出し」として認識されます。

6 同様の方法で、ほかの段落にもスタイルを設定します（ここでは＜見出し1＞）。

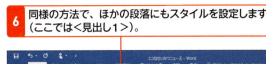

2 スタイルセットを利用して書式をまとめて変更する

1 スタイルを設定した文書を開きます。

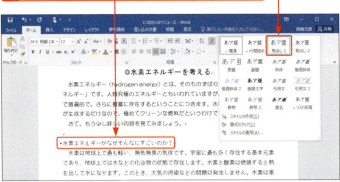

2 ＜デザイン＞タブをクリックして、

3 ここをクリックし、

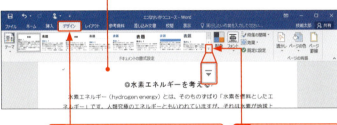

4 目的のスタイルセットをクリックすると、

5 文書中のスタイルの設定が一括で変更されます。

キーワード　スタイルセット

「スタイルセット」とは、文書内に登録されているスタイルの書式を文書の一式としてまとめたものです。スタイルセットを利用すると、文書内に設定されているスタイルを一括して変更できます。

ヒント　スタイルセットが反映されない？

スタイルセットを利用するには、段落にスタイルが設定されている必要があります。自分で設定したスタイルを利用した文書では、スタイルセットを利用しても反映されない場合があります。これは、スタイルセットがWord 2016に標準で登録されているスタイルにしか適用されないためです。

ヒント　スタイルセットを解除するには？

設定したスタイルセットを解除するには、手順**4**で＜既定のスタイルセットにリセット＞をクリックします。

Section 39 文書にスタイルを設定する

Word 第3章 書式と段落の設定

149

Section 40 文書のスタイルを作成する

覚えておきたいキーワード
- ☑ スタイルの作成
- ☑ スタイルの適用
- ☑ スタイルの変更

文書内で設定した書式には、スタイル名を付けて保存しておくことができます。オリジナルの書式をスタイルとして登録しておくと、いつでも利用することができて便利です。また、登録したスタイルの内容を変更すると、文書内で同じ書式が設定されている箇所を同時にまとめて変更することもできます。

1 書式からスタイルを作成する

メモ　スタイルを登録する

文字列や段落にさまざまな書式を施したあと、ほかの箇所へも同じ書式を設定したいというときは、書式をコピーする（Sec.38参照）方法のほかに、右の操作のように書式をスタイルに登録する方法もあります。

1 登録したい書式が設定されている段落に、カーソルを移動します。

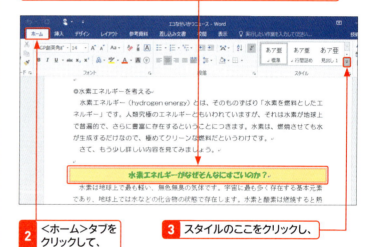

2 ＜ホーム＞タブをクリックして、

3 スタイルのここをクリックし、

4 ＜スタイルの作成＞をクリックします。

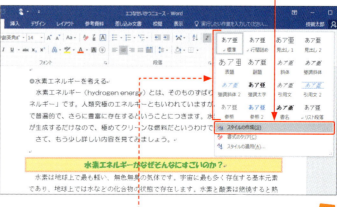

スタイルギャラリーの内容は、ユーザーの環境によって異なります。

ヒント　＜その他＞が見当たらない場合は？

Word 2016では、画面のサイズによってコマンドの表示が異なります。画面のサイズを小さくしている場合は、スタイルギャラリーは＜スタイル＞としてまとめられています。

＜スタイル＞をクリックします。

5 <書式から新しいスタイルを作成>ダイアログボックスが表示されるので、

6 スタイルに付ける名前を入力して、

7 <OK>をクリックすると、

ヒント 新しいスタイルの名前

手順**6**で付ける名前は、用意されているスタイル名以外の、わかりやすい名前を付けるとよいでしょう。長すぎると表示されなくなるので、4文字程度にしておきます。

8 設定した書式がスタイルギャラリーに保存されます。

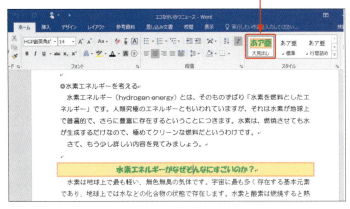

2 作成したスタイルをほかの段落に適用する

前項で登録したスタイルをほかの段落に設定します。

1 スタイルを設定したい段落にカーソルを移動します。

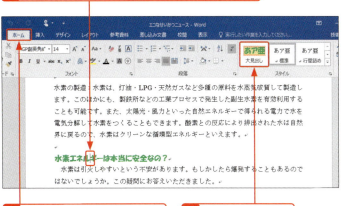

メモ 作成したスタイルを適用する

登録したスタイルは、段落を選択し、登録したオリジナルのスタイルをクリックすることによって、スタイルを適用させます。

2 <ホーム>タブをクリックして、

3 登録したスタイルをクリックすると、

ヒント スタイルを解除するには？

設定したスタイルを解除するには、目的の段落にカーソルを移動して、＜ホーム＞タブの＜すべての書式をクリア＞をクリックするか、＜スタイル＞の＜その他＞をクリックして＜書式のクリア＞をクリックします。

4 段落に同じスタイルが設定されます。

3 作成したスタイルをまとめて変更する

メモ スタイルの設定をまとめて変更する

文書に適用したスタイルの設定をまとめて変更するには、右図のようにスタイルギャラリーから変更したいスタイルを右クリックして、表示されたメニューから＜変更＞をクリックします。

前ページで設定したスタイルの書式をまとめて変更します。

1 スタイルが設定されている段落にカーソルを移動します。

2 スタイルギャラリーで変更したいスタイルを右クリックし、

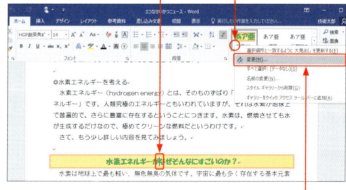

3 ＜変更＞をクリックします。

4 ＜スタイルの変更＞ダイアログボックスが表示されるので、

5 ＜書式＞をクリックして、

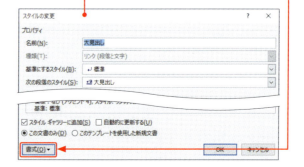

6 <罫線と網かけ>をクリックすると、

7 <線種とページ罫線と網かけの設定>ダイアログボックスが表示されるので、<罫線>タブをクリックして、

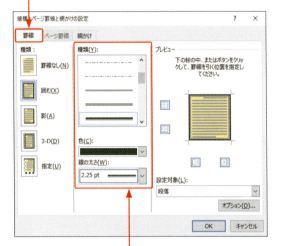

8 変更後の罫線の種類と色、太さを選択します。

9 <網かけ>タブをクリックして、

10 変更後の背景色をクリックし、 **11** <OK>をクリックすると、

メモ スタイルの変更項目

手順 **6** では、Sec.36で設定した罫線と網かけを変更するため、<罫線と網かけ>を選択しています。設定し直したい書式に合わせて、メニューから項目を選んでください。たとえば、フォントを変更したい場合は<フォント>をクリックして、表示される<フォント>ダイアログボックスで変更します。

ヒント 変更したスタイルは自動で反映される

ここでは、スタイル「大見出し」の書式を変更しました。この変更は、すでに文書内の「大見出し」を設定している段落には自動的に反映されます。

ヒント 登録したスタイルを削除するには？

登録したスタイルをスタイルギャラリーから削除するには、＜スタイル＞ギャラリー内の削除したいスタイルを右クリックして、＜スタイルギャラリーから削除＞をクリックします。

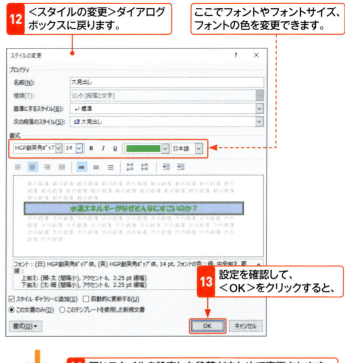

12 ＜スタイルの変更＞ダイアログボックスに戻ります。

ここでフォントやフォントサイズ、フォントの色を変更できます。

13 設定を確認して、＜OK＞をクリックすると、

14 同じスタイルを設定した段落がまとめて変更されます。

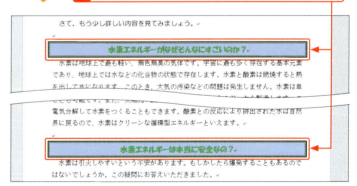

ステップアップ ＜スタイル＞作業ウィンドウでスタイルを確認する

＜ホーム＞タブの＜スタイル＞グループの右下にある をクリックすると、＜スタイル＞作業ウィンドウを表示できます。目的のスタイルにマウスポインターを合わせると、設定されている書式がポップアップで表示されます。＜スタイル＞作業ウィンドウで＜プレビューを表示する＞をクリックしてオンにすると、実際の書式がプレビューされるのでわかりやすくなります。

また、＜新しいスタイル＞ をクリックすると、＜書式から新しいスタイルを作成＞ダイアログボックス表示されるので、新しいスタイルを作成することができます。

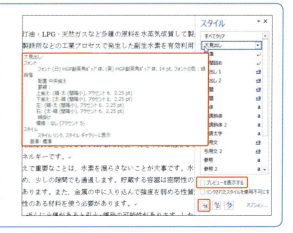

Chapter 04
第4章
図形・画像・ページ番号の挿入

Section 41 図形を挿入する
42 図形を編集する
43 図形を移動・整列する
44 文字列の折り返しを設定する
45 文書の自由な位置に文字を挿入する
46 写真を挿入する
47 イラストを挿入する
48 SmartArtを挿入する
49 ワードアートを挿入する
50 ページ番号を挿入する
51 ヘッダー／フッターを挿入する
52 文書全体を装飾する

Section 41 図形を挿入する

覚えておきたいキーワード
- 四角形／直線
- フリーフォーム
- 吹き出し

図形は、図形の種類を指定してドラッグするだけでかんたんに描くことができます。＜挿入＞タブの＜図形＞コマンドには、図形のサンプルが用意されており、フリーフォームや曲線などを利用して複雑な図形も描画できます。図形を挿入して選択すると、＜描画ツール＞の＜書式＞タブが表示されます。

1 図形を描く

ヒント 正方形を描くには？

手順4でドラッグするときに、Shiftを押しながらドラッグすると、正方形を描くことができます。

ヒント ＜描画ツール＞の＜書式＞タブ

図形を描くと、＜描画ツール＞の＜書式＞タブが表示されます。続けて図形を描く場合は、＜書式＞タブにある＜図形＞からも図形を選択できます。

キーワード オブジェクト

Wordでは、図形やワードアート、イラスト、写真、テキストボックスなど、直接入力する文字以外で文書中に挿入できるものを「オブジェクト」と呼びます。

ヒント 図形の色や書式

図形を描くと、青色で塗りつぶされ、青色の枠線が引かれています。色や書式の変更について、詳しくはSec.42を参照してください。

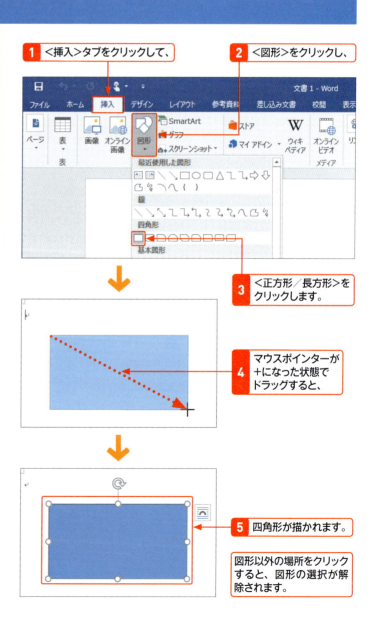

1 ＜挿入＞タブをクリックして、
2 ＜図形＞をクリックし、
3 ＜正方形／長方形＞をクリックします。
4 マウスポインターが＋になった状態でドラッグすると、
5 四角形が描かれます。

図形以外の場所をクリックすると、図形の選択が解除されます。

2 直線を引く

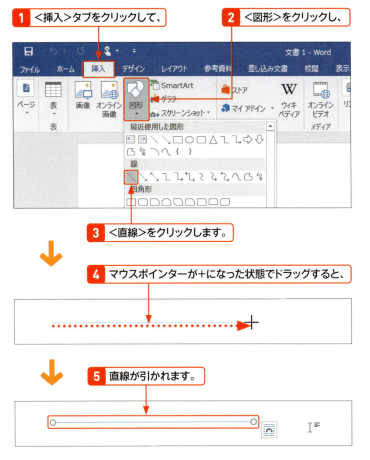

ヒント 水平線や垂直線を引く

<直線>を利用すると、自由な角度で線を引くことができます。[Shift]を押しながらドラッグすると、水平線や垂直線を引くことができます。

ヒント 線の太さを変更する

線の太さは、標準で0.5ptです。線の太さを変更するには、<書式>タブの<図形の枠線>の右側をクリックして、<太さ>からサイズを選びます（下の「ステップアップ」参照）。

キーワード レイアウトオプション

図形を描くと、図形の右上に<レイアウトオプション>が表示されます。クリックすると、文字列の折り返しなど図形のレイアウトに関するコマンドが表示されます。文字列の折り返しについて、詳しくはSec.44を参照してください。

ステップアップ 点線を描くには？

描いた直線の線種を変更することで、点線を描くことができます。直線を選択して、<描画ツール>の<書式>タブで、<図形の枠線>の右側をクリックします。<実線／点線>から目的の点線をクリックすれば、点線に変更されます。

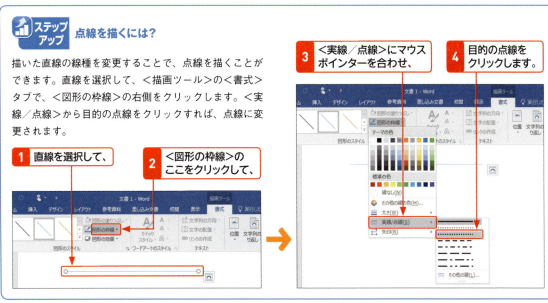

3 自由な角のある図形を描く

メモ フリーフォームで多角形を描く

＜フリーフォーム＞を利用すると、クリックした点と点の間に線を引けるので、自由な図形を作成することができます。

ステップアップ フリーフォームで描いた図形を調整する

図形を右クリックして、＜頂点の編集＞をクリックすると、角が四角いハンドル■に変わります。このハンドルをドラッグすると、図形の形を調整できます。

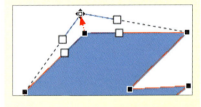

ヒント 曲線を描くには？

曲線を描くには、＜書式＞タブの＜図形＞をクリックして、＜曲線＞をクリックします。始点をクリックして、マウスポインターを移動し、線を折り曲げるところでクリックしていきます。最後にダブルクリックして終了します。

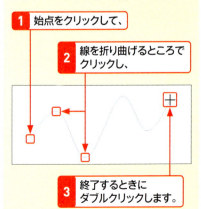

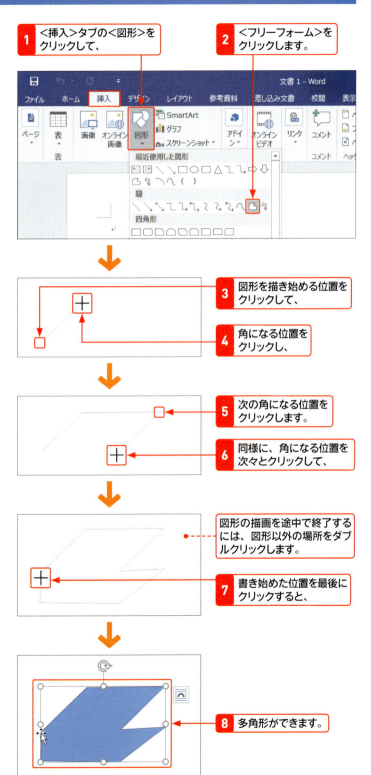

4 吹き出しを描く

1 <書式>タブの<図形>をクリックして、

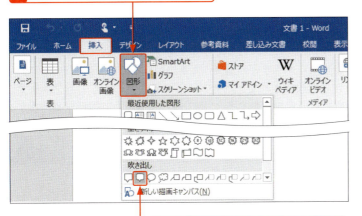

2 目的の吹き出しをクリックします（ここでは<角丸四角形吹き出し>）。

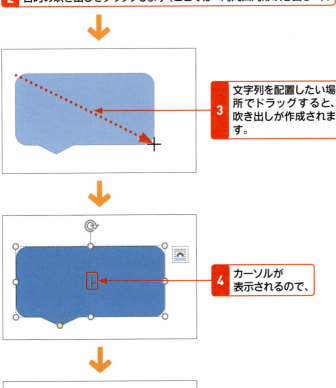

3 文字列を配置したい場所でドラッグすると、吹き出しが作成されます。

4 カーソルが表示されるので、

5 文字を入力できます。

メモ 吹き出しの中に文字を入力できる

吹き出しは、文字を入れるための図形です。そのため、吹き出しを描くと自動的にカーソルが挿入され、文字入力の状態になります。

ステップアップ 吹き出しの「先端」を調整する

吹き出しを描くと、吹き出しの周りに回転用のハンドル、サイズ調整用のハンドル〇、吹き出し先端用のハンドル〇が表示されます。〇をドラッグすると、吹き出しの先端部分を調整することができます。

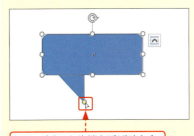

ドラッグすると先端を延ばせます。

ヒント 図形を削除するには？

思いどおりの図形が描けなかった場合や、間違えて描いてしまった場合は、図形をクリックして選択し、[BackSpace]または[Delete]を押すと削除できます。

Section 42 図形を編集する

覚えておきたいキーワード
- 図形の塗りつぶし
- 図形の枠線
- 図形の効果

図形を描き終えたら、線の太さや図形の塗りつぶしの色、形状を変更したり、図形に効果を設定したりするなどの編集作業を行います。また、図形の枠線や塗りなどがあらかじめ設定された図形のスタイルを適用することもできます。作成した図形の書式を既定に設定すると、その書式を適用して図形を描けます。

1 図形の色を変更する

メモ 図形を編集するには?

図形を編集するには、最初に対象となる図形をクリックして選択しておく必要があります。図形を選択すると、<描画ツール>の<書式>タブが表示されます。<描画ツール>は、図形を選択したときのみ表示されます。

ヒント 図形の色と枠線の色の変更

図形の色は、図形内の色(図形の塗りつぶし)と輪郭線(図形の枠線)とで設定されています。色を変更するには、個別に設定を変更します。色を変更すると、<図形の塗りつぶし>と<図形の枠線>のアイコンが、それぞれ変更した色に変わります。以降、ほかの色に変更するまで、クリックするとこの色が適用されます。

ヒント 図形の塗りつぶしをなしにするには?

図形の塗りつぶしをなしにするには、<図形の塗りつぶし>の右側をクリックして、一覧から<塗りつぶしなし>をクリックします。

図形を選択すると、<描画ツール>の<書式>タブが表示されます。

1 目的の図形をクリックして選択し、
2 <書式>タブをクリックします。

3 <図形の塗りつぶし>の右側をクリックして、
4 目的の色をクリックすると(ここでは<黄>)、

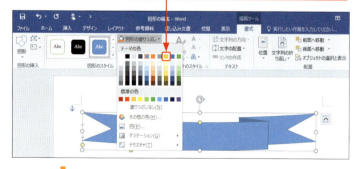

5 図形の色が変更されます。

Section 42 図形を編集する

6 図形が選択された状態で、＜図形の枠線＞の右側をクリックして、

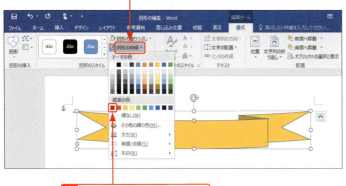

7 目的の色をクリックすると、

8 図形の枠線の色が変更されます。

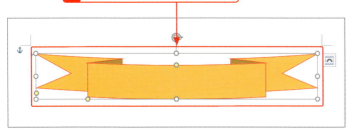

> **ヒント　図形の枠線をなしにするには？**
>
> 図形の枠線をなしにするには、＜図形の枠線＞の右側をクリックして、一覧から＜線なし＞をクリックします。

> **ヒント　グラデーションやテクスチャを設定する**
>
> ＜図形の塗りつぶし＞の右側をクリックして、＜グラデーション＞をクリックすると、塗り色にグラデーションを設定することができます。同様に、＜テクスチャ＞をクリックすると、塗り色に布や石などのテクスチャ（模様）を設定することができます。
>
>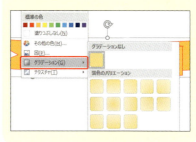

ステップアップ　図形のスタイルを利用する

＜描画ツール＞の＜書式＞タブには、図形の枠線と塗りなどがあらかじめ設定されている「図形のスタイル」が用意されています。図形をクリックして、＜図形のスタイル＞の＜その他＞をクリックし、表示されるギャラリーから好みのスタイルをクリックすると、図形に適用されます。なお、Word 2016では、スタイルギャラリーに＜標準スタイル＞が追加されています。塗りつぶしのないものなど、さらに種類が豊富になりました。

1 図形を選択して、　**2** ここをクリックして、

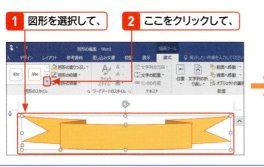

3 目的の図形のスタイルをクリックすると、　**4** 図形に適用されます。

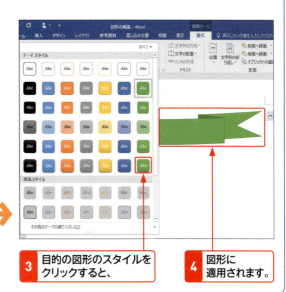

2 図形のサイズを変更する

メモ　図形のサイズ変更

図形のサイズを変更するには、図形の周りにあるハンドル○にマウスポインターを合わせ、になったところでドラッグします。図形の内側にドラッグすると小さくなり、外側にドラッグすると大きくなります。

ヒント　そのほかのサイズ変更方法

図形を選択して、＜描画ツール＞の＜書式＞タブの＜サイズ＞で高さと幅を指定しても、サイズを変更することができます。

ヒント　図形の形状を変更する

図形の形状を変更する場合は、図形を選択して調整ハンドル○にマウスポインターを合わせ、ポインターの形が▷に変わったらドラッグします。なお、図形の種類によっては調整ハンドル○のないものもあります。

調整ハンドルをドラッグします。

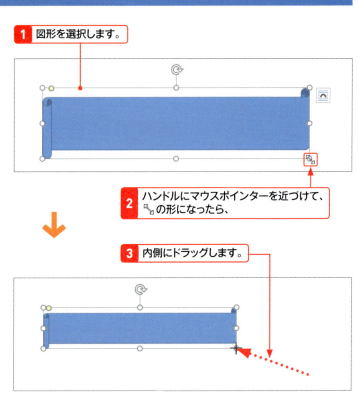

1 図形を選択します。

2 ハンドルにマウスポインターを近づけて、の形になったら、

3 内側にドラッグします。

4 図形のサイズが小さくなります。

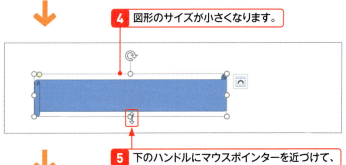

5 下のハンドルにマウスポインターを近づけて、

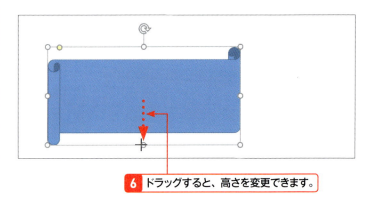

6 ドラッグすると、高さを変更できます。

3 図形を回転する

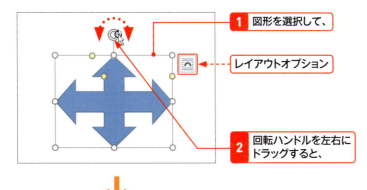

1 図形を選択して、
レイアウトオプション
2 回転ハンドルを左右にドラッグすると、

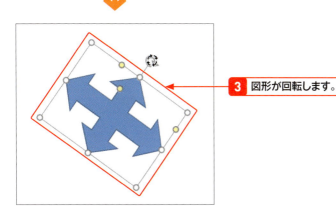

3 図形が回転します。

ヒント 数値を指定して回転させる

図形を回転させる方法には、回転角度を数値で指定する方法もあります。図形の＜レイアウトオプション＞ をクリックして、＜詳細表示＞をクリックすると表示される＜レイアウト＞ダイアログボックスで、＜サイズ＞タブの＜回転角度＞に数値を入力して、＜OK＞をクリックします。

4 図形に効果を設定する

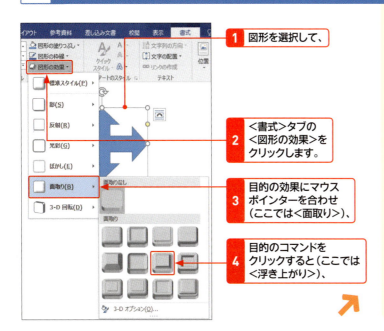

1 図形を選択して、
2 ＜書式＞タブの＜図形の効果＞をクリックします。
3 目的の効果にマウスポインターを合わせ（ここでは＜面取り＞）、
4 目的のコマンドをクリックすると（ここでは＜浮き上がり＞）、

メモ 図形の効果

図形の効果には、影、反射、光彩、ぼかし、面取り、3-D回転の6種類があります。図形に効果を付けるには、左の手順に従います。

図形の効果を取り消すには？

図形の効果を取り消すには、＜図形の効果＞をクリックして、設定しているそれぞれの効果をクリックし、表示される一覧から＜(効果)なし＞をクリックします。

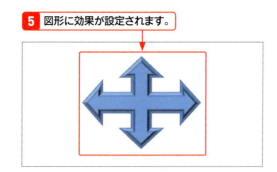

5 図形に効果が設定されます。

5 図形の中に文字を配置する

図形内の文字

図形の中に文字を配置するには、図形を右クリックして、＜テキストの追加＞をクリックします。入力した文字は、初期設定でフォントが游明朝、フォントサイズが10.5pt、フォントの色は背景色に合わせて自動的に黒か白、中央揃えで入力されます。これらの書式は、通常の文字列と同様に変更することができます。

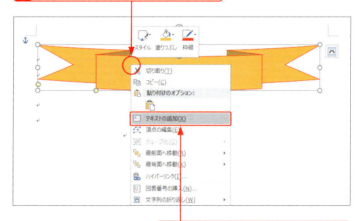

1 文字を入力したい図形を右クリックして、

2 ＜テキストの追加＞をクリックすると、

図形の中に文字列が入りきらない？

図形の中に文字が入りきらない場合は、図形を選択すると周囲に表示されるハンドル○をドラッグして、サイズを広げます（P.162参照）。

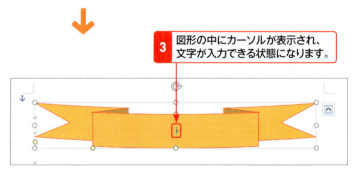

3 図形の中にカーソルが表示され、文字が入力できる状態になります。

文字列の方向を変えるには？

文字列の方向を縦書きや、左右90度に回転することもできます。文字を入力した図形をクリックして、＜書式＞タブの＜文字列の方向＞をクリックし、表示される一覧から目的の方向をクリックします。

4 文字を入力して、書式を設定します。

6 作成した図形の書式を既定に設定する

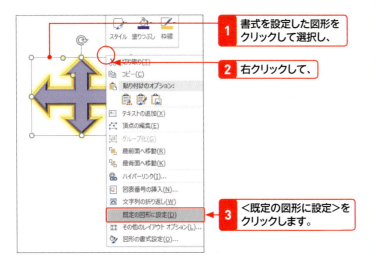

1. 書式を設定した図形をクリックして選択し、
2. 右クリックして、
3. ＜既定の図形に設定＞をクリックします。

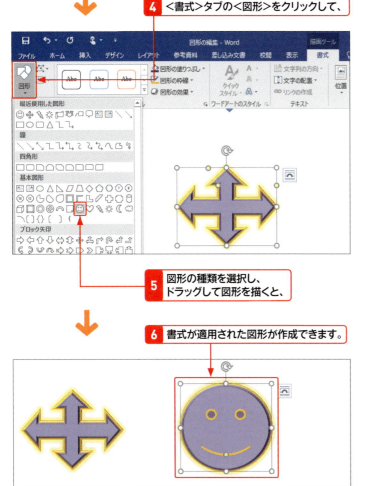

4. ＜書式＞タブの＜図形＞をクリックして、
5. 図形の種類を選択し、ドラッグして図形を描くと、
6. 書式が適用された図形が作成できます。

メモ 既定の図形に設定

同じ書式の図形を描きたい場合は、もとの図形を「既定の図形に設定」にします。この既定は、設定した文書のみで有効になります。

ヒント 既定の設定をやめるには？

左の操作で設定した既定をやめたい場合は、任意の図形を選択して＜図形のスタイル＞ギャラリー（P.161の「ステップアップ」参照）の＜塗りつぶし-青、アクセント1＞をクリックし、書式を変更します。その上で、この図形に対して手順 1 ～ 3 で既定に設定し直します。

Section 43 図形を移動・整列する

覚えておきたいキーワード
- ☑ 図形の移動・コピー
- ☑ 図形の整列
- ☑ 図形の重なり順

図形を扱う際に、図形の移動やコピー、図形の重なり順や図形の整列のしくみを知っておくと、操作しやすくなります。図形を文書の背面に移動したり、複数の図形を重ねて配置したりすることができます。また、複数の図形をグループ化すると、移動やサイズの変更をまとめて行うことができます。

1 図形を移動・コピーする

メモ 図形を移動・コピーするには？

図形は文字列と同様に、移動やコピーを行うことができます。同じ図形が複数必要な場合は、コピーすると効率的です。図形を移動するには、そのままドラッグします。水平や垂直方向に移動するには、Shiftを押しながらドラッグします。図形を水平や垂直方向にコピーするには、Shift+Ctrlを押しながらドラッグします。

ヒント 配置ガイドを表示する

図形を移動する際、移動先に緑色の線が表示されます。これは「配置ガイド」といい、文章やそのほかの図形と位置を揃える場合などに、図形の配置の補助線となります。配置ガイドの表示/非表示については、次ページの「ヒント」を参照してください。

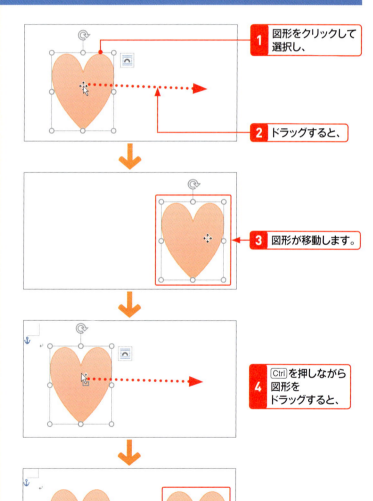

2 図形を整列する

1 Shiftを押しながら、複数の図形をクリックして選択します。

2 <書式>タブをクリックして、

3 <オブジェクトの配置>をクリックし、

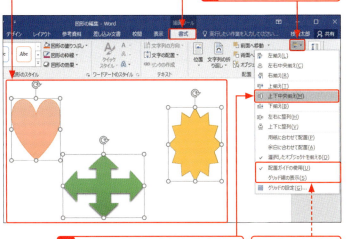

4 <上下中央揃え>をクリックすると、右の「ヒント」参照

5 図形がページの上下中央に配置されます。

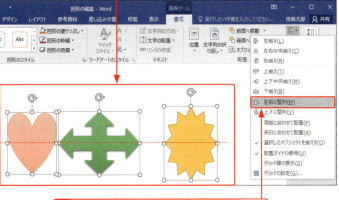

6 図形が選択された状態で<左右に整列>をクリックすると、

7 左右等間隔に配置されます。

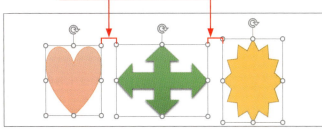

メモ　図形の整列

複数の図形を左右あるいは上下に整列するには、<描画ツール>の<書式>タブにある<オブジェクトの配置>を利用します。

ヒント　配置ガイドとグリッド線

<オブジェクトの配置>をクリックすると表示される一覧では、配置ガイドまたはグリッドの表示を設定できます。<配置ガイドの使用>をオンにすると、オブジェクトの移動の際に補助線が表示されます。また、<グリッド線の表示>をオンにすると、文書に横線（グリッド線）が表示されます。どちらもオブジェクトを配置する際に利用すると便利ですが、どちらか一方のみの設定となります。

グリッド線

ステップアップ　中央に揃える基準

<オブジェクトの配置>で<上下中央揃え>や<左右中央揃え>を利用する場合、<余白に合わせて配置>をオンにしていると、余白の設定によっては中央に揃わない場合があります。利用する前に、<用紙に合わせて配置>をクリックしてオンにしておきましょう。

3 図形の重なり順を変更する

メモ 図形の重なり順の変更

図形の重なり順序を変更するには、＜描画ツール＞の＜書式＞タブで＜前面へ移動＞や＜背面へ移動＞を利用します。

3つの図形を重ねて配置しています。

1 最背面に配置したい図形をクリックして選択し、

2 ＜書式＞タブをクリックします。

3 ここをクリックして、

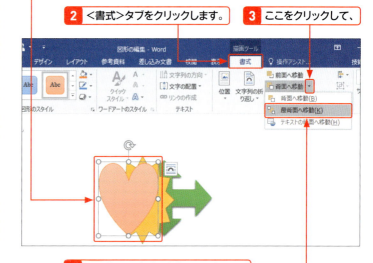

4 ＜最背面へ移動＞をクリックすると、

5 選択した図形が最背面に移動します。

6 中間の図形を選択して、

7 ＜前面へ移動＞をクリックすると、

8 1つ前（前面）に移動します。

ヒント 隠れてしまった図形を選択するには？

別の図形の裏に図形が隠れてしまい目的の図形を選択できないという場合は、図形の一覧を表示させるとよいでしょう。＜書式＞タブの＜オブジェクトの選択と表示＞をクリックすると、＜選択＞作業ウィンドウが開き、文書内にある図形やテキストボックスなどのオブジェクトが一覧で表示されます。ここで、選択したい図形をクリックすると、その図形が選択された状態になります。

1 ＜選択＞作業ウィンドウで図形をクリックすると、

2 文書内の図形が選択されます。

4 図形をグループ化する

1 グループ化する図形を、Shiftを押しながらクリックして選択します。

2 <書式>タブをクリックして、

3 <オブジェクトのグループ化>をクリックし、

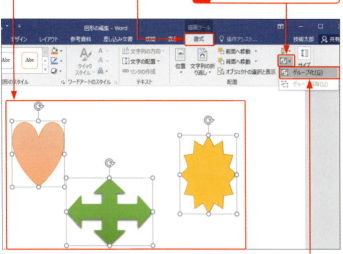

4 <グループ化>をクリックすると、

5 選択した図形がグループ化されます。

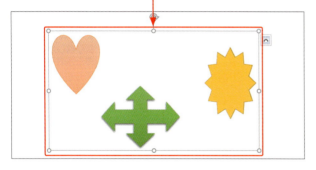

6 グループ化した図形は、移動やサイズの変更をまとめて行うことができます。

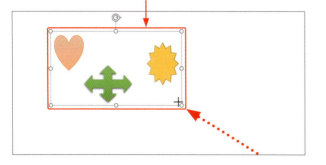

キーワード グループ化

「グループ化」とは、複数の図形を1つの図形として扱えるようにする機能です。

ヒント グループ化を解除するには？

グループ化を解除するには、グループ化した図形を選択して<オブジェクトのグループ化>をクリックし、<グループ解除>をクリックします。

ステップアップ 描画キャンバスを利用する

地図などを文書内に描画すると、移動する際に1つ1つの図形がバラバラになってしまいます。グループ化してもよいですが、修正を加えるときにいちいちグループ化を解除して、またグループ化し直さなければなりません。そのような場合は、最初に描画キャンバスを作成して、その中に描くとよいでしょう。描画キャンバスは、<挿入>タブの<図形>をクリックして、<新しい描画キャンバス>をクリックすると作成できます。

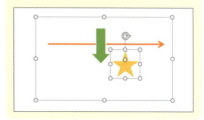

Section 44 文字列の折り返しを設定する

覚えておきたいキーワード
- 文字列の折り返し
- 四角形
- レイアウトオプション

オブジェクト（図形や写真、イラストなど）を文章の中に挿入する際に、オブジェクトの周りに文章をどのように配置するか、文字列の折り返しを指定することができます。オブジェクトの配置方法は7種類あり、オブジェクト付近に表示されるレイアウトオプションを利用して設定します。

1 文字列の折り返しを表示する

🔍 キーワード 文字列の折り返し

「文字列の折り返し」とは、オブジェクトの周囲に文章を配置する方法のことです。文字列の折り返しは、図形のほかにワードアートや写真、イラストなどにも設定できます。

💡 ヒント そのほかの文字の折り返し設定方法

文字の折り返しの設定は、右のように<レイアウトオプション>を利用するほか、<描画ツール>の<書式>タブにある<文字列の折り返し>をクリックしても指定できます。

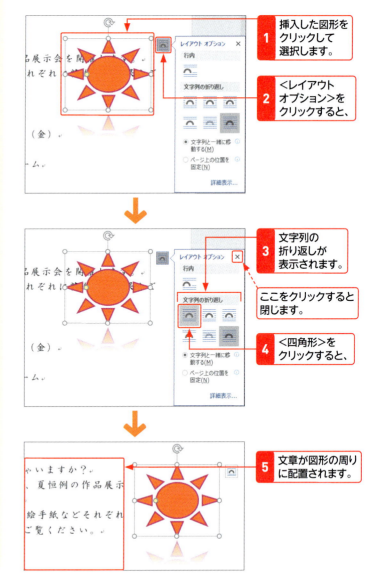

1. 挿入した図形をクリックして選択します。
2. <レイアウトオプション>をクリックすると、
3. 文字列の折り返しが表示されます。
   ここをクリックすると閉じます。
4. <四角形>をクリックすると、
5. 文章が図形の周りに配置されます。

 **ヒント** 文字列の折り返しの種類

図形や写真、イラストなどのオブジェクトに対する文字列の折り返しの種類は、以下のとおりです。ここでは、オブジェクトとして図形を例に解説します。写真やイラストなどの場合も同様です。

行内

オブジェクト全体が1つの文字として文章中に挿入されます。ドラッグ操作で文字列を移動することはできません。

四角形

オブジェクトの周囲に、四角形の枠に沿って文字列が折り返されます。

狭く

オブジェクトの形に沿って文字列が折り返されます。

内部

オブジェクトの中の透明な部分にも文字列が配置されます。

上下

文字列がオブジェクトの上下に配置されます。

背面

オブジェクトを文字列の背面に配置します。文字列は折り返されません。

前面

オブジェクトを文字列の前面に配置します。文字列は折り返されません。

Section 45 文書の自由な位置に文字を挿入する

覚えておきたいキーワード
- ☑ テキストボックス
- ☑ テキストボックスのサイズ
- ☑ テキストボックスの枠線

文書内の自由な位置に文字を配置したいときや、横書きの文書の中に縦書きの文章を配置したいときには、テキストボックスを利用します。テキストボックスに入力した文字は、通常の図形や文字と同様に書式を設定したり、配置を変更したりすることができます。

1 テキストボックスを挿入して文章を入力する

キーワード　テキストボックス

「テキストボックス」とは、本文とは別に自由な位置に文字を入力できる領域のことです。テキストボックスは、図形と同様に「オブジェクト」として扱われます。

ヒント　横書きのテキストボックスを挿入する

右の手順では、縦書きのテキストボックスを挿入しています。横書きのテキストボックスを挿入するには、手順 3 で＜横書きテキストボックスの描画＞をクリックします。

ヒント　入力済みの文章からテキストボックスを作成する

すでに入力してある文章を選択してから、手順 1 以降の操作を行うと、選択した文字列が入力されたテキストボックスを作成できます。

1 ＜挿入＞タブをクリックして、
2 ＜テキストボックス＞をクリックし、
3 ＜縦書きテキストボックスの描画＞をクリックします。
4 マウスポインターの形が＋に変わるので、
5 テキストボックスを挿入したい場所で、マウスを対角線上にドラッグします。
6 縦書きのテキストボックスが挿入されるので、

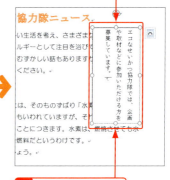

7 文章を入力します。

8 ＜レイアウトオプション＞をクリックして、文字列の折り返しを設定します（ここでは＜四角形＞）。

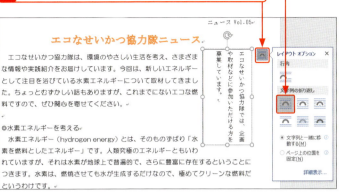

ヒント　横書きに変更したいときは？

縦書きのテキストボックスを挿入したあとで、横書きに変更したい場合は、テキストボックスを選択して＜書式＞タブの＜文字列の方向＞をクリックし、＜横書き＞をクリックします。

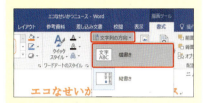

2 テキストボックスのサイズを調整する

1 テキストボックスのハンドルにマウスポインターを合わせ、形がに変わった状態で、

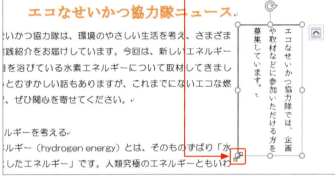

メモ　テキストボックスのサイズの調整

テキストボックスのサイズを調整するには、枠線上に表示されるハンドル○にマウスポインターを合わせ、↗の形に変わったらドラッグします。

2 サイズを調整したい方向にドラッグします。

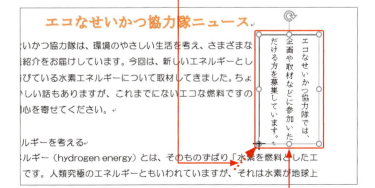

3 テキストボックスのサイズが変わります。

ヒント　数値でサイズを変更するには？

テキストボックスを選択して、＜書式＞タブの＜サイズ＞で数値を指定しても、サイズを変更できます。大きさを揃えたいときなど、正確な数値にしたい場合に利用するとよいでしょう。

ここで数値を指定できます。

3 テキストボックス内の余白を調整する

メモ　テキストボックスの余白の調整

テキストボックス内の上下左右の余白は、初期設定で2.5mmです。文字が隠れてしまう場合など、テキストボックスの余白を狭くすると表示できるようになります。余白は、右の方法で変更することができます。

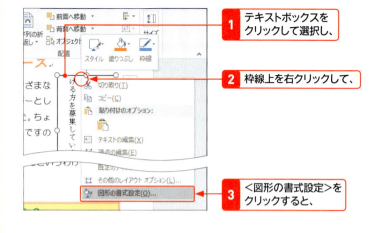

1 テキストボックスをクリックして選択し、
2 枠線上を右クリックして、
3 <図形の書式設定>をクリックすると、

4 <図形の書式設定>作業ウィンドウが表示されます。
5 <文字のオプション>をクリックして、

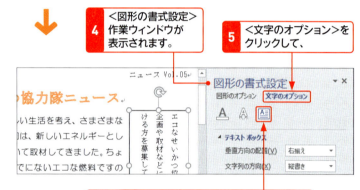

6 <レイアウトとプロパティ>をクリックします。

7 <テキストボックス>の上下左右の余白を指定すると、

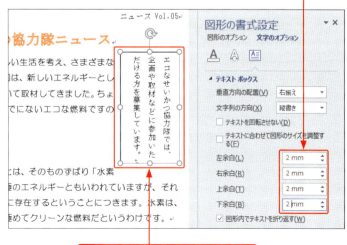

8 テキストボックスに反映されます。

ステップアップ　テキストボックスの中央に文字列を配置する

テキストボックスの上下左右の中央に文字列を配置するには、テキストボックスを選択して、<ホーム>タブの<中央揃え>をクリックします。続いて、<書式>タブの<文字の配置>をクリックして、<中央揃え>（横書きの場合は<上下中央揃え>）をクリックします。

4 テキストボックスの枠線を消す

1 テキストボックスをクリックして選択し、

2 <書式>タブをクリックします。

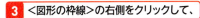

メモ 枠線を消す

テキストボックスには、枠線と塗りつぶしが設定されています。枠線が不要な場合は、左の操作を行って枠線を消します。また、塗りつぶしをしない場合は、<書式>タブの<図形の塗りつぶし>で<塗りつぶしなし>をクリックします。

3 <図形の枠線>の右側をクリックして、

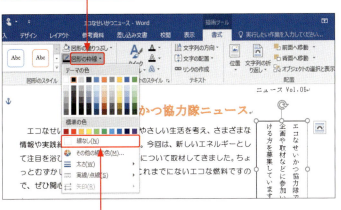

4 <線なし>をクリックすると、

5 枠線が消えます。

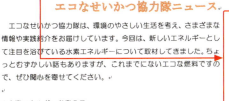

ヒント テキストボックスの色や枠線を変更する

テキストボックスは、図形と同じオブジェクトとして扱われます。<書式>タブの<図形のスタイル>からスタイルを選ぶと、かんたんにスタイルを変更することができます。また、色や枠線の色、太さ、スタイルなどを個別に設定するには、<書式>タブの<図形の塗りつぶし>や、<図形の枠線>を利用します（Sec.42参照）。なお、テキストボックスに入力した文字は、本文と同様に書式を設定することができます。

Section 46 写真を挿入する

覚えておきたいキーワード
- ☑ 写真
- ☑ 図のスタイル
- ☑ アート効果

Wordでは、文書に写真（画像）を挿入することができます。挿入した写真に額縁のような枠を付けたり、丸く切り抜いたりといったスタイルを設定したり、さまざまなアート効果を付けたりすることもできます。また、文書の背景に写真を使うこともできます。

1 文書の中に写真を挿入する

メモ 写真を挿入する

文書の中に自分の持っている写真データを挿入します。挿入した写真は移動したり、スタイルを設定したりすることができます。

メモ 写真の保存先

挿入する写真データがデジカメのメモリカードやUSBメモリに保存されている場合は、カードやメモリをパソコンにセットし、パソコン内のわかりやすい保存先にデータを取り込んでおくとよいでしょう。

1. 写真を挿入したい位置にカーソルを移動します。
2. <挿入>タブをクリックして、
3. <画像>をクリックすると、
4. <図の挿入>ダイアログボックスが表示されます。
5. 写真の保存先を指定して、
6. 挿入する写真ファイルをクリックし、
7. <挿入>をクリックすると、

8 写真が挿入されます。

9 写真の四隅のハンドルをドラッグしてサイズを調整し、

10 <レイアウトオプション>をクリックして、文字列の折り返しを設定します（Sec.44参照）。

> **メモ 写真のサイズや文字の折り返し**
>
> Wordでは、写真は図形やテキストボックス、イラストなどと同様に「オブジェクト」として扱われます。サイズの変更や移動方法、文字列の折り返しなどといった操作は、図形と同じように行えます（Sec.42、43、44参照）。

2 写真にスタイルを設定する

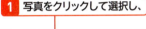

1 写真をクリックして選択し、

2 ここをクリックします。

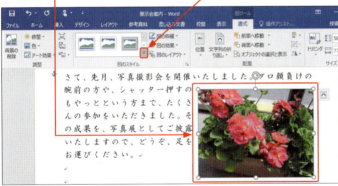

> **メモ 写真にスタイルを設定する**
>
> <書式>タブの<図のスタイル>グループにある<その他>▽（画面の表示サイズによっては<クイックスタイル>）をクリックすると、<図のスタイル>ギャラリーが表示され、写真に枠を付けたり、周囲をぼかしたり、丸く切り抜いたりと、いろいろなスタイルを設定することができます。

3 <図のスタイル>ギャラリーからスタイルをクリックすると、

4 写真にスタイルが設定されます。

> **ヒント 写真に書式を設定するには？**
>
> 写真に書式を設定するには、最初に写真をクリックして選択しておく必要があります。写真を選択すると、<図ツール>の<書式>タブが表示されます。写真にさまざまな書式を設定する操作は、この<書式>タブで行います。

177

3 写真にアート効果を設定する

キーワード アート効果

「アート効果」とは、オブジェクトに付ける効果のことで、スケッチや水彩画風、パステル調などのさまざまな効果が設定できます。設定したアート効果を取り消すには、手順3のメニューで左上の＜なし＞をクリックします。

1 写真を選択して、＜書式＞タブをクリックします。

2 ＜アート効果＞をクリックして、

3 目的の効果をクリックすると、

4 写真にアート効果が設定されます。

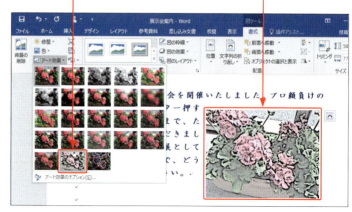

ステップアップ 写真の背景を削除する

Wordでは、写真の背景を削除することができます。これは、写真や図の背景を自動的に認識して削除する機能ですが、写真によっては背景部分がうまく認識されない場合もあります。
写真をクリックして選択し、＜書式＞タブの＜背景の削除＞をクリックします。続いて、＜変更を保持＞をクリックすると、背景が削除されます。なお、削除を取り消したい場合は、＜すべての変更を破棄＞をクリックします。

1 ＜変更を保持＞をクリックすると、

2 写真の背景が削除されます。

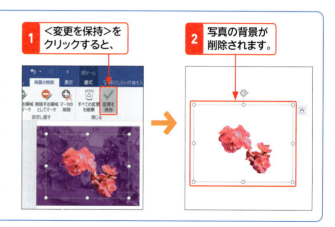

4 写真を文書の背景に挿入する

1 挿入した写真をクリックして、<レイアウトオプション>をクリックします。

2 <背面>をクリックします。

メモ 写真を背景にする

写真を文書の背景にするには、挿入した写真を文書の背面に移動して、色を薄い色に変更します。必要に応じて文字の色を変更します。

3 写真が文書の背面に移動します。

4 写真をドラッグして、ページ全体に収まるように配置します。

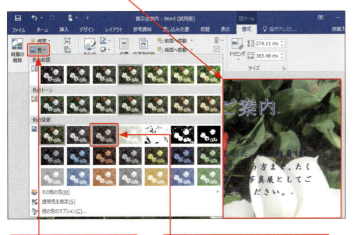

5 <書式>タブの<色>をクリックして、

6 薄い色(ここでは<セピア>)をクリックします。

7 写真の色が変更されます。

8 見やすいように、文字の色を変更します。

Section 47 イラストを挿入する

覚えておきたいキーワード
- ☑ イラストの挿入
- ☑ Bing イメージ検索
- ☑ 文字列の折り返し

文書内にイラストを挿入するには、Bing イメージ検索を利用してイラストを探します。挿入したイラストは、文字列の折り返しを指定して、サイズを調整したり、移動したりして文書内に配置します。なお、イラストを検索するには、パソコンをインターネットに接続しておく必要があります。

1 イラストを検索して挿入する

メモ キーワードで検索する

文書に挿入するイラストは、インターネットを介して検索して探し出すことができます。検索キーワードには、挿入したいイラストを見つけられるような的確なものを入力します。なお、検索結果にイラストが表示されない場合は、＜すべてのWeb検索結果を表示＞をクリックしてください。

ヒント ライセンスの注意

インターネット上に公開されているイラストや画像を利用する場合は、著作者の承諾が必要です。使用したいイラストをクリックすると、左下にイラスト情報と出所のリンクが表示されます。リンクをクリックして、ライセンスを確認します。「著作者のクレジットを表示する」などの条件が指定された場合は、必ず従わなければなりません。

1. ＜挿入＞タブをクリックして、
2. ＜オンライン画像＞をクリックすると、
3. ＜画像の挿入＞ウィンドウが表示されます。
4. キーワードを入力し（ここでは「ひまわり」）、Enterを押します。
5. キーワードに関連したイラストが表示されます。
6. 目的のイラストをクリックして、
7. ＜挿入＞をクリックします。

Section 47 イラストを挿入する

8 文書にイラストが挿入されます。

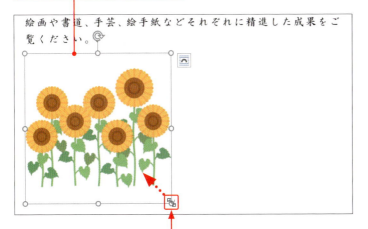

9 四隅のハンドルをドラッグすると、

10 サイズを変更できます。

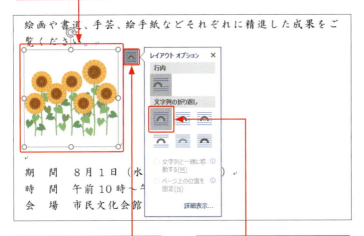

11 ＜レイアウトオプション＞をクリックして、

12 ＜四角形＞をクリックします。

13 イラストをドラッグして移動すると、イラストの周りに文章が配置されます。

ヒント イラストを削除するには？

文書に挿入したイラストを削除するには、イラストをクリックして選択し、BackSpace または Delete を押します。

ヒント 文字列の折り返し

イラストを挿入したら、＜レイアウトオプション＞をクリックして、文字列の折り返しの配置を確認します。＜行内＞以外に指定すると、イラストを自由に移動できるようになります。文字列の折り返しについて、詳しくはSec.44を参照してください。

キーワード 配置ガイド

オブジェクトを移動すると、配置ガイドという緑の直線がガイドラインとして表示されます。ガイドを目安にすれば、ほかのオブジェクトや文章と位置をきれいに揃えられます。

Word 第4章 図形・画像・ページ番号の挿入

Section 48 SmartArtを挿入する

覚えておきたいキーワード
- ☑ SmartArt
- ☑ テキストウィンドウ
- ☑ 図形の追加

SmartArt を利用すると、プレゼンや会議などでよく使われるリストや循環図、ピラミッド型図表といった図をかんたんに作成できます。作成したSmartArtは、構成内容を保ったままデザインを自由に変更できます。また、SmartArtに図形パーツを追加することもできます。

1 SmartArtの図形を挿入する

キーワード SmartArt

SmartArtは、アイデアや情報を視覚的な図として表現したもので、リストや循環図、階層構造図などのよく利用される図形が、テンプレートとして用意されています。SmartArtは、以下の8種類のレイアウトに分類されています。

種類	説明
リスト	連続性のない情報を表示します。
手順	プロセスのステップを表示します。
循環	連続的なプロセスを表示します。
階層構造	組織図を作成します。
集合関係	関連性を図解します。
マトリックス	全体の中の部分を表示します。
ピラミッド	最上部または最下部に最大の要素がある関係を示します。
図	写真を使用して図形を作成します。

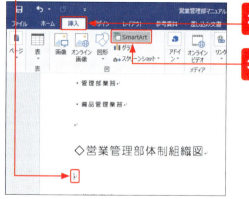

1 図形を挿入したい位置にカーソルを移動して、
2 <挿入>タブをクリックし、
3 <SmartArt>をクリックすると、

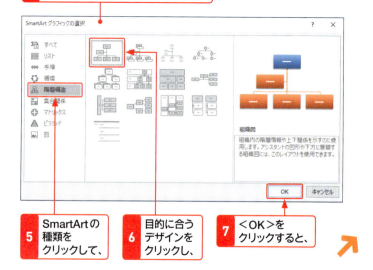

4 <SmartArtグラフィックの選択>ダイアログボックスが表示されます。
5 SmartArtの種類をクリックして、
6 目的に合うデザインをクリックし、
7 <OK>をクリックすると、

第4章 図形・画像・ページ番号の挿入

8 SmartArtとテキストウィンドウが表示されます。

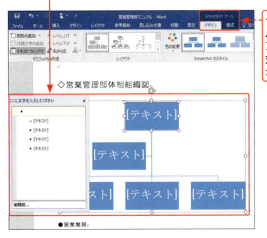

＜SmartArtツール＞の＜デザイン＞タブと＜書式＞タブが表示されます。

ヒント SmartArtの選択

左ページの手順5でどのSmartArtを選べばよいのかわからない場合には、＜すべて＞をクリックして全体を順に見て、目的に合う図を探すとよいでしょう。

2 SmartArtに文字を入力する

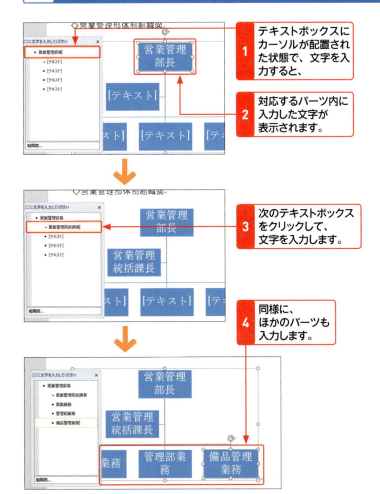

1 テキストボックスにカーソルが配置された状態で、文字を入力すると、

2 対応するパーツ内に入力した文字が表示されます。

3 次のテキストボックスをクリックして、文字を入力します。

4 同様に、ほかのパーツも入力します。

ヒント テキストウィンドウの表示

SmartArtを挿入すると、通常はSmartArtと同時に「テキストウィンドウ」が表示されます。テキストウィンドウが表示されない場合は、SmartArtをクリックすると表示されるサイドバーをクリックするか、＜SmartArtツール＞の＜デザイン＞タブの＜テキストウィンドウ＞をクリックします。

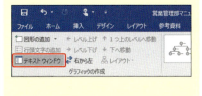

ヒント テキストウィンドウでパーツを追加する

テキストウィンドウのテキストボックスに文字を入力して、Enterを押すと、次のパーツが自動的に追加されます。

3 SmartArtに図形パーツを追加する

メモ SmartArtへの図形の追加

SmartArtでは、手順4のように＜図形の追加＞から、図形を追加する位置を指定することができます。ただし、図形によっては、選択できない項目もあります。

1 目的のパーツをクリックして、
2 ＜デザイン＞タブをクリックし、
3 ＜図形の追加＞のここをクリックして、

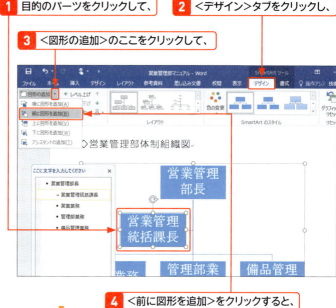

4 ＜前に図形を追加＞をクリックすると、

5 新しい図（パーツ）が追加されます。

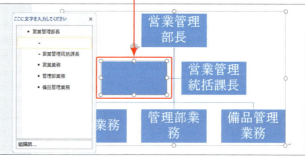

6 テキストボックスに入力すると、

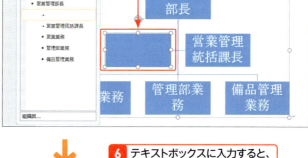

7 新しいパーツに文字が反映されます。

ヒント アシスタントの追加

＜図形の追加＞をクリックしたメニューの最下段にある＜アシスタントの追加＞は、階層構造のうち、組織図を作成するための図形を利用している場合に使用できます。

アシスタント位置に追加されます。

4 SmartArtの色やデザインを変更する

1 SmartArtをクリックして、

2 ＜SmartArtツール＞の＜デザイン＞タブをクリックします。

3 ＜色の変更＞をクリックして、

4 目的の色をクリックします。

5 SmartArtの色が変わります。

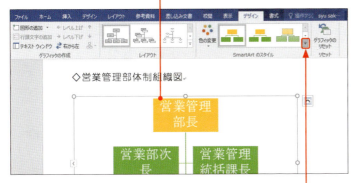

6 ＜SmartArtのスタイル＞の＜その他＞をクリックします。

7 一覧から目的のデザインをクリックすると（ここでは＜ブロック＞）、

8 SmartArtのデザインが変更されます。

メモ　SmartArtの書式設定

＜SmartArtツール＞の＜書式＞タブでは、SmartArt全体を図形として扱うことで、背景色や枠線を付けたり、文字に効果を設定したりすることができます。また、SmartArt内の1つ1つのパーツそれぞれに書式を設定することも可能です。

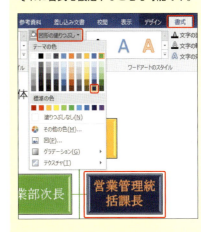

ヒント　SmartArtの色やデザインを解除するには？

＜SmartArtツール＞の＜デザイン＞タブにある＜グラフィックのリセット＞をクリックすると、SmartArtの色やスタイルなどのグラフィック設定が解除され、作成直後の状態に戻ります。

Section 49 ワードアートを挿入する

覚えておきたいキーワード
- ☑ ワードアート
- ☑ オブジェクト
- ☑ 文字の効果

Wordには、デザイン効果を加えた文字をオブジェクトとして作成できるワードアートという機能が用意されています。登録されているデザインの中から好みのものをクリックするだけで、タイトルなどに効果的な文字を作成することができます。

1 ワードアートを挿入する

🔍 キーワード　ワードアート

「ワードアート」とは、デザインされた文字を作成する機能または、ワードアートの機能を使って作成された文字そのもののことです。ワードアートで作成された文字は、文字列としてではなく、図形などと同様にオブジェクトとして扱われます。

💡 ヒント　あとから文字を入力する

右の操作では、あらかじめ入力した文字を利用してワードアートを作成しています。しかし、ワードアートを最初に作成し、あとから文字を入力することも可能です。ワードアートを挿入したい位置にカーソルを移動して、ワードアートのデザインをクリックします。テキストボックスが作成されるので、ここに文字を入力します。

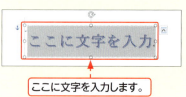

ここに文字を入力します。

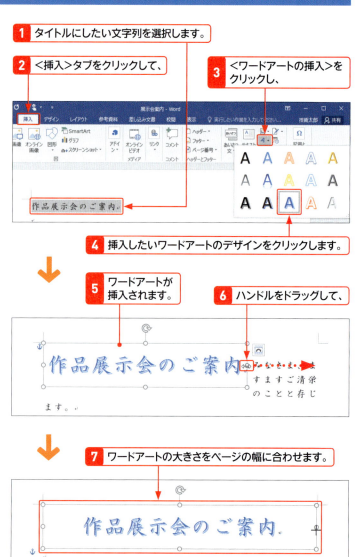

2 ワードアートを移動する

1. ワードアートの枠線上にマウスポインターを合わせ、形が に変わった状態で、
2. ドラッグすると、

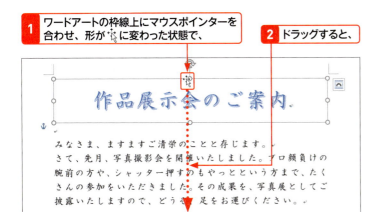

3. ワードアートが移動します。

ヒント ワードアートの文字列の折り返し

ワードアートもテキストボックスや図形などと同様に、文字列の折り返しを変更することによって、周囲や上下に文字列を配置することができます。文字列の折り返しについて詳しくは、Sec.44を参照してください。ワードアートを配置した直後は、文字列の折り返しが＜四角形＞の設定になっています。＜レイアウトオプション＞ で、設定を変更することができます。

3 ワードアートの書式を変更する

ここでは、フォントとフォントの色を変更します。

1. ワードアートをクリックして、枠線上にマウスポインターを合わせてクリックすると、ワードアートを選択できます。
2. ＜ホーム＞タブをクリックして、
3. ＜フォント＞のここをクリックし、
4. フォントをクリックします。

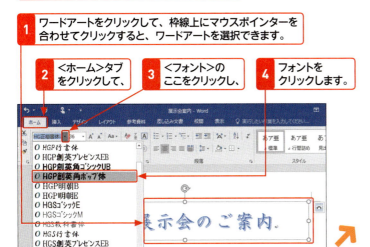

メモ ワードアートのフォントサイズとフォント

ワードアートのフォントサイズは、初期設定が36ptです。変更したい場合は、＜ホーム＞タブの＜フォントサイズ＞ボックスで指定します。

ワードアートのフォントは、もとの文字列あるいはカーソルが置かれた位置のフォントが設定されます。ほかのフォントに変更したい場合は、＜ホーム＞タブの＜フォント＞ボックスでフォントを指定します。

Section 49 ワードアートを挿入する

ヒント フォントサイズを変更する

フォントサイズを変更するには、ワードアートをクリックして選択し、＜ホーム＞タブの＜フォントサイズ＞の をクリックして、フォントサイズを選びます。初期設定では、フォントサイズに合わせてテキストボックスのサイズは自動的に調整されます。サイズが調整されない場合は、テキストボックスの枠をドラッグして調整します。

ステップアップ ワードアートのスタイル変更

ワードアートの背景は、ワードアートを選択して、＜書式＞タブの＜図形の塗りつぶし＞をクリックして変更することができます。また、＜書式＞タブの＜図形のスタイル＞の＜その他＞ をクリックすると表示されるスタイルギャラリーから、かんたんにスタイルを変更できます。

5 フォントが変更されます。

6 ＜フォントの色＞のここをクリックして、

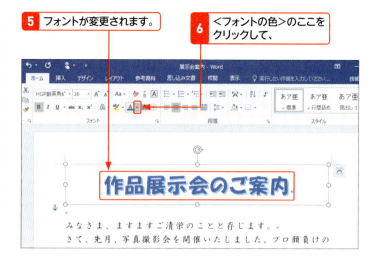

7 目的の色をクリックすると、

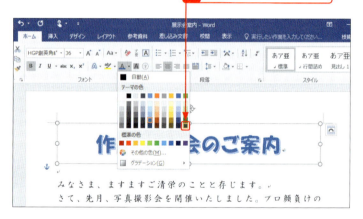

8 フォントの色が変更になります。

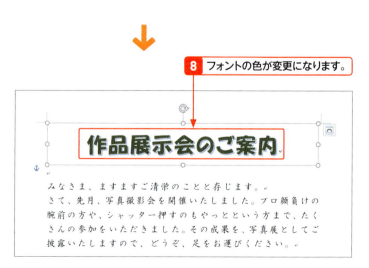

第4章 図形・画像・ページ番号の挿入

4 ワードアートに効果を付ける

ここでは、ワードアートに変形の効果を付けます。

1 ワードアートを選択して、 **2** ＜書式＞タブをクリックし、

3 ＜文字の効果＞をクリックします。

メモ ワードアートに効果を付ける

＜書式＞タブの＜文字の効果＞を利用すると、左のように変形の設定ができるほか、影、反射、光彩、面取り、3-D回転など、さまざまな効果を設定することができます。

4 ＜変形＞にマウスポインターを合わせ、 **5** 目的の形状をクリックすると、

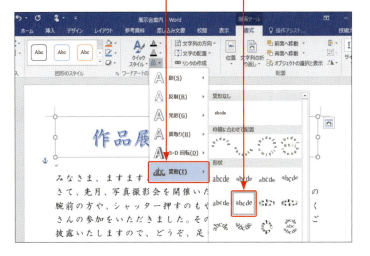

6 ワードアートに効果が設定されます。

ヒント 設定した効果を解除するには？

ワードアートに付けた効果を解除するには、ワードアートを選択して、再度＜書式＞タブの＜文字の効果＞をクリックします。設定した効果をクリックして、メニューの先頭にある＜（効果）なし＞をクリックします。

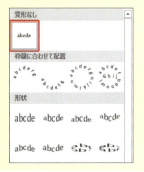

Section 50 ページ番号を挿入する

覚えておきたいキーワード
- ヘッダー
- フッター
- ページ番号

ページに通し番号を印刷したいときは、ページ番号を挿入します。ページ番号は、ヘッダーまたはフッターのどちらかに追加できます。文書の下に挿入するのが一般的ですが、Wordにはさまざまなページ番号のデザインが上下で用意されているので、文書に合わせて利用するとよいでしょう。

1 文書の下にページ番号を挿入する

メモ ページ番号の挿入

ページに通し番号を付けて印刷したい場合は、右の方法でページ番号を挿入します。ページ番号の挿入位置は、<ページの上部><ページの下部><ページの余白><現在の位置>の4種類の中から選択できます。各位置にマウスポインターを合わせると、それぞれの挿入位置に対応したデザインのサンプルが一覧で表示されます。

1 <挿入>タブをクリックして、
2 <ページ番号>をクリックします。

3 ページ番号の挿入位置を選択して、

キーワード ヘッダーとフッター

文書の各ページの上部余白に印刷される情報を「ヘッダー」といいます。また、下部余白に印刷される情報を「フッター」といいます。

4 表示される一覧から、目的のデザインをクリックすると、

<ヘッダー／フッターツール>の<デザイン>タブが表示されます。

5 ページ番号が挿入されます。

ヒント ヘッダーとフッターを閉じる

ページ番号を挿入すると<ヘッダー／フッターツール>の<デザイン>タブが表示されます。ページ番号の編集が終わったら、<ヘッダーとフッターを閉じる>をクリックすると、通常の文書画面が表示されます。再度<ヘッダー／フッターツール>を表示したい場合は、ページ番号の部分(ページの上下の余白部分)をダブルクリックします。

2 ページ番号のデザインを変更する

1 <ページ番号>をクリックして、

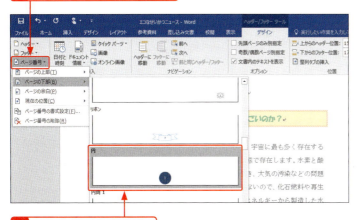

2 デザインをクリックすると、

3 デザインが変更されます。

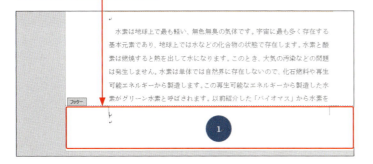

ステップアップ 先頭ページにページ番号を付けない

ページ番号を付けたくないページが最初にある場合は、<ヘッダー／フッターツール>の<デザイン>タブで<先頭ページのみ別指定>をオンにします。

ヒント ページ番号を削除するには?

ページ番号を削除するには、<デザイン>タブ(または<挿入>タブ)の<ページ番号>をクリックして、表示される一覧から<ページ番号の削除>をクリックします。

Section 51 ヘッダー／フッターを挿入する

覚えておきたいキーワード
- ヘッダー
- フッター
- 日付と時刻

ヘッダーやフッターには、ページ番号やタイトルなど、さまざまなドキュメント情報を挿入することができます。また、ヘッダーやフッターに会社のロゴなどの画像を入れたり、日付を入れたりすることもできます。ヘッダーとフッターの設定はページごとに変えられます。

1 ヘッダーに文書タイトルを挿入する

キーワード　ヘッダーとフッター

文書の各ページの上部余白を「ヘッダー」、下部余白を「フッター」といいます。ヘッダーには文書のタイトルや日付など、フッターにはページ番号や作者名などの情報を入れるのが一般的です。ヘッダーやフッターには、ドキュメント情報だけでなく、写真や図も入れることができます。

1 <挿入>タブをクリックして、

2 <ヘッダー>をクリックし、

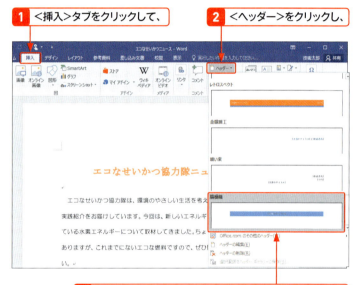

3 表示される一覧から、目的のデザインをクリックすると、

4 ヘッダーが挿入されます。

5 タイトルのボックス内をクリックして、

6 文書のタイトルを入力します。

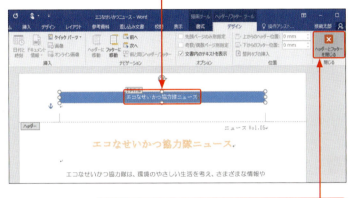

7 <ヘッダーとフッターを閉じる>をクリックすると、本文の編集画面に戻ります。

ヒント ヘッダーのデザイン

<挿入>タブの<ヘッダー>をクリックすると表示されるデザインには、「タイトル」や「日付」などのテキストボックスが用意されているものがあります。特に凝ったデザインなどが必要ない場合は、<空白>をクリックして、テキストを入力するだけの単純なヘッダーを選択するとよいでしょう。

ヒント ヘッダー／フッターを削除するには？

ヘッダーやフッターを削除するには、<デザイン>タブをクリックして、<ヘッダー>（<フッター>）をクリックし、<ヘッダーの削除>（フッターの削除）>をクリックします。なお、<挿入>タブの<ヘッダー>（<フッター>）でも同様の操作で削除できます。

2 企業のロゴをヘッダーに挿入する

1 <挿入>タブをクリックして、
2 <ヘッダー>をクリックし、

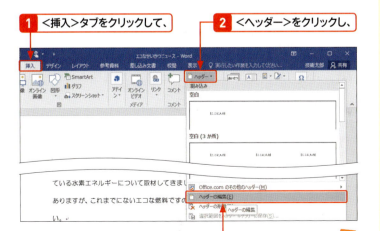

3 <ヘッダーの編集>をクリックします。

メモ ヘッダーに画像を挿入する

ヘッダーやフッターには、ロゴなどの写真あるいは図を挿入できます。これらは、文書に挿入した写真と同じ方法で、編集ができます（Sec.46参照）。

ヒント ヘッダーやフッターをあとから編集するには？

ヘッダーを設定後、編集画面に戻ったあとで、再度ヘッダーの編集を行いたい場合は、＜挿入＞タブの＜ヘッダー＞をクリックして、＜ヘッダーの編集＞をクリックすると、ヘッダー画面が表示されます。フッターの場合も同様です。また、ヘッダーやフッター部分をダブルクリックしても表示することができます。

4 ヘッダーが表示されるので、

5 ＜デザイン＞タブの＜画像＞をクリックします。

6 ＜図の挿入＞ダイアログボックスが表示されます。

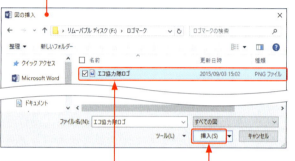

7 ロゴのファイルをクリックして、　　**8** ＜挿入＞をクリックします。

9 ロゴが挿入されるので、サイズを調整します。

10 ロゴをドラッグして、

11 配置を調整します。

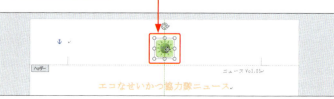

ヒント 挿入した写真の文字列の折り返し

挿入された写真や図の種類によって、＜文字列の折り返し＞が＜行内＞になっていて、自由に移動ができない場合があります。そのときは、＜レイアウトオプション＞をクリックして、＜文字列の折り返し＞で＜前面＞を指定します。

3 日付をヘッダーに設定する

1 ＜挿入＞タブの＜ヘッダー＞をクリックして、＜ヘッダーの編集＞をクリックし、ヘッダーを表示します。

 ＜日付と時刻＞をクリックして、

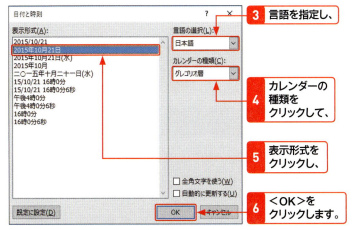

3 言語を指定し、

4 カレンダーの種類をクリックして、

5 表示形式をクリックし、

6 ＜OK＞をクリックします。

ヘッダーに日付が挿入されます。

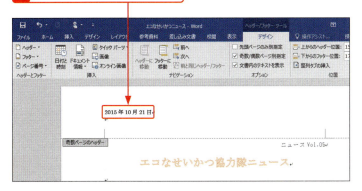

メモ 日付を挿入する

Wordには、ヘッダーやフッターに日付を挿入する機能があります。ヘッダー位置で＜日付と時刻＞をクリックすると、＜日付と時刻＞ダイアログボックスが表示されるので、表示形式を選びます。なお、＜自動的に更新する＞をオンにすると、文書を開くたびに日付が更新されます。

ヒント 日付のデザインを利用する

＜挿入＞タブの＜ヘッダー＞をクリックして、日付の入っているデザインを選んでも日付を挿入できます。「日付」をクリックすると、カレンダーが表示され、日付をかんたんに挿入できます。

ステップアップ ヘッダーやフッターの印刷位置を変更する

＜ヘッダー／フッターツール＞の＜デザイン＞タブでは、文書の上端からのヘッダー位置と下端からのフッター位置を数値で設定できます。

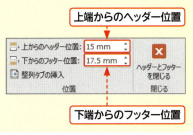

上端からのヘッダー位置

下端からのフッター位置

Section 52 文書全体を装飾する

覚えておきたいキーワード
- ☑ 表紙
- ☑ ページ罫線
- ☑ 絵柄

文書は文章の書式のほかに、文書全体を装飾することで、見やすくなったり、目に付きやすくなったりします。複数ページの冊子のような文書の場合は、表紙を付けるとよいでしょう。チラシやポスターなどは、ページを罫線で囲むと目立ちます。また、ページ罫線を絵柄に変更することもできます。

1 文書に表紙を挿入する

メモ 表紙の挿入

複数ページのある報告書などの文書では、表紙があると見栄えもよくなります。Wordには、表紙のデザインが用意されています。タイトルや日付など必要な項目を入力して、そのほかの不要な項目を削除すれば、適切な表紙のデザインに仕上がります。

1. <挿入>タブをクリックして、
2. <ページ>をクリックし、
3. <表紙>をクリックします。

4. 用意されているデザインから、挿入したい表紙をクリックします。

メモ 表紙の構成要素

Wordで用紙されている表紙は、会社名、文書のタイトル、文書のサブタイトル、制作者名のほか、日付、要約などの要素で構成されています。全体のデザインは図で作成されており、そのほかの文字はテキストボックスで作成されています。

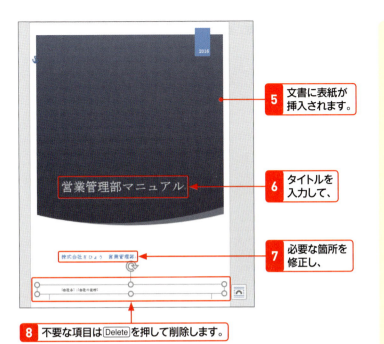

ヒント 不要な要素を削除するには？

表紙のデザインはひとまとまりではなく、それぞれ図やテキストボックスに分かれています。そのため、不要な要素を削除するには、要素を1つずつ選択し、Delete を押して削除します。また、表紙ページそのものを削除するには、＜表紙＞をクリックして表示されるメニューで＜現在の表紙を削除＞をクリックします。

2 文書全体を罫線で囲む

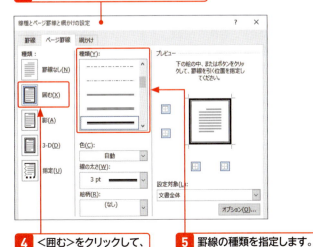

メモ ページ罫線

Wordには、文書のページ単位で、周りを罫線で囲むページ罫線機能があります。チラシやポスターなど、文書そのものを目立たせたい場合に効果的です。罫線の種類や太さ、色を指定するだけで設定できます。罫線ではなく、絵柄にすることも可能です（次ページの「ステップアップ」参照）。

1ページ目のみに付ける

ページ罫線を文書すべてに付けるのではなく、1ページ目にのみ設定したい場合は、手順7の＜設定対象＞でくこのセクション-1ページ目のみ＞を指定します。

6 線の色や太さを指定します。

7 ＜文書全体＞を指定して、

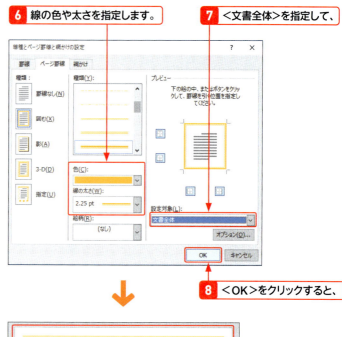

8 ＜OK＞をクリックすると、

9 文書にページ罫線が挿入されます。

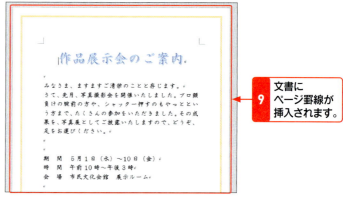

ステップアップ 絵柄のページ罫線を挿入する

ページ罫線は、線種や色で変化を付けることができますが、このほかに、絵柄でも設定できます。上記の手順6で＜絵柄＞の をクリックして、利用したい絵柄をクリックします。そのままでは大きな絵柄になってしまうので、＜線の太さ＞を小さくしておくとよいでしょう。

絵柄と線の太さを指定します。

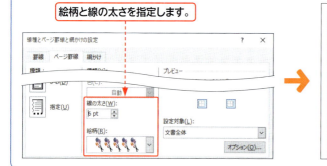

Chapter 05

第5章

表の作成と編集

Section	53	表を作成する
	54	セルを選択する
	55	行や列を挿入／削除する
	56	セルを結合／分割する
	57	列幅／行高を変更する
	58	表の罫線を変更する
	59	表に書式を設定する
	60	表の数値で計算する
	61	表のデータを並べ替える
	62	Excelの表をWordに貼り付ける

Section 53 表を作成する

覚えておきたいキーワード
- 表
- 行数／列数
- 罫線を引く

表を作成する場合、どのような表にするのかをあらかじめ決めておくとよいでしょう。データ数がわかっているときには、行と列の数を指定し、表の枠組みを作成してからデータを入力します。また、レイアウトを考えながら作成する場合などは、罫線を1本ずつ引いて作成することもできます。

1 行数と列数を指定して表を作成する

メモ 表の行数と列数の指定

<表の挿入>に表示されているマス目（セル）をドラッグして、行と列の数を指定しても、すばやく表を作成することができます。左上からポイントした部分までのマス目はオレンジ色になり、その数がセルの数となります。
ただし、この方法では8行10列より大きい表は作成できないため、大きな表を作成するには右の手順に従います。

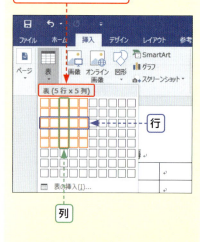

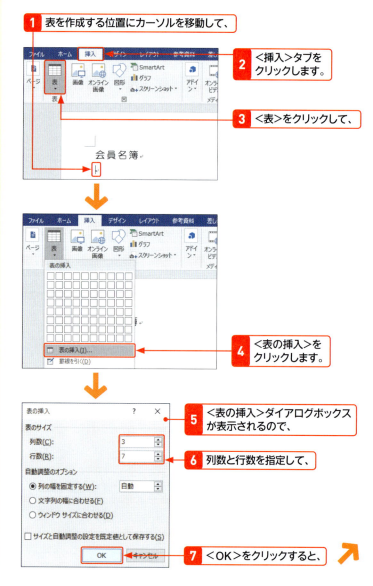

1. 表を作成する位置にカーソルを移動して、
2. <挿入>タブをクリックします。
3. <表>をクリックして、
4. <表の挿入>をクリックします。
5. <表の挿入>ダイアログボックスが表示されるので、
6. 列数と行数を指定して、
7. <OK>をクリックすると、

8 表が作成されます。

＜表ツール＞の＜デザイン＞タブと＜レイアウト＞タブが表示されます。

メモ 表ツール

表を作成すると、＜表ツール＞の＜デザイン＞タブと＜レイアウト＞タブが表示されます。作成した表の罫線を削除したり、行や列を挿入・削除したり、罫線の種類を変更したりといった編集作業は、これらのタブを利用します。

9 目的のセルをクリックして、

10 データを入力します。

11 次のセルをクリックすると、カーソルが移動します。

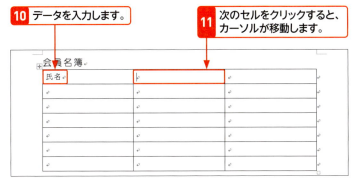

ヒント 数値は半角で入力する

数値を全角で入力すると、合計を求めるなどの計算が行えません。数値を使って計算を行う場合は、半角で入力してください。

12 同様の操作で、ほかのセルにもデータを入力します。

会員名簿		
氏名	連絡先	年齢
松下　悠一	横須賀市中央 1-1-1	45
本橋　伸哉	甲府市東町さくら台 9-9-9	29
神崎　颯太郎	熊本市裾野町 5-5-5	36
佐々木　瑞穂	柏市水木町 3-3-3	61
横川　尚史	神戸市緑区中央 7-7-7	34
真中　喜恵子	所沢市八雲町 2-2-2	38

行の高さや列の幅を整えます（Sec.57参照）。

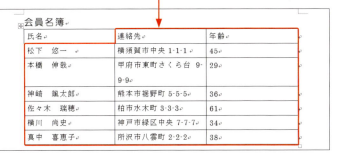

ヒント セル間をキー操作で移動するには？

セル間は、↑ ↓ ← →で移動することができます。また、Tabを押すと右のセルへ移動して、Shift + Tabを押すと左のセルへ移動します。

2 すでにあるデータから表を作成する

メモ 入力したデータを表にする

表の枠組みを先に作成するのではなく、データを先に入力して、あとから表の枠組みを作成することもできます。データを先に入力する場合は、タブ（Sec.30参照）で区切って入力します。空欄のセルを作成するには、何も入力せずに Tab を押します。

前ページの表の内容と同じデータを、タブ区切りで入力しておきます。

1 表にしたい文字列をドラッグして選択します。

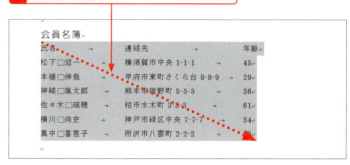

2 ＜挿入＞タブをクリックして、

3 ＜表＞をクリックし、

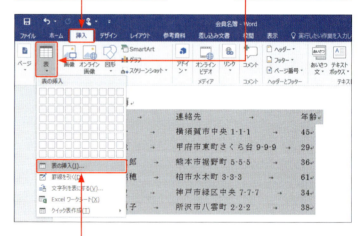

4 ＜表の挿入＞をクリックすると、

5 表が作成されます。

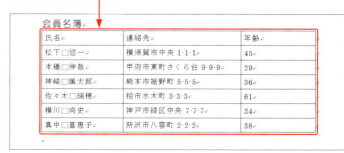

3 罫線を引いて表を作成する

1 <挿入>タブをクリックして、

2 <表>をクリックし、

3 <罫線を引く>をクリックします。

4 マウスポインターの形が に変わった状態で、

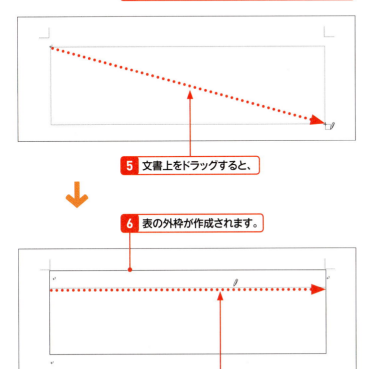

5 文書上をドラッグすると、

6 表の外枠が作成されます。

7 マウスポインターの形が の状態で、罫線を引きたい場所でドラッグします。

メモ　はじめに外枠を作成する

罫線を1本ずつ引いて表を作成する場合は、はじめに外枠を作成します。マウスポインターの形が  のときは罫線を引ける状態なので、そのまま対角線方向にドラッグすると、外枠を作成することができます。

メモ　罫線を引く

手順**3**の<罫線を引く>は、ドラッグ操作で罫線を引いて表を作成したり、すでに作成された表に罫線を追加したりする場合に利用します。また、表を選択すると表示される<表ツール>の<レイアウト>タブの<罫線を引く>を利用しても、表に罫線を追加することができます。

ヒント　罫線を引くのをやめるには？

罫線を引く操作をやめるには、<表ツール>の<レイアウト>タブの<罫線を引く>をクリックしてオフにするか、[Esc]を押すと、マウスポインターがもとの形に戻ります。

 **メモ　罫線の種類や太さ、色**

Wordの初期設定では、実線で0.5ptの太さ、黒色の罫線が引かれます。罫線の種類や太さ、色はそれぞれ変更することができます（Sec.58参照）。

 **ヒント　あとから表内の罫線を引くには？**

表の枠や罫線を引いたあと、マウスポインターをもとに戻してから再度罫線を引く場合は、表をクリックして＜表ツール＞の＜レイアウト＞タブを表示し、＜罫線を引く＞をクリックします。マウスポインターの形が♪になり、ドラッグすると罫線が引けます。

 **ステップアップ　クイック表作成を使用する**

＜挿入＞タブの＜表＞をクリックして、表示されるメニューから＜クイック表作成＞をクリックすると、あらかじめ書式が設定された表をかんたんに作成することができます。

8 マウスボタンを離すと、罫線が引かれます。

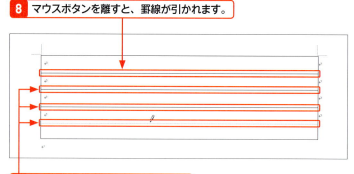

9 ほかの行も同様に罫線を引きます。

10 マウスポインターの形が♪の状態で、縦の線も同様に引いて列を作成します。

11 ほかの縦線も同様に引きます。

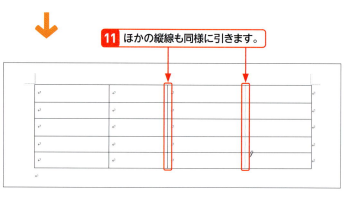

12 表の枠組みを完成します。

4 罫線を削除する

1 表内をクリックして、＜表ツール＞の＜レイアウト＞タブをクリックします。

2 ＜罫線の削除＞をクリックすると、

メモ 罫線を削除する

罫線を削除するには、左の手順に従います。＜罫線の削除＞は、クリックやドラッグ操作で罫線を削除するツールです。解説では罫線をクリックしていますが、ドラッグ操作でも罫線を削除することができます。
罫線の削除を解除するには、再度＜罫線の解除＞をクリックします。

3 マウスポインターの形が ✐ に変わるので、

ヒント 一時的に罫線を削除できる状態にする

マウスポインターの形が ✐ のときに Shift を押すと、マウスポインターの形が一時的に ✐ に変わり、罫線を削除することができます。

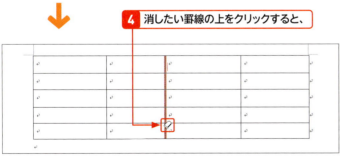

4 消したい罫線の上をクリックすると、

ステップアップ 複数の罫線を削除するには？

複数の罫線を削除するには、マウスポインターの形が ✐ のときに、削除したい罫線の範囲を囲むようにドラッグします。なお、罫線の外枠の一部を削除した場合は、破線の罫線が表示されますが、実際は削除されているので印刷されません。

5 罫線が削除されます。

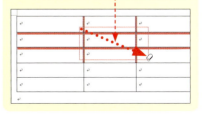

削除したい範囲をドラッグします。

Section 54 セルを選択する

覚えておきたいキーワード
- ☑ セル
- ☑ セルの選択
- ☑ 表全体の選択

作成した表の1つ1つのマス目を「セル」といいます。セルに文字を入力する場合は、セルをクリックしてカーソルを挿入します。セルに対して編集や操作を行う場合は、セルを選択する必要があります。ここでは、1つのセルや複数のセル、表全体を選択する方法を紹介します。

1 セルを選択する

メモ セルの選択

セルに対して色を付けるなどの編集を行う場合は、最初にセルを選択する必要があります。セルを選択するには、右の操作を行います。なお、セル内をクリックするのは、文字の入力になります。

1 選択したいセルの左下にマウスポインターを移動すると、

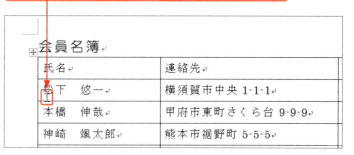

2 の形に変わります。クリックすると、

3 セルが選択されます。

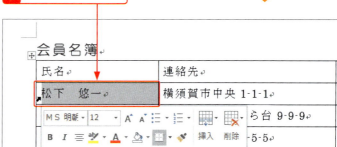

2 複数のセルを選択する

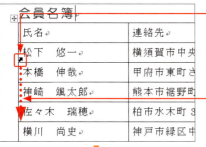

1. セルの左下にマウスポインターを移動して ↗ になったら、
2. 下へドラッグします。
3. 複数のセルが選択されます。

メモ 複数のセルの選択

複数のセルを選択する方法には、左の操作のほかに、セルをクリックして、そのままほかのセルをドラッグする方法でもできます。

3 表全体を選択する

1. 表内にマウスポインターを移動すると、
2. 左上に ⊞ が表示されます。クリックすると、
3. 表全体が選択されます。

メモ 表全体の選択

表の をクリックすると、表全体を選択できます。表を選択すると、表をドラッグして移動したり、表に対しての変更をまとめて実行したりすることができます。

Section 55 行や列を挿入／削除する

覚えておきたいキーワード
- ☑ 行／列の挿入
- ☑ 行／列の削除
- ☑ 表の削除

作成した表に行や列を挿入するには、挿入したい位置で挿入マークをクリックします。あるいは、＜表ツール＞の＜レイアウト＞タブの挿入コマンドを利用して挿入することができます。行や列を削除するには、行や列を選択して、削除コマンドを利用するか、BackSpaceを押します。

1 行を挿入する

メモ 行を挿入する

行を挿入したい位置にマウスポインターを近づけると、挿入マーク⊕が表示されます。これをクリックすると、行が挿入されます。

ヒント そのほかの挿入方法

＜表ツール＞の＜レイアウト＞タブの＜行と列＞グループにある挿入コマンドを利用して行を挿入することもできます。あらかじめ、挿入したい行の上下どちらかの行内をクリックしてカーソルを移動しておきます。＜上に行を挿入＞をクリックするとカーソル位置の上に、＜下に行を挿入＞をクリックするとカーソル位置の下に、行を挿入することができます。

1 カーソルを移動して、

2 ＜下に行を挿入＞をクリックすると、カーソル位置の下に行が挿入されます。

1 表内をクリックして、表を選択しておきます。

2 挿入したい行の余白にマウスポインターを近づけると、

3 挿入マークが表示されます。

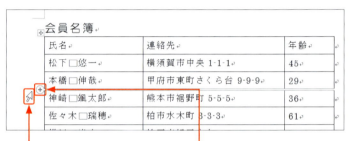

4 挿入マークをクリックすると、

5 行が挿入されます。

2 列を挿入する

1 挿入したい列の線上にマウスポインターを近づけると、挿入マークが表示されるので、

2 挿入マークをクリックします。

3 列が挿入され、表全体の列幅が自動的に調整されます。

ヒント ミニツールバーを利用する

列や行を選択すると、＜挿入＞と＜削除＞が用意されたミニツールバーが表示されます。ここから挿入や削除を行うことも可能です。

ヒント そのほかの挿入方法

＜表ツール＞の＜レイアウト＞タブの挿入コマンドを利用して列を挿入することもできます。とくに、表の左端に列を追加する場合、挿入マークは表示されないので、この方法を用います。あらかじめ、挿入したい列の左右どちらかの列内をクリックしてカーソルを移動しておきます。＜左に列を挿入＞はカーソル位置の左に、＜右に列を挿入＞はカーソル位置の右に、列を挿入することができます。

1 カーソルを移動して、

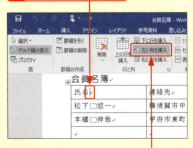

2 ＜左に列を挿入＞をクリックすると、カーソル位置の左に列が挿入されます。

3 行や列を削除する

ヒント そのほかの列の削除方法

列を削除するには、削除したい列を選択して BackSpace を押します。また、削除したい列にカーソルを移動して、＜表ツール＞の＜レイアウト＞タブの＜削除＞をクリックし、＜列の削除＞をクリックしても列を削除できます。

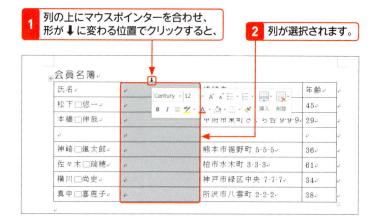

1. 列の上にマウスポインターを合わせ、形が ↓ に変わる位置でクリックすると、
2. 列が選択されます。

3. BackSpace を押すと、
4. 列が削除されます。

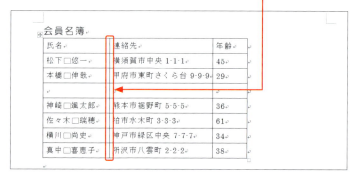

ヒント 行を削除するには？

行を削除するには、削除したい行の左側の余白部分をクリックし、行を選択します。BackSpace を押すと、行が削除されます。または、削除したい行にカーソルを移動して、＜表ツール＞の＜レイアウト＞タブの＜削除＞をクリックし、＜行の削除＞をクリックします。

4 表全体を削除する

メモ 表の削除

表を削除するには、表全体を選択して BackSpace を押します。なお、表全体を選択して Delete を押すと、データのみが削除されます。

1. 表にマウスポインターを近づけると、 が表示されます。 をクリックすると、

2. 表全体が選択されるので、BackSpace を押します。

3 表が削除されます。

ヒント そのほかの表の削除方法

表内をクリックして、＜表ツール＞の＜レイアウト＞タブの＜削除＞をクリックし、＜表の削除＞をクリックしても表を削除できます。

5 セルを挿入する

1 セルを選択して、
2 ここをクリックします。

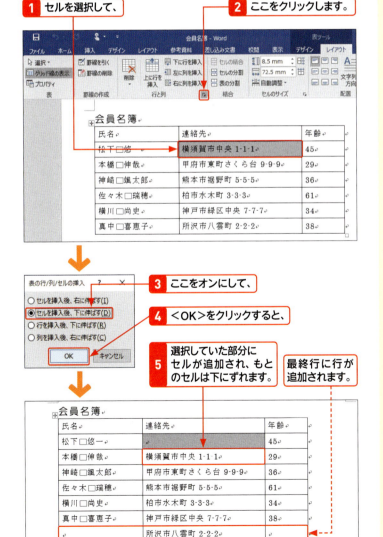

3 ここをオンにして、
4 ＜OK＞をクリックすると、
5 選択していた部分にセルが追加され、もとのセルは下にずれます。
最終行に行が追加されます。

メモ セルを挿入する

表の中にセルを挿入するには、＜レイアウト＞タブの＜行と列＞グループの 🔲 をクリックすると表示される＜表の行／列／セルの挿入＞ダイアログボックスを利用します。
選択したセルの下にセルを挿入する場合は、＜セルを挿入後、下に伸ばす＞をオンにします。

ヒント セルの削除

表の中のセルを削除するには、削除したいセルを選択して、BackSpace を押すと表示される＜表の行／列／セルの削除＞ダイアログボックスを利用します。選択したセルを削除して、右側のセルを左に詰めるには＜セルを削除後、左に詰める＞を、下側のセルを上に詰めるには＜セルを削除後、上に詰める＞をオンにします。

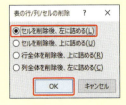

Section 55 行や列を挿入／削除する

Word 第5章 表の作成と編集

Section 56 セルを結合／分割する

覚えておきたいキーワード
☑ セルの結合
☑ セルの分割
☑ 表の分割

複数の行や列にわたる項目に見出しを付ける場合は、**複数のセルを結合**します。隣接したセルどうしであれば、縦横どちらの方向にもセルを結合することができます。また、**セルを分割**して新しいセルを挿入したり、**表を分割**して通常の行を挿入したりすることができます。

1 セルを結合する

ヒント 結合したいセルに文字が入力されている場合

文字が入力されている複数のセルを結合すると、結合した1つのセルに、文字がそのまま残ります。不要な場合は削除しましょう。

ヒント 結合を解除するには？

結合したセルをもとに戻すには、結合したセルを選択して、右ページの手順で分割します。なお、分割後のセル幅が結合前のセル幅と合わない場合は、罫線をドラッグしてセル幅を調整します（Sec.57参照）。

ヒント 表を結合するには？

2つの表を作成した場合、間の段落記号を削除すると、表どうしが結合されます。ただし、列幅や列数が異なる場合も、そのままの状態で結合されるので、あとから調整する必要があります。

1 結合したいセルを選択して（P.207参照）、

2 <表ツール>の<レイアウト>タブをクリックし、

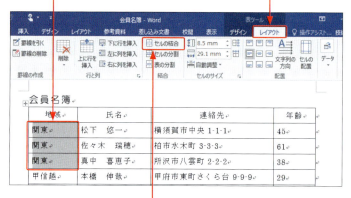

3 <セルの結合>をクリックすると、

4 セルが結合されます。　**5** 不要な文字を Delete で消します。

6 文字が配置されます。

第5章 表の作成と編集

2 セルを分割する

1. 分割したいセルを選択して、
2. <表ツール>の<レイアウト>タブをクリックし、
3. <セルの分割>をクリックすると、

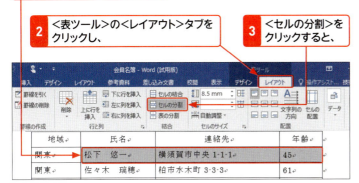

4. <セルの分割>ダイアログボックスが表示されます。
5. ここをクリックしてオフにし、
6. 分割したい列数と行数を指定します。
7. <OK>をクリックすると、

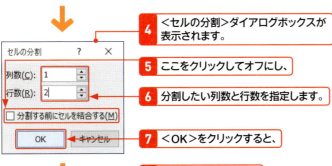

8. セルが分割されます。

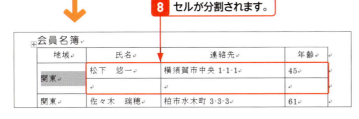

メモ セルの分割後の列数や行数の指定

手順4の<セルの分割>ダイアログボックスでは、セルの分割後の列数や行数を指定します。分割後の列数や行数は、<分割する前にセルを結合する>の設定により、結果が異なります（下の「ヒント」参照）。なお、分割したセルをもとに戻すには、分割後に増えたセルを選択して削除します（P.211の下の「ヒント」参照）。

ヒント 表を分割するには？

分割したい行のセルにカーソルを移動して、<表ツール>の<レイアウト>タブの<表の分割>をクリックします。表と表の間に、通常の行が表示されます。

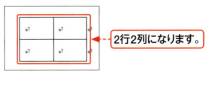

ステップアップ 分割後のセル数の指定

<セルの分割>ダイアログボックスの<分割する前にセルを結合する>をオンにするか、オフにするかで、分割後の結果が異なります。オンにすると、選択範囲のセルを1つのセルとして扱われ、指定した数に分割されます。オフにすると、選択範囲に含まれる1つ1つのセルが、それぞれ指定した数に分割されます。

もとのセル

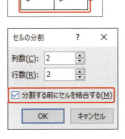

オンにした場合 ← 2行2列になります。

オフにした場合 ← 2行4列になります。

Section 57 列幅／行高を変更する

覚えておきたいキーワード
- ☑ 列幅／行高
- ☑ 幅を揃える
- ☑ 高さを揃える

表を作成してからデータを入力すると、列の幅や行の高さが内容に合わないことがあります。このような場合は、表の罫線をドラッグして、列幅や行高を調整します。また、＜レイアウト＞タブの＜幅を揃える＞、＜高さを揃える＞を利用して、複数のセルの幅と高さを均等に揃えることもできます。

1 列幅をドラッグで調整する

メモ 列の幅や行の高さを調整する

右の手順では、列の幅を調整していますが、行の高さを調整するときは、横罫にマウスポインターを合わせ、形が÷に変わった状態でドラッグします。なお、ドラッグ中に Alt を押すと、列の幅や行の高さを細かく調整することができます。

1 罫線にマウスポインターを合わせると、形が⇔に変わるので、

2 ドラッグすると、

3 表全体の大きさは変わらずに、この列の幅が狭くなり、

4 この列の幅が広がります。

ステップアップ 一部のセルの列幅を変更する

列幅の変更は列全体のほか、一部のセルのみの列幅を変更することができます。変更したいセルのみを選択して、罫線をドラッグします。

1つのセルだけ列幅を変更できます。

2 列幅を均等にする

1 列の幅を揃える範囲を選択して、

2 <表ツール>の<レイアウト>タブをクリックし、

3 <幅を揃える>をクリックすると、

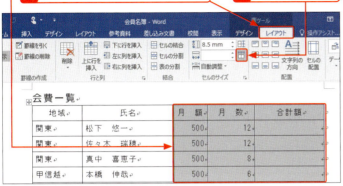

4 選択した列の幅が均等になります。

メモ 列の幅は行単位で調整される

列幅を均等にする場合は、<レイアウト>タブの<幅を揃える> を利用します。この場合、行単位で列幅が調整されるので、セル数の異なる行がある場合は、罫線がずれてしまいます。ずれた列は、左ページの方法でドラッグして調整します。

ヒント 行の高さを均等にする

行の高さを均等にするには、揃える範囲を選択して<レイアウト>タブの<高さを揃える> をクリックします。

3 列幅を自動調整する

1 表内をクリックして、

2 <レイアウト>タブの<自動調整>をクリックし、

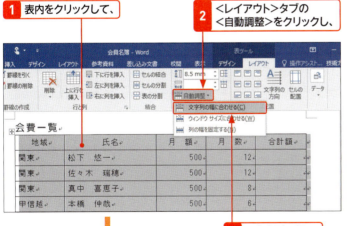

3 <文字列の幅に合わせる>をクリックします。

4 文字列の幅に合わせて、それぞれの列幅が調整されます。

ステップアップ 表の幅を変更する

列を挿入したときなどに列が増えて、ウィンドウの右側に表が広がってしまう場合があります。ウィンドウの幅で表を収めるには、<レイアウト>タブの<自動調整>をクリックして、<ウィンドウサイズに合わせる>をクリックします。

Section 58 表の罫線を変更する

覚えておきたいキーワード
☑ ペンのスタイル
☑ ペンの太さ
☑ ペンの色

表を作成すると、罫線の種類（スタイル）は実線、罫線の太さは0.5pt、罫線の色は自動（黒）になっています。この罫線の書式は、それぞれ変更することができます。また、＜罫線のスタイル＞には罫線のサンプルデザインが用意されているので、利用するとよいでしょう。

1 罫線の種類や太さを変更する

メモ　罫線を変更する

表の罫線は1本ずつ変更することができます。罫線を変更する場合、罫線の種類や太さ、色をセットで指定してから、変更したい罫線上をドラッグします。

1 表内をクリックして、

2 ＜表ツール＞の＜デザイン＞タブをクリックし、

3 ＜ペンのスタイル＞のここをクリックして、

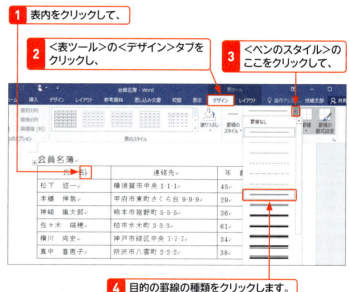

4 目的の罫線の種類をクリックします。

5 ＜ペンの太さ＞のここをクリックして、

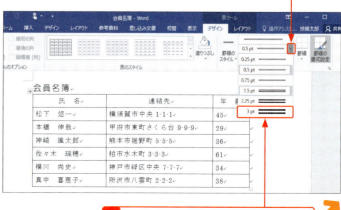

6 太さをクリックします（ここでは＜3pt＞）。

7 <ペンの色>のここをクリックして、 **8** 色をクリックします。

9 マウスポインターの形が に変わるので、

10 変更したい罫線上をドラッグすると、

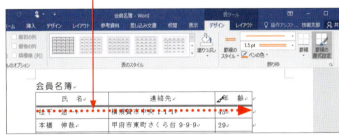

11 罫線の種類と太さ、色が変更されます。

12 同様に、ほかの罫線も変更します。

ヒント 罫線のスタイルを利用する

<表ツール>の<デザイン>タブには、<罫線のスタイル>が用意されています。罫線のスタイルは、罫線の種類と太さ、色がセットになってデザインされたもので、クリックしてすぐに引くことができます。

ヒント 罫線の変更を解除する

罫線の種類や太さ、色を指定すると、マウスポインターの形が になります。これを解除するには、<表ツール>の<デザイン>タブにある<罫線の書式設定>をクリックするか、Escを押します。

ステップアップ 変更後はもとに戻す

左の手順に従って、<ペンのスタイル>や<ペンの色>からそれぞれの種類を指定すると、次に罫線を引くときに、指定されているスタイルが適用されます。罫線のスタイルを変更し終わったら、もとの罫線のスタイルに戻しておくとよいでしょう。

Section 59 表に書式を設定する

覚えておきたいキーワード
- ☑ 文字の配置
- ☑ セルの背景色
- ☑ 表のスタイル

作成した表は、セル内の文字配置、セルの網かけ、フォントの変更などで体裁を整えることで、見栄えのする表になります。これらの操作は、1つ1つ手動で設定することもできますが、あらかじめ用意されたデザインを利用して表全体の書式を設定できる表のスタイルを使うこともできます。

1 セル内の文字配置を変更する

メモ セル内の文字配置を設定する

セル内の文字配置は、初期設定で＜両端揃え（上）＞になっています。この状態で行の高さを広げると、行の上の位置に文字が配置されるので、見栄えがよくありません。文字全体をセルの上下中央に揃えるとよいでしょう。
セル内の文字配置を設定するには、＜表ツール＞の＜レイアウト＞タブにある＜配置＞グループのコマンドを利用します。

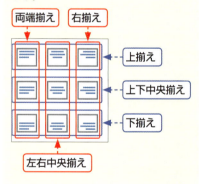

1 文字配置を変更するセルを選択して、

2 ＜表ツール＞の＜レイアウト＞タブをクリックし、

3 ＜中央揃え＞をクリックすると、

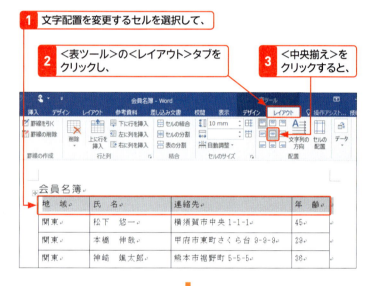

4 文字配置が中央揃えになります。

5 同様の手順で、ほかのセルも文字配置を変更します。

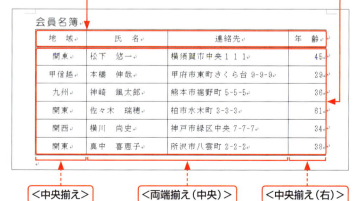

ヒント セル内で均等割り付けを設定するには？

セル内の文字列に均等割り付けを設定するには、＜ホーム＞タブの＜均等割り付け＞ を利用します（P.124参照）。

2 セルの背景色を変更する

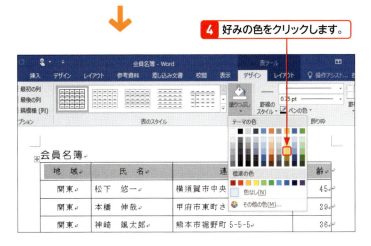

メモ セルの背景色を設定する

セルの背景色は、セル単位で個別に設定することができます。＜表ツール＞の＜デザイン＞タブの＜塗りつぶし＞を利用します。また、＜表のスタイル＞を利用して、あらかじめ用意されているデザインを適用することも可能です（P.221参照）。

ヒント セル内の文字が見にくいときは？

セルの背景色が濃い場合は、＜ホーム＞タブの＜太字＞でフォントを太くしたり、＜フォントの色＞でフォントを薄い色にしたりすると見やすくなります（Sec.26参照）。

3 セル内のフォントを変更する

ヒント フォントを個別に設定するには？

右の操作では、表内のすべての文字を同じフォントに変更していますが、表のタイトル行など一部の行だけを目立たせたい場合には、その行だけ選択して、フォントを変更するとよいでしょう。また、セル内の一部の文字のみを変えたい場合も、文字列を個別に選択してフォントを変更することができます。

1. 表にマウスポインターを近づけると、が表示されます。をクリックし、表全体を選択します。

2. <ホーム>タブをクリックして、

3. <フォント>のここをクリックし、

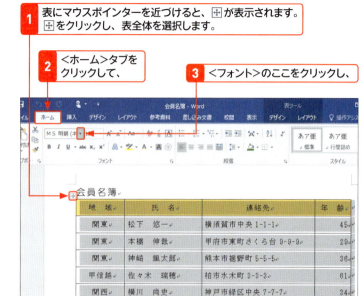

4. 目的のフォントをクリックすると、

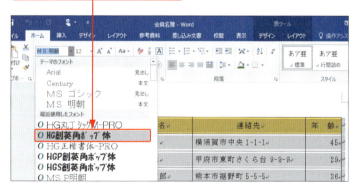

5. 表全体のフォントが変更されます。

ヒント そのほかのフォント変更方法

表全体や行/列を選択すると、ミニツールバーが表示されます。ここからフォントを変更することもできます。

4 ＜表のスタイル＞を設定する

1 表内をクリックして、

2 ＜表ツール＞の＜デザイン＞タブをクリックし、

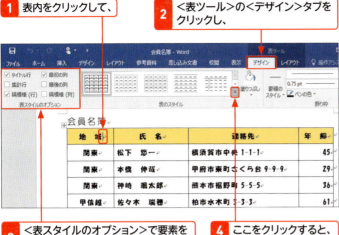

3 ＜表スタイルのオプション＞で要素を指定します（右の「ヒント」参照）。

4 ここをクリックすると、

5 ＜表のスタイル＞の一覧が表示されます。

6 好みのスタイルをクリックすると、

スタイルの上にマウスポインターを合わせると、イメージが確認できます。

7 選択したスタイルが表に適用されます。

メモ　表のスタイルの利用

＜表ツール＞の＜デザイン＞タブの＜表のスタイル＞機能を利用すると、体裁の整った表をかんたんに作成することができます。適用した表のデザインを取り消したい場合は、スタイル一覧の最上段にある＜標準の表＞をクリックします。

ヒント　表スタイルのオプション

＜表ツール＞の＜デザイン＞タブの＜表スタイルのオプション＞グループでは、表のスタイルを適用する要素を指定できます。

- タイトル行
  最初の行に書式を適用します。
- 集計行
  合計の行など、最後の行に書式を適用します。
- 縞模様（行）
  表を見やすくするため、偶数の行と奇数の行を異なる書式にして縞模様で表示します。
- 最初の列
  最初の列に書式を適用します。
- 最後の列
  最後の列に書式を適用します。
- 縞模様（列）
  表を見やすくするため、偶数の列と奇数の列を異なる書式にして縞模様で表示します。

Section 60 表の数値で計算する

覚えておきたいキーワード
- ☑ 計算式
- ☑ 関数
- ☑ 計算結果の更新

表に入力した数値の合計は、<計算式>を利用して求めることができます。また、合計を求めたあとに計算の対象となるセルの数値を変更した場合は、計算結果の入力されたセルを更新することで、再計算することができます。ここでは、セル番号や算術記号を利用した計算方法も紹介します。

1 数値の合計を求める

メモ 計算式を利用する

数値を計算する場合、<計算式>のコマンドを利用すると、<計算式>ダイアログボックスで、かんたんに合計を求めることができます(下の「ヒント」参照)。このほか、セル番地を利用して、加算・減算・乗算・除算の計算をすることもできます。

ヒント 行や列の合計を求めるには?

「SUM」は、合計を求める関数です。「=SUM(ABOVE)」は、カーソル位置の上(ABOVE)のセル範囲にある数値の合計を求めることができる計算式です。セル範囲は、選択したセルを基準として、左側が「LEFT」、右側が「RIGHT」、上側が「ABOVE」、下側が「BELOW」になります。カーソル位置の左側の連続したセルの数値の合計を求めるには、「=SUM(LEFT)」と指定します。<計算式>ダイアログボックスの<表示形式>は、計算結果の数値の表示方法を指定できます。金額や数量など、カンマ区切りをしたほうが見やすい場合には<#,##0>を指定します。

1 合計を表示するセルに、カーソルを移動します。

2 <表ツール>の<レイアウト>タブをクリックして、

3 <データ>をクリックし、

4 <計算式>をクリックすると、

5 <計算式>ダイアログボックスが表示されます。

6 セル範囲の合計を求める「=SUM(ABOVE)」が表示されていることを確認して、

7 <表示形式>で<#,##0>をクリックし、

8 <OK>をクリックします。

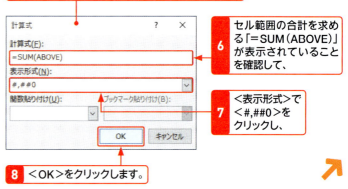

9 合計の計算結果が表示されます。

ヒント 全角数字や空白セルは計算されない

表内での計算は、数字を半角数字で入力して、途中に空白セルがないことが条件です。全角は半角に修正して、空白セルがある場合は「0」を入力しておくとよいでしょう。

2 算術記号を使って合計を求める

1 合計を表示するセルに、カーソルを移動します。

2 <表ツール>の<レイアウト>タブをクリックして、

3 <データ>をクリックし、

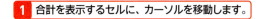
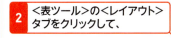

メモ 記号を使って計算式を入力する

Wordの表では、セルの位置を「番地」といい、列は左からA、B、C…、行を上から1、2、3…と数えます。たとえば、1行目の左端「氏名」のセルは「A1」という番地になります。このセルの番地と算術記号(加算:＋、減算:－、乗算:＊、除算:／)を利用して、<計算式>ダイアログボックスで計算式を作ることができます。

セルの番地は左上を基準に数えます。

A1	B1	C1	D1
A2	B2	C2	D2
A3	B3	C3	D3
A4	B4	C4	D4

4 <計算式>をクリックすると、

5 <計算式>ダイアログボックスが表示されます。

6 「=B2*C2」と入力して、

7 <表示形式>で<#,##0>をクリックして、

8 <OK>をクリックします。

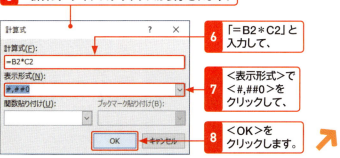

ヒント 計算式を入力するには?

計算式を入力するには、最初に「=」を入力して、セル番地と算術記号を使って指定します。なお、手順**7**の表示形式は指定しなくてもかまいませんが、金額の場合は、<#,##0>を指定して「,」(3桁カンマ)を入れると見やすくなります。

Section 60 表の数値で計算する

 **ヒント** セル番地の確認

表を作成したあとで、行や列を追加したり、削除したりすると、セル番地の認識ができない場合があります。計算にセル番地を利用する場合は、表を確定させてから行ってください。

9 計算結果が表示されます。

10 次のセルにカーソルを移動して、手順**2**～**3**を繰り返し、ほかの合計欄も同様に計算します。

3 AVERAGEやMAXを利用する

 **メモ** 平均を求める

平均を求めるには、AVERAGE関数を使います。計算式は「＝AVERAGE（セル範囲）」で、セル範囲には平均を求める数値のセル番地の先頭と末尾の間に「：」をはさんで入力します。

ここでは、参加回数の平均を求めます。

1 平均を表示するセルに、カーソルを移動します。

2 ＜表ツール＞の＜レイアウト＞タブをクリックして、

3 ＜データ＞をクリックし、

4 ＜計算式＞をクリックすると、

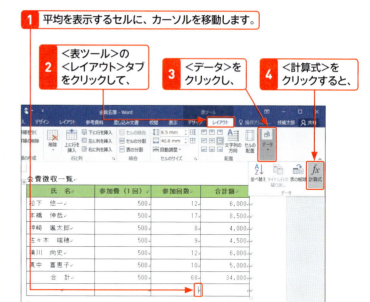

 **ヒント** 関数の入力

関数名は直接入力するほかに、＜計算式＞ダイアログボックスの＜計算式＞ボックスにカーソルを移動して、＜関数貼り付け＞をクリックし、関数を指定しても自動的に入力することができます。

5 ＜計算式＞ダイアログボックスが表示されます。

6 「＝AVERAGE(C2:C7)」と入力します。

7 ＜OK＞をクリックすると、

8 平均の計算結果が表示されます。

ステップアップ MAX関数を利用する

MAX関数は、指定したセル範囲内での最大値を求めます。たとえば合計額の最大額を求めるには、＜計算式＞ダイアログボックスの＜計算式＞に「＝MAX(D2:D7)」と入力します。

4 計算結果を更新する

C2のセルを「12」から「10」に変更しています。

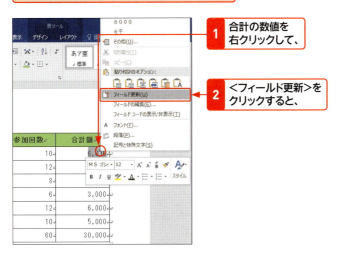

1 合計の数値を右クリックして、
2 ＜フィールド更新＞をクリックすると、

メモ 計算結果の更新

セルに計算式を入力したあと、計算の対象となるセルの数値を変更しても、計算結果は自動的に更新されません。計算結果を更新するには、左の手順に従います。

3 計算結果が更新されます。

4 関連する合計値も＜フィールド更新＞をクリックして、計算結果を更新します。

Section 60 表の数値で計算する

Word 第5章 表の作成と編集

225

Section 61 表のデータを並べ替える

覚えておきたいキーワード
- 並べ替え
- 五十音順
- 昇順／降順

Wordの表では、番号や名前などをキーにして、昇順／降順に並べ替えを行うことが可能です。ここでは、番号や名前順にデータを並べ替える方法を紹介します。番号は数値順で並べ替えができますが、漢字の名前は五十音順に並べ替えられないので、ふりがなの列を挿入して、ふりがなをキーにします。

1 番号順に並べ替える

メモ 並べ替え

Wordの<並べ替え>機能は、並べ替えるデータを選択して、どの列を並べ替えの基準にするかを指定することで行います。単純な表の場合は、<並べ替え>をクリックすると自動的にキーを判断して並べ替えが行われます。

キーワード 降順／昇順

手順7で「昇順」に設定すると番号の小さい順に、「降順」に設定すると番号の大きい順に並べ替えられます。五十音の場合は「昇順」は「あ」から、降順はその逆になります。

ヒント タイトル行の指定

作成した表にタイトル行がある場合は、<タイトル行>で<あり>をオンにします。オフにすると、タイトル行も並べ替えの対象に含まれてしまいます。反対に、タイトル行がない表で<あり>をオンにすると、1行目が並べ替えの対象からはずれてしまいます。

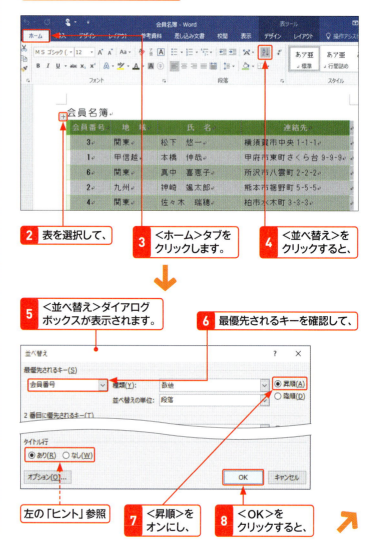

1 番号の入った表を作成します。
2 表を選択して、
3 <ホーム>タブをクリックします。
4 <並べ替え>をクリックすると、
5 <並べ替え>ダイアログボックスが表示されます。
6 最優先されるキーを確認して、
7 <昇順>をオンにし、
8 <OK>をクリックすると、
左の「ヒント」参照

9 データが番号順に並べ替えられます。

ヒント　並べ替えができない

セルを結合していると、並べ替えはできません。

2 名前の順に並べ替える

1 五十音順に並べ替えるため、ふりがな列の入った表を作成します。

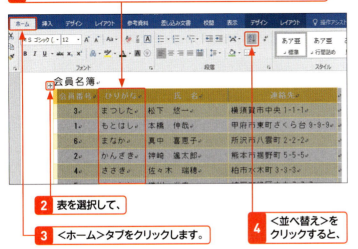

2 表を選択して、

3 ＜ホーム＞タブをクリックします。

4 ＜並べ替え＞をクリックすると、

5 ＜並べ替え＞ダイアログボックスが表示されます。

6 ＜最優先されるキー＞に＜ふりがな＞を指定して、

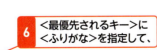

7 ＜種類＞を＜五十音順＞にし、

8 ＜OK＞をクリックします。

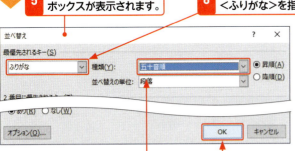

9 データが名前順に並べ変えられます。

メモ　漢字の並べ替え

Wordの並べ替え機能では、漢字のままでは五十音順に並べ替えることができません。五十音順に並べ替えたい場合は、ふりがなの列を作成して、その列を並べ替えのキーにします。並べ替えのためにふりがな列を挿入した場合は、あとでその列を削除しましょう。

ヒント　最優先されるキー

＜並べ替え＞ダイアログボックスの＜最優先されるキー＞や＜2（3）番目に優先されるキー＞欄は、表の構成によって表示される内容が異なります。タイトル行がある場合はタイトル文字、タイトル行がない場合は＜列1＞＜列2＞のように表示されます。

Section 62 Excelの表をWordに貼り付ける

覚えておきたいキーワード
☑ Excelの表
☑ 貼り付け
☑ 形式を選択して貼り付け

Wordの文書には、Excelで作成した表を貼り付けることができます。Wordの表作成の機能だけでは計算をしたり、表を作ったりするのが難しい場合は、Excelで表を作成して、その表をWordに貼り付けて利用しましょう。また、Wordに貼り付けた表は、Excelを起動して編集することも可能です。

1 Excelの表をWordの文書に貼り付ける

キーワード Excel 2016

「Excel 2016」はWordと同様にマイクロソフト社のOffice商品の1つで、表計算ソフトです。最新バージョンは2016ですが、ここで起動するのは、以前のバージョンのExcel (Excel 2007／2010／2013) でもかまいません。

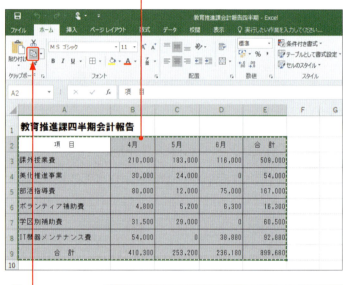

1 Excel 2016を起動して、作成した表を選択し、

2 <ホーム>タブの<コピー>をクリックします。

メモ <コピー>と<貼り付け>の利用

右の手順のように、<コピー>と<貼り付け>を利用すると、Excelで作成した表を、Wordの文書にかんたんに貼り付けることができます。ただし、この場合の貼り付ける形式は「HTML形式」になり、Excelを起動して貼り付けた表を編集することはできません。貼り付けた表をExcelで編集したい場合は、次ページの方法で表を貼り付けます。

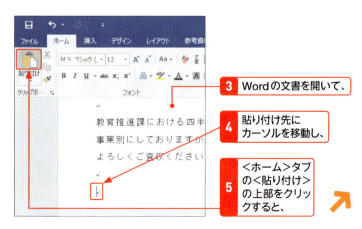

3 Wordの文書を開いて、

4 貼り付け先にカーソルを移動し、

5 <ホーム>タブの<貼り付け>の上部をクリックすると、

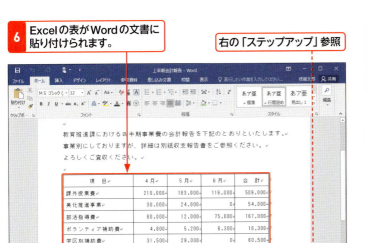

6 Excelの表がWordの文書に貼り付けられます。

右の「ステップアップ」参照

ステップアップ ＜貼り付けのオプション＞の利用

左の手順に従うと、表の右下に＜貼り付けのオプション＞  が表示されます。＜貼り付けのオプション＞をクリックすると表示される一覧からは、貼り付けた表の書式を指定することができます。

貼り付けた表の書式を指定することができます。

2 Excel形式で表を貼り付ける

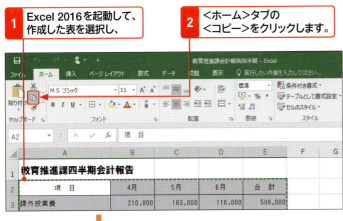

1 Excel 2016を起動して、作成した表を選択し、

2 ＜ホーム＞タブの＜コピー＞をクリックします。

メモ Excel形式で表を貼り付ける

前ページの手順で、Wordの文書に貼り付けた表は、Wordの機能で作成した表と同様のものになるため、貼り付け後はExcelの機能を利用することはできません。
左の手順に従ってExcel形式の表として貼り付けると、貼り付け後もExcelを起動して表を編集することができます。

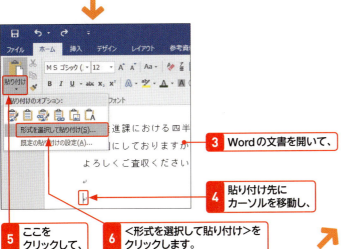

3 Wordの文書を開いて、
4 貼り付け先にカーソルを移動し、
5 ここをクリックして、
6 ＜形式を選択して貼り付け＞をクリックします。

ヒント Excelを起動したままにしておく

Excelの表をWordの文書に貼り付ける際には、Excelを終了せずに左の手順に従います。Excelを終了させてしまうと、次ページ上段図で＜Microsoft Excelワークシートオブジェクト＞を利用することができません。
なお、表をWordの文書に貼り付けたあとは、Excelを終了してもかまいません。

ヒント　リンク形式での表の貼り付け

＜形式を選択して貼り付け＞ダイアログボックスで＜リンク貼り付け＞をオンにして操作を進めると、Excelで作成した表と、Wordの文書に貼り付けた表が関連付けられます。この場合、Excelで作成したもとの表のデータを変更すると、Wordの文書に貼り付けた表のデータも自動的に変更されます。

7 ＜形式を選択して貼り付け＞ダイアログボックスが表示されるので、

8 ＜貼り付け＞をクリックしてオンにし、

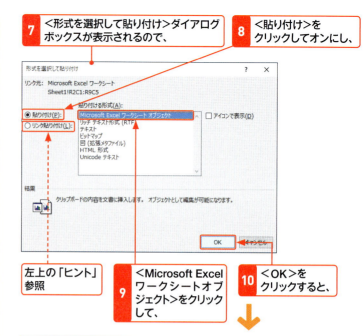

左上の「ヒント」参照

9 ＜Microsoft Excel ワークシートオブジェクト＞をクリックして、

10 ＜OK＞をクリックすると、

11 Excelの表がWordの文書に貼り付けられます。

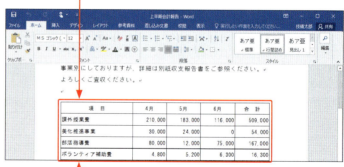

12 表をダブルクリックすると、

13 Excelが起動して、Excelのメニューバーやタブが表示されるので、

ヒント　表の表示範囲を変更するには？

右下段図では、表の周囲にハンドル■が表示されます。表の表示範囲が狭くて見づらい場合などは、ハンドル■をドラッグして、表示範囲を広げるとよいでしょう。

ハンドルをドラッグして、表の表示範囲を変更できます。

14 Excelの機能を使って、表を編集することができます。

Chapter 06

第6章

文書の編集と校正

Section	63	文字を検索／置換する
	64	編集記号や行番号を表示する
	65	よく使う単語を登録する
	66	スペルチェックと文章校正を実行する
	67	コメントを挿入する
	68	変更履歴を記録する
	69	同じ文書を並べて比較する

Section 63 文字を検索／置換する

覚えておきたいキーワード
- 検索
- 置換
- ナビゲーション作業ウィンドウ

文書の中で該当する文字を探す場合は**検索**、該当する文字をほかの文字に差し替える場合は**置換**機能を利用することで、作成した文書の編集を効率的に行うことができます。文字の検索には＜ナビゲーション＞作業ウィンドウを、置換の場合は＜検索と置換＞ダイアログボックスを使うのがおすすめです。

1 文字列を検索する

ヒント ＜検索＞の表示

手順2の＜検索＞は、画面の表示サイズによって、＜編集＞グループにまとめられる場合もあります。

メモ 文字列の検索

＜ナビゲーション＞作業ウィンドウの検索ボックスにキーワードを入力すると、検索結果が＜結果＞タブに一覧で表示され、文書中の検索文字列には黄色のマーカーが引かれます。

ヒント 検索機能の拡張

＜ナビゲーション＞作業ウィンドウの検索ボックス横にある＜さらに検索＞をクリックすると、図や表などを検索するためのメニューが表示されます。＜オプション＞をクリックすると、検索方法を細かく指定することができます。

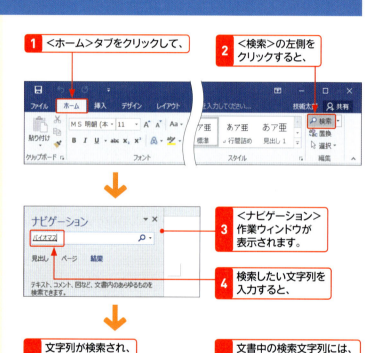

2 文字列を置換する

1 <ホーム>タブをクリックして、
2 <置換>をクリックすると、

3 <検索と置換>ダイアログボックスの<置換>タブが表示されます。

4 上段に検索文字列、下段に置換後の文字列を入力して、
5 <次を検索>をクリックすると、

6 検索した文字列が選択されます。

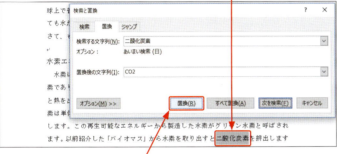

7 <置換>をクリックすると、

8 指定した文字列に置き換えられ、
9 次の文字列が検索されます。

メモ 文字列を1つずつ置換する

左の手順に従って操作すると、文字列を1つずつ確認しながら置換することができます。検索された文字列を置換せずに次を検索したい場合は、<次を検索>をクリックします。置換が終了すると確認メッセージが表示されるので、<OK>をクリックし、<検索と置換>ダイアログボックスに戻って、<閉じる>をクリックします。

ヒント 確認せずにすべて置換するには？

確認作業を行わずに、まとめて一気に置換する場合は、手順5のあとで<すべて置換>をクリックします。

ヒント 検索・置換方法を詳細に指定するには？

<検索と置換>ダイアログボックスの<検索>または<置換>タブで<オプション>をクリックすると、拡張メニューが表示され、さらに細かく検索・置換方法を指定することができます。

Section 64 編集記号や行番号を表示する

覚えておきたいキーワード
☑ 編集記号
☑ 段落記号
☑ 行番号

編集記号を表示すると、初期設定では段落記号のみが表示されます。表示の設定を変更することで、スペースやタブ、改ページなどの記号を表示させることができます。表示が煩わしいようなら、個別に表示／非表示を指定するとよいでしょう。また、入力した文書の行数を知りたい場合は、行番号を表示します。

1 編集記号を個別に表示／非表示にする

🔍 キーワード 編集記号

編集記号とは、Word文書に表示される編集用の記号のことで、印刷はされません。段落末の段落記号↵のほか、空白文字のスペース□、文字揃えを設定するタブ→、改行やセクション区切り記号、オブジェクトの段落配置を示すアンカー記号⚓などがあります。

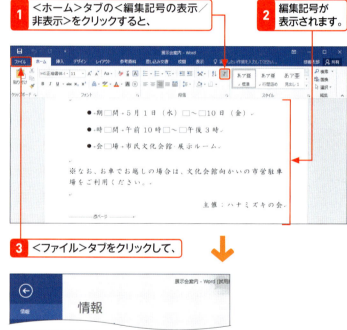

① <ホーム>タブの<編集記号の表示／非表示>をクリックすると、
② 編集記号が表示されます。
③ <ファイル>タブをクリックして、

④ <オプション>をクリックし、

⑤ <Wordのオプション>を表示します。

⑥ <表示>をクリックして、

📝 メモ 編集記号の表示／非表示

編集記号は、初期設定では<段落記号>↵のみが表示されています。<ホーム>タブの<編集記号の表示／非表示>をクリックすると、使用しているすべての編集記号が表示されます。再度<編集記号の表示／非表示>をクリックすると、もとの表示に戻ります。

7 <すべての編集記号を表示する>をクリックしてオフにします。

8 表示させたい記号のみクリックしてオンにし、

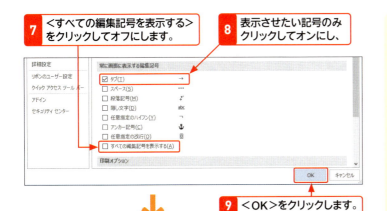

9 <OK>をクリックします。

10 指定した編集記号（タブ）が表示されます。

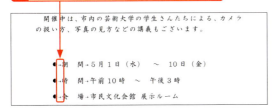

ヒント 一部の編集記号のみ表示するには？

すべての編集記号が表示されると邪魔になる場合は、<Wordのオプション>画面の<表示>の<常に画面に表示する編集記号>で編集記号の表示／非表示を個別に設定することができます。なお、<Wordのオプション>画面で設定した編集記号の表示／非表示は、設定したWordの文書にのみ反映されます。

2 行番号を表示する

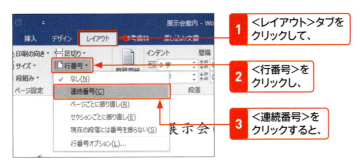

1 <レイアウト>タブをクリックして、

2 <行番号>をクリックし、

3 <連続番号>をクリックすると、

4 連続した番号が表示されます。

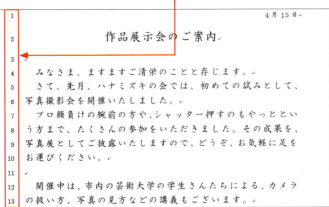

メモ 行番号

行番号は文書の行を数えるための番号で、各行の左余白部分に表示されます。この行番号は、印刷されません。なお、行番号を非表示にするには、手順**3**で<なし>をクリックします。

ヒント 行番号の種類

行番号を付ける際には、文書全体を通して番号を振る<連続番号>、ページ単位で1から振る<ページごとに振り直し>、セクション単位で振る<セクションごとに振り直し>のほか、行番号を設定したあとで一部の段落には振らずに連番を飛ばす<現在の段落には番号を振らない>などを指定できます。

Section 65 よく使う単語を登録する

覚えておきたいキーワード
- ☑ 単語の登録
- ☑ 単語の削除
- ☑ ユーザー辞書ツール

漢字に変換しづらい人名や長い会社名などは、入力するたびに毎回手間がかかります。短い読みや略称などで単語登録しておくと、効率的に変換できるようになります。この単語登録は、Microsoft IMEユーザー辞書ツールによって管理されており、登録や削除をかんたんに行うことができます。

1 単語を登録する

キーワード 単語登録

「単語登録」とは、単語とその読みをMicrosoft IMEの辞書に登録することです。読みを入力して変換すると、登録した単語が変換候補の一覧に表示されるようになります。

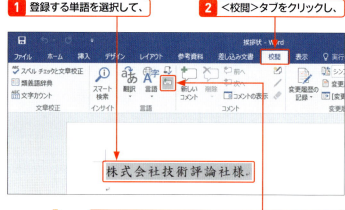

1 登録する単語を選択して、
2 <校閲>タブをクリックし、
3 <日本語入力辞書への単語登録>をクリックします。

ヒント <単語の登録>ダイアログボックス

手順 4 では、以下のような画面が表示される場合があります。 をクリックすると、右部分が閉じます。

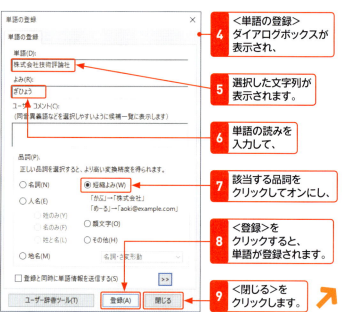

4 <単語の登録>ダイアログボックスが表示され、
5 選択した文字列が表示されます。
6 単語の読みを入力して、
7 該当する品詞をクリックしてオンにし、
8 <登録>をクリックすると、単語が登録されます。
9 <閉じる>をクリックします。

10 登録した読みを入力して、Spaceを押すと、

11 登録した単語が候補一覧に表示されるので、クリックすると入力されます。

> **ヒント 読みの文字制限**
>
> ＜単語の登録＞ダイアログボックスの＜よみ＞に入力できる文字は、ひらがな、英数字、記号です。カタカナは使用できません。

2 登録した単語を削除する

1 タスクバーの＜入力モード＞を右クリックして、

2 ＜ユーザー辞書ツール＞をクリックすると、

3 ＜Microsoft IMEユーザー辞書ツール＞が起動します。

4 削除したい単語をクリックして、

5 ＜削除＞をクリックします。

6 確認のダイアログボックスが表示されるので、

7 ＜はい＞をクリックすると、登録した単語が削除されます。

> **メモ 登録した単語を削除する**
>
> 前ページで登録した単語は、＜Microsoft IMEユーザー辞書ツール＞で管理されています。ここで、登録した単語を削除できます。

> **ヒント ユーザー辞書ツールを表示する**
>
> ＜Microsoft IMEユーザー辞書ツール＞は、前ページ手順4の＜単語の登録＞ダイアログボックスで、＜ユーザー辞書ツール＞をクリックしても表示することができます。

> **ヒント 登録した単語を変更するには？**
>
> 左中段図の＜単語の一覧＞タブには、辞書に登録されている単語の一覧が表示されます。登録されている単語の読みなどを変更したい場合は、目的の単語を選択して、＜変更＞ をクリックします。＜単語の変更＞ダイアログボックスが表示されるので、登録されている内容を変更します。

Section 66 スペルチェックと文章校正を実行する

覚えておきたいキーワード
- ☑ スペルチェック
- ☑ 文章校正
- ☑ 表記ゆれ

文章量が増えれば増えるほど、表記のゆれや入力ミスが増えてきます。Wordには、すぐれたスペルチェックと文章校正機能が用意されているので、文書作成の最後には必ず実行するとよいでしょう。なお、表記ゆれをチェックするためには、最初に設定をする必要があります。

1 スペルチェックと文章校正を実行する

メモ スペルチェックと文章校正

スペルチェックと文章校正は同時に行われるので、文書の先頭から順に該当箇所が表示されます。それに応じて、表示される作業ウィンドウの種類も変わります。

ここでは、スペルミスの修正、文章校正の修正、スペルミスの無視、文章校正の無視の操作方法を順に紹介します。

1 カーソルを文書の先頭に移動して、
2 <校閲>タブをクリックし、

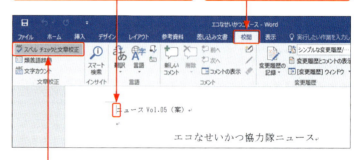

3 <スペルチェックと文章校正>をクリックします。

ヒント スペルチェックの修正対象

スペルチェックの修正対象になった単語には、赤い波線が引かれます。画面上に波線を表示したくない場合は、オプションで設定することができます（P.240の「ステップアップ」参照）。

4 修正箇所に移動して、
5 作業ウィンドウ（ここでは<スペルチェック>）が表示されます。

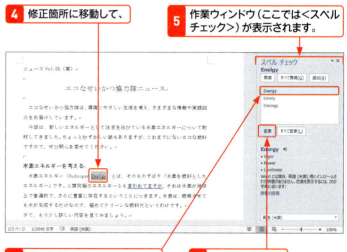

ヒント 文章校正の修正対象

文章校正の修正対象になった文章には、青い波線が引かれます。画面上に波線を表示したくない場合は、オプションで設定することができます（P.240の「ステップアップ」参照）。

6 変更候補が表示されるので、変更する場合はクリックして、
7 <変更>をクリックします。

8 次の修正箇所に移動します。

9 作業ウィンドウ（ここでは＜文章校正＞）に変更候補が表示されるので、変更する場合はクリックして、

10 ＜変更＞をクリックします。

11 次の修正箇所に移動します。

12 スペルミスが指摘されていますが、修正しない場合は、作業ウィンドウの＜無視＞をクリックします。

13 次の修正箇所に移動します。

14 文章校正のミスが指摘されていますが、文章を修正しない場合は、作業ウィンドウの＜無視＞をクリックします。

15 すべてのチェックが終わると、完了の画面が表示されるので、＜OK＞をクリックします。

ヒント 修正を無視する

固有の頭文字などのスペルは、スペルチェックで修正対象になります。また、「い抜き」「ら抜き」などは文章校正で修正対象になります。そのままでよい場合は、＜無視＞をクリックすると、修正対象から外れます。また、文書内のチェックをすべて無視する場合は＜すべて無視＞をクリックします。

ヒント 単語を学習させる

修正したくない単語が何度も候補になる場合は、＜スペルチェック＞作業ウィンドウで＜追加＞をクリックすると、校正機能にこの単語は確認しなくてもよいという学習をさせることができます。

ステップアップ ＜読みやすさの評価＞を利用するには？

Wordには、1段落の平均文字数や文字種などの割合を表示する読みやすさの評価機能が用意されています。機能を利用したい場合は、＜Wordのオプション＞画面の＜文章校正＞（P.240参照）で＜文書の読みやすさを評価する＞をオンにします。スペルチェックと文章校正が終了すると、＜読みやすさの評価＞が実行されます。

2 表記ゆれの設定を行う

メモ 表記ゆれを設定する

文書内で、同じ意味を持つ語句を異なる漢字で表記していたり、漢字とひらがなが混在していたりすることを「表記ゆれ」といいます。表記ゆれをチェックするには、最初に表記ゆれ機能を設定する必要があります。設定すると、文書中の表記ゆれの部分に波線が引かれます。

1 <ファイル>タブをクリックして、

2 <オプション>をクリックすると、

3 <Wordのオプション>画面が表示されます。

4 <文章校正>をクリックして、

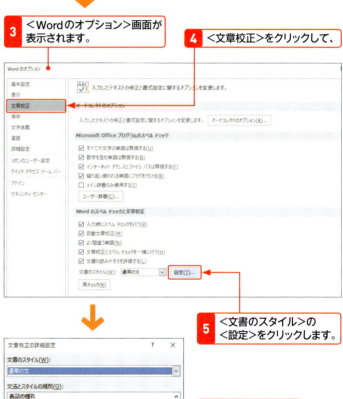

5 <文書のスタイル>の<設定>をクリックします。

ステップアップ 校正チェック用の波線を消す

文書中で表記ゆれや入力ミス、スペルミスと判断された部分には、波線が引かれます。<Wordのオプション>画面の<文章校正>で、<例外>の<この文書のみ、結果を表す波線を表示しない>と<この文書のみ、文章校正の結果を表示しない>をオンにして、<OK>をクリックすれば、波線は表示されなくなります。ただし、適用されるのはこの文書のみとなります。

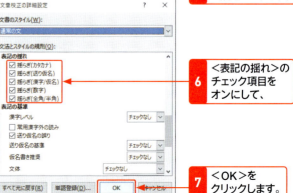

6 <表記の揺れ>のチェック項目をオンにして、

7 <OK>をクリックします。

3 表記ゆれチェックを実行する

Section 66 スペルチェックと文章校正を実行する

1. 前ページの操作で表記ゆれを設定すると、表記ゆれの箇所に波線が引かれます。

2. <校閲>タブをクリックして、

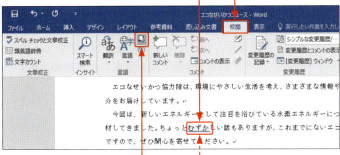

3. <表記ゆれチェック>をクリックします。

ほかの箇所で漢字を使っているのでチェックされます。

メモ 表記ゆれの修正

表記ゆれでチェックされた対象でも、内容によっては修正したくない場合もあります。修正が必要な箇所のみ変更をして、変更しない箇所はそのままにしておきます。

4. <表記ゆれチェック>ダイアログボックスが表示されます。

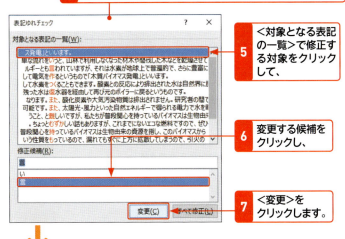

5. <対象となる表記の一覧>で修正する対象をクリックして、

6. 変更する候補をクリックし、

7. <変更>をクリックします。

ヒント すべて変更するには？

表記ゆれの対象をすべて修正する場合は、1つずつ変更しなくても、<すべて修正>をクリックすれば一括で変更されます。

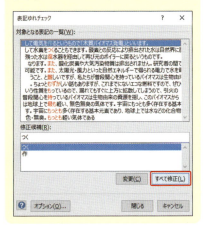

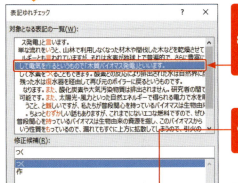

8. 変更させない箇所はそのままにして、次の変更する対象に移動して、同様に変更します。

9. 修正が完了したら、<閉じる>をクリックします。

10. 完了の画面が表示されるので、<OK>をクリックします。

第6章 文書の編集と校正

241

Section 67 コメントを挿入する

覚えておきたいキーワード
- コメント
- コメントの返答
- インク注釈

複数の人で文書を作成する際、文書にコメントを挿入したり、コメントに対して返答したりするなど、やりとりをしながら完成することができます。また、Word 2016で搭載されたインクコメント機能では、文書に手書きのコメントを挿入することができます。

1 コメントを挿入する

キーワード コメント

コメントは、文書の本文とは別に、用語や文章の表現など場所を指定して疑問や確認事項などを挿入できる機能です。文字数やレイアウトに影響することなく挿入できるので、複数の人で文書を共有して編集する際に便利です。

ヒント コメントの表示

＜シンプルな変更履歴／コメント＞で表示している場合、＜校閲＞タブの＜コメントの表示＞をクリックすると、すべてのコメントを表示することができます。再度クリックすると、すべてのコメントが非表示になります。

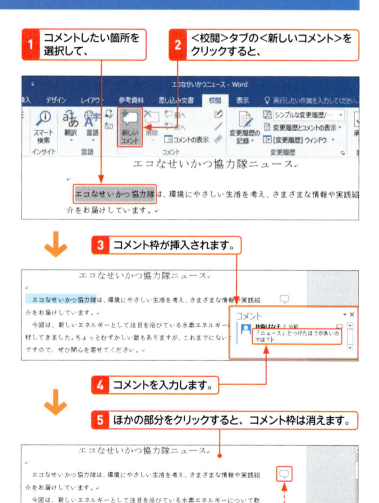

1. コメントしたい箇所を選択して、
2. ＜校閲＞タブの＜新しいコメント＞をクリックすると、
3. コメント枠が挿入されます。
4. コメントを入力します。
5. ほかの部分をクリックすると、コメント枠は消えます。
6. 文書を保存して、相手に渡します。 ここをクリックすると、コメントが表示されます。

2 コメントに返答する

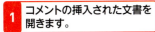

1 コメントの挿入された文書を開きます。

2 ここをクリックすると、コメントが表示されます。

3 返答したいコメントのここをクリックします。

4 コメントの挿入欄に、返答コメントを入力します。

5 文書を編集して保存後、相手に渡します。

メモ コメントへの返答

コメントには、コメントに対するコメント（返答）を、同じ吹き出しの中に書き込むことができます。吹き出しの中のをクリックすると、コメントを入力できます。

新機能 インクコメント

インクコメントは、タッチ機能のあるパソコンやタブレットなどで、手書きでコメントを入力できる機能です。＜インクコメント＞をクリックすると表示されるコメント枠に、画面上をなぞって手書きします。

3 インク注釈を利用する

1 ＜校閲＞タブをクリックして、

2 ＜インクの開始＞をクリックします。

3 ペンの種類をタッチして選択し、

4 画面上をなぞって手書きします。

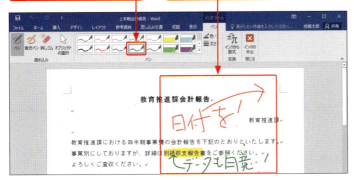

新機能 インク注釈

インク注釈は、文書内に文字や図などを手書きできる機能です。注意書きやコメントなどが直接表示されるので便利です。ただし、タブレット機能を持つパソコンで、タブレットペンやタッチ操作が利用できる機種のみに有効な機能です。＜校閲＞タブの＜インクの開始＞をクリックすると、＜インクツール＞の＜ペン＞タブが表示されます。ペンの種類や色、太さを選んで、画面上をなぞると、手書きで表示されます。文書は＜消しゴム＞でかんたんに消すことができます。

Section 68 変更履歴を記録する

覚えておきたいキーワード
- ☑ 変更履歴
- ☑ 変更履歴の記録
- ☑ 変更履歴ウィンドウ

文書の推敲や校正には、変更履歴機能が便利です。この機能を使うと、文書を修正したあと、修正した箇所と内容がひと目で確認できます。とくに、複数人で文書を作成し共有する場合に有効です。変更履歴を利用するには、全員が＜変更履歴の記録＞をオンにする必要があります。

1 変更履歴を記録する

メモ 変更履歴を利用する

変更履歴とは、文書の文字を修正したり、書式を変更したりといった編集作業の履歴を記録する機能で、どこをどのように変更したいのかがわかるようになります。変更履歴の記録を開始して、それ以降に変更した箇所の記録を残します。

ヒント 変更履歴の記録を中止するには？

＜変更履歴の記録＞がオンになっている間は、変更履歴が記録されます。変更履歴を記録しないようにするには、再度＜変更履歴の記録＞をクリックします。すでに変更履歴を記録した箇所はそのまま残り、以降の文書の変更については、変更履歴は記録されません。

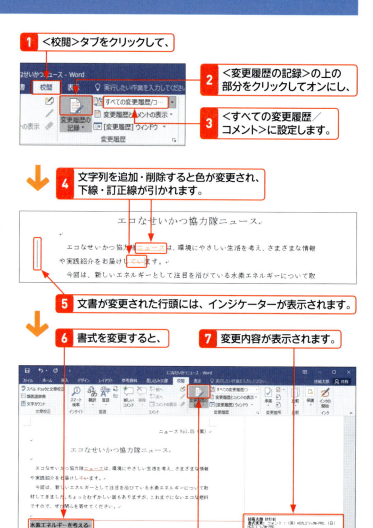

1 ＜校閲＞タブをクリックして、
2 ＜変更履歴の記録＞の上の部分をクリックしてオンにし、
3 ＜すべての変更履歴／コメント＞に設定します。
4 文字列を追加・削除すると色が変更され、下線・訂正線が引かれます。
5 文書が変更された行頭には、インジケーターが表示されます。
6 書式を変更すると、
7 変更内容が表示されます。
8 ＜変更履歴の記録＞をクリックして、変更履歴の記録を終了します。

2 変更履歴を非表示にする

変更履歴が表示されています。

1 <校閲>タブをクリックして、

2 <すべての変更履歴/コメント>のここをクリックし、

3 <シンプルな変更履歴/コメント>をクリックします。

4 変更履歴が非表示になり、変更した箇所の文頭にインジケーターが表示されます。インジケーターをクリックすると、

5 変更履歴が表示されます。

6 再度インジケーターをクリックすると、非表示になります。

メモ 変更履歴の表示/非表示

変更履歴は、右側にすべて表示する方法と、修正箇所にインジケーターのみを表示させるシンプルな方法の2種類があります。切り替えは、左の手順で行います。

ステップアップ 変更履歴とコメントの表示

変更履歴のほかにコメント(Sec.67参照)も利用している文書の場合、初期設定ではすべてが表示されるようになっています。<校閲>タブの<変更履歴とコメントの表示>をクリックすると、表示する項目を選ぶことができます。

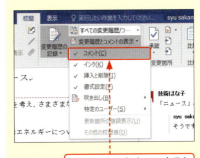

<コメント>をオフにすると表示されなくなります。

ヒント 変更履歴ウィンドウを表示するには?

変更履歴の一覧を、別のウィンドウで表示することができます。<校閲>タブの<[変更履歴]ウィンドウ>の▼をクリックして、<縦長の[変更履歴]ウィンドウを表示>か<横長の[変更履歴]ウィンドウを表示>をクリックします。

横長

縦長

3 変更履歴を文書に反映させる

メモ 変更履歴を反映する

変更履歴が記録されても、変更内容はまだ確定された状態ではありません。変更箇所を1つずつ順に確認して、変更を承諾して反映させたり、変更を取り消してもとに戻したりする操作を行います。

ヒント 文書内の変更履歴をすべて反映させるには？

右の手順は、変更履歴を1つずつ確認しながら反映していますが、文書内の変更履歴を一度に反映することもできます。変更履歴をまとめて反映させるには、＜承諾＞の下の部分をクリックして、表示されるメニューから＜すべての変更を反映＞あるいは＜すべての変更を反映し、変更の記録を停止＞をクリックします。

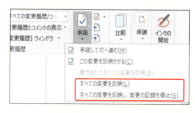

ヒント 変更箇所に移動するには？

＜校閲＞タブの＜前の変更箇所＞や＜次の変更箇所＞をクリックすると、現在カーソルがある位置、または表示されている変更箇所の直前／直後の変更箇所へ移動することができます。

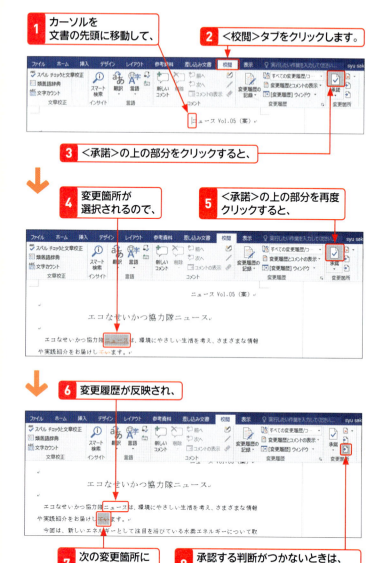

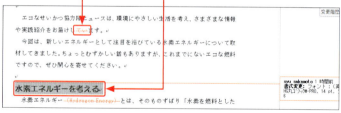

4 変更した内容を取り消す

1. 文書の先頭にカーソルを移動して、

2. <校閲>タブの<元に戻して次へ進む>をクリックすると、

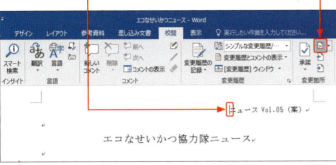

3. 最初の変更履歴の位置に移動します。

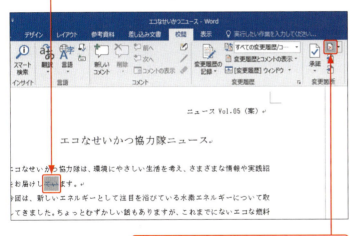

4. <元に戻して次へ進む>をクリックすると、

5. 変更した内容がもとに戻り、

6. 次の変更履歴の位置に移動します。

メモ 変更内容の取り消し

変更した内容をもとに戻すには、<校閲>タブの<元に戻して次へ進む>を利用します。

ヒント 変更履歴をすべて取り消す

変更履歴をすべて取り消したい場合は、<元に戻して次へ進む>の をクリックして表示されるメニューから<すべての変更を元に戻す>をクリックします。

Section 69 同じ文書を並べて比較する

覚えておきたいキーワード
- ☑ 比較
- ☑ 文書の比較
- ☑ 組み込み

もとの文書と、ほかの人が編集し直した文書の2つがある場合など、どこが違うのかを探すのはたいへんです。Wordの比較機能では、2つの文書を比較した結果を表示してくれるので、内容を確認しやすくなります。また、複数の文書の変更箇所を1つの文書にまとめる組み込みも利用できます。

1 文書を表示して比較する

キーワード 比較

Wordの比較機能は、もとの文書と変更した文書を比較して、変更された個所を変更履歴として表示する機能です。全体に影響するような大きな変更ではなく、文字の変更など、細かい変更の比較に利用します。

1 Wordを起動して、白紙の文書を開きます。

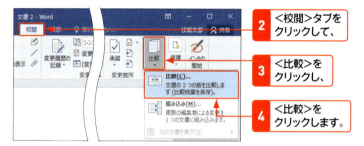

2 <校閲>タブをクリックして、
3 <比較>をクリックし、
4 <比較>をクリックします。

5 <文書の比較>ダイアログボックスが表示されるので、

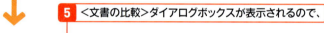

6 <元の文書>のここをクリックします。

7 <ファイルを開く>ダイアログボックスが表示されるので、

ヒント 文書を開く

比較する文書を以前開いたことがある場合は、<文書の比較>ダイアログボックスの<元の文書>や<変更した文書>の▼をクリックするとファイル名が表示されるので、これをクリックすれば指定できます。

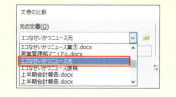

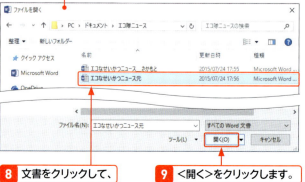

8 文書をクリックして、
9 <開く>をクリックします。

10 文書ファイルが指定されます。

11 同様に、＜変更された文書＞に文書ファイルを指定します。

メモ　比較結果文書

文書の比較を実行すると、＜比較結果文書＞と、比較した＜元の文書＞と＜変更された文書＞が表示されます。＜比較結果文書＞には、変更された箇所がインジケーターで表示されます。右のスクロールバーをドラッグすると、3つの文書が同時に上下するので、つねに同じ位置を表示できます。左側の＜変更履歴＞ウィンドウに表示される変更履歴をクリックすると、それぞれの文書の該当箇所が表示されるので、変更内容を確認できます。

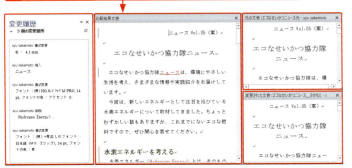

12 ＜OK＞をクリックすると、

13 ＜元の文書＞＜変更された文書＞＜比較結果文書＞の3つの文書画面と、＜変更履歴＞ウィンドウが表示されます。

2　変更内容を1つの文書に組み込む

1 Wordを起動して、白紙の文書を開きます。

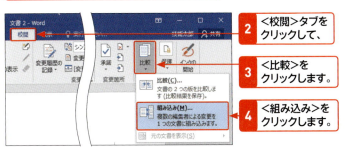

2 ＜校閲＞タブをクリックして、

3 ＜比較＞をクリックします。

4 ＜組み込み＞をクリックします。

キーワード　組み込み

Wordの組み込み機能は、もとの文書を複数の人が各自で編集した複数の文書の内容を1つにとりまとめる機能です。それぞれが変更した箇所がすべて表示されるので、その中から反映させたり、もとに戻したりして、1つの文書にまとめます。

5 ＜文書の組み込み＞ダイアログボックスが表示されるので、

6 左ページの手順 5 ～ 9 を参照して、＜元の文書＞に文書ファイルを指定します。

Section 69 同じ文書を並べて比較する

ヒント 文書を開く

組み込む文書を以前開いたことがある場合は、＜文書の組み込み＞ダイアログボックスの＜元の文書＞や＜変更された文書＞の ⌄ をクリックするとファイル名が表示されます。このファイル名をクリックすれば指定できます。

7 同様に、＜変更された文書＞に文書ファイルを指定します。

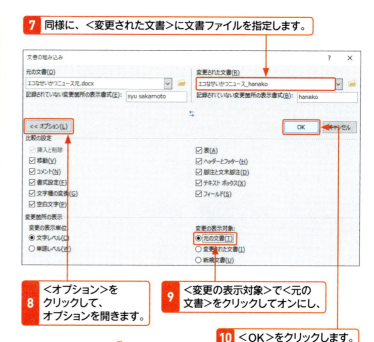

8 ＜オプション＞をクリックして、オプションを開きます。

9 ＜変更の表示対象＞で＜元の文書＞をクリックしてオンにし、

10 ＜OK＞をクリックします。

11 書式を維持する文書の選択画面が表示されるので、

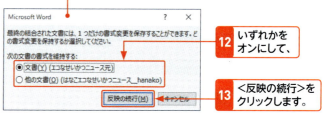

12 いずれかをオンにして、

13 ＜反映の続行＞をクリックします。

14 ＜元の文書＞に＜変更された文書＞が組み込まれた文書が表示されます。

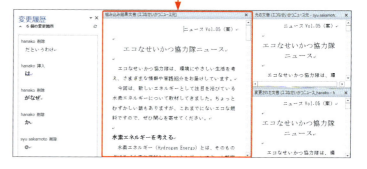

15 変更された個所を1つずつ確認して、反映させたり、もとに戻したりして文書を完成させます。

Chapter 01

第1章 Excel 2016の基本操作

Section	
01	Excelとは？
02	Excel 2016を起動・終了する
03	Excelの画面構成とブックの構成
04	リボンの基本操作
05	操作をもとに戻す・やり直す
06	表示倍率を変更する
07	ブックを保存する
08	ブックを閉じる
09	ブックを開く
10	ヘルプ画面を表示する

Section 01 Excelとは?

覚えておきたいキーワード
- ☑ Excel 2016
- ☑ 表計算ソフト
- ☑ Microsoft Office

Excelは、かんたんな四則演算から複雑な関数計算、グラフの作成、データベースとしての活用など、さまざまな機能を持つ表計算ソフトです。文字や罫線を修飾したり、表にスタイルを適用したり、画像を挿入したりして、見栄えのする文書を作成することもできます。

1 表計算ソフトとは?

キーワード 表計算ソフト

表計算ソフトは、表のもとになるマス目（セル）に数値や数式を入力して、データの集計や分析をしたり、表形式の書類を作成したりするためのアプリです。

キーワード Excel 2016

Excel 2016は、代表的な表計算ソフトの1つです。ビジネスソフトの統合パッケージである最新の「Microsoft Office」に含まれています。

メモ スマートフォンやタブレット版

Microsoft Officeは、従来と同様にパソコンにインストールして使うもののほかに、Webブラウザー上で使えるWebアプリケーション版と、スマートフォンやタブレット向けのアプリが用意されています。

表計算ソフトがないと、計算は手作業で行わなければなりませんが…、

表計算ソフトを使うと、膨大なデータの集計をかんたんに行うことができます。データをあとから変更しても、自動的に再計算されます。

2 Excelではこんなことができる

面倒な計算も関数を使えばかんたんに行うことができます。

表の数値からグラフを作成して、データを視覚化できます。

大量のデータを効率よく管理することができます。

メモ 数式や関数の利用

数式や関数を使うと、数値の計算だけでなく、条件によって処理を振り分けたり、表を検索して特定のデータを取り出したりといった、面倒な処理もかんたんに行うことができます。Excelには、大量の関数が用意されています。

メモ 表のデータをもとにグラフを作成

表のデータをもとに、さまざまなグラフを作成することができます。グラフのレイアウトやデザインも豊富に揃っています。もとになったデータが変更されると、グラフも自動的に変更されます。

メモ データベースソフトとしての活用

大量のデータが入力された表の中から条件に合うものを抽出したり、並べ替えたり、項目別にデータを集計したりといったデータベース機能が利用できます。

Section 02 Excel 2016を起動・終了する

覚えておきたいキーワード
- ☑ 起動
- ☑ スタート画面
- ☑ 終了

Excel 2016を起動するには、Windows 10の＜スタート＞から＜すべてのアプリ＞をクリックして、＜Excel 2016＞をクリックします。Excelが起動するとスタート画面が表示されるので、そこから目的の操作を選択します。作業が終わったら、＜閉じる＞をクリックしてExcelを終了します。

1 Excel 2016を起動して空白のブックを開く

 Windows 10でExcelを起動する

Windows 10で＜スタート＞をクリックすると、スタートメニューが表示されます。左側にはアプリのメニューが、右側にはよく使うアプリのアイコンが表示されています。＜すべてのアプリ＞をクリックして、表示されるメニューから＜Excel 2016＞をクリックすると、Excelが起動します。

メモ Windows 8.1でExcel 2016を起動する

Windows 8.1でExcel 2016を起動するには、Windows 8.1の＜スタート＞画面に表示されている＜Excel 2016＞をクリックします。＜スタート＞画面にExcelのアイコンが表示されていない場合は、＜スタート＞画面の左下にある ⓥ をクリックして、＜Excel 2016＞をクリックします。

メモ Windows 7でExcel 2016を起動する

Windows 7でExcel 2016を起動するには、＜スタート＞ボタンをクリックして＜すべてのプログラム＞をクリックし、表示されるメニューから＜Excel 2016＞をクリックします。

1 Windows 10を起動して、

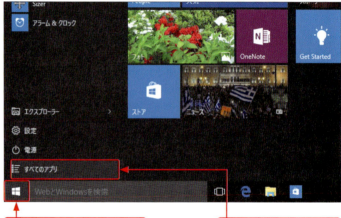

2 ＜スタート＞をクリックし、

3 ＜すべてのアプリ＞をクリックします。

4 ＜Excel 2016＞をクリックすると、

5 Excel 2016が起動して、スタート画面が開きます。

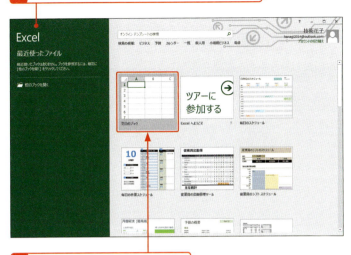

6 <空白のブック>をクリックすると、

7 新しいブックが作成されます。

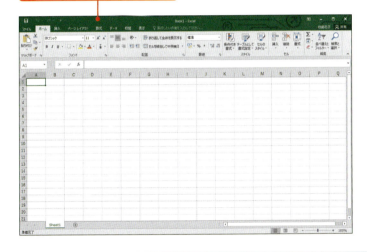

> **メモ Excel起動時の画面**
>
> Excelを起動すると、最近使ったファイルやテンプレートが表示される「スタート画面」が表示されます。スタート画面から空白のブックを作成したり、最近使ったブックなどを開きます。

ステップアップ タッチモードに切り替える

パソコンがタッチスクリーンに対応している場合は、クイックアクセスツールバーに<タッチ/マウスモードの切り替え>が表示されます。このコマンドでタッチモードとマウスモードを切り替えることができます。タッチモードに切り替えると、ボタンの間隔が広がってタッチ操作がしやすくなります。

1 <タッチ/マウスモードの切り替え>をクリックすると、

2 マウスモードとタッチモードを切り替えることができます。

2 Excel 2016 を終了する

メモ 複数のブックを開いている場合

Excelを終了するには、右の手順で操作します。ただし、複数のブックを開いている場合は、クリックしたウィンドウのブックだけが閉じます。

1 ＜閉じる＞をクリックすると、

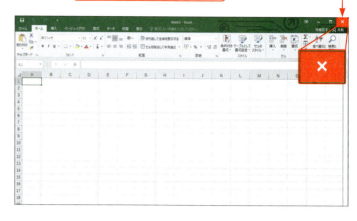

2 Excel 2016が終了し、デスクトップ画面が表示されます。

ヒント ブックを閉じる

Excel自体を終了するのではなく、開いているブックでの作業を終了する場合は、ブックを閉じる操作を行います（Sec.08参照）。

メモ ブックを保存していない場合

ブックの作成や編集をしていた場合に、ブックを保存しないでExcelを終了しようとすると、右図のダイアログボックスが表示されます。Excelでは、文書を保存せずに閉じた場合、4日以内であればブックを回復できます（P.273参照）。

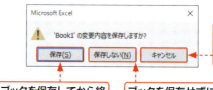

終了を取り消すには、＜キャンセル＞をクリックします。

ブックを保存してから終了するには、＜保存＞をクリックします。

ブックを保存せずに終了するには、＜保存しない＞をクリックします。

ステップアップ スタートメニューやタスクバーに Excel のアイコンを登録する

スタートメニューやタスクバーに Excel のアイコンを登録しておくと、Excel をかんたんに起動することができます。
＜スタート＞から＜すべてのアプリ＞をクリックし、＜Excel 2016＞を右クリックして、＜スタート画面にピン留めする＞をクリックすると、スタートメニューのタイルに Excel 2016 のアイコンが登録されます。＜タスクバーにピン留めする＞をクリックすると、タスクバーにピン留めされます。
また、Excel を起動すると、タスクバーに Excel のアイコンが表示されます。そのアイコンを右クリックして、＜タスクバーにピン留めする＞をクリックしても、タスクバーに Excel のアイコンが登録されます。

スタートメニューから登録する

1 ＜スタート＞から＜すべてのアプリ＞をクリックします（P.254参照）、

2 ＜Excel 2016＞を右クリックして、

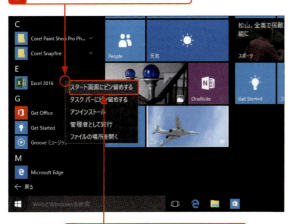

 3 ＜スタート画面にピン留めする＞をクリックすると、

4 スタートメニューのタイルに Excel 2016 のアイコンが登録されます。

起動した Excel のアイコンから登録する

1 Excel のアイコンを右クリックして、

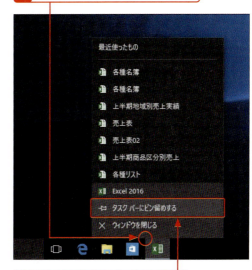

 2 ＜タスクバーにピン留めする＞をクリックすると、

3 タスクバーに Excel のアイコンが登録されます。

スタートメニューのアイコンを右クリックして＜タスクバーにピン留めする＞をクリックしても（左上図の手順❸参照）、タスクバーに Excel 2016 のアイコンが登録されます。

Section 03 Excelの画面構成とブックの構成

覚えておきたいキーワード
- ☑ タブ
- ☑ コマンド
- ☑ ワークシート

Excel 2016の画面は、機能を実行するためのタブと、各タブにあるコマンド、表やグラフなどを作成するためのワークシートから構成されています。画面の各部分の名称とその機能は、Excelを使っていくうえでの基本的な知識です。ここでしっかり確認しておきましょう。

1 基本的な画面構成

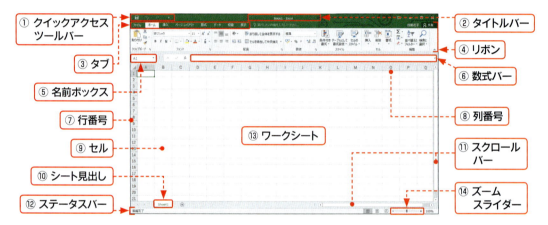

① クイックアクセスツールバー
② タイトルバー
③ タブ
④ リボン
⑤ 名前ボックス
⑥ 数式バー
⑦ 行番号
⑧ 列番号
⑨ セル
⑩ シート見出し
⑪ スクロールバー
⑫ ステータスバー
⑬ ワークシート
⑭ ズームスライダー

名 称	機 能
① クイックアクセスツールバー	頻繁に使うコマンドが表示されています。コマンドの追加や削除などもできます。
② タイトルバー	作業中のファイル名を表示しています。
③ タブ	初期状態では、8つのタブが表示されています。名前の部分をクリックしてタブを切り替えます。
④ リボン	コマンドを一連のタブに整理して表示します。コマンドはグループ分けされています。
⑤ 名前ボックス	現在選択されているセルのセル番地（列番号と行番号によってセルの位置を表したもの）、またはセル範囲の名前を表示します。
⑥ 数式バー	現在選択されているセルのデータまたは数式を表示します。
⑦ 行番号	行の位置を示す数字を表示しています。
⑧ 列番号	列の位置を示すアルファベットを表示しています。
⑨ セル	表のマス目です。操作の対象となっているセルを「アクティブセル」といいます。
⑩ シート見出し	シートを切り替える際に使用します。＜新しいシート＞（⊕）をクリックすると、新しいワークシートが挿入されます。
⑪ スクロールバー	シートを縦横にスクロールする際に使用します。
⑫ ステータスバー	操作の説明や現在の処理の状態などを表示します。
⑬ ワークシート	Excelの作業スペースです。
⑭ ズームスライダー	つまみをドラッグするか、縮小（－）、拡大（＋）をクリックして、シートの倍率を変更します。

2 ブック・シート・セル

「ブック」(=ファイル)は、1つまたは複数の「ワークシート」や「グラフシート」から構成されています。

ワークシート

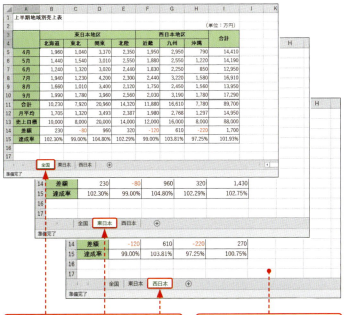

シート見出しをクリックすると、シートを切り替えることができます。

ワークシートは、複数の「セル」から構成されています。

グラフシート

グラフシートは、グラフだけを含むシートです。

キーワード　ブック

「ブック」とは、Excelで作成したファイルのことです。ブックは、1つあるいは複数のワークシートやグラフシートから構成されます。

キーワード　セル

「セル」とは、ワークシートを構成する一つ一つのマス目のことです。ワークシートは、複数のセルから構成されており、このセルに文字や数値データを入力していきます。

キーワード　グラフシート

「グラフシート」とは、グラフ(Sec.68参照)だけを含むシートのことです。グラフは、通常のワークシートに作成することもできます。

Section 04 リボンの基本操作

覚えておきたいキーワード
- ☑ リボン
- ☑ ダイアログボックス
- ☑ ミニツールバー

Excelでは、ほとんどの機能をリボンで実行することができます。Excelの初期設定では、8つのタブが表示されていますが、作業内容に応じて表示されるタブもあります。作業スペースが狭く感じるときは、リボンを折りたたんで、必要なときだけ表示させることもできます。

1 リボンを操作する

メモ　Excel 2016のリボン

Excel 2016のリボンには、初期の状態で8つのタブが表示されており、コマンドが用途別の「グループ」に分かれています。各グループにあるコマンドをクリックすることによって、直接機能を実行したり、メニューやダイアログボックス、作業ウィンドウなどを表示して機能を実行します。

フォントや文字配置を変更するときは＜ホーム＞タブ、グラフを作成するときは＜挿入＞タブというように、作業に応じてタブを切り替えて使用します。

1. たとえば、グラフを作成するときは＜挿入＞タブをクリックして、
2. 目的のグラフのコマンドをクリックします。

リボン　コマンド　グループ

3. コマンドをクリックしてドロップダウンメニューが表示されたときは、

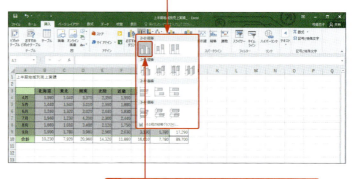

4. メニューから目的の機能をクリックします。

ヒント　メニューの表示

コマンドの右側や下側に が表示されているときは、さらに詳細な機能が実行できることを示しています。 をクリックすると、ドロップダウンメニュー（プルダウンメニューともいいます）が表示されます。

2 リボンの表示／非表示を切り替える

1 <リボンを折りたたむ>をクリックすると、

> **メモ** リボンの表示／非表示
>
> リボンの右下にある<リボンを折りたたむ> をクリックすると、タブの名前の部分のみが表示されます。目的のタブをクリックすると、一時的にリボンが表示されます。非表示にしたリボンをもとに戻すには、<リボンの固定> をクリックします。

2 リボンが折りたたまれ、タブの名前の部分のみが表示されます。

3 目的のタブの名前の部分をクリックすると、

4 リボンが一時的に表示され、クリックしたタブの内容が表示されます。

5 <リボンの固定>をクリックすると、リボンが常に表示された状態になります。

> **ヒント** リボンを表示／非表示にするそのほかの方法
>
> いずれかのタブを右クリックして、<リボンを折りたたむ>をクリックしても、リボンを非表示にできます。再度タブをクリックして、<リボンを折りたたむ>をクリックすると、リボンが表示されます。

ステップアップ リボンの表示オプションを使って切り替える

画面右上にある<リボンの表示オプション> をクリックして、<タブの表示>をクリックすると、タブの名前の部分のみの表示になります。再度<リボンの表示オプション>をクリックして、<タブとコマンドの表示>をクリックすると、リボンが表示されます。

<リボンの表示オプション>でもリボンの表示／非表示を切り替えることができます。

3 リボンからダイアログボックスを表示する

メモ 追加のオプションがある場合

グループの右下に （ダイアログボックス起動ツールと呼ばれます）が表示されているときは、そのグループに追加のオプションがあることを示しています。

ヒント コマンドの機能を確認する

コマンドにマウスポインターを合わせると、そのコマンドの名称と機能を文章や画面のプレビューで確認することができます。

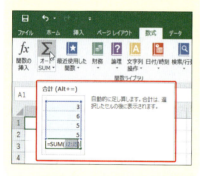

1. いずれかのタブをクリックして、

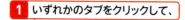

2. グループの右下にあるここをクリックすると、

3. ダイアログボックスが表示され、詳細な設定を行うことができます。

ヒント コマンドの表示は画面によって変わる

タブのグループとコマンドの表示は、画面のサイズによって変わります。画面のサイズを小さくしている場合は、リボンが縮小してグループだけが表示される場合があります。この場合は、グループをクリックすると、そのグループ内のコマンドが表示されます。

画面のサイズが大きい場合

直接コマンドをクリックできます。

画面のサイズが小さい場合

1. グループをクリックしてから、
2. 目的のコマンドをクリックします。

4 作業に応じたタブが表示される

1 グラフを作成します（Sec.68参照）。

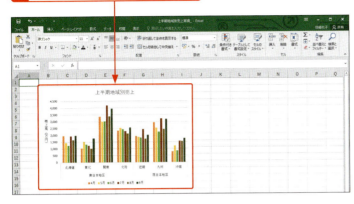

2 グラフをクリックすると、

3 ＜グラフツール＞の＜デザイン＞タブと＜書式＞タブが追加表示されます。

4 ＜デザイン＞タブをクリックすると、

5 ＜デザイン＞タブの内容が表示されます。

メモ 作業に応じて表示されるタブ

作業に応じて表示されるタブには、＜グラフツール＞のほかに、ピボットテーブルを作成すると表示される＜ピボットテーブルツール＞の＜分析＞タブ、＜デザイン＞タブなどがあります（Sec.83参照）。

ステップアップ ミニツールバーを利用する

セルを右クリックしたり、テキストを選択したりすると、ショートカットメニューと同時に「ミニツールバー」が表示されます。ミニツールバーには、書式設定のためのコマンドが用意されており、操作する対象によってコマンドの内容が変わります。セルを右クリックした場合は、下図のようなミニツールバーが表示されます。

1 セルを右クリックすると、

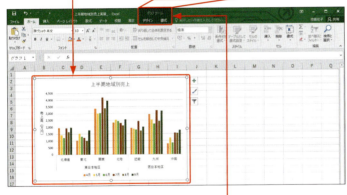

2 ショートカットメニューと同時にミニツールバーが表示されます。

Section 05 操作をもとに戻す・やり直す

覚えておきたいキーワード
- 元に戻す
- やり直し
- 繰り返し

操作をやり直したい場合は、クイックアクセスツールバーの<元に戻す>や<やり直し>を使います。直前の操作だけでなく、複数の操作をまとめてもとに戻すこともできます。また、クイックアクセスツールバーに<繰り返し>を追加しておくと、直前に行った操作を繰り返し実行することもできます。

1 操作をもとに戻す

メモ 操作をもとに戻す

クイックアクセスツールバーの<元に戻す>をクリックすると、直前に行った操作を最大100ステップまで取り消すことができます。ただし、ファイルをいったん終了すると、もとに戻すことはできなくなります。

間違えてデータを削除してしまった操作を例にします。

1 セル範囲を選択して、

3		北海道	東北	関東	北陸	合計
4	7月	1,940	1,230	4,200	2,300	9,670
5	8月	1,660	1,010	3,400	2,120	8,190
6	9月	1,990	1,780	3,960	2,560	10,290
7	合計	5,590	4,020	11,560	6,980	28,150

2 Delete を押して削除します。

ステップアップ 複数の操作をもとに戻す

直前の操作だけでなく、複数の操作をまとめて取り消すことができます。<元に戻す>の▼をクリックし、表示される一覧から戻したい操作をクリックします。やり直す場合も、同様の操作が行えます。

1 <元に戻す>のここをクリックすると、

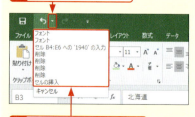

2 複数の操作をまとめて取り消すことができます。

3 <元に戻す>をクリックすると、

4 直前に行った操作(データの削除)が取り消されます。

3		北海道	東北	関東	北陸	合計
4	7月	1,940	1,230	4,200	2,300	9,670
5	8月	1,660	1,010	3,400	2,120	8,190
6	9月	1,990	1,780	3,960	2,560	10,290
7	合計	5,590	4,020	11,560	6,980	28,150

2 操作をやり直す

前ページの、直前に行った操作が取り消された状態から実行します。

1 <やり直し>をクリックすると、

2 取り消した操作がやり直され、データが削除されます。

メモ 操作をやり直す

クイックアクセスツールバーの<やり直し> をクリックすると、取り消した操作を順番にやり直すことができます。ただし、ファイルをいったん終了すると、やり直すことはできなくなります。

ステップアップ 直前の操作を繰り返す

クイックアクセスツールバーに<繰り返し>コマンドを追加すると（P.496参照）、直前に行った操作を繰り返し実行することができます。ただし、データ入力や計算など、操作によっては繰り返しができないものがあります。

1 セルの文字列に斜体を設定します。

2 セル範囲を選択して、

3 <繰り返し>をクリックすると、

4 直前に行った操作（斜体の設定）が繰り返されます。

Section 06 表示倍率を変更する

覚えておきたいキーワード
- ☑ 表示倍率
- ☑ ズーム
- ☑ 全画面表示モード

ワークシートの文字が小さすぎて読みにくい場合や、表が大きすぎて全体が把握できない場合は、画面右下のズームスライダーや<表示>タブの<ズーム>を利用して、表示倍率を変更することができます。表示倍率の変更は画面上の表示が変わるだけで、印刷には反映されません。

1 ワークシートを拡大／縮小表示する

メモ 表示倍率は印刷に反映されない

表示倍率は印刷には反映されません。ワークシートを拡大／縮小して印刷したい場合は、Sec.60を参照してください。

初期の状態では、表示倍率は100%に設定されています。

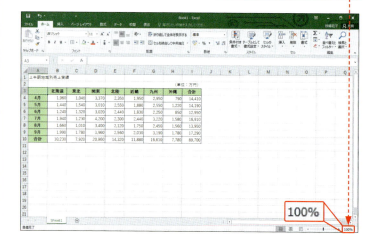

ステップアップ <ズーム>ダイアログボックスを利用する

ワークシートの表示倍率は、<表示>タブの<ズーム>グループの<ズーム>を利用して変更することもできます。<ズーム>をクリックし、表示される<ズーム>ダイアログボックスを利用します。

ここで倍率を指定します。

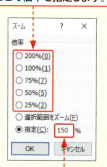

10〜400の数値を直接入力することもできます。

1 <ズーム>を左方向にドラッグすると、

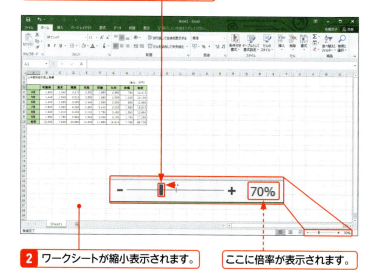

2 ワークシートが縮小表示されます。　ここに倍率が表示されます。

2 選択したセル範囲をウィンドウ全体に表示する

1 拡大表示したいセル範囲を選択します。

2 <表示>タブをクリックして、

3 <選択範囲に合わせて拡大/縮小>をクリックすると、

4 選択したセル範囲が、画面全体に表示されます。

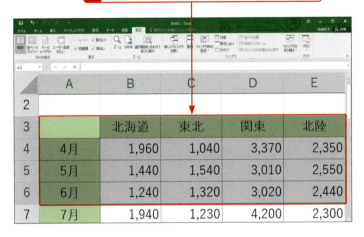

ヒント 標準の倍率に戻すには？

倍率を標準の100%に戻すには、<表示>タブの<100%>をクリックします。

標準の倍率に戻すには、<100%>をクリックします。

ステップアップ 全画面表示モードの利用

Excelの画面を「全画面表示モード」にすると、タイトルバーやリボンが非表示になり、その分、ワークシートの表示領域が広くなります。Excelの画面を全画面表示にするには、画面の右上にある<リボンの表示オプション> をクリックして、<リボンを自動的に非表示にする>をクリックします。全画面表示モードを解除するには、画面上部をクリックしてリボンを表示し、<元のサイズに戻す> をクリックします。

1 <リボンの表示オプション>をクリックして、

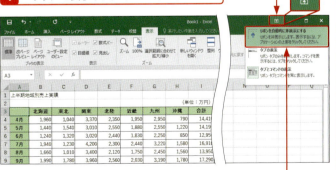

2 <リボンを自動的に非表示にする>をクリックすると、全画面表示になります。

Section 07 ブックを保存する

覚えておきたいキーワード
- ☑ 名前を付けて保存
- ☑ 上書き保存
- ☑ パスワード

ブックの保存には、新規に作成したブックや編集したブックにファイル名を付けて保存する「名前を付けて保存」と、ファイル名を変更せずに内容を更新する「上書き保存」があります。他人に内容を見られたくないブックや、内容を変更されると困るブックには、保存する際にパスワードを設定します。

1 ブックに名前を付けて保存する

メモ 名前を付けて保存する

作成したブックをExcelブックとして保存するには、右の手順で操作します。一度保存したファイルを違う名前で保存することも可能です。また、保存したあとで名前を変更することもできます(P.271参照)。

メモ 保存先が<OneDrive>の<ドキュメント>になる

お使いのパソコンの環境によっては、<OneDrive>の<ドキュメント>フォルダーが既定の保存先に指定されます。OneDriveに保存したくない場合は、手順5の画面で保存先を指定し直すとよいでしょう。

メモ 保存場所を指定する

ブックに名前を付けて保存するには、保存場所を先に指定します。パソコンに保存する場合は、<このPC>をクリックします。OneDrive(インターネット上の保存場所)に保存する場合は、<OneDrive－個人用>をクリックします。
また、<参照>をクリックして、保存先を指定することもできます。

1 <ファイル>タブをクリックして、

2 <名前を付けて保存>をクリックします。

3 <このPC>をクリックして、

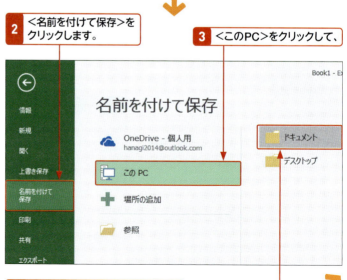

4 <ドキュメント>をクリックします。

ここで保存先を選ぶこともできます。

5 ファイル名を入力して、

保存形式を選択する場合は？

Excel 2016で作成したブックは、「Excelブック」形式で保存されます。そのほかの形式で保存したい場合は、＜名前を付けて保存＞ダイアログボックスの＜ファイルの種類＞の横をクリックし、表示される一覧で指定します。

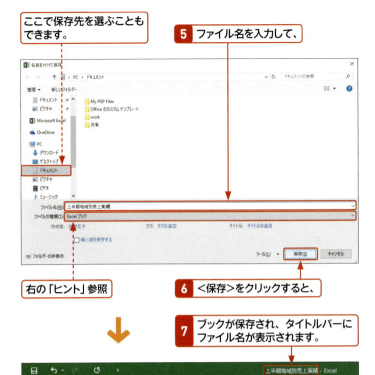

右の「ヒント」参照

6 ＜保存＞をクリックすると、

7 ブックが保存され、タイトルバーにファイル名が表示されます。

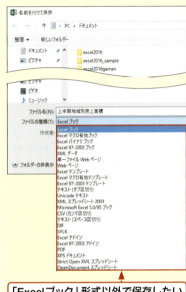

「Excelブック」形式以外で保存したい場合は、ファイルの種類を指定します。

2 ブックを上書き保存する

1 ＜上書き保存＞をクリックすると、

上書き保存を行うそのほかの方法

上書き保存は、＜ファイル＞タブをクリックして、＜上書き保存＞をクリックしても行うことができます。

2 ブックが上書き保存されます。

3 ブックにパスワードを設定する

メモ パスワードの設定

他人に内容を見られたくないブックや、変更されては困るブックを保存する際は、パスワードを設定しておくとよいでしょう。右の手順では、「読み取りパスワード」を設定していますが、「書き込みパスワード」を設定することもできます。「読み取りパスワード」はブックを開くために必要なパスワード、「書き込みパスワード」はブックを上書き保存するために必要なパスワードです。

ヒント バックアップファイルを作成する

「バックアップファイル」とは、ブックを上書き保存する際に、もとのブックの内容を別のファイルとして残したもののことです。＜全般オプション＞ダイアログボックスの＜バックアップファイルを作成する＞をクリックしてオンにすると、上書き保存時にバックアップファイルを作成することができます。

ステップアップ 読み取り専用モードで保存する

＜全般オプション＞ダイアログボックスの＜読み取り専用を推奨する＞をクリックしてオンにすると、ブックを読み取り専用モードで開くことが推奨されます。読み取り専用モードで開いたブックは、編集した内容を上書き保存できません。

ヒント パスワードを解除するには？

パスワードが設定されたブックを開いて（次ページの「メモ」参照）、右の方法で＜全般オプション＞ダイアログボックスを表示します。設定したパスワードを削除し、＜OK＞をクリックして保存し直すと、パスワードが解除できます。

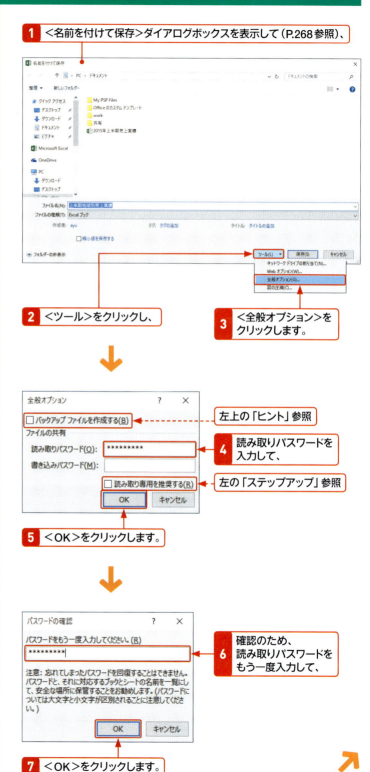

1 ＜名前を付けて保存＞ダイアログボックスを表示して（P.268参照）、

2 ＜ツール＞をクリックし、

3 ＜全般オプション＞をクリックします。

4 読み取りパスワードを入力して、

5 ＜OK＞をクリックします。

6 確認のため、読み取りパスワードをもう一度入力して、

7 ＜OK＞をクリックします。

8 ファイル名を入力して、

9 <保存>をクリックすると、ブックにパスワードが設定されて保存されます。

> **メモ パスワードを設定したブックを開く**
>
> パスワードを設定したブックを開こうとすると、下図のようなダイアログボックスが表示されます。正しいパスワードを入力しないと、ブックを開いたり、上書き保存したりすることができないので注意が必要です。
>
>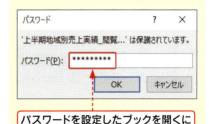
>
> パスワードを設定したブックを開くには、パスワードの入力が必要です。

ステップアップ 保存後にファイル名を変更する

ブックに付けたファイル名をあとから変更するには、エクスプローラーを利用します。タスクバーの<エクスプローラー>  アイコンをクリックして、保存先のフォルダーを表示します。ブックをクリックして<ホーム>タブの<名前の変更>をクリックすると、ファイル名が入力できる状態になります。

また、名前を変更したいブックを右クリックすると表示されるメニューから<名前の変更>をクリックしても、ファイル名が入力できる状態になります。ただし、どちらの方法も、ブックが開かれていると変更できません。

1 名前を変更したいブックをクリックして、

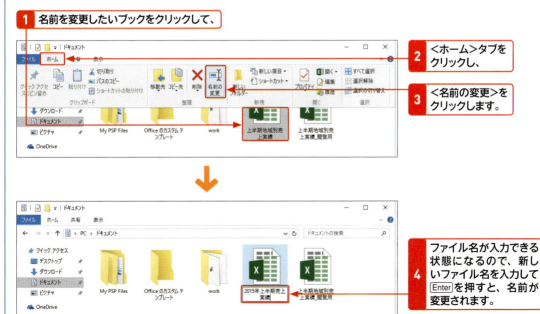

2 <ホーム>タブをクリックし、

3 <名前の変更>をクリックします。

4 ファイル名が入力できる状態になるので、新しいファイル名を入力して[Enter]を押すと、名前が変更されます。

Section 08 ブックを閉じる

覚えておきたいキーワード
- ☑ 閉じる
- ☑ 保存していないブックの回復
- ☑ 自動保存

作業が終了してブックを保存したら、ブックを閉じます。ブックを閉じても Excel自体は終了しないので、新規のブックを作成したり、保存したブックを開いたりして、すぐに作業を始めることができます。また、ブックを保存せずに閉じてしまった場合でも、4日以内であれば復元することができます。

1 保存したブックを閉じる

ヒント 複数のブックが開いている場合

複数のブックを開いている場合は、右の操作を行うと、現在作業中のブックだけが閉じます。

メモ 変更を保存していない場合

変更を加えたブックを上書き保存しないで閉じようとすると、下図のようなダイアログボックスが表示されます。ブックの変更を保存して閉じる場合は＜保存＞を、変更を保存しないで閉じる場合は＜保存しない＞を、閉じずに作業に戻る場合は＜キャンセル＞をそれぞれクリックします。

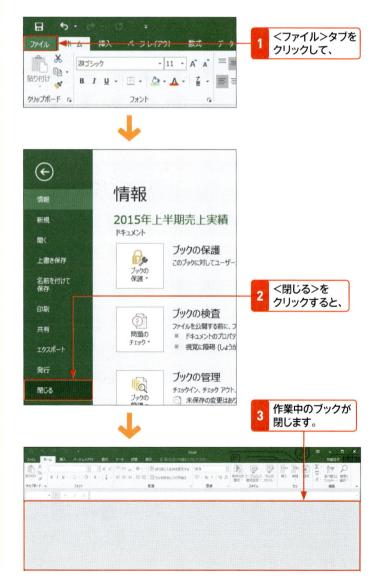

1. ＜ファイル＞タブをクリックして、
2. ＜閉じる＞をクリックすると、
3. 作業中のブックが閉じます。

ステップアップ 保存せずに閉じたブックを回復する

Excelでは、作成したブックや編集内容を保存せずに閉じた場合、4日以内であればブックを回復することができます。

この機能は初期設定で有効になっています。もし、保存されない場合は、＜ファイル＞タブから＜オプション＞をクリックします。＜Excelのオプション＞ダイアログボックスが表示されるので、＜保存＞をクリックして、＜次の間隔で自動回復用データを保存する＞をオンにして保存する間隔を指定し、＜保存しないで終了する場合、最後に自動保存されたバージョンを残す＞をオンにします。

保存を忘れたブックを回復する

1 ＜ファイル＞タブをクリックして、＜開く＞をクリックし、

2 ＜保存されていないブックの回復＞をクリックします。

3 回復したいブックをクリックして、

4 ＜開く＞をクリックし、

5 ＜名前を付けて保存＞をクリックして、名前を付けて保存します。

編集内容を保存せずに閉じたファイルを開く

1 編集内容を戻したいブックを開き、＜ファイル＞タブをクリックします。

2 ＜情報＞をクリックし、

3 （保存しないで終了）と表示されているブックをクリックします。

4 ＜元に戻す＞をクリックすると、自動保存されたバージョンで上書きされます。

Section 09 ブックを開く

覚えておきたいキーワード
- ☑ 開く
- ☑ 最近使ったアイテム
- ☑ ジャンプリスト

保存してあるブックを開くには、＜ファイルを開く＞ダイアログボックスを利用します。また、最近使用したブックを開く場合は、＜ファイル＞タブの＜開く＞で表示される＜最近使ったアイテム＞や、タスクバーのExcelアイコンを右クリックして表示されるジャンプリストから開くこともできます。

1 保存してあるブックを開く

ヒント　ブックのアイコンから開く

デスクトップ上やフォルダーの中にあるExcel 2016のブックを直接開いて作業を行いたい場合は、ブックのアイコンをダブルクリックします。

デスクトップに保存されたExcel 2016のブックのアイコン

メモ　最近使ったアイテムの一覧から開く

＜ファイル＞タブをクリックして、＜開く＞をクリックすると、最近使ったアイテムの一覧が表示されます。この中から目的のブックをクリックしても開くことができます。

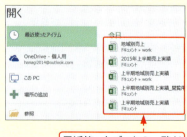

最近使ったブックの一覧が表示されます。

1 ＜ファイル＞タブをクリックして、

2 ＜開く＞をクリックします。

3 ＜このPC＞をクリックして、

4 ＜参照＞をクリックします。

Section 09 ブックを開く

5 ブックが保存されているフォルダーを指定し、

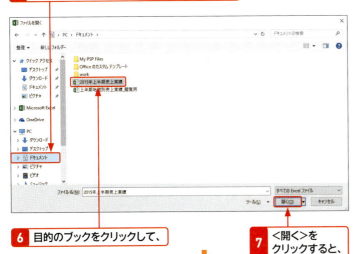

6 目的のブックをクリックして、

7 ＜開く＞をクリックすると、

8 目的のブックが開きます。

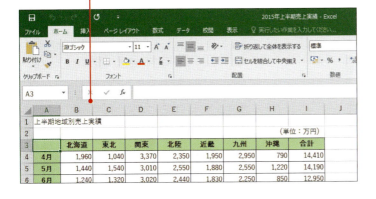

メモ ＜OneDrive＞に保存した場合

ブックを＜OneDrive＞に保存した場合は、手順4で＜参照＞をクリックすると、＜OneDrive＞の＜ドキュメント＞フォルダーが開きます。

ヒント 保存したブックを削除するには？

保存してあるブックを削除するには、エクスプローラーで保存先のフォルダーを開いて、削除したいブックを＜ごみ箱＞へドラッグします。あるいは、ブックを右クリックして＜削除＞をクリックします。ただし、ブックが開かれていると削除できません。

ブックを＜ごみ箱＞へドラッグします。

ステップアップ タスクバーのジャンプリストからブックを開く

Excel を起動すると、タスクバーに Excel のアイコンが表示されます。そのアイコンを右クリックすると最近編集・保存したブックの一覧が表示されるので、そこから目的のブックを開くこともできます。

また、Excelのアイコンをタスクバーに登録しておくと（P.257の「ステップアップ」参照）、Excelが起動していなくても、ジャンプリストを開くことができます。

1 タスクバーのアイコンを右クリックして、

2 目的のブックをクリックします。

Section 10 ヘルプ画面を表示する

覚えておきたいキーワード
- ☑ 操作アシスト
- ☑ 詳細情報
- ☑ Excel ヘルプ

Excelの操作方法などがわからないときは、Excelヘルプを利用します。Excel 2016のヘルプ画面は、＜操作アシスト＞ボックスで検索されるメニューから表示したり、コマンドにマウスポインターを合わせて＜詳細情報＞をクリックしたり、キーボードの F1 を押すことで表示できます。

1 ＜Excel 2016ヘルプ＞画面を利用する

メモ ＜詳細情報＞からヘルプを表示する

調べたいコマンドにマウスポインターを合わせると表示されるポップアップ画面に＜詳細情報＞と表示されている場合は、＜詳細情報＞をクリックすると、ヘルプ画面が開きます。

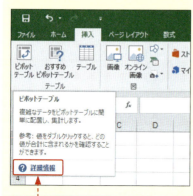

＜詳細情報＞をクリックすると、ヘルプ画面が開きます。

ヒント ヘルプ画面で検索する

F1 を押すと、「サポートが必要ですか？」と表示されたヘルプ画面が表示されます。検索ボックスに調べたい項目を入力して、右横の をクリックするか、Enter を押しても、調べたい項目を検索することができます。

1 ＜操作アシスト＞ボックスに調べたい項目を入力して、

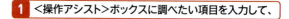

2 ＜"○○"のヘルプを参照＞をクリックすると、

3 ＜Excel 2016ヘルプ＞画面が表示され、操作方法などを確認することができます。

左の「ヒント」参照

Chapter 02

第2章

表作成の基本

Section		
	11	表作成の基本を知る
	12	新しいブックを作成する
	13	データ入力の基本
	14	同じデータを入力する
	15	連続したデータを入力する
	16	データを修正する
	17	データを削除する
	18	セル範囲を選択する
	19	データをコピー・移動する
	20	合計や平均を計算する
	21	罫線を引く

Section 11 表作成の基本を知る

覚えておきたいキーワード
- ☑ データの入力
- ☑ 計算
- ☑ 罫線

Excelで表を作成するには、まず、必要なデータを用意し、どのような表を作成するかをイメージします。準備ができたらデータを入力し、必要に応じて編集や計算を行い、罫線を引きます。最後に、文字書式を設定したりセルに背景色を付けたりして、表を完成させます。

1 新しいブックを作成する

最初に新しいブックを作成します。新しいブックを白紙の状態から作成するには、＜ファイル＞タブをクリックして＜新規＞をクリックし、＜空白のブック＞をクリックします。

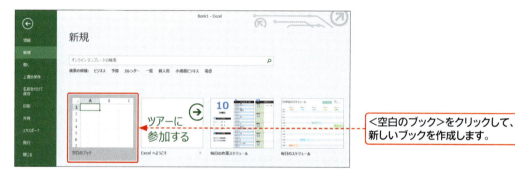

＜空白のブック＞をクリックして、新しいブックを作成します。

2 データを入力／編集する

データを入力し、必要に応じて編集します。Excelではデータを入力すると、ほかの表示形式を設定していない限り、適切な表示形式が自動的に設定されます。同じデータや連続したデータを入力するための便利な機能も用意されています。

西暦の日付スタイルが自動的に設定されます。

連続するデータはドラッグ操作で入力できます。

3 必要な計算をする

合計や平均など、必要な計算を行います。Excelでは、同じ列や行に数値が連続して入力されている場合、＜ホーム＞タブや＜数式＞タブの＜オートSUM＞を利用すると、合計や平均などの結果をかんたんに求めることができます。

	A	B	C	D	E	F	G	H
1						2015/10/15		
2	第3四半期地域別売上							
3								
4		北海道	東北	関東	北陸	合計		
5	7月	1940	1230	4200	2300	9670		
6	8月	1660	1010	3400	2120	8190		
7	9月	1990	1780	3960	2560	10290		
8	合計	5590	4020	11560	6980	28150		
9	月平均	1863.333	1340	3853.333	2326.667	9383.33333		
10								

合計や平均など、必要な計算を行います。

4 セルに罫線を引く

表が見やすいようにセルに罫線を引きます。＜ホーム＞タブの＜罫線＞を利用すると、罫線をかんたんに引くことができます。罫線のスタイルや色も任意に設定することができます。

	A	B	C	D	E	F	G	H
1						2015/10/15		
2	第3四半期地域別売上							
3						(単位：万円)		
4		北海道	東北	関東	北陸	合計		
5	7月	1940	1230	4200	2300	9670		
6	8月	1660	1010	3400	2120	8190		
7	9月	1990	1780	3960	2560	10290		
8	合計	5590	4020	11560	6980	28150		
9	月平均	1863.333	1340	3853.333	2326.667	9383.33333		
10								

罫線を引いて表を見やすくします。

5 文字書式や背景色を設定する

セルの表示形式、文字スタイル、文字配置などを変更したり、セルに背景色を付けたりして、表を完成させます。セルのスタイルやテーマを利用して、表の見た目をまとめて変更することもできます。

	A	B	C	D	E	F	G	H
1						2015/10/15		
2	第3四半期地域別売上							
3						(単位：万円)		
4		北海道	東北	関東	北陸	合計		
5	7月	1,940	1,230	4,200	2,300	9,670		
6	8月	1,660	1,010	3,400	2,120	8,190		
7	9月	1,990	1,780	3,960	2,560	10,290		
8	合計	5,590	4,020	11,560	6,980	28,150		
9	月平均	1,863	1,340	3,853	2,327	9,383		
10								

文字書式を設定したり背景色を付けると完成です。

Section 12 新しいブックを作成する

覚えておきたいキーワード
- ☑ 空白のブック
- ☑ テンプレート
- ☑ Backstage ビュー

新しいブックを白紙の状態から作成するには、＜ファイル＞タブをクリックして＜新規＞をクリックし、＜空白のブック＞をクリックします。あらかじめ書式設定や計算式などが設定されているテンプレートから新しいブックを作成することもできます。

1 ブックを新規作成する

メモ ブックごとのウィンドウ

Excel 2016では、ブックごとにウィンドウが開くので、2つのブックを同時に開いて作業しやすくなっています。

メモ 新しいブックの名前

新しく作成したブックには、「Book2」「Book3」のような仮の名前が付けられます。ブックに名前を付けて保存すると、その名前に変更されます。

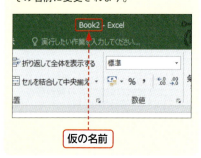

仮の名前

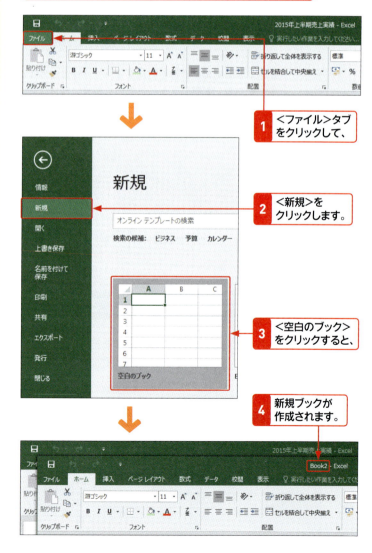

2 テンプレートを利用して新規ブックを作成する

ここでは、テンプレートをキーワードで検索します。

1 <ファイル>タブをクリックして、

2 <新規>をクリックします。

3 利用したいテンプレートのキーワード（ここでは「請求書」）を検索ボックスに入力して、

4 <検索の開始>をクリックします。

5 キーワードに該当するテンプレートが表示されるので、

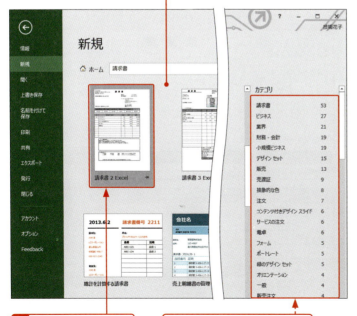

6 目的のテンプレートをクリックします。

<カテゴリ>からテンプレートを絞り込むこともできます。

キーワード テンプレート

「テンプレート」とは、ブックを作成する際にひな形となるファイルのことです。書式設定や計算式などがすべて設定されているので、作成したい文書のテンプレートがある場合、白紙の状態から作成するより効率的です。

ヒント テンプレートの検索

左の手順ではキーワードで検索しましたが、<検索の候補>にある「ビジネス」「予算」などの項目をクリックして、目的のテンプレートを探すこともできます。また、<新規>画面に目的のテンプレートがある場合は、そこから選択することもできます。

メモ テンプレートのプレビュー

目的のテンプレートをクリックすると、手順7のようにプレビューが表示されるので、内容を確認できます。また、左右の矢印をクリックすると、次のテンプレートや前のテンプレートを順に表示することができます。
プレビューを閉じるには、プレビュー画面右上の<閉じる>をクリックします。

クリックすると、プレビューが閉じます。

テンプレートが複数枚ある場合は、ここで確認できます。

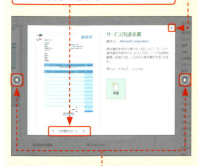

次のテンプレートや前のテンプレートを順に表示します。

7 テンプレートがプレビューされるので、

8 内容を確認して<作成>をクリックすると、

左の「メモ」参照

9 テンプレートが開きます。

10 通常のブックと同様に編集することができます。

ヒント テンプレートの保存

テンプレートは、通常のExcelブックと同じように扱うことができます。保存する際は、Excelブックとしても、テンプレートとしても保存することができます。テンプレートとして保存した場合は、<ドキュメント>内の<Officeのカスタムテンプレート>に保存されます。

メモ　Backstageビュー

<ファイル>タブをクリックすると、「Backstageビュー」と呼ばれる画面が表示されます。Backstageビューには、新規、開く、保存、印刷、閉じるなどといったファイルに関する機能や、Excelの操作に関するさまざまなオプションが設定できる機能が搭載されています。

ここでは<情報>を表示しています。

ここをクリックすると、ワークシートに戻ります。

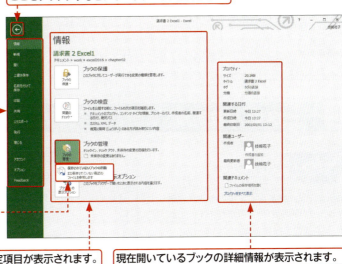

<ファイル>タブから利用できる機能が表示されます。

▼の付いた項目をクリックすると、設定できるメニューが表示されます。

さまざまな機能や設定項目が表示されます。

現在開いているブックの詳細情報が表示されます。

ステップアップ　ブックを切り替える

複数のブックを開いた状態で、タスクバーのアイコンにマウスポインターを合わせると、開いているブックがサムネイル（画面の縮小版）で表示されます。そのなかの1つにマウスポインターを合わせると、その画面がプレビュー表示されます。開きたいブックのサムネイルをクリックすると、ブックを切り替えることができます。
また、サムネイルの右上に表示されている ✕ をクリックすると、そのブックが閉じます。

1 アイコンにマウスポインターを合わせると、

2 開いているブックがサムネイルで表示されます。

3 サムネイルにマウスポインターを合わせると、

4 そのブックがプレビュー表示されます。

ここをクリックすると、そのブックが閉じます。

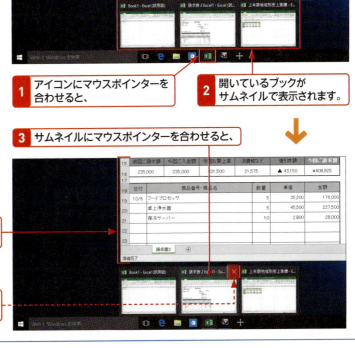

Section 13 データ入力の基本

覚えておきたいキーワード
- アクティブセル
- 表示形式
- 入力モード

セルにデータを入力するには、セルをクリックして選択状態（アクティブセル）にします。データを入力すると、ほかの表示形式が設定されていない限り、通貨スタイルや日付スタイルなど、適切な表示形式が自動的に設定されます。入力を確定するには、Enter や Tab を押します。

1 データを入力する

キーワード アクティブセル

セルをクリックすると、そのセルが選択され、グリーンの枠で囲まれます。これが、現在操作の対象となっているセルで、「アクティブセル」といいます。

メモ データ入力と確定

データを入力すると、セル内にカーソルが表示されます。入力を確定するには、Enter や Tab などを押してアクティブセルを移動します。確定する前に Esc を押すと、入力がキャンセルされます。

メモ ＜標準＞の表示形式

新規にワークシートを作成したとき、セルの表示形式は＜標準＞に設定されています。現在選択しているセルの表示形式は、＜ホーム＞タブの＜数値の書式＞に表示されます。

ここにセルの表示形式が表示されます。

1 セルをクリックすると、

2 セルが選択され、アクティブセルになります。

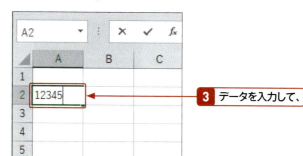

3 データを入力して、

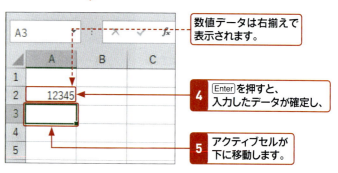

数値データは右揃えで表示されます。

4 Enter を押すと、入力したデータが確定し、

5 アクティブセルが下に移動します。

2 「,」や「¥」、「%」付きの数値を入力する

「,」(カンマ) 付きで数値を入力する

> **メモ** 「,」(カンマ) を付けて入力すると…
>
> 数値を3桁ごとに「,」(カンマ) で区切って入力すると、記号なしの通貨スタイルが自動的に設定されます。

「¥」付きで数値を入力する

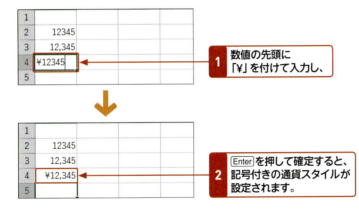

> **メモ** 「¥」を付けて入力すると…
>
> 数値の先頭に「¥」を付けて入力すると、記号付きの通貨スタイルが自動的に設定されます。

「%」付きで数値を入力する

> **メモ** 「%」を付けて入力すると…
>
> 「%」を数値の末尾に付けて入力すると、自動的にパーセンテージスタイルが設定され、「%の数値」の入力になります。初期設定では、小数点以下第3位が四捨五入されて表示されます。

3 日付を入力する

メモ 日付や時刻の入力

「年、月、日」を表す数値を、西暦の場合は「/」(スラッシュ)や「-」(ハイフン)、和暦の場合は先頭に年号を表す記号を付けて「.」(ピリオド)で区切って入力すると、自動的に<日付>の表示形式が設定されます。

同様に、「時、分、秒」を表す数値を「:」(コロン)で区切って入力すると、自動的にユーザー定義の時刻スタイルが設定されます。

ヒント 「####」が表示される場合は?

列幅をユーザーが変更していない場合には、データを入力すると自動的に列幅が調整されますが、すでに列幅を変更しており、その列幅が不足している場合は、この表示が現れます。列幅を手動で調整すると、データが正しく表示されます(Sec.40参照)。

西暦の日付を入力する

1 数値を「/」(スラッシュ)で区切って入力し、

2 Enterを押して確定すると、西暦の日付スタイルが設定されます。

和暦の日付を入力する

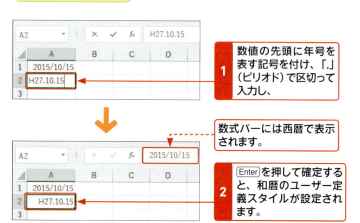

1 数値の先頭に年号を表す記号を付け、「.」(ピリオド)で区切って入力し、

数式バーには西暦で表示されます。

2 Enterを押して確定すると、和暦のユーザー定義スタイルが設定されます。

ステップアップ アクティブセルの移動方向を変更する

Enterを押して入力を確定したとき、通常はアクティブセルが下に移動しますが、この方向は<Excelのオプション>ダイアログボックスで変更することができます。<ファイル>タブから<オプション>をクリックし、<詳細設定>をクリックして、<方向>のボックスをクリックし、セルの移動方向を指定します。

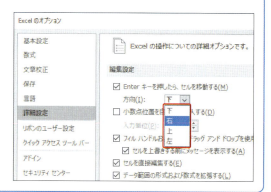

4 データを続けて入力する

1 データを入力・変換して、Enterを押さずにTabを押すと、

2 アクティブセルが右のセルに移動します。

3 続けてEnterを押さずにTabを押しながらデータを入力し、

4 行の末尾でEnterを押すと、

5 アクティブセルが、入力を開始したセルの直下に移動します。

6 同様にデータを入力していきます。

ヒント 入力モードの切り替え

Excelを起動したときは、入力モードが**A**（半角英数）になっています。日本語を入力するには、入力モードを**あ**（ひらがな）に切り替えてから入力します。入力モードを切り替えるには、半角／全角を押します。

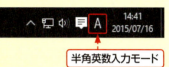

半角英数入力モード

ひらがな入力モード

ステップアップ キーボード操作によるアクティブセルの移動

アクティブセルの移動は、マウスでクリックする方法のほかに、キーボード操作でも行うことができます。データを続けて入力する場合は、キーボード操作で移動するほうが便利です。

移動先	キーボード操作
下のセル	Enterまたは↓を押す
上のセル	Shift+Enterまたは↑を押す
右のセル	Tabまたは→を押す
左のセル	Shift+Tabまたは←を押す

ヒント 数値を全角で入力すると？

数値は全角で入力しても、自動的に半角に変換されます。ただし、文字列の一部として入力した数値は、そのまま全角で入力されます。

Section 14 同じデータを入力する

覚えておきたいキーワード
- ☑ オートコンプリート
- ☑ 予測入力
- ☑ 文字列をリストから選択

Excelでは、同じ列に入力されている文字と同じ読みの文字を何文字か入力すると、読みが一致する文字が自動的に表示されます。これをオートコンプリート機能と呼びます。また、同じ列に入力されている文字列をドロップダウンリストで表示し、リストから同じデータを入力することもできます。

1 オートコンプリートを使って入力する

キーワード オートコンプリート

「オートコンプリート」とは、文字の読みを何文字か入力すると、同じ列にある読みが一致する文字が入力候補として自動的に表示される機能のことです。ただし、数値、日付、時刻だけを入力した場合は、オートコンプリートは機能しません。

ヒント 予測候補の表示

Windowsに付属の日本語入力ソフト「Microsoft IME」では、読みを数文字入力すると、その読みに該当する候補が表示されます。また、同じ文字列を何度か入力して確定させると、その文字列が履歴として記憶され、変換候補として表示されます。この機能を「予測入力」といいます。

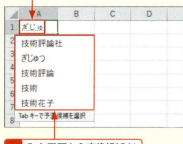

1 最初の数文字を入力すると、
2 入力履歴から変換候補が表示されます。

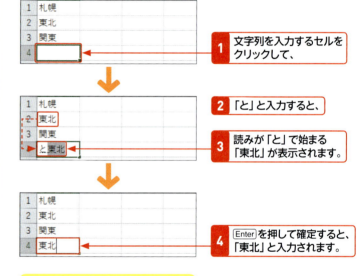

1 文字列を入力するセルをクリックして、
2 「と」と入力すると、
3 読みが「と」で始まる「東北」が表示されます。
4 Enterを押して確定すると、「東北」と入力されます。

オートコンプリートを無視する場合

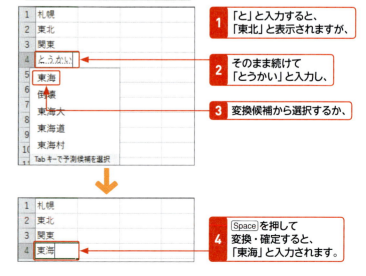

1 「と」と入力すると、「東北」と表示されますが、
2 そのまま続けて「とうかい」と入力し、
3 変換候補から選択するか、
4 Spaceを押して変換・確定すると、「東海」と入力されます。

2 入力済みのデータを一覧から選択して入力する

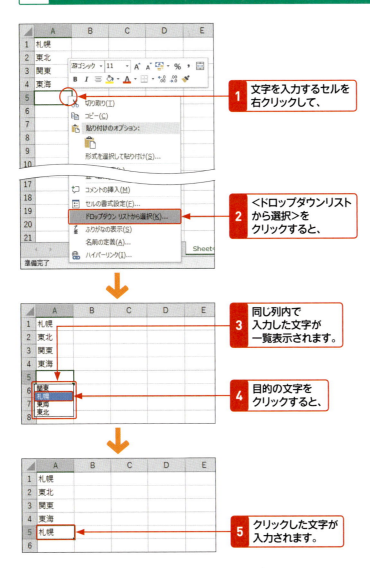

1. 文字を入力するセルを右クリックして、
2. <ドロップダウンリストから選択>をクリックすると、
3. 同じ列内で入力した文字が一覧表示されます。
4. 目的の文字をクリックすると、
5. クリックした文字が入力されます。

メモ リストを表示するそのほかの方法

文字を入力するセルをクリックして、[Alt]を押しながら[↓]を押しても、手順4のリストが表示されます。

ヒント 書式や数式が自動的に引き継がれる

連続したセルのうち、3つ以上に太字や文字色などの同じ書式が設定されている場合、それに続くセルにデータを入力すると、上のセルの罫線以外の書式が自動的にコピーされます。

ヒント オートコンプリートをオフにするには？

オートコンプリートを使用したくない場合は、<ファイル>タブをクリックして<オプション>をクリックします。<Excelのオプション>ダイアログボックスが表示されるので、<詳細設定>をクリックして、<オートコンプリートを使用する>をクリックしてオフにします。

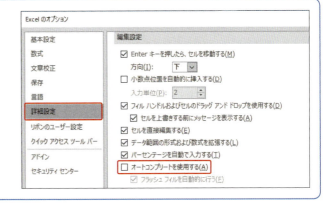

Section 15 連続したデータを入力する

覚えておきたいキーワード
- ☑ フィルハンドル
- ☑ オートフィル
- ☑ 連続データ

オートフィル機能を利用すると、同じデータや連続するデータをすばやく入力することができます。オートフィルは、セルのデータをもとにして、連続するデータや同じデータをドラッグ操作で自動的に入力する機能です。書式のみをコピーすることもできます。

1 同じデータをコピーする

キーワード オートフィル

「オートフィル」とは、セルのデータをもとにして、連続するデータや同じデータをドラッグ操作で自動的に入力する機能です。

メモ オートフィルによるデータのコピー

連続データとみなされないデータや、数字だけが入力されたセルを1つだけ選択して、フィルハンドルをドラッグすると、データをコピーすることができます。「オートフィル」を利用するには、連続データの初期値やコピーもととなるデータの入ったセルをクリックして、「フィルハンドル」(セルの右下隅にあるグリーンの四角形)をドラッグします。

フィルハンドル

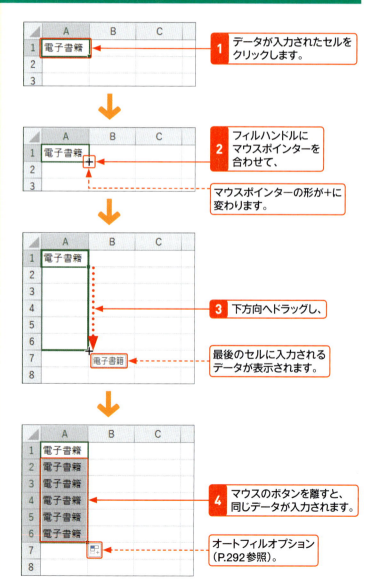

1. データが入力されたセルをクリックします。
2. フィルハンドルにマウスポインターを合わせて、
   マウスポインターの形が+に変わります。
3. 下方向へドラッグし、
   最後のセルに入力されるデータが表示されます。
4. マウスのボタンを離すと、同じデータが入力されます。
   オートフィルオプション(P.292参照)。

2 連続するデータを入力する

曜日を入力する

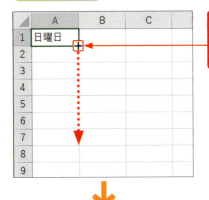

1 「日曜日」と入力されたセルをクリックして、フィルハンドルを下方向へドラッグします。

2 マウスのボタンを離すと、曜日の連続データが入力されます。

連続する数値を入力する

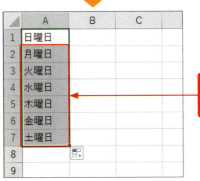

1 連続するデータが入力されたセルを選択し、フィルハンドルを下方向へドラッグします。

クイック分析（P.308の「ステップアップ」参照）

2 マウスのボタンを離すと、数値の連続データが入力されます。

ヒント こんな場合も連続データになる

オートフィルでは、＜ユーザー設定リスト＞ダイアログボックス（下の「ステップアップ」参照）に登録されているデータが連続データとして入力されますが、それ以外にも、連続データとみなされるものがあります。

間隔を空けた2つ以上の数字

数字と数字以外の文字を含むデータ

ステップアップ 登録済みの連続データ

あらかじめ登録されている連続データは、＜ユーザー設定リスト＞ダイアログボックスで確認することができます。＜ユーザー設定リスト＞ダイアログボックスは、＜ファイル＞タブから＜オプション＞をクリックし、＜詳細設定＞をクリックして、＜全般＞グループの＜ユーザー設定リストの編集＞をクリックすると表示されます。

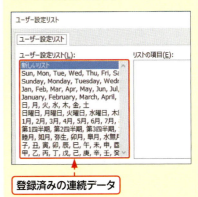

登録済みの連続データ

3 間隔を指定して日付データを入力する

キーワード オートフィルオプション

オートフィルの動作は、右の手順のように、＜オートフィルオプション＞をクリックすることで変更できます。オートフィルオプションに表示されるメニューは、入力したデータの種類によって異なります。

メモ 日付の間隔の選択

オートフィルを利用して日付の連続データを入力した場合は、＜オートフィルオプション＞をクリックして表示される一覧から日付の間隔を指定することができます。

① 日単位
　日付が連続して入力されます。
② 週日単位
　日付が連続して入力されますが、土日が除かれます。
③ 月単位
　「1月1日」「2月1日」「3月1日」…のように、月単位で連続して入力されます。
④ 年単位
　「2015/1/1」「2016/1/1」「2017/1/1」…のように、年単位で連続して入力されます。

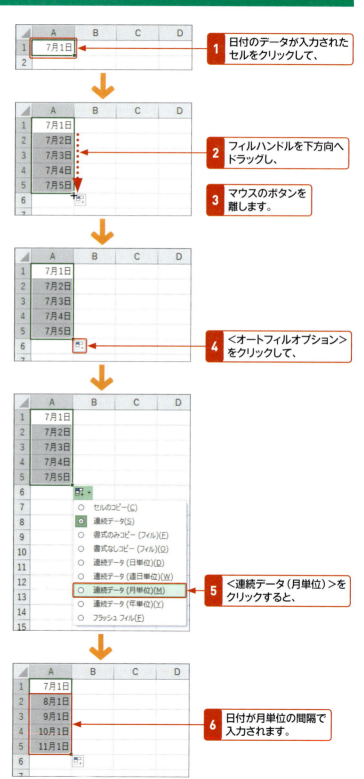

4 オートフィルの動作を変更して入力する

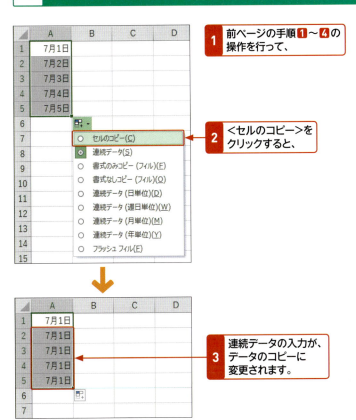

ヒント <オートフィルオプション>をオフにするには?

<オートフィルオプション>が表示されないように設定することもできます。<ファイル>タブから<オプション>をクリックします。<Excelのオプション>ダイアログボックスが表示されるので、<詳細設定>をクリックして、<コンテンツを貼り付けるときに[貼り付けオプション]ボタンを表示する>と<[挿入オプション]ボタンを表示する>をクリックしてオフにします。

ステップアップ 書式のみをコピーする

<オートフィルオプション>を利用すると、データと書式が設定されたセルをコピーしたあとに、書式のみのコピーや、書式なしのコピーに変更することもできます。

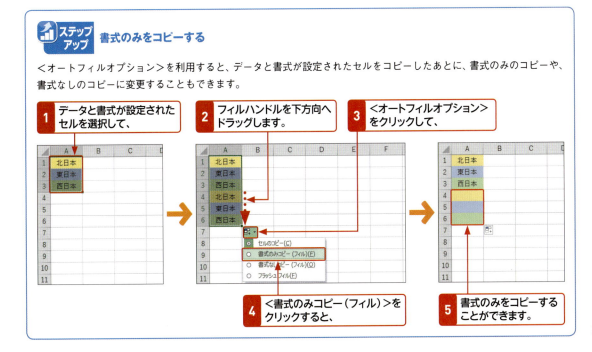

Section 16 データを修正する

覚えておきたいキーワード
- ☑ データの書き換え
- ☑ データの挿入
- ☑ 文字の置き換え

セルに入力した数値や文字を修正することはよくあります。セルに入力したデータを修正するには、セル内のデータをすべて書き換える方法とデータの一部を修正する方法があります。それぞれ修正方法が異なりますので、ここでしっかり確認しておきましょう。

1 セル内のデータ全体を書き換える

ヒント データの修正をキャンセルするには？

入力を確定する前に修正をキャンセルしたい場合は、[Esc]を数回押すと、もとのデータに戻ります。また、入力を確定した直後に、＜元に戻す＞ ↻ をクリックしても、入力を取り消すことができます。

＜元に戻す＞をクリックすると、入力を取り消すことができます。

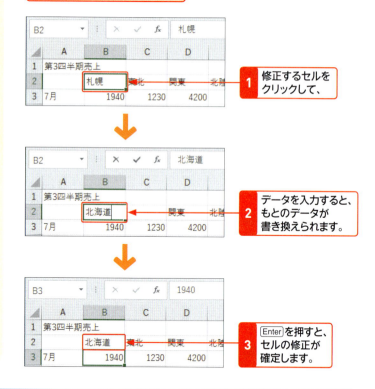

「札幌」を「北海道」に修正します。

1 修正するセルをクリックして、

2 データを入力すると、もとのデータが書き換えられます。

3 [Enter]を押すと、セルの修正が確定します。

ステップアップ 数式バーを利用して修正する

セル内のデータの修正は、数式バーを利用しても行うことができます。目的のセルをクリックして数式バーをクリックすると、数式バー内にカーソルが表示され、データが修正できるようになります。

1 修正するセルをクリックして、

2 数式バーをクリックすると、カーソルが表示されます。

2 セル内のデータの一部を修正する

文字を挿入する

1 修正したいデータの入ったセルを
ダブルクリックすると、

2 セル内にカーソルが
表示されます。

3 修正したい文字の後ろにカーソルを移動して、

4 データを入力すると、カーソルの位置にデータが入力されます。

5 Enter を押すと、セルの修正が確定します。

文字を上書きする

1 修正したいデータの入ったセルを
ダブルクリックして、

2 データの一部を
ドラッグして選択します。

3 データを入力すると、選択した部分が置き換えられます。

4 Enter を押すと、セルの修正が確定します。

メモ｜データの一部の修正

セル内のデータの一部を修正するには、目的のセルをダブルクリックして、セル内にカーソルを表示します。その状態で、入力時と同様にデータを編集することができます。なお、ダブルクリックしたとき、目的の位置にカーソルが表示されていない場合は、セル内をクリックするか、←や→を押して、カーソルを移動します。

ヒント｜セル内にカーソルを表示しても修正できない

セル内にカーソルを表示してもデータを修正できない場合は、そのセルにデータがなく、いくつか左側のセルに入力されている長い文字列が、セルの上にまたがって表示されています。この場合は、文字列の左側のセルをダブルクリックして修正します。

このセルには何も入力されていません。

このセルに入力されています。

Section 16 データを修正する

Excel 第2章 表作成の基本

295

Section 17 データを削除する

覚えておきたいキーワード
- ☑ 削除
- ☑ クリア
- ☑ 数式と値のクリア

セル内のデータを削除するには、データを削除したいセルをクリックして、<ホーム>タブの<クリア>をクリックし、<数式と値のクリア>をクリックします。複数のセルのデータを削除するには、データを削除するセル範囲をドラッグして選択し、同様に操作します。

1 1つのセルのデータを削除する

メモ セルのデータを削除する

セル内のデータだけを削除するには、右の手順のほか、削除したいセルをクリックして、Delete または BackSpace を押すか、セルを右クリックして<数式と値のクリア>をクリックします。

1 データを削除するセルをクリックします。

2 <ホーム>タブをクリックして、

3 <クリア>をクリックし、

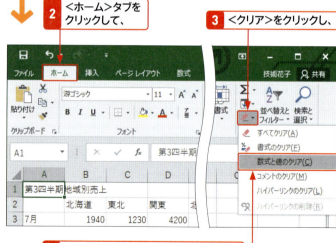

4 <数式と値のクリア>をクリックすると、

5 セルのデータが削除されます。

2 複数のセルのデータを削除する

1. データをクリアするセル範囲の始点となるセルにマウスポインターを合わせ、

2. そのまま終点となるセルまでをドラッグして、セル範囲を選択します。

3. <ホーム>タブをクリックして、

4. <クリア>をクリックし、

5. <数式と値のクリア>をクリックすると、

6. 選択したセル範囲のデータが削除されます。

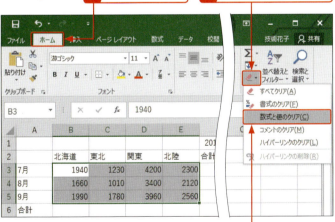

キーワード クリア

「クリア」とは、セルの数式や値、書式を消す操作です。行や列、セルはそのまま残ります。

ヒント <すべてクリア>と<書式のクリア>

手順4のメニュー内の<すべてクリア>は、データだけでなく、セルに設定されている書式も同時にクリアしたいときに利用します。<書式のクリア>は、セルに設定されている書式だけをクリアしたいときに利用します。

Section 18 セル範囲を選択する

覚えておきたいキーワード
- ☑ セル範囲の選択
- ☑ アクティブセル領域
- ☑ 行や列の選択

データのコピーや移動、書式設定などを行う際には、操作の対象となるセルやセル範囲を選択します。複数のセルや行・列などを選択しておけば、1回の操作で書式などをまとめて変更できるので効率的です。セル範囲の選択には、マウスのドラッグ操作やキーボード操作など、いくつかの方法があります。

1 複数のセル範囲を選択する

メモ 選択方法の使い分け

セル範囲を選択する際は、セル範囲の大きさによって選択方法を使い分けるとよいでしょう。選択する範囲がそれほど大きくない場合はマウスでドラッグし、セル範囲が広い場合はマウスとキーボードで選択すると効率的です。

マウス操作だけでセル範囲を選択する

1 選択範囲の始点となるセルにマウスポインターを合わせて、

	A	B	C	D	E	F
1	第3四半期地域別売上					2015/10/15
2		北海道	東北	関東	北陸	合計
3	7月	1940	1230	4200	2300	
4	8月	1660	1010	3400	2120	
5	9月	1990	1780	3960	2560	
6	合計					

2 そのまま、終点となるセルまでドラッグし、

	A	B	C	D	E	F
1	第3四半期地域別売上					2015/10/15
2		北海道	東北	関東	北陸	合計
3	7月	1940	1230	4200	2300	
4	8月	1660	1010	3400	2120	
5	9月	1990	1780	3960	2560	
6	合計					

ヒント セル範囲が選択できない?

ドラッグ操作でセル範囲を選択するときは、マウスポインターの形が ✛ の状態で行います。セル内にカーソルが表示されているときや、マウスポインターが ✛ でないときは、セル範囲を選択することができません。

| B2 | ▼ | : | × | ✓ | fx | 北海道 |

	A	B	C	D	E
1	第3四半期地域別売上				
2		北海道	東北	関東	北陸
3	7月	1940	1230	4200	2300
4	8月	1660	1010	3400	2120
5	9月	1990	1780	3960	2560

この状態ではセル範囲を選択できません。

3 マウスのボタンを離すと、セル範囲が選択されます。

	A	B	C	D	E	F
1	第3四半期地域別売上					2015/10/15
2		北海道	東北	関東	北陸	合計
3	7月	1940	1230	4200	2300	
4	8月	1660	1010	3400	2120	
5	9月	1990	1780	3960	2560	
6	合計					

マウスとキーボードでセル範囲を選択する

1 選択範囲の始点となるセルをクリックして、

2 Shiftを押しながら、終点となるセルをクリックすると、

3 セル範囲が選択されます。

マウスとキーボードで選択範囲を広げる

1 選択範囲の始点となるセルをクリックします。

2 Shiftを押しながら→を押すと、右のセルに範囲が拡張されます。

3 Shiftを押しながら↓を押すと、下の行にセル範囲が拡張されます。

ヒント 選択を解除するには？

選択したセル範囲を解除するには、マウスでワークシート内のいずれかのセルをクリックします。

タッチ タッチ操作でセル範囲を選択する

タッチ操作でセル範囲を選択する際は、始点となるセルを1回タップしてハンドル ◯ を表示させたあと、ハンドルを終点となるセルまでスライドします。なお、タッチスクリーンの基本操作については、P.27を参照してください。

1 始点となるセルを1回タップし、

2 ハンドルを終点となるセルまでスライドします。

Section 18 セル範囲を選択する

Excel 第2章 表作成の基本

2 離れた位置にあるセルを選択する

メモ　離れた位置にあるセルの選択

離れた位置にある複数のセルを同時に選択したいときは、最初のセルをクリックしたあと、Ctrlを押しながら選択したいセルをクリックしていきます。

1 最初のセルをクリックして、

2 Ctrlを押しながら別のセルをクリックすると、離れた位置にあるセルが追加選択されます。

3 アクティブセル領域を選択する

キーワード　アクティブセル領域

「アクティブセル領域」とは、アクティブセルを含む、データが入力された矩形（長方形）のセル範囲のことをいいます。ただし、間に空白の行や列があると、そこから先のセル範囲は選択されないので注意が必要です。アクティブセル領域の選択は、データが入力された領域にだけ書式を設定したい場合などに便利です。

1 セルをクリックして、

2 Ctrlを押しながらShiftと:を押すと、

3 アクティブセル領域が選択されます。

4 行や列を選択する

1 行番号にマウスマウスポインターを合わせて、

2 クリックすると、行全体が選択されます。

3 Ctrl を押しながら別の行番号をクリックすると、

4 離れた位置にある行が追加選択されます。

5 行や列をまとめて選択する

1 行番号の上にマウスポインターを合わせて、

2 そのままドラッグすると、

3 複数の行が選択されます。

メモ 列の選択

列を選択する場合は、列番号をクリックします。複数の列をまとめて選択する場合は、列番号をドラッグします。行や列をまとめて選択することによって、行／列単位でのコピーや移動、挿入、削除などを行うことができます。

メモ 離れた位置にある列の選択

離れた位置にある列を同時に選択する場合は、最初の列番号をクリックしたあと、Ctrl を押しながら別の列番号をクリックまたはドラッグします。

ステップアップ ワークシート全体を選択する

ワークシート左上の行番号と列番号が交差している部分をクリックすると、ワークシート全体を選択することができます。ワークシート内のすべてのセルの書式を一括して変更する場合などに便利です。

この部分をクリックすると、ワークシート全体が選択されます。

Section 19 データをコピー・移動する

覚えておきたいキーワード
- コピー
- 切り取り
- 貼り付け

セル内に入力したデータをコピー・移動するには、＜ホーム＞タブの＜コピー＞と＜貼り付け＞を使う、マウスの右クリックから表示されるメニューを使う、ドラッグ操作を使う、の3つの方法があります。ここでは、それぞれの方法を使ってコピーしたり移動したりする方法を解説します。

1 データをコピーする

ヒント セルの書式もコピー・移動される

右の手順のように、データが入力されているセルごとコピー（あるいは移動）すると、セルに入力されたデータだけではなく、セルに設定してある書式や表示形式も含めて、コピー（あるいは移動）されます。

1. コピーするセルをクリックして、
2. ＜ホーム＞タブをクリックし、
3. ＜コピー＞をクリックします。

メモ マウスの右クリックを使う

コピーするセルをマウスで右クリックし、表示されるメニューから＜コピー＞をクリックします。続いて、貼り付け先のセルを右クリックして＜貼り付けのオプション＞の＜貼り付け＞ をクリックしても、データをコピーすることができます（P.304の「メモ」参照）。

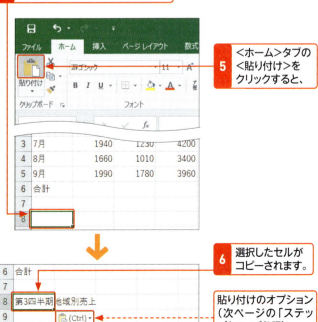

4. 貼り付け先のセルをクリックして、
5. ＜ホーム＞タブの＜貼り付け＞をクリックすると、
6. 選択したセルがコピーされます。

貼り付けのオプション（次ページの「ステップ」アップ参照）。

ヒント データの貼り付け

コピーもとのセル範囲が破線で囲まれている間は、データを何度でも貼り付けることができます。また、破線が表示されている状態で Esc を押すと、破線が消えてコピーが解除されます。

2 ドラッグ操作でデータをコピーする

1 コピーするセル範囲を選択します。

	A	B	C	D	E	F	G
1	第3四半期地域別売上					2015/10/15	
2		北海道	東北	関東	北陸	合計	
3	7月	1940	1230	4200	2300		
4	8月	1660	1010	3400	2120		
5	9月	1990	1780	3960	2560		
6	合計						
7							
8	第3四半期地域別売上						
9							
10							

2 境界線にマウスポインターを合わせて[Ctrl]を押すと、ポインターの形が変わるので、

⬇

3 [Ctrl]を押しながらドラッグします。

	A	B	C	D	E	F	G
1	第3四半期地域別売上					2015/10/15	
2		北海道	東北	関東	北陸	合計	
3	7月	1940	1230	4200	2300		
4	8月	1660	1010	3400	2120		
5	9月	1990	1780	3960	2560		
6	合計						
7							
8	第3四半期地域別売上						
9							
10				B9:F9			
11							

4 表示される枠を目的の位置に合わせて、マウスのボタンを離すと、

⬇

5 選択したセル範囲がコピーされます。

	A	B	C	D	E	F	G
1	第3四半期地域別売上					2015/10/15	
2		北海道	東北	関東	北陸	合計	
3	7月	1940	1230	4200	2300		
4	8月	1660	1010	3400	2120		
5	9月	1990	1780	3960	2560		
6	合計						
7							
8	第3四半期地域別売上						
9		北海道	東北	関東	北陸	合計	
10							

メモ：ドラッグ操作によるデータのコピー

選択したセル範囲の境界線上にマウスポインターを合わせて[Ctrl]を押すと、マウスポインターの形が変わります。この状態でドラッグすると、貼り付け先の位置を示す枠が表示されるので、目的の位置でマウスのボタンを離すと、セル範囲をコピーすることができます。

ステップアップ：貼り付けのオプション

データを貼り付けたあと、その結果の右下に表示される＜貼り付けのオプション＞をクリックするか、[Ctrl]を押すと、貼り付けたあとで結果を修正するためのメニューが表示されます（詳細はSec.45参照）。ドラッグでコピーした場合は表示されません。

1 ＜貼り付けのオプション＞をクリックすると、

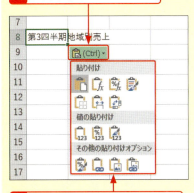

2 結果を修正するためのメニューが表示されます。

Section 19 データをコピー・移動する

3 データを移動する

メモ マウスの右クリックを使う

移動する範囲を選択して、マウスで右クリックすると表示されるメニューから＜切り取り＞をクリックします。続いて、移動先のセルを右クリックして、＜貼り付けのオプション＞の＜貼り付け＞をクリックしても、データを移動することができます。

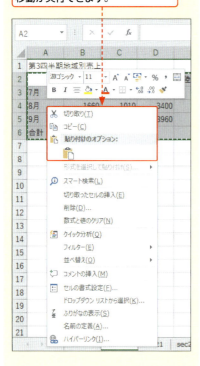

マウスの右クリックからもコピーや移動が実行できます。

ヒント 移動をキャンセルするには？

移動するセル範囲に破線が表示されている間は、Escを押すと、移動をキャンセルすることができます。移動をキャンセルすると、セル範囲の破線が消えます。

1. 移動するセル範囲を選択して、
2. ＜ホーム＞タブをクリックし、
3. ＜切り取り＞をクリックします。

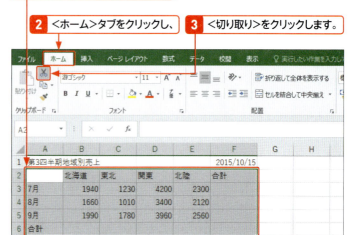

4. 移動先のセルをクリックして、

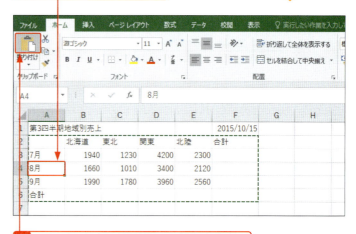

5. ＜ホーム＞タブの＜貼り付け＞をクリックすると、

6. 選択したセル範囲が移動されます。

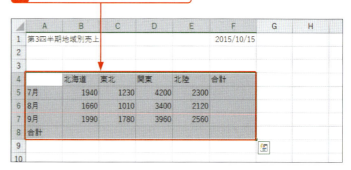

第2章 表作成の基本

304

4 ドラッグ操作でデータを移動する

1 移動するセルをクリックして、

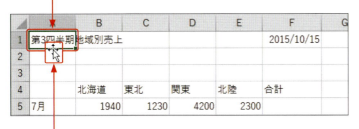

2 境界線にマウスポインターを合わせると、ポインターの形が変わります。

3 移動先へドラッグしてマウスのボタンを離すと、

4 選択したセルが移動されます。

メモ ドラッグ操作でコピー・移動する際の注意

ドラッグ操作でデータをコピーや移動したりすると、クリップボードにデータが保管されないため、データは一度しか貼り付けられず、＜貼り付けのオプション＞も表示されません。
また、移動先のセルにデータが入力されているときは、内容を置き換えるかどうかを確認するダイアログボックスが表示されます。

キーワード クリップボード

「クリップボード」とはWindowsの機能の1つで、コピーまたは切り取りの機能を利用したときに、データが一時的に保管される場所のことです。

ステップアップ ＜クリップボード＞作業ウィンドウの利用

＜ホーム＞タブの＜クリップボード＞グループの をクリックすると、＜クリップボード＞作業ウィンドウが表示されます。これはWindowsのクリップボードとは異なる「Officeのクリップボード」です。Office 2016の各アプリケーションのデータを24個まで保管することができます。

ここをクリックすると、＜クリップボード＞作業ウィンドウが閉じます。

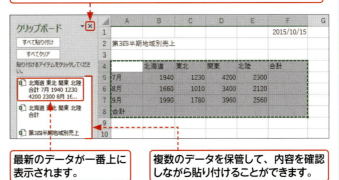

最新のデータが一番上に表示されます。

複数のデータを保管して、内容を確認しながら貼り付けることができます。

Section 20 合計や平均を計算する

覚えておきたいキーワード
- ☑ オートSUM
- ☑ 関数
- ☑ クイック分析

表を作成する際は、行や列の合計を求める作業が頻繁に行われます。この場合、＜オートSUM＞コマンドを利用すると、数式を入力する手間が省け、計算ミスを防ぐことができます。連続したセル範囲の合計や平均を求める場合は、＜クイック分析＞コマンドを利用することもできます。

1 連続したセル範囲のデータの合計を求める

メモ ＜オートSUM＞の利用

＜ホーム＞タブの＜編集＞グループの＜オートSUM＞Σ をクリックすると、指定したセル範囲のデータの合計を求めることができます。また、＜数式＞タブの＜関数ライブラリ＞の＜オートSUM＞を利用しても、同様に合計を求めることができます。

キーワード SUM関数

＜オートSUM＞を利用して合計を求めたセルには、「SUM関数」が入力されています（手順 4 の図参照）。SUM関数は、指定された数値の合計を求める関数です。
書式：＝SUM（数値1, 数値2, …）
なお、関数や数式の詳しい使い方については、第3章を参照してください。

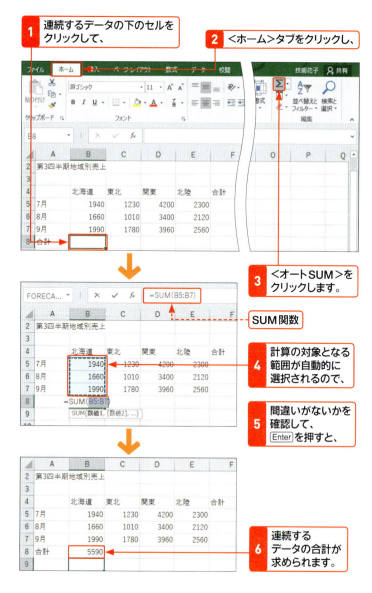

1 連続するデータの下のセルをクリックして、
2 ＜ホーム＞タブをクリックし、
3 ＜オートSUM＞をクリックします。
4 計算の対象となる範囲が自動的に選択されるので、
5 間違いがないかを確認して、Enterを押すと、
6 連続するデータの合計が求められます。

2 離れた位置にあるセルに合計を求める

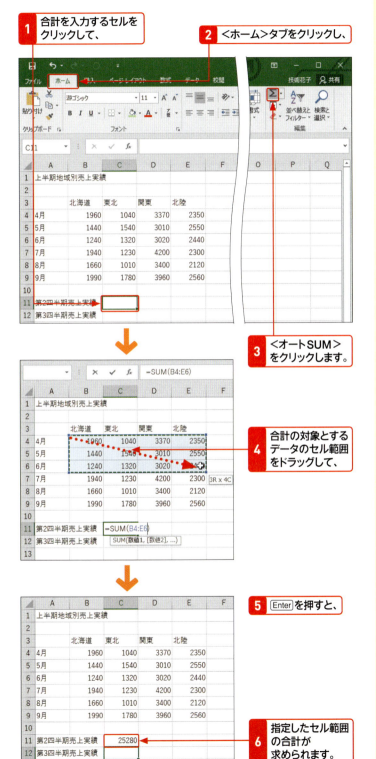

メモ 離れた位置にあるセル範囲の合計

合計の対象とするデータから離れた位置にあるセルや、別のワークシートなどにあるセルに合計を求める場合は、＜オートSUM＞を使って対象範囲を自動設定することができません。このようなときは、左の手順のように合計の対象とするセル範囲を指定します。

ヒント セル範囲を指定し直すには？

セル範囲を指定し直す場合は、Escを押してSUM関数の入力を中止し、再度＜オートSUM＞をクリックします。

3 複数の行と列、総合計をまとめて求める

メモ　複数の行と列、総合計をまとめて求める

複数の行と列の合計、総合計をまとめて求めるには、合計を求めるセルも含めてセル範囲を選択し、＜ホーム＞タブの＜オートSUM＞Σをクリックします。

1 合計を求めるセルも含めてセル範囲を選択します。

ヒント　複数の行や列の合計をまとめて求めるには？

複数の列の合計をまとめて求めたり、複数の行の合計をまとめて求めるには、行や列の合計を入力するセル範囲を選択して、＜ホーム＞タブの＜オートSUM＞Σをクリックします。

複数の列の合計をまとめて求める場合は、列の合計を入力するセル範囲を選択します。

2 ＜ホーム＞タブをクリックして、

3 ＜オートSUM＞をクリックすると、

4 列の合計、行の合計、総合計がまとめて求められます。

ステップアップ　＜クイック分析＞を利用する

Excel 2016では、連続したセル範囲の合計や平均を求める場合に、＜クイック分析＞を利用することができます。
目的のセル範囲をドラッグして、右下に表示される＜クイック分析＞をクリックします。メニューが表示されるので、＜合計＞をクリックして、目的のコマンドをクリックします。メニューの左右にある矢印をクリックすると、隠れているコマンドが表示されます。

1 合計の対象とするセル範囲をドラッグして、＜クイック分析＞をクリックし、

2 ＜合計＞をクリックして、

3 目的のコマンド（ここでは＜合計＞）をクリックします。

計算結果は、太字で表示されます。

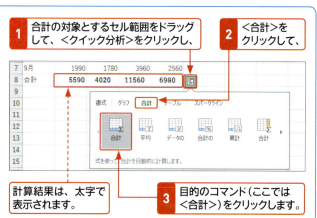

4 平均を求める

1 平均を求めるセルをクリックして、

2 <ホーム>タブをクリックし、

3 <オートSUM>のここをクリックして、

4 <平均>をクリックします。

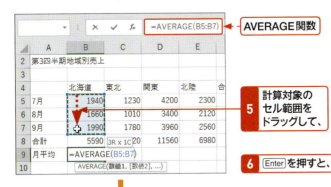

AVERAGE関数

5 計算対象のセル範囲をドラッグして、

6 Enterを押すと、

7 指定したセル範囲の平均が求められます。

メモ <オートSUM>で平均や最大値を求める

左の手順のように、<オートSUM> の をクリックして表示される一覧から<平均>をクリックすると、指定したセル範囲の平均を求めることができます。合計や平均以外にも、数値の個数や最大値、最小値を求めることができます。

キーワード AVERAGE関数

「AVERAGE関数」(手順5の図参照)は、指定された数値の平均を求める関数です。

書式：＝AVERAGE（数値1, 数値2, …）

なお、関数や数式の詳しい使い方については、第3章を参照してください。

Section 21 罫線を引く

覚えておきたいキーワード
- ☑ 罫線の作成
- ☑ 線のスタイル
- ☑ 線の色

ワークシートに目的のデータを入力したら、表が見やすいように罫線を引きます。セル範囲に罫線を引くには、＜ホーム＞タブの＜罫線＞を利用するか、＜セルの書式設定＞ダイアログボックスを利用します。線のスタイルや線の色を指定して罫線を引くこともできます。

1 選択したセル範囲に罫線を引く

メモ 罫線を引く

手順 3 で表示される罫線メニューの＜罫線＞欄には、13パターンの罫線の種類が用意されています。右の手順では、表全体に罫線を引きましたが、一部のセルだけに罫線を引くこともできます。最初に罫線を引きたい位置のセル範囲を選択して、罫線の種類を指定します。

1. 罫線を引くセル範囲を選択して、
2. ＜ホーム＞タブをクリックします。
3. ここをクリックして、

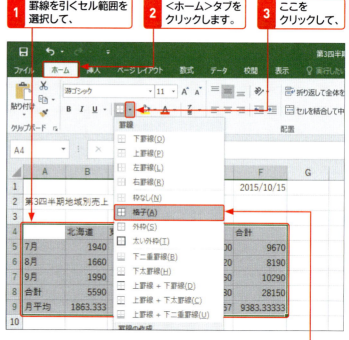

4. 罫線の種類をクリックすると（ここでは＜格子＞）、

5. 選択したセル範囲に格子の罫線が引かれます。

ヒント 罫線を削除するには？

罫線を削除するには、罫線を削除したいセル範囲を選択して罫線メニューを表示し、手順 4 で＜枠なし＞をクリックします。

2 セルに斜線を引く

1 <ホーム>タブをクリックして、
2 ここをクリックし、
3 <罫線の作成>をクリックします。
4 マウスポインターの形が変わった状態で、セルの角から角までドラッグすると、
5 斜線が引かれます。
6 Escを押して、マウスポインターをもとの形に戻します。

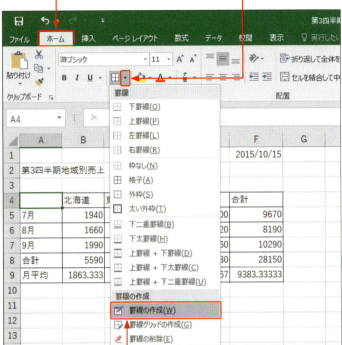

メモ ドラッグして罫線を引く

手順2の方法で表示される罫線メニューから<罫線の作成>をクリックすると、ワークシート上をドラッグすることで罫線を引くことができます。

ステップアップ ドラッグ操作で格子の罫線を引く

罫線メニューから<罫線グリッドの作成>をクリックしてセル範囲を選択すると、ドラッグしたセル範囲に格子の罫線を引くことができます。

ヒント 罫線の一部を削除するには?

罫線の一部を削除するには、罫線メニューから<罫線の削除>をクリックします。マウスポインターが消しゴムの形に変わるので、罫線を削除したい場所をドラッグ、またはクリックします。削除し終わったらEscを押して、マウスポインターをもとの形に戻します。

3 線のスタイルを指定して罫線を引く

メモ 直前の線のスタイルが適用される

線のスタイルを選択して罫線を引くと、これ以降、ほかのスタイルを選択するまで、ここで指定したスタイルで罫線が引かれます。次回罫線を引く際は、確認してから引くようにしましょう。

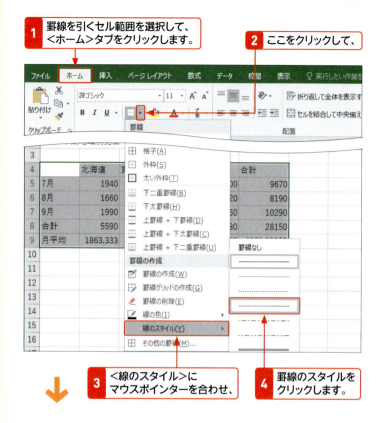

ヒント データを入力できる状態に戻すには？

罫線メニューの＜罫線の作成＞欄のいずれかのコマンドがクリックされていると、マウスポインターの形が変わり、セルにデータを入力することができません。データを入力できる状態にマウスポインターを戻すには、Escを押します。

4 スタイルの異なる罫線をまとめて引く

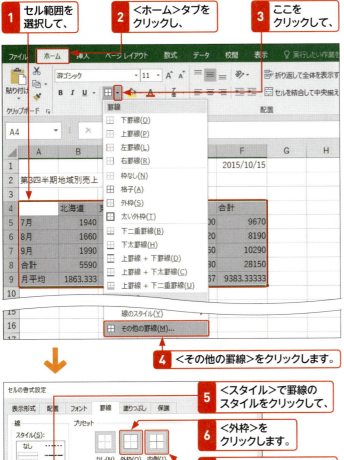

1. セル範囲を選択して、
2. <ホーム>タブをクリックし、
3. ここをクリックして、
4. <その他の罫線>をクリックします。

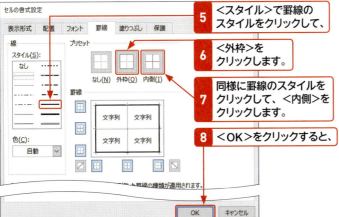

5. <スタイル>で罫線のスタイルをクリックして、
6. <外枠>をクリックします。
7. 同様に罫線のスタイルをクリックして、<内側>をクリックします。
8. <OK>をクリックすると、

9. 外側と内側でスタイルの異なる罫線が引かれます。

メモ <セルの書式設定>ダイアログボックスの利用

<セルの書式設定>ダイアログボックスの<罫線>では、表の罫線の一部を変更したり、スタイルの異なる罫線をまとめて設定するなど、詳細に罫線の引き方を指定することができます。
罫線のスタイルを選択後、<プリセット>や<罫線>欄にあるアイコンをクリックして、罫線を引く位置を指定します。

ヒント <罫線>で罫線を削除するには?

<セルの書式設定>ダイアログボックスの<罫線>で罫線を削除するには、<罫線>欄で目的の部分をクリックします。すべての罫線を削除するには、<プリセット>欄の<なし>をクリックします。

5 罫線の色を変更する

メモ 直前の線の色が適用される

線の色を選択して罫線を引くと、これ以降、ほかの色を選択するまで、ここで指定した色で罫線が引かれます。次回罫線を引く場合は、確認してから引くようにしましょう。

メモ すべての罫線の色を変更する

右の手順では、一部の罫線の色を変更しましたが、すべての罫線の色を変更する場合は、セル範囲を選択してから、線の色を指定し、＜ホーム＞タブの＜罫線＞の▼をクリックして、＜格子＞をクリックします。

1. ＜ホーム＞タブをクリックして、
2. ここをクリックし、
3. ＜線の色＞にマウスポインターを合わせて、
4. 目的の線の色をクリックします。
5. マウスポインターの形が変わった状態で、色を変えたい罫線をドラッグすると、
6. ドラッグした罫線の色が変更されます。
7. Esc を押して、マウスポインターをもとの形に戻します。

Chapter 03

第3章

数式や関数の利用

Section		
	22	数式と関数の基本
	23	数式を入力する
	24	計算する範囲を変更する
	25	計算の対象を自動で切り替える ― 参照方式
	26	常に同じセルを使って計算する ― 絶対参照
	27	行または列を固定して計算する ― 複合参照
	28	表に名前を付けて利用する
	29	関数を入力する
	30	2つの関数を組み合わせる
	31	計算結果を切り上げ・切り捨てる
	32	条件を満たす値を集計する
	33	計算結果のエラーを解決する

Section 22 数式と関数の基本

覚えておきたいキーワード
- ☑ 関数
- ☑ 引数
- ☑ 戻り値

Excelの数式とは、セルに入力する計算式のことです。数式では、＊、／、＋、－などの算術演算子と呼ばれる記号や、Excelにあらかじめ用意されている関数を利用することができます。数式と関数の記述には基本的なルールがあります。実際に使用する前に、ここで確認しておきましょう。

1 数式とは？

「数式」とは、さまざまな計算をするための計算式のことです。「＝」（等号）と数値データ、算術演算子と呼ばれる記号（＊、／、＋、－など）を入力して結果を求めます。数値を入力するかわりにセル番地を指定したり、後述する関数を指定して計算することもできます。

数式を入力して計算する

計算結果を表示したいセルに「＝」（等号）を入力し、算術演算子を付けて対象となる数値を入力します。「＝」や数値、算術演算子などは、すべて半角で入力します。

数式にセル参照を利用する

数式の中で数値のかわりにセル番地を指定することを「セル参照」といいます。セル参照を利用すると、参照先のデータを修正した場合でも計算結果が自動的に更新されます。

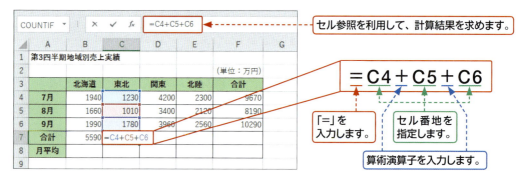

2 関数とは？

「関数」とは、特定の計算を行うためにExcelにあらかじめ用意されている機能のことです。計算に必要な「引数」（ひきすう）を指定するだけで、計算結果をかんたんに求めることができます。引数とは、計算や処理に必要な数値やデータのことで、種類や指定方法は関数によって異なります。計算結果として得られる値を「戻り値」（もどりち）と呼びます。

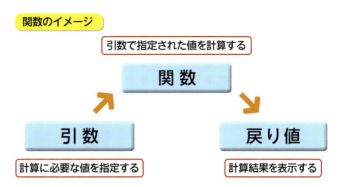

関数のイメージ

3 関数の書式

関数は、先頭に「＝」（等号）を付けて関数名を入力し、後ろに引数をかっこ「（ ）」で囲んで指定します。引数の数が複数ある場合は、引数と引数の間を「,」（カンマ）で区切ります。引数に連続する範囲を指定する場合は、開始セルと終了セルを「：」（コロン）で区切ります。関数名や「＝」「（」「,」「）」などはすべて半角で入力します。また、数式の中で、数値やセル参照のかわりに関数を指定することもできます。

引数を「,」で区切って記述する

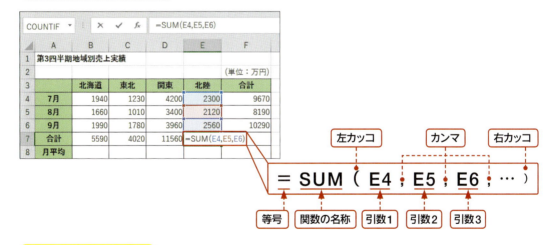

引数にセル範囲を指定する

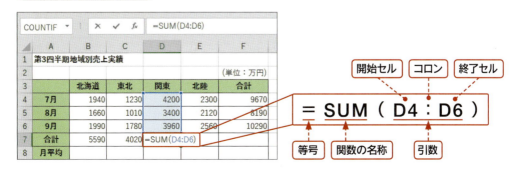

Section 23 数式を入力する

覚えておきたいキーワード
- ☑ 算術演算子
- ☑ セル番地
- ☑ セル参照

数値を計算するには、結果を求めるセルに数式を入力します。数式は、セル内に直接、数値や算術演算子を入力して計算する方法のほかに、数値のかわりにセル番地を指定して計算することができます。数値のかわりにセル番地を指定することをセル参照といいます。

1 数式を入力して計算する

メモ 数式の入力

数式の始めには必ず「=」（等号）を入力します。「=」を入力することで、そのあとに入力する数値や算術演算子が数式として認識されます。「=」や数値、算術演算子などは、すべて半角で入力します。

セル[B10]にセル[B7]（合計）とセル[B9]（売上目標）の差額を計算します。

1 数式を入力するセルをクリックして、半角で「=」を入力します。

	A	B	C	D	E	F	G
1	第3四半期地域別売上実績						
2						（単位：万円）	
3		北海道	東北	関東	北陸	合計	
4	7月	1940	1230	4200	2300	9670	
5	8月	1660	1010	3400	2120	8190	
6	9月	1990	1780	3960	2560	10290	
7	合計	5590	4020	11560	6980	28150	
8	月平均						
9	売上目標	5000	4500	11000	7000	27500	
10	差額	=					
11	達成率						

2 「5590」と入力して、

	A	B	C	D	E	F	G
1	第3四半期地域別売上実績						
2						（単位：万円）	
3		北海道	東北	関東	北陸	合計	
4	7月	1940	1230	4200	2300	9670	
5	8月	1660	1010	3400	2120	8190	
6	9月	1990	1780	3960	2560	10290	
7	合計	5590	4020	11560	6980	28150	
8	月平均						
9	売上目標	5000	4500	11000	7000	27500	
10	差額	=5590					
11	達成率						

メモ 文字書式やセルの背景色

この章で使用している表には、セルの背景色と太字、文字配置を設定しています。これらの文字とセルの書式設定については、第4章で解説します。

3 半角で「-」(マイナス)を入力し、

4 「5000」と入力します。

5 Enterを押すと、

	A	B	C	D	E	F	G
1	第3四半期地域別売上実績						
2						(単位：万円)	
3		北海道	東北	関東	北陸	合計	
4	7月	1940	1230	4200	2300	9670	
5	8月	1660	1010	3400	2120	8190	
6	9月	1990	1780	3960	2560	10290	
7	合計	5590	4020	11560	6980	28150	
8	月平均						
9	売上目標	5000	4500	11000	7000	27500	
10	差額	=5590-5000					
11	達成率						

6 計算結果が表示されます。

		北海道	東北	関東	北陸	合計
3						
4	7月	1940	1230	4200	2300	9670
5	8月	1660	1010	3400	2120	8190
6	9月	1990	1780	3960	2560	10290
7	合計	5590	4020	11560	6980	28150
8	月平均					
9	売上目標	5000	4500	11000	7000	27500
10	差額	590				
11	達成率					

ステップアップ 数式を数式バーに入力する

数式は、数式バーに入力することもできます。数式を入力したいセルをクリックしてから、数式バーをクリックして入力します。数式が長くなる場合は、数式バーを利用したほうが入力しやすいでしょう。

数式は、数式バーに入力することもできます。

2 数式にセル参照を利用する

セル[C10]にセル[C7](合計)とセル[C9](売上目標)の差額を計算します。

1 計算するセルをクリックして、半角で「=」を入力します。

	A	B	C	D	E	F	G
1	第3四半期地域別売上実績						
2						(単位：万円)	
3		北海道	東北	関東	北陸	合計	
4	7月	1940	1230	4200	2300	9670	
5	8月	1660	1010	3400	2120	8190	
6	9月	1990	1780	3960	2560	10290	
7	合計	5590	4020	11560	6980	28150	
8	月平均						
9	売上目標	5000	4500	11000	7000	27500	
10	差額	590	=				
11	達成率						

キーワード セル参照

「セル参照」とは、数式の中で数値のかわりにセル番地を指定することです。セル参照を使うと、そのセルに入力されている値を使って計算することができます。

Section 23 数式を入力する

🔍 キーワード　セル番地

「セル番地」とは、列番号と行番号で表すセルの位置のことです。手順3の[C7]は列「C」と行「7」の交差するセルを指します。

	参照するセル(ここではセル[C7])をクリックすると、
2	
3	クリックしたセルのセル番地が入力されます。

🔍 キーワード　算術演算子

「算術演算子」とは、数式の中の算術演算に用いられる記号のことです。算術演算子には下表のようなものがあります。同じ数式内に複数の種類の算術演算子がある場合は、優先順位の高いほうから計算が行われます。

なお、「べき乗」とは、ある数を何回かかけ合わせることです。たとえば、2を3回かけ合わせることは2の3乗といい、Excelでは2^3と記述します。

記号	処理	優先順位
%	パーセンテージ	1
^	べき乗	2
*、/	かけ算、割り算	3
+、−	足し算、引き算	4

4	「−」(マイナス)を入力して、

5	参照するセル(ここではセル[C9])をクリックし、
6	Enterを押すと、

7	計算結果が表示されます。

💡 ヒント　数式の入力を取り消すには？

数式の入力を途中で取り消したい場合は、Escを押します。

3 ほかのセルに数式をコピーする

セル[C10]には、「=C7-C9」という数式が入力されています（P.319、320参照）。

	A	B	C	D	E	F
1	第3四半期地域別売上実績					
2						(単位：万円)
3		北海道	東北	関東	北陸	合計
4	7月	1940	1230	4200	2300	9670
5	8月	1660	1010	3400	2120	8190
6	9月	1990	1780	3960	2560	10290
7	合計	5590	4020	11560	6980	28150
8	月平均					
9	売上目標	5000	4500	11000	7000	27500
10	差額	590	-480			
11	達成率					

ヒント　数式を複数のセルにコピーする

数式を複数のセルにコピーするには、オートフィル機能（Sec.15参照）を利用します。数式が入力されているセルをクリックし、フィルハンドル（セルの右下隅にあるグリーンの四角形）をコピー先までドラッグします。

1 数式が入力されているセル[C10]をクリックして、

2 フィルハンドルをドラッグすると、

3 数式がコピーされます。

メモ　数式が入力されているセルのコピー

数式が入力されているセルをコピーすると、参照先のセルもそのセルと相対的な位置関係が保たれるように、セル参照が自動的に変化します。左の手順では、コピー元の「=C7-C9」という数式が、セル[D10]では「=D7-D9」という数式に変化しています。

セル[D10]の数式は、相対的な位置関係が保たれるように、「=D7-D9」に変更されています。

	A	B	C	D	E	F
1	第3四半期地域別売上実績					
2						(単位：万円)
3		北海道	東北	関東	北陸	合計
4	7月	1940	1230	4200	2300	9670
5	8月	1660	1010	3400	2120	8190
6	9月	1990	1780	3960	2560	10290
7	合計	5590	4020	11560	6980	28150
8	月平均					
9	売上目標	5000	4500	11000	7000	27500
10	差額	590	-480	560	-20	650
11	達成率	1.118	0.893333	1.050909	0.997143	1.023636364

4 セル[B11]に数式「=B7/B9」を入力して達成率を計算し、同様にコピーします。

キーワード　相対参照

「相対参照」とは、コピー先のセル番地に合わせて、参照先のセル番地が相対的に移動する参照方式のことです。Excelの既定では、相対参照が使用されます。

Section 24 計算する範囲を変更する

覚えておきたいキーワード
- ☑ 数式の参照範囲
- ☑ カラーリファレンス
- ☑ 参照範囲の変更

数式内のセル番地に対応するセル範囲はカラーリファレンスで囲まれて表示されるので、対応関係をひとめで確認できます。数式の中で複数のセル範囲を参照している場合は、それぞれのセル範囲が異なる色で表示されます。この枠をドラッグすると、参照先や範囲をかんたんに変更することができます。

1 参照先のセル範囲を移動する

メモ 参照先を移動する

色付きの枠（カラーリファレンス）にマウスポインターを合わせると、ポインターの形が に変わります。この状態で色付きの枠をほかの場所へドラッグすると、参照先を移動することができます。

1. 数式が入力されているセルをダブルクリックすると、

2. 数式が参照しているセル範囲が色付きの枠（カラーリファレンス）で囲まれて表示されます。

3. 参照先のセル範囲を示す枠にマウスポインターを合わせると、ポインターの形が変わります。

4. そのまま、セル[F10]まで枠をドラッグします。

5. 枠を移動すると、数式のセル番地も変更されます。

キーワード カラーリファレンス

「カラーリファレンス」とは、数式内のセル番地とそれに対応するセル範囲に色を付けて、対応関係を示す機能です。セル番地とセル範囲の色が同じ場合、それらが対応関係にあることを示しています。

2 参照先のセル範囲を広げる

1 このセルをダブルクリックして、カラーリファレンスを表示します。

| FORECA... | × ✓ fx | =SUM(F6:F7) |

	A	B	C	D	E	F	G	H
2								
3	当月売上	8,190			累計売上	=SUM(F6:F7)		
4						SUM(数値1, [数値2], ...)		
5			埼玉	東京	千葉	神奈川	合計	
6	4月	1,040	3,370	1,960	2,350	8,720		
7	5月	1,540	3,010	1,440	2,550	8,540		
8	6月	1,320	3,020	1,240	2,440	8,020		
9	7月	1,230	4,200	1,940	2,300	9,670		
10	8月	1,010	3,400	1,660	2,120	8,190		
11	9月	1,780	3,969	1,990	2,560	10,299		
12								

2 参照先のセル範囲を示す枠のハンドルにマウスポインターを合わせ、ポインターの形が変わった状態で、

3 セル［F11］までドラッグします。

| FORECA... | × ✓ fx | =SUM(F6:F11) |

	A	B	C	D	E	F	G	H
2								
3	当月売上	8,190			累計売上	=SUM(F6:F11)		
4								
5			埼玉	東京	千葉	神奈川	合計	
6	4月	1,040	3,370	1,960	2,350	8,720		
7	5月	1,540	3,010	1,440	2,550	8,540		
8	6月	1,320	3,020	1,240	2,440	8,020		
9	7月	1,230	4,200	1,940	2,300	9,670		
10	8月	1,010	3,400	1,660	2,120	8,190		
11	9月	1,780	3,969	1,990	2,560	10,299		
12								

4 Enter を押すと、

5 参照するセル範囲が変更され、合計が再計算されて表示されます。

| F3 | × ✓ fx | =SUM(F6:F11) |

	A	B	C	D	E	F	G	H
2								
3	当月売上	8,190			累計売上	53,439		
4								
5			埼玉	東京	千葉	神奈川	合計	
6	4月	1,040	3,370	1,960	2,350	8,720		
7	5月	1,540	3,010	1,440	2,550	8,540		
8	6月	1,320	3,020	1,240	2,440	8,020		
9	7月	1,230	4,200	1,940	2,300	9,670		
10	8月	1,010	3,400	1,660	2,120	8,190		
11	9月	1,780	3,969	1,990	2,560	10,299		
12								

ヒント 参照先はどの方向にも広げられる

カラーリファレンスには、四隅にハンドルが表示されます。ハンドルにマウスポインターを合わせて、水平、垂直方向にドラッグすると、参照先をどの方向にも広げることができます。

| FORECA... | × ✓ fx | =SUM(C7:D8) |

	A	B	C	D	E	F
2						
3	当月売上	8,190			累計売上	=SUM(C7:D8)
4						SUM(数値1, [数
5			埼玉	東京	千葉	神奈川	合計
6	4月	1,040	3,370	1,960	2,350	8,720
7	5月	1,540	3,010	1,440	2,550	8,540
8	6月	1,320	3,020	1,240	2,440	8,020
9	7月	1,230	4,200	1,940	2,300	9,670
10	8月	1,010	3,400	1,660	2,120	8,190

メモ 数式の中に複数のセル参照がある場合

1つの数式の中で複数のセル範囲を参照している場合、数式内のセル番地はそれぞれが異なる色で表示され、対応するセル範囲も同じ色で表示されます。これにより、目的のセル番地を修正するにはどこを変更すればよいのかが、枠の色で判断できます。

| FORECA... | × ✓ fx | =B2+C2+B3+C3 |

	A	B	C	D	E
1					
2		100	200		
3		150	250		
4					
5		=B2+C2+B3+C3			
6					

ステップアップ カラーリファレンスを利用しない場合

カラーリファレンスを利用せずに参照先を変更するには、数式バーまたはセルで直接数式を編集します（Sec.23参照）。

Section 25 計算の対象を自動で切り替える──参照方式

覚えておきたいキーワード
- ☑ 相対参照
- ☑ 絶対参照
- ☑ 複合参照

数式が入力されたセルをコピーすると、もとの数式の位置関係に応じて、参照先のセルも相対的に変化します。セルの参照方式には、相対参照、絶対参照、複合参照があり、目的に応じて使い分けることができます。ここでは、3種類の参照方式の違いと、参照方式の切り替え方法を確認しておきましょう。

1 相対参照・絶対参照・複合参照の違い

🔍 キーワード　参照方式

「参照方式」とは、セル参照の方式のことで、3種類の参照方式があります。数式をほかのセルへコピーする際は、参照方式によって、コピー後の参照先が異なります。

🔍 キーワード　相対参照

「相対参照」とは、数式が入力されているセルを基点として、ほかのセルの位置を相対的な位置関係で指定する参照方式のことです。数式が入力されたセルをコピーすると、自動的にセル参照が更新されます。

🔍 キーワード　絶対参照

「絶対参照」とは、参照するセル番地を固定する参照方式のことです。数式をコピーしても、参照するセル番地は変わりません。

🔍 キーワード　複合参照

「複合参照」とは、相対参照と絶対参照を組み合わせた参照方式のことです。「列が相対参照、行が絶対参照」「列が絶対参照、行が相対参照」の2種類があります。

相対参照

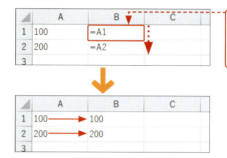

相対参照でセル[A1]を参照する数式をセル[B2]にコピーすると、参照先が[A2]に変化します。

絶対参照

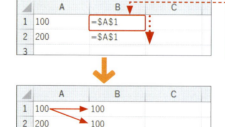

絶対参照でセル[A1]を参照する数式をセル[B2]にコピーしても、参照先は[A1]のまま固定されます。

複合参照

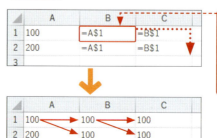

行だけを絶対参照にして、セル[A1]を参照する数式をセル[B2]とセル[C1][C2]にコピーすると、参照先の行だけが固定されます。

Section 25

2 参照方式を切り替えるには

計算の対象を自動で切り替える―参照方式

数式の入力されたセル [B1] の参照方式を切り替えます。

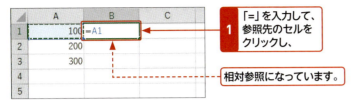

1 「=」を入力して、参照先のセルをクリックし、

相対参照になっています。

メモ 絶対参照の入力

セルの参照方式を相対参照から絶対参照に変更するには、左の手順のように F4 を押すか、行番号と列番号の前に、それぞれ半角の「$」(ドル)を入力します。

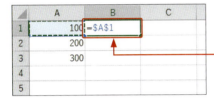

2 F4 を押すと、

3 参照方式が絶対参照に切り替わります。

ヒント あとから参照方式を変更するには?

入力を確定してしまったセル番地の参照方式を変更するには、目的のセルをダブルクリックしてから、変更したいセル番地をドラッグして選択し、F4 を押します。

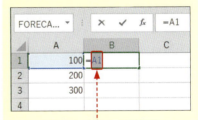

セル番地をドラッグして選択し、F4 を押します。

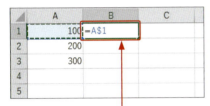

4 続けて F4 を押すと、

5 参照方式が「列が相対参照、行が絶対参照」の複合参照に切り替わります。

Excel 第3章 数式や関数の利用

メモ 参照方式の切り替え

参照方式の切り替えは、F4 を使ってかんたんに行うことができます。
右図のように F4 を押すごとに「列と行が絶対参照」→「列が相対参照、行が絶対参照」→「列が絶対参照、行が相対参照」→「列と行が相対参照」の順に切り替わります。

列と行が相対参照
(初期状態)
A1

F4 を押す →

列と行が絶対参照
A1

F4 を押す →

列が相対参照
行が絶対参照
A$1

← F4 を押す

列が絶対参照
行が相対参照
$A1

← F4 を押す

325

Section 26 常に同じセルを使って計算する──絶対参照

覚えておきたいキーワード
- ☑ 相対参照
- ☑ 絶対参照
- ☑ 参照先セルの固定

Excelの初期設定では相対参照が使用されているので、セル参照で入力された数式をコピーすると、コピー先のセル番地に合わせて参照先のセルが自動的に変更されます。特定のセルを常に参照させたい場合は、絶対参照を利用します。絶対参照に指定したセルは、コピーしても参照先が変わりません。

1 相対参照でコピーするとエラーが表示される

メモ 相対参照の利用

右の手順で原価額のセル[C5]をセル範囲[C6:C9]にコピーすると、相対参照を使用しているために、セル[C2]へのセル参照も自動的に変更されてしまい、計算結果が正しく求められません。

コピー先のセル	コピーされた数式
C6	=B6 * C3
C7	=B7 * C4
C8	=B8 * C5
C9	=B9 * C6

数式をコピーしても、参照するセルを常に固定したいときは、絶対参照を利用します(次ページ参照)。

ヒント 数式を複数のセルにコピーする

複数のセルに数式をコピーするには、オートフィルを使います。数式が入力されているセルをクリックし、フィルハンドル(セルの右下隅にあるグリーンの四角形)をコピー先までドラッグします。

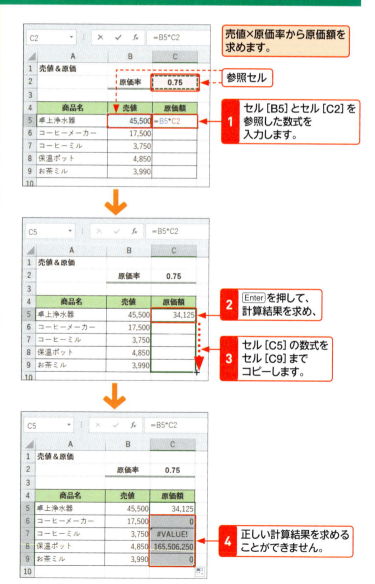

2 数式を絶対参照にしてコピーする

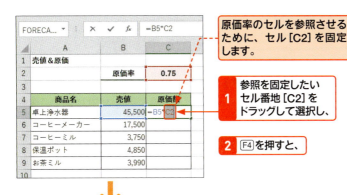

原価率のセルを参照させるために、セル[C2]を固定します。

1 参照を固定したいセル番地[C2]をドラッグして選択し、

2 F4 を押すと、

メモ エラーを回避する

相対参照によって生じるエラーを回避するには、参照先のセル番地を固定します。これを「絶対参照」と呼びます。数式が参照するセルを固定したい場合は、セル番地の行と列の番号の前に「$」(ドル)を入力します。F4 を押すことで、自動的に「$」が入力されます。

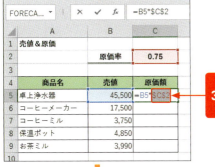

3 セル[C2]が[C2]に変わり、絶対参照になります。

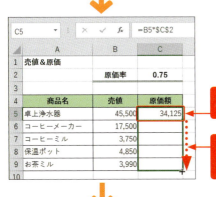

4 Enter を押して、計算結果を求めます。

5 セル[C5]の数式をセル[C9]までコピーすると、

メモ 絶対参照の利用

絶対参照を使用している数式をコピーしても、絶対参照で参照しているセル番地は変更されません。左の手順では、参照を固定したい原価率のセル[C2]を絶対参照に変更しているので、セル[C5]の数式をセル範囲[C6:C9]にコピーしても、セル[C2]へのセル参照が保持され、計算が正しく行われます。

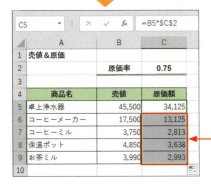

6 正しい計算結果を求めることができます。

コピー先のセル	コピーされた数式
C6	=B6 * C2
C7	=B7 * C2
C8	=B8 * C2
C9	=B9 * C2

Section 27 行または列を固定して計算する―複合参照

覚えておきたいキーワード
- ☑ 複合参照
- ☑ 参照列の固定
- ☑ 参照行の固定

セル参照が入力されたセルをコピーするときに、行と列のどちらか一方を絶対参照にして、もう一方を相対参照にしたい場合は複合参照を利用します。複合参照は、相対参照と絶対参照を組み合わせた参照方式のことです。列を絶対参照にする場合と、行を絶対参照にする場合があります。

1 複合参照でコピーする

 メモ 複合参照の利用

右のように、列[B]に「売値」、行[2]に「原価率」を入力し、それぞれの項目が交差する位置に原価額を求める表を作成する場合、原価額を求める数式は、常に列[B]と行[2]のセルを参照する必要があります。このようなときは、列または行のいずれかの参照先を固定する複合参照を利用します。

原価率「0.75」と「0.85」を売値にかけて、それぞれの原価率に対応した原価額を求めます。

1 「=B5」と入力して、F4を3回押すと、

2 列[B]が絶対参照、行[5]が相対参照になります。

	A	B	C	D	E	F	G
1	売値＆原価						
2		原価率	0.75	0.85			
3							
4	商品名	売値	原価額	原価額			
5	卓上浄水器	45,500	=$B5				
6	フードプロセッサ	35,200					
7	コーヒーメーカー	17,500					
8	コーヒーミル	3,750					
9	保温ポット	4,850					
10	お茶ミル	3,990					

↓

3 「*C2」と入力して、F4を2回押すと、

FORECA... =$B5*C$2

	A	B	C	D	E	F	G
1	売値＆原価						
2		原価率	0.75	0.85			
3							
4	商品名	売値	原価額	原価額			
5	卓上浄水器	45,500	=$B5*C$2				
6	フードプロセッサ	35,200					
7	コーヒーメーカー	17,500					
8	コーヒーミル	3,750					
9	保温ポット	4,850					
10	お茶ミル	3,990					

 メモ 3種類の参照方法を使い分ける

相対参照、絶対参照、複合参照の3つのセル参照の方式を組み合わせて使用すると、複雑な集計表などを効率的に作成することができます。

4 列「C」が相対参照、行「2」が絶対参照になります。

5 Enterを押して、計算結果を求めます。

6 セル[C5]の数式を、計算するセル範囲にコピーします。

数式を表示して確認する

1 このセルをダブルクリックして、

2 セルの参照方式を確認します。

参照列だけが固定されています。 $B10 * D$2 参照行だけが固定されています。

列[C]にコピーされた数式

数式中の[B5]のセル番地は行方向には固定されていないので、「売値」はコピー先のセル番地に応じて移動します。他方、[C2]のセル番地は行方向に固定されているので、「原価率」は移動しません。

コピー先のセル	コピーされた数式
C6	=$B6 * C$2
C7	=$B7 * C$2
C8	=$B8 * C$2
C9	=$B9 * C$2
C10	=$B10 * C$2

列[D]にコピーされた数式

数式中の[C2]のセル番地は列方向には固定されていないので、参照されている「原価率」は右に移動します。また、セル[B5]からセル[B10]までのセル位置は列方向に固定されているので、参照されている「売値」は変わりません。

コピー先のセル	コピーされた数式
D5	=$B5 * D$2
D6	=$B6 * D$2
D7	=$B7 * D$2
D8	=$B8 * D$2
D9	=$B9 * D$2
D10	=$B10 * D$2

ヒント　セルの数式を確認する

セルに入力した数式を確認する場合は、セルをダブルクリックするか、セルを選択してF2を押します。また、＜数式＞タブの＜ワークシート分析＞グループの＜数式の表示＞をクリックすると、セルに入力したすべての数式を一度に確認することができます。

Section 28 表に名前を付けて利用する

覚えておきたいキーワード
- ☑ 名前の定義
- ☑ 名前ボックス
- ☑ 名前の管理

Excelでは、特定のセルやセル範囲に名前を付けることができます。セル範囲に付けた名前は、数式の中でセル参照のかわりに利用することができるので、数式がわかりやすくなります。作成した名前は、変更したり削除したりすることもできます。

1 セル範囲に名前を付ける

メモ ＜名前ボックス＞を利用する

右の手順では、＜新しい名前＞ダイアログボックスを利用しましたが、＜名前ボックス＞で付けることもできます。名前を付けたいセル範囲を選択し、名前ボックスに名前を入れて Enter を押します。

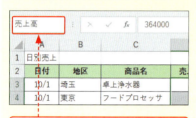

＜名前ボックス＞で名前を付けることもできます。

1 名前を付けたいセル範囲を選択して、

2 ＜数式＞タブをクリックし、

3 ＜名前の定義＞をクリックします。

4 名前を入力して、

5 ＜OK＞をクリックすると、

6 選択したセル範囲に名前が付きます。

2 引数に名前を指定する

ここでは、名前を付けたセル範囲の平均を求めます。

1 計算結果を求めるセルに「=AVERAGE(」と入力して、

メモ 通常どおりに計算する場合

セル範囲に名前を付けずに、ここでの計算を行う場合、数式は「=AVERAGE(D3:D11)」と入力します。

2 前ページで付けたセル範囲の名前を入力します。

=AVERAGE(売上高)

ステップアップ 名前を変更／削除する

セル範囲に付けた名前を変更したり、不要になった名前を削除したりするには、＜数式＞タブの＜名前の管理＞をクリックすると表示される＜名前の管理＞ダイアログボックスで行います。名前を変更するときは、変更する名前をクリックして＜編集＞をクリックし、新しい名前を入力します。削除したいときは、＜削除＞をクリックします。

3 「)」を入力して、Enterを押すと、

4 計算結果が求められます。

平均売上高 177,937

Section 29 関数を入力する

覚えておきたいキーワード
- ☑ 関数
- ☑ 引数
- ☑ 関数オートコンプリート

関数とは、特定の計算を行うためにExcelにあらかじめ用意されている機能のことです。関数を利用すれば、面倒な計算や各種作業をかんたんに効率的に行うことができます。関数の入力には、<数式>タブの<関数ライブラリ>グループのコマンドや、<関数の挿入>コマンドを使用します。

1 関数の入力方法

Excelで関数を入力するには、以下の方法があります。

① <数式>タブの<関数ライブラリ>グループの各コマンドを使う。
② <数式>タブや<数式バー>の<関数の挿入>コマンドを使う。
③ 数式バーやセルに直接関数を入力する。

また、<関数ライブラリ>グループの<最近使用した関数>をクリックすると、最近使用した関数が10個表示されます。そこから関数を入力することもできます。

2 <関数ライブラリ>のコマンドを使って入力する

AVERAGE関数を使って月平均を求めます。

メモ <関数ライブラリ>の利用

<数式>タブの<関数ライブラリ>グループには、関数を選んで入力するためのコマンドが用意されています。コマンドをクリックすると、その分類に含まれている関数が表示され、目的の関数を選択できます。AVERAGE関数は、<その他の関数>の<統計>に含まれています。

 関数を入力するセルをクリックします。

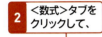 <数式>タブをクリックして、

 <その他の関数>をクリックし、

4 <統計>にマウスポインターを合わせて、

5 <AVERAGE>をクリックします。

6 <関数の引数>ダイアログボックスが表示され、関数が自動的に入力されます。

キーワード AVERAGE関数

「AVERAGE関数」は、引数に指定された数値の平均を求める関数です。
書式：＝AVERAGE（数値1，数値2，…）

メモ 引数の指定

関数が入力されたセルの上方向または左方向のセルに数値や数式が入力されていると、それらのセルが自動的に引数として選択されます。手順 7 では、合計を計算したセル[B7]が引数に含まれているため、修正する必要があります。

7 合計を計算したセル[B7]が含まれているため、引数を修正します。

Section 29 関数を入力する

 ヒント ダイアログボックスが邪魔な場合は？

引数に指定するセル範囲をドラッグする際に、ダイアログボックスが邪魔になる場合は、ダイアログボックスのタイトルバーをドラッグすると移動することができます。

8 引数に指定するセル範囲をドラッグして選択し直します。

セル範囲のドラッグ中は、ダイアログボックスが折りたたまれます。

9 引数が修正されたことを確認して、

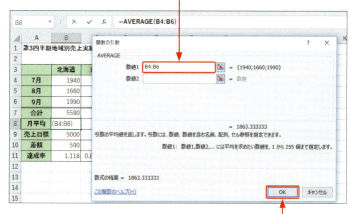

10 ＜OK＞をクリックすると、

11 関数が入力され、計算結果が表示されます。

 ヒント 引数をあとから修正するには？

入力した引数をあとから修正するには、引数を編集するセルをクリックして、数式バー左横の＜関数の挿入＞ fx をクリックし、表示される＜関数の引数＞ダイアログボックスで設定し直します。また、数式バーに入力されている式を直接修正することもできます。

3 ＜関数の挿入＞ダイアログボックスを使う

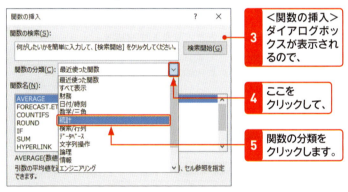

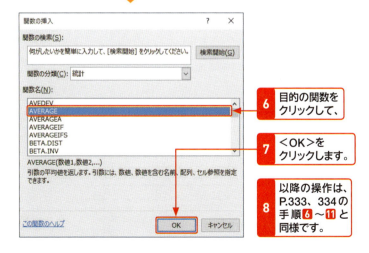

> **メモ** ＜関数の挿入＞ダイアログボックスを利用する
>
> ＜関数の挿入＞ダイアログボックスを利用して関数を入力することもできます。手順 2 のように数式バーの＜関数の挿入＞をクリックする方法のほかに、＜数式＞タブの＜関数の挿入＞をクリックしても、＜関数の挿入＞ダイアログボックスが表示されます。

> **ヒント** 使用したい関数がわからない場合は？
>
> 使用したい関数がわからないときは、＜関数の挿入＞ダイアログボックスで、目的の関数を探すことができます。＜関数の検索＞ボックスに、関数を使って何を行いたいのかを簡潔に入力し、＜検索開始＞をクリックすると、条件に該当する関数の候補が＜関数名＞に表示されます。

Section 29
4 キーボードから関数を直接入力する

メモ 関数オートコンプリートが表示される

キーボードから関数を直接入力する場合、関数を1文字以上入力すると、「関数オートコンプリート」が表示されます。入力したい関数をダブルクリックすると、その関数と「(」(左カッコ) が入力されます。

1 関数を入力するセルをクリックし、「=」(等号)に続けて関数を1文字以上入力すると、

2 「関数オートコンプリート」が表示されます。

3 入力したい関数をダブルクリックすると、

4 関数名と「(」(左カッコ)が入力されます。

メモ 数式バーに関数を入力する

関数は、数式バーに入力することもできます。関数を入力したいセルをクリックしてから、数式バーに関数を入力します。数式バーに関数を入力する場合も、関数オートコンプリートが表示されます。

5 引数をドラッグして指定し、

6 「)」（右カッコ）を入力して Enter を押すと、

	A	B	C	D	E	F	G
1	第3四半期地域別売上実績						
2						(単位：万円)	
3		北海道	東北	関東	北陸	合計	
4	7月	1940	1230	4200	2300	9670	
5	8月	1660	1010	3400	2120	8190	
6	9月	1990	1780	3960	2560	10290	
7	合計	5590	4020	11560	6980	28150	
8	月平均	1863.333	=AVERAGE(C4:C6)				
9	売上目標	5000	4500	11000	7000	27500	
10	差額	590	-480	560	-20	650	
11	達成率	1.118	0.893333	1.050909	0.997143	1.023636364	

セル C8 に「=AVERAGE(C4:C6)」と表示

ヒント 連続したセル範囲を指定する

引数に連続するセル範囲を指定するときは、上端と下端（あるいは左端と右端）のセル番地の間に「:」（コロン）を記述します。左の例では、セル[C4]、[C5]、[C6]の値の平均値を求めているので、引数に「C4:C6」を指定しています。

7 関数が入力され、計算結果が表示されます。

	A	B	C	D	E	F	G
1	第3四半期地域別売上実績						
2						(単位：万円)	
3		北海道	東北	関東	北陸	合計	
4	7月	1940	1230	4200	2300	9670	
5	8月	1660	1010	3400	2120	8190	
6	9月	1990	1780	3960	2560	10290	
7	合計	5590	4020	11560	6980	28150	
8	月平均	1863.333	1340				
9	売上目標	5000	4500	11000	7000	27500	
10	差額	590	-480	560	-20	650	
11	達成率	1.118	0.893333	1.050909	0.997143	1.023636364	

セル C9 の値は 4500

ステップアップ ＜関数＞ボックスの利用

関数を入力するセルをクリックして「=」を入力すると、＜名前ボックス＞が＜関数＞ボックスに変わり、前回使用した関数が表示されます。また、▼をクリックすると、最近使用した10個の関数が表示されます。いずれかの関数をクリックすると、＜関数の引数＞ダイアログボックスが表示されます。

1 関数を入力するセルをクリックして「=」を入力すると、

2 ＜名前ボックス＞が＜関数＞ボックスに変わり、前回使用した関数が表示されます。

ここをクリックすると、最近使用した10個の関数が表示されます。

Section 29 関数を入力する

Section 30 2つの関数を組み合わせる

覚えておきたいキーワード
- ☑ 関数のネスト
- ☑ ＜関数＞ボックス
- ☑ 比較演算子

関数の引数には、数値や文字列、論理値、セル参照のほかに関数を指定することもできます。引数に関数を指定することを関数のネスト（入れ子）といいます。関数を組み合わせると、1つの関数ではできない複雑な処理を行うことができます。数式には、ネストした関数を最大64レベルまで指定できます。

1 ここで入力する関数

ここでは、論理関数「IF関数」の引数に平均点を求めて判断する論理式を入力します。AVERAGE関数で求めた平均点と、セル[B3]の数値を比較して、平均点以上の場合は「○」を、平均点未満の場合は「×」を表示します。

2 最初のIF関数を入力する

キーワード 関数のネスト

「関数のネスト（入れ子）」とは、関数の引数に関数を指定することをいいます。ここでは、IF関数の中にAVERAGE関数をネストします。

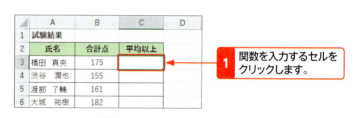

1 関数を入力するセルをクリックします。

メモ IF関数を入力する

関数を入力する方法はいくつかありますが（Sec.29参照）、ここでは、＜数式＞タブの＜関数ライブラリ＞グループのコマンドを使います。IF関数は、＜論理＞に含まれています。

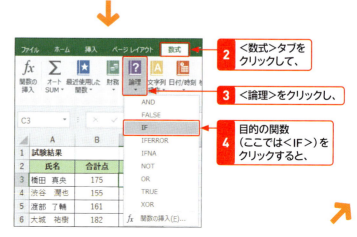

2 ＜数式＞タブをクリックして、
3 ＜論理＞をクリックし、
4 目的の関数（ここでは＜IF＞）をクリックすると、

5 <関数の引数>ダイアログボックスが表示されます。

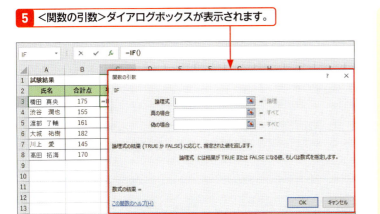

キーワード　IF関数

「IF関数」は、条件を「論理式」で指定し、指定した条件を満たす場合（真）と満たさない場合（偽）とで異なる処理を行う関数です。

書式：＝IF（論理式,真の場合,偽の場合）

3 内側に追加するAVERAGE関数を入力する

1 <関数>ボックスのここをクリックして、

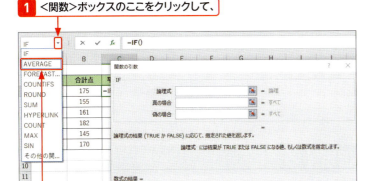

2 <AVERAGE>をクリックすると、

ヒント　<関数>ボックスで関数を入力する

複数の関数をネストさせる場合は、<関数の挿入>コマンドは利用できません。左図のように、<関数>ボックスから関数を選択してください。

3 <関数の引数>ダイアログボックスの内容がAVERAGE関数のものに変わります。

ヒント　<関数>ボックスに目的の関数がない場合

<関数>ボックスの<最近使用した関数>の一覧に目的の関数が表示されない場合は、メニューの最下段にある<その他の関数>をクリックし（手順**2**の図参照）、<関数の挿入>ダイアログボックスから目的の関数を選択します。

キーワード　絶対参照

「絶対参照」とは、参照するセル番地を行番号、列番号ともに固定する参照方式のことです。数式をコピーしても、参照するセル番地は変わりません。行番号や列番号の前に「$」(ドル)を入力すると、絶対参照になります(Sec.26参照)。

4 AVERAGE関数に指定するセル範囲をドラッグして、

セル範囲のドラッグ中は、ダイアログボックスが折りたたまれます。

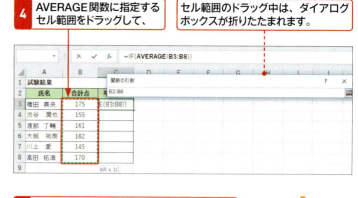

5 合計点の平均を求めるために、F4を押して、引数を絶対参照に切り替えます。

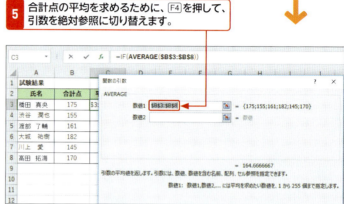

4 IF関数に戻って引数を指定する

ヒント　<関数の引数>ダイアログボックスの切り替え

関数をネストした場合は、手順1のように、数式バーの関数名をクリックするか、数式の最後をクリックして、<関数の引数>ダイアログボックスの内容を切り替えるのがポイントです。右の場合は、AVERAGE関数からIF関数のダイアログボックスに切り替えています。

1 数式バーの「IF」をクリックすると、

2 <関数の引数>ダイアログボックスの内容がIF関数のものに変わります。

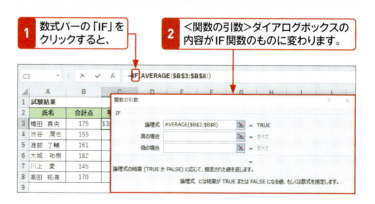

3 比較演算子の「<=」を入力して、

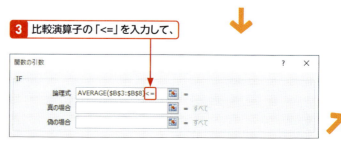

4 比較対象とするセルをクリックします。

5 <真の場合>に「○」と入力し、

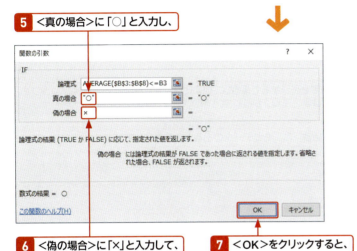

6 <偽の場合>に「×」と入力して、

7 <OK>をクリックすると、

8 IF関数が入力されて、計算結果が表示されます。

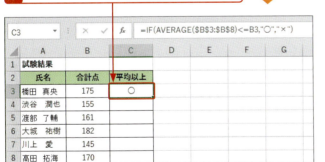

9 セル[C3]に入力した関数をコピーします。

Section 30 2つの関数を組み合わせる

メモ 「"」の入力

引数の中で文字列を指定する場合は、半角の「"」(ダブルクォーテーション)で囲む必要があります。<関数の引数>ダイアログボックスを使った場合は、<真の場合><偽の場合>に文字列を入力してカーソルを移動したり、<OK>をクリックすると、「"」が自動的に入力されます。

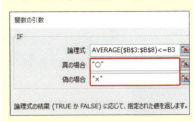

キーワード 比較演算子

「比較演算子」とは、2つの値を比較するための記号のことです。Excelの比較演算子は下表のとおりです。

記号	意味
=	左辺と右辺が等しい
>	左辺が右辺よりも大きい
<	左辺が右辺よりも小さい
>=	左辺が右辺以上である
<=	左辺が右辺以下である
<>	左辺と右辺が等しくない

Excel 第3章 数式や関数の利用

341

Section 31 計算結果を切り上げ・切り捨てる

覚えておきたいキーワード
- ☑ ROUND 関数
- ☑ ROUNDUP 関数
- ☑ ROUNDDOWN 関数

数値を指定した桁数で四捨五入したり、切り上げたり、切り捨てたりする処理は頻繁に行われます。これらの処理は、関数を利用することでかんたんに行うことができます。四捨五入はROUND関数を、切り上げはROUNDUP関数を、切り捨てはROUNDDOWN関数を使います。

1 数値を四捨五入する

🔍キーワード ROUND関数

「ROUND関数」は、数値を四捨五入する関数です。引数「数値」には、四捨五入の対象にする数値や数値を入力したセルを指定します。
「桁数」には、四捨五入した結果の小数点以下の桁数を指定します。「0」を指定すると小数点以下第1位で、「1」を指定すると小数点以下第2位で四捨五入されます。1の位で四捨五入する場合は「−1」を指定します。

書式：=ROUND(数値, 桁数)
関数の分類：数学／三角

1. 結果を表示するセル（ここでは [D3]）をクリックして、＜数式＞タブの＜数学／三角＞から＜ROUND＞をクリックします。

2. ＜数値＞に、もとデータのあるセルを指定して、

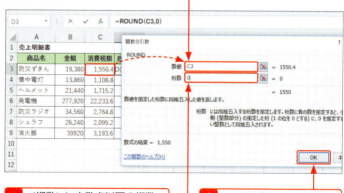

3. ＜桁数＞に小数点以下の桁数（ここでは「0」）を入力します。

4. ＜OK＞をクリックすると、

5. 数値が四捨五入されます。

6. ほかのセルに数式をコピーします。

2 数値を切り上げる

1 結果を表示するセル（ここでは[E3]）をクリックして、<数式>タブの<数学／三角>から<ROUNDUP>をクリックします。

2 前ページの手順 2～6 と同様に操作すると、数値が切り上げられます。

🔍 キーワード ROUNDUP関数

「ROUNDUP関数」は、数値を切り上げる関数です。引数「数値」には、切り上げの対象にする数値や数値を入力したセルを指定します。「桁数」には、切り上げた結果の小数点以下の桁数を指定します。「0」を指定すると小数点以下第1位で、「1」を指定すると小数点以下第2位で切り上げられます。1の位で切り上げる場合は「−1」を指定します。

書式：＝ROUNDUP（数値，桁数）
関数の分類：数学／三角

3 数値を切り捨てる

1 結果を表示するセル（ここでは[F3]）をクリックして、<数式>タブの<数学／三角>から<ROUNDDOWN>をクリックします。

2 前ページの手順 2～6 と同様に操作すると、数値が切り捨てられます。

🔍 キーワード ROUNDDOWN関数

「ROUNDDOWN関数」は、数値を切り捨てる関数です。引数「数値」には、切り捨ての対象にする数値や数値を入力したセルを指定します。「桁数」には、切り捨てた結果の小数点以下の桁数を指定します。「0」を指定すると小数点以下第1位で、「1」を指定すると小数点以下第2位で切り捨てられます。1の位で切り捨てる場合は「−1」を指定します。

書式：＝ROUNDDOWN（数値，桁数）
関数の分類：数学／三角

📈 ステップアップ INT関数を使って数値を切り捨てる

小数点以下を切り捨てる関数には「INT関数」も用意されています。INT関数は、引数「数値」に指定した値を超えない最大の整数を求める関数です。「桁数」の指定は必要ありませんが、負の数を扱うときは注意が必要です。たとえば、「−12.3」の場合は、小数点以下を切り捨ててしまうと「−12」となり、「−12.3」より値が大きくなるため、結果は「−13」になります。

書式：＝INT（数値）
関数の分類：数学／三角

INT関数には<桁数>の指定は必要ありません。

Section 32 条件を満たす値を集計する

覚えておきたいキーワード
☑ SUMIF関数
☑ 検索条件
☑ COUNTIF関数

表の中から条件に合ったセルの値だけを合計したい、条件に合ったセルの個数を数えたい、などといった場合も関数を使えばかんたんです。条件に合ったセルの値の合計を求めるにはSUMIF関数を、条件に合ったデータの個数を求めるにはCOUNTIF関数を使います。

1 条件を満たす値の合計を求める

キーワード SUMIF関数

「SUMIF関数」は、引数に指定したセル範囲から、検索条件に一致するセルの値の合計値を求める関数です。引数「範囲」を指定すると、検索条件に一致するセルに対応する「合計範囲」のセルの値を合計します。

書式：=SUMIF（範囲, 検索条件, 合計範囲）

関数の分類：数学／三角

1. 結果を表示するセル（ここでは[F3]）をクリックして、<数式>タブの<数学／三角>から<SUMIF>をクリックします。

2. <範囲>に検索対象となるセル範囲を指定して、

3. <検索条件>に条件を入力したセルを指定します。

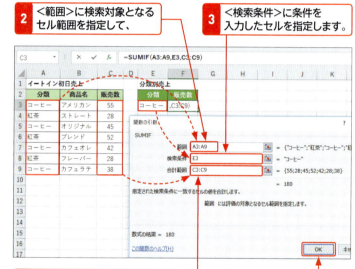

4. <合計範囲>に計算の対象となるセル範囲を指定して、

5. <OK>をクリックすると、

6. 条件に一致したセルの合計が求められます。

ステップアップ SUMIFS関数

検索条件を1つしか設定できない「SUMIF関数」に対して、複数の条件を設定できる「SUMIFS関数」も用意されています。

書式：=SUMIFS（合計対象範囲, 条件範囲1, 条件1, 条件範囲2, 条件2, …）

関数の分類：数学／三角

2 条件を満たすセルの個数を求める

1 結果を表示するセル（ここでは [F3]）をクリックして、＜数式＞タブの＜その他の関数＞→＜統計＞→＜COUNTIF＞をクリックします。

2 ＜範囲＞にセルの個数を求めるセル範囲を指定して、

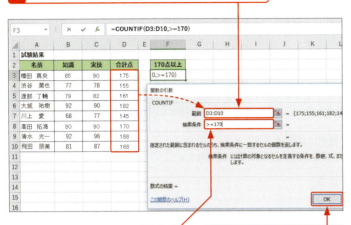

3 ＜検索条件＞に条件を入力します（右の「メモ」参照）。

4 ＜OK＞をクリックすると、

5 条件に一致したセルの個数が求められます。

キーワード COUNTIF関数

「COUNTIF関数」は、引数に指定した範囲から条件を満たすセルの個数を数える関数です。引数「範囲」には、セルの個数を求めるセル範囲を指定します。また、引数「検索条件」には、数える対象となるセルの条件を、数値、式、または文字列で指定します。

書式：＝COUNTIF（範囲，検索条件）
関数の分類：統計

メモ 検索条件

手順 **3** の＜検索条件＞では、170点以上を意味する「>=170」を入力します。「>=」は、左辺の値が右辺の値以上であることを意味する比較演算子です。

ステップアップ COUNTIFS関数

検索条件を1つしか設定できない「COUNTIF関数」に対して、右図のように複数の条件を設定できる「COUNTIFS関数」も用意されています。

書式：＝COUNTIFS（検索条件範囲1，検索条件1，
　　　　　　　　検索条件範囲2，検索条件2，…）
関数の分類：統計

Section 33 計算結果のエラーを解決する

覚えておきたいキーワード
- ☑ エラーインジケーター
- ☑ エラー値
- ☑ エラーチェックオプション

入力した計算式が正しくない場合や計算結果が正しく求められない場合などには、セル上にエラーインジケーターやエラー値が表示されます。このような場合は、表示されたエラー値を手がかりにエラーを解決します。ここでは、こうしたエラー値の代表的な例をあげて解決方法を解説します。

1 エラーインジケーターとエラー値

エラーインジケーターは、次のような場合に表示されます（表示するかどうか個別に指定できます）。

①エラー結果となる数式を含むセルがある
②集計列に矛盾した数式が含まれている
③2桁の文字列形式の日付が含まれている
④文字列として保存されている数値がある
⑤領域内に矛盾する数式がある
⑥データへの参照が数式に含まれていない
⑦数式が保護のためにロックされていない
⑧空白セルへの参照が含まれている
⑨テーブルに無効なデータが入力されている

数式の結果にエラーがあるセルにはエラー値が表示されるので、エラーの内容に応じて修正します。エラー値には8種類あり、それぞれの原因を知っておくと、エラーの解決に役立ちます。

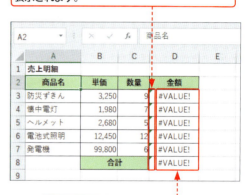

エラーのあるセルには、エラーインジケーターが表示されます。

数式のエラーがあるセルには、エラー値が表示されます。

エラーチェックオプション

エラーインジケーターが表示されたセルをクリックすると、＜エラーチェックオプション＞が表示されます。この＜エラーチェックオプション＞を利用すると、エラーの内容に応じた修正を行うことができます。

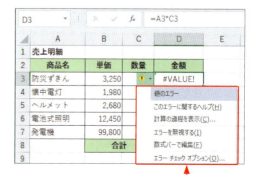

＜エラーチェックオプション＞にマウスポインターを合わせると、エラーの内容を示すヒントが表示されます。

＜エラーチェックオプション＞をクリックすると、エラーの内容に応じた修正を行うことができます。

2 エラー値「#VALUE!」が表示されたら…

文字列が入力されているセル[A3]を参照して計算を行おうとしているため、「#VALUE!」が表示されます。

キーワード エラー値「#VALUE!」

エラー値「#VALUE!」は、数式の参照先や関数の引数の型、演算子の種類などが間違っている場合に表示されます。間違っている参照先や引数などを修正すると、解決されます。

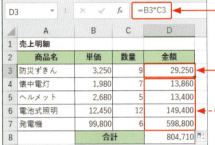

1 数式を「=B3*C3」と修正すると、

2 エラーが解決されます。

セル[D3]の数式をコピーしています。

3 エラー値「#####」が表示されたら…

セルの幅が狭くて数式の計算結果が表示しきれないため、「#####」が表示されます。

	A	B	C	D	E	F	G	H
2		北日本	東日本	西日本	沖縄	合計		
3	4月	3,000,000	5,720,000	4,910,000	790,000	#######		
4	5月	2,980,000	5,560,000	4,430,000	1,220,000	#######		
5	6月	2,560,000	5,460,000	4,080,000	850,000	#######		
6	7月	3,170,000	6,500,000	5,660,000	1,580,000	#######		
7	8月	2,670,000	5,520,000	4,200,000	1,560,000	#######		
8	9月	3,770,000	6,520,000	5,220,000	1,780,000	#######		
9	合計	#######	#######	#######	7,780,000	#######		

キーワード エラー値「#####」

エラー値「#####」は、セルの幅が狭くて計算結果を表示できない場合に表示されます。セルの幅を広げたり(Sec.40参照)、表示する小数点以下の桁数を減らしたりすると(Sec.35参照)、解決されます。また、時間の計算が負になった場合にも表示されます。

1 セルの幅を広げると、 **2** エラーが解決されます。

	A	B	C	D	E	F	G
2		北日本	東日本	西日本	沖縄	合計	
3	4月	3,000,000	5,720,000	4,910,000	790,000	14,420,000	
4	5月	2,980,000	5,560,000	4,430,000	1,220,000	14,190,000	
5	6月	2,560,000	5,460,000	4,080,000	850,000	12,950,000	
6	7月	3,170,000	6,500,000	5,660,000	1,580,000	16,910,000	
7	8月	2,670,000	5,520,000	4,200,000	1,560,000	13,950,000	
8	9月	3,770,000	6,520,000	5,220,000	1,780,000	17,290,000	
9	合計	18,150,000	35,280,000	28,500,000	7,780,000	89,710,000	

4 エラー値「#NAME?」が表示されたら…

🔍 **キーワード** エラー値「#NAME?」

エラー値「#NAME?」は、関数名が間違っていたり、数式内の文字列を「"」で囲んでいなかったり、セル範囲の「:」が抜けていたりした場合に表示されます。関数名や数式内の文字を修正すると、解決されます。

関数名が間違っているため(正しくは「AVERAGE」)、「#NAME?」が表示されます。

1. 正しい関数名を入力すると、
2. エラーが解決されます。

5 エラー値「#DIV/0!」が表示されたら…

🔍 **キーワード** エラー値「#DIV/0!」

エラー値「#DIV/0!」は、割り算の除数(割るほうの数)の値が「0」または未入力で空白の場合に表示されます。除数として参照するセルの値または参照先そのものを修正すると、解決されます。

割り算の除数となるセル[C5]に「0」が入力されているため、「#DIV/0!」が表示されます。

1. セル[C5]を修正すると、
2. エラーが解決されます。

6 エラー値「#N/A」が表示されたら…

セル範囲[A3:A8]に検索値「B1010」（セル[A11]の値）が存在しないため、「#N/A」が表示されます。

↓

1. 検索値を修正すると、
2. エラーが解決されます。

キーワード　エラー値「#N/A」

エラー値「#N/A」は、LOOKUP関数、HLOOKUP関数、MATCH関数などの検索／行列関数で、検索した値が検索範囲内に存在しない場合に表示されます。検索値を修正すると、解決されます。

 そのほかのエラー値

● #NULL!
指定したセル範囲に共通部分がない場合や、参照するセル範囲が間違っている場合に表示されます（例では「,」が抜けている）。参照しているセル範囲を修正すると、解決されます。

● #NUM!
引数として指定できる数値の範囲を超えている場合に表示されます（例では「入社年」に「9999」より大きい値を指定している）。Excelで処理できる数値の範囲におさまるように修正すると、解決されます。

● #REF!
数式中で参照しているセルが、行や列の削除などで削除された場合に表示されます。参照先を修正すると、解決されます。

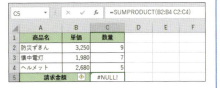

Section 33

7 数式を検証する

メモ　エラーチェックオプション

＜エラーチェックオプション＞  をクリックして表示されるメニューを利用すると、エラーの原因を調べたり、数式を検証したり、エラーの内容に応じた修正を行ったりすることができます。

1 エラーが表示されたセル（ここではセル [C3]）をクリックして、＜エラーチェックオプション＞をクリックし、

2 ＜計算の過程を表示＞をクリックすると、

3 エラー値の検証内容が表示されます。

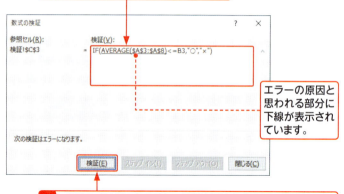

エラーの原因と思われる部分に下線が表示されています。

4 ＜検証＞をクリックすると、下線が引かれた部分の計算結果が表示され、エラーの原因が確認できます。

ヒント　エラーインジケーターを表示しないようにするには？

＜エラーチェックオプション＞をクリックすると表示されるメニューから＜エラーチェックオプション＞をクリックすると、＜Excelのオプション＞ダイアログボックスの＜数式＞が表示されます。＜バックグラウンドでエラーチェックを行う＞をクリックしてオフにすると、エラーインジケーターが表示されなくなります。

ここをクリックしてオフにします。

ステップアップ　ワークシート全体のエラーをチェックする

＜数式＞タブの＜ワークシート分析＞グループの＜エラーチェック＞をクリックすると、＜エラーチェック＞ダイアログボックスが表示されます。このダイアログボックスを利用すると、ワークシート全体のエラーを順番にチェックしたり、修正したりすることができます。

エラーのある最初のセルが選択され、エラーの説明が表示されます。

＜前へ＞＜次へ＞でエラーのあるセルを順番に移動できます。

Chapter 04

第4章

文字とセルの書式

Section		
	34	セルの表示形式と書式の基本
	35	セルの表示形式を変更する
	36	文字の配置を変更する
	37	文字色やスタイルを変更する
	38	文字サイズやフォントを変更する
	39	セルの背景に色を付ける
	40	列幅や行の高さを調整する
	41	表の見た目をまとめて変更する ── テーマ
	42	セルを結合する
	43	ふりがなを表示する
	44	セルの書式だけを貼り付ける
	45	形式を選択して貼り付ける
	46	条件に基づいて書式を変更する

Section 34 セルの表示形式と書式の基本

覚えておきたいキーワード
- ☑ 表示形式
- ☑ 文字の書式
- ☑ セルの書式

Excelでは、同じデータを入力しても、表示形式によって表示結果を変えられます。データが目的に合った形で表示されるように、表示形式の基本を理解しておきましょう。また、文書や表などの見栄えも重要です。表を見やすくために設定するさまざまな書式についても確認しておきましょう。

1 表示形式と表示結果

Excelでは、セルに対して「表示形式」を設定することで、実際にセルに入力したデータを、さまざまな見た目で表示させることができます。表示形式には、下図のようなものがあります。独自の表示形式を設定することもできます。

表示形式の設定方法

セルの表示形式を設定するには、<ホーム>タブの<数値>グループの各コマンドを利用するか、<セルの書式設定>ダイアログボックスの<表示形式>を利用します。

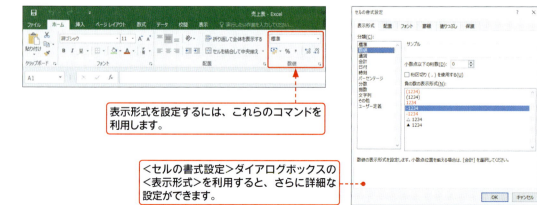

2 書式とは

Excelで作成した文書や表などの見せ方を設定するのが「書式」です。Excelでは、文字サイズやフォント、色などの文字書式を変更したり、セルの背景色、列幅や行の高さ、セル結合などを設定したりして、表の見栄えを変更することができます。前ページで解説した表示形式も書式の一部です。また、セルの内容に応じて見せ方を変える、条件付き書式を設定することもできます。

書式の設定例

条件付き書式の設定例

Section 35 セルの表示形式を変更する

覚えておきたいキーワード
- ☑ 桁区切りスタイル
- ☑ パーセンテージスタイル
- ☑ 通貨スタイル

表示形式は、データを目的に合った形式でワークシート上に表示するための機能です。これを利用して数値を桁区切りスタイル、通貨スタイル、パーセンテージスタイルなどで表示したり、小数点以下の桁数を変えるなどして、表を見やすく使いやすくすることができます。

1 数値を3桁区切りで表示する

メモ 桁区切りスタイルへの変更

＜ホーム＞タブの＜桁区切りスタイル＞ をクリックすると、数値を3桁ごとに「,」（カンマ）で区切って表示することができます。また、マイナスの数値がある場合は、赤字で表示されます。

1. 表示形式を変更するセル範囲を選択します。
2. ＜ホーム＞タブをクリックして、
3. ＜桁区切りスタイル＞をクリックすると、

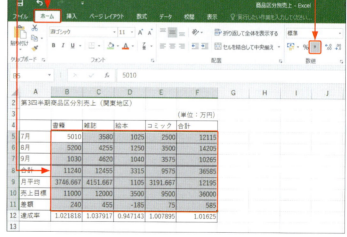

4. 数値が3桁ごとに「,」で区切られて表示されます。

マイナスの数値は赤字で表示されます。

ヒント セルの表示形式の変更

セルの表示形式は、以下の方法で変更することができます。表示形式を変更しても、実際のデータは変更されません。

① ＜ホーム＞タブの＜数値＞グループのコマンド
② ミニツールバー
③ ＜セルの書式設定＞ダイアログボックスの＜表示形式＞（P.356参照）

2 表示形式をパーセンテージスタイルに変更する

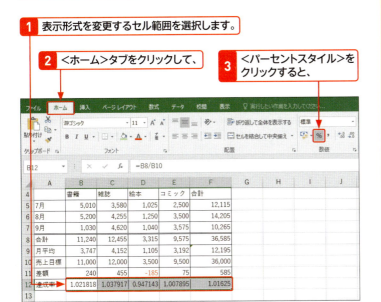

 表示形式を変更するセル範囲を選択します。

 <ホーム>タブをクリックして、

<パーセントスタイル>をクリックすると、

選択したセル範囲がパーセンテージスタイルに変更されます。

<小数点以下の表示桁数を増やす>をクリックすると、

小数点以下の数字が1つ増えます。

メモ パーセンテージスタイルへの変更

<ホーム>タブの<パーセントスタイル> をクリックすると、小数点以下の桁数が「0」(ゼロ)のパーセンテージスタイルになります。

ヒント 小数点以下の桁数を変更する

<ホーム>タブの<数値>グループの<小数点以下の表示桁数を増やす>をクリックすると、小数点以下の桁数が1つ増え、<小数点以下の表示桁数を減らす>をクリックすると、小数点以下の桁数が1つ減ります。この場合、セルの表示上はデータが四捨五入されていますが、実際のデータは変更されません。

小数点以下の表示桁数を増やす

小数点以下の表示桁数を減らす

3 日付の表示形式を変更する

メモ 日付の表示形式の変更

日付の表示形式を和暦などに変更したい場合は、右の手順のように＜セルの書式設定＞ダイアログボックスを利用します。また、＜ホーム＞タブの＜数値の書式＞の▼をクリックして表示される一覧から変更することもできます。＜長い日付形式＞をクリックすると、「2015年10月15日」という形式に変更されます。＜短い日付形式＞をクリックすると、もとの「2015/10/15」という表示形式に戻ります。

1 日付が入力されたセルをクリックして、

2 ＜ホーム＞タブをクリックし、

3 ＜数値＞グループのここをクリックします。

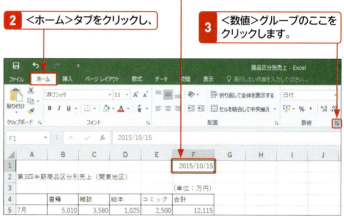

4 ＜日付＞をクリックして、

5 ＜カレンダーの種類＞で＜和暦＞を指定します。

6 表示形式をクリックして、

7 ＜OK＞をクリックすると、

8 日付の表示形式が変更されます。

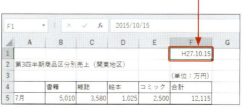

ステップアップ 日付や時刻のデータ

Excelでは、日付や時刻のデータは、「シリアル値」という数値で扱われます。日付スタイルや時刻スタイルのセルの表示形式を標準スタイルに変更すると、シリアル値が表示されます。たとえば、「2015/1/1 12:00」の場合は、シリアル値の「42005.5」が表示されます。

4 表示形式を通貨スタイルに変更する

1 表示形式を変更するセル範囲を選択します。

2 <ホーム>タブをクリックして、

3 <通貨表示形式>をクリックすると、

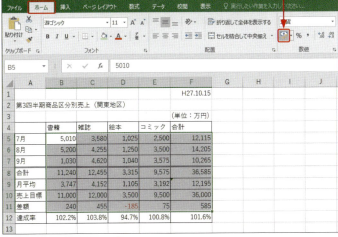

4 選択したセル範囲が通貨スタイルに変更されます。

メモ 通貨スタイルへの変更

<ホーム>タブの<通貨表示形式> をクリックすると、数値の先頭に「¥」が付き、3桁ごとに「,」(カンマ)で区切った形式で表示されます。

ヒント 別の通貨記号を使うには？

「¥」以外の通貨記号を使いたい場合は、<通貨表示形式> の をクリックして表示される一覧から利用したい通貨記号を指定します。メニュー最下段の<その他の通貨表示形式>をクリックすると、<セルの書式設定>ダイアログボックスが表示され、そのほかの通貨記号が選択できます。

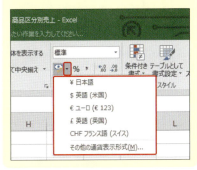

Section 36 文字の配置を変更する

覚えておきたいキーワード
- ☑ 中央揃え
- ☑ 折り返して全体を表示
- ☑ 縦書き

文字を入力した直後は、数値は右揃えに、文字は左揃えに配置されますが、この<u>配置は任意に変更</u>することができます。また、セルの中に文字が入りきらない場合は、<u>文字を折り返して表示</u>したり、<u>セル幅に合わせて縮小</u>したり、<u>縦書き</u>にしたりすることもできます。

1 文字をセルの中央に揃える

メモ 文字の左右の配置

＜ホーム＞タブの＜配置＞グループで以下のコマンドを利用すると、セル内の文字を左揃えや中央揃え、右揃えに設定できます。

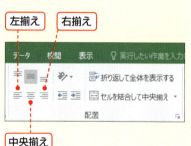

ステップアップ 文字の上下の配置

＜ホーム＞タブの＜配置＞グループで以下のコマンドを利用すると、セル内の文字を上揃えや上下中央揃え、下揃えに設定できます。

1 文字配置を変更するセル範囲を選択します。

2 ＜ホーム＞タブをクリックして、

3 ＜中央揃え＞をクリックすると、

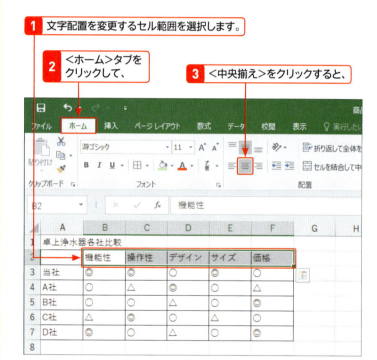

4 文字が中央揃えに設定されます。

2 セルに合わせて文字を折り返す

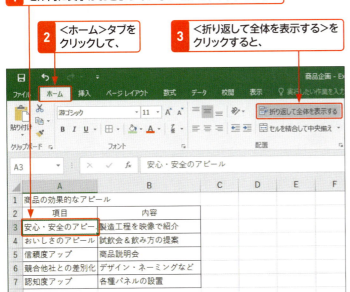

メモ 文字を折り返す

左の手順で操作すると、セルに合わせて文字が自動的に折り返されて表示されます。文字の折り返し位置は、セル幅に応じて自動的に調整されます。折り返した文字をもとに戻すには、＜折り返して全体を表示する＞を再度クリックします。

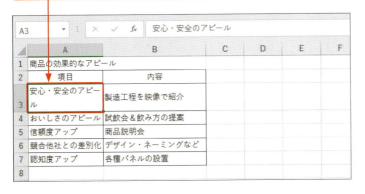

ヒント 行の高さは自動調整される

文字を折り返すと、折り返した文字に合わせて、行の高さが自動的に調整されます。

ステップアップ 指定した位置で文字を折り返す

指定した位置で文字を折り返したい場合は、改行を入力します。セル内をダブルクリックして、折り返したい位置にカーソルを移動し、[Alt]+[Enter]を押すと、指定した位置で改行されます。

ステップアップ インデントを設定する

「インデント」とは、文字とセル枠線との間隔を広くする機能のことです。インデントを設定するには、セル範囲を選択して、＜ホーム＞タブの＜インデントを増やす＞をクリックします。クリックするごとに、セル内のデータが1文字分ずつ右へ移動します。インデントを解除するには、＜インデントを減らす＞をクリックします。

3 文字の大きさをセルの幅に合わせる

メモ　縮小して全体を表示する

右の手順で操作すると、セル内におさまらない文字がセルの幅に合わせて自動的に縮小して表示されます。セルの幅を変えずに文字全体を表示したいときに便利な機能です。セル幅を広げると、文字の大きさはもとに戻ります。

1. 文字の大きさを調整するセルをクリックして、
2. <ホーム>タブをクリックし、
3. <配置>グループのここをクリックします。

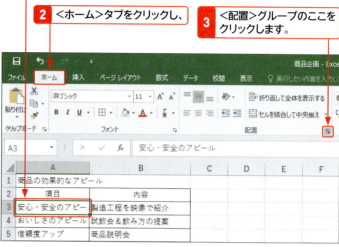

4. <縮小して全体を表示する>をクリックしてオンにし、

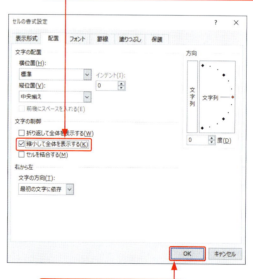

5. <OK>をクリックすると、

6. 文字がセルの幅に合わせて、自動的に縮小されます。

ステップアップ　文字の縦位置の調整

<セルの書式設定>ダイアログボックスの<文字の配置>グループの<縦位置>を利用すると、<上詰め>や<下詰め>など、文字の縦位置を設定することができます。

セル内の文字の縦位置が設定できます。

4 文字を縦書きで表示する

1 文字を縦書きにするセル範囲を選択して、

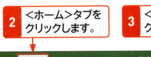

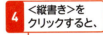

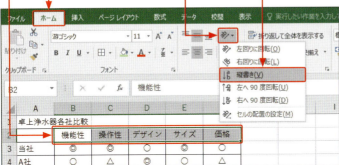

5 文字が縦書き表示になります。

メモ 文字を縦書きにする

文字を縦書きにするには、＜ホーム＞タブの＜方向＞ をクリックして、＜縦書き＞をクリックします。また、＜左回りに回転＞＜右回りに回転＞をクリックすると、それぞれの方向に45度回転させることができます。

ステップアップ 文字の角度を自由に設定する

＜セルの書式設定＞ダイアログボックスの＜配置＞の＜方向＞を利用すると（前ページ参照）、文字の角度を任意に設定することができます。

ステップアップ 均等割り付けを設定する

「均等割り付け」とは、セル内の文字をセル幅に合わせて均等に配置する機能のことです。均等割り付けは、セル範囲を選択して＜セルの書式設定＞ダイアログボックスの＜配置＞を表示し、＜文字の配置＞グループの＜横位置＞で設定します。
なお、セル幅を超える文字が入力されているセルで均等割り付けを設定すると、その文字は折り返されます。

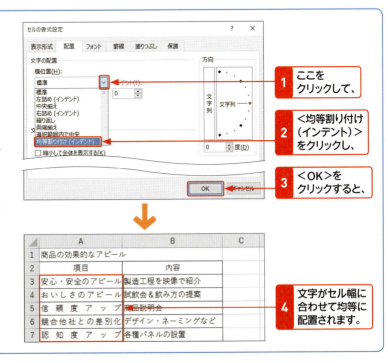

Section 36 文字の配置を変更する

Excel 第4章 文字とセルの書式

Section 37 文字色やスタイルを変更する

覚えておきたいキーワード
- ☑ フォントの色
- ☑ 太字
- ☑ 斜体／下線

文字に色を付けたり太字にしたりすると文字が強調され、表にメリハリが付きます。また、文字を斜体にしたり下線を付けたりすると、特定の文字を目立たせることができます。文字の色やスタイルを変更するには、＜ホーム＞タブの＜フォント＞グループの各コマンドを利用します。

1 文字に色を付ける

メモ 同じ色を繰り返し設定する

右の手順で色を設定すると、＜フォントの色＞コマンドの色も指定した色に変わります。別のセルをクリックして、＜フォントの色＞ をクリックすると、直前に指定した色を繰り返し設定することができます。

＜フォントの色＞コマンドの色も、直前に指定した色に変わります。

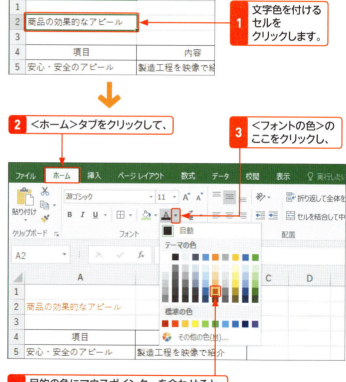

1 文字色を付けるセルをクリックします。

2 ＜ホーム＞タブをクリックして、

3 ＜フォントの色＞のここをクリックし、

4 目的の色にマウスポインターを合わせると、色が一時的に適用されて表示されます。

5 文字色をクリックすると、文字の色が変更されます。

第4章 文字とセルの書式

2 文字を太字にする

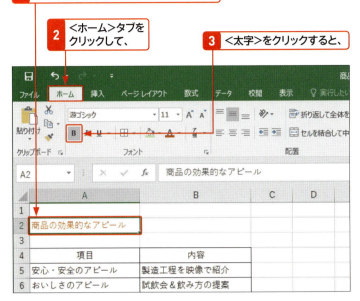

1 文字を太字にするセルをクリックします。
2 <ホーム>タブをクリックして、
3 <太字>をクリックすると、
4 文字が太字に設定されます。
5 同様にこれらの文字も太字に設定します。

ヒント 太字を解除するには？

太字の設定を解除するには、セルをクリックし、<ホーム>タブの<太字>を再度クリックします。

ヒント 文字の一部分に書式を設定するには？

セルを編集できる状態にして、文字の一部分を選択してから書式を設定すると、選択した部分の文字だけに書式を設定することができます。

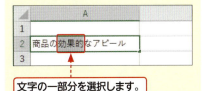

文字の一部分を選択します。

3 文字を斜体にする

ヒント 斜体を解除するには？

斜体の設定を解除するには、セルをクリックし、＜ホーム＞タブの＜斜体＞ *I* を再度クリックします。

1. 文字を斜体にするセル範囲を選択します。
2. ＜ホーム＞タブをクリックして、
3. ＜斜体＞をクリックすると、

4. 文字が斜体に設定されます。

ステップアップ 文字飾りを設定する

＜ホーム＞タブの＜フォント＞グループの をクリックすると、＜セルの書式設定＞ダイアログボックスの＜フォント＞が表示されます。このダイアログボックスで文字飾りを設定することができます。＜上付き＞＜下付き＞を利用すると、数式・数列や分子式なども入力できます。

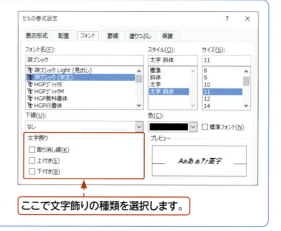

取り消し線　12345
上付き　10^2
下付き　H_2O

ここで文字飾りの種類を選択します。

4 文字に下線を付ける

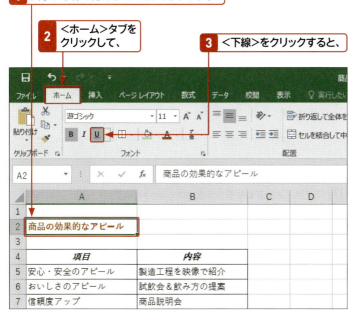

1 文字に下線を付けるセルをクリックします。

2 <ホーム>タブをクリックして、

3 <下線>をクリックすると、

4 文字列に下線が設定されます。

メモ 二重下線を付ける

<下線> U の をクリックすると表示されるメニューを利用すると、二重下線を引くことができます。なお、下線を解除するには、下線が付いているセルをクリックして、<下線> U を再度クリックします。

ステップアップ 会計用の下線を付ける

<セルの書式設定>ダイアログボックスの<フォント>(前ページの「ステップアップ」参照)の<下線>を利用すると、会計用の下線を付けることができます。

会計用の下線は文字と重ならないため、文字が見やすくなります。

ヒント 文字色と異なる色で下線を引きたい場合?

上記の手順で引いた下線は、文字色と同色になります。文字色と異なる色で下線を引きたい場合は、文字の下に直線を描画して、線の色を目的の色に設定するとよいでしょう。図形の描画と編集については、P.157、P.160を参照してください。

1 文字の下に直線を描いて、

2 線の色を指定します。

Section 37 文字色やスタイルを変更する

Excel 第4章 文字とセルの書式

Section 38 文字サイズやフォントを変更する

覚えておきたいキーワード
- ☑ 文字サイズ
- ☑ フォント
- ☑ フォントサイズ

文字サイズやフォントは、目的に応じて変更することができます。表のタイトルや項目などの文字サイズやフォントを変更すると、その部分を目立たせることができます。文字サイズやフォントを変更するには、＜ホーム＞タブの＜フォントサイズ＞と＜フォント＞を利用します。

1 文字サイズを変更する

新機能 Excelの既定のフォント

Excelの既定のフォントは、Excel 2013までは「MS Pゴシック」でしたが、Excel 2016では「游ゴシック」に変わりました。スタイルは「標準」、サイズは「11」ポイントです。なお、「1pt」は1/72インチで、およそ0.35mmです。

ヒント ミニツールバーを使う

文字サイズは、セルを右クリックすると表示されるミニツールバーでも変更することができます。

ステップアップ 文字サイズを直接入力する

＜フォントサイズ＞は、文字サイズの数値を直接入力して設定することもできます。この場合、一覧には表示されない「9.5pt」や「96pt」といった文字サイズを指定することも可能です。

1 文字サイズを変更するセルをクリックします。

2 ＜ホーム＞タブをクリックして、
3 ＜フォントサイズ＞のここをクリックし、

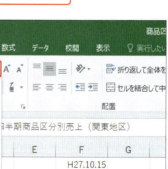

4 文字サイズにマウスポインターを合わせると、文字サイズが一時的に適用されて表示されます。

5 文字サイズをクリックすると、文字サイズの適用が確定されます。

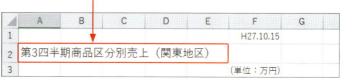

2 フォントを変更する

1. フォントを変更するセルをクリックします。

2. <ホーム>タブをクリックして、

3. <フォント>のここをクリックし、

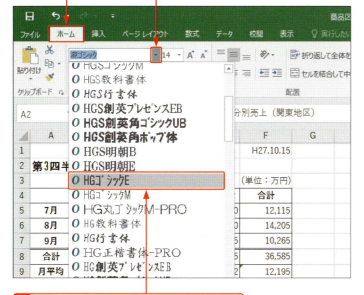

4. フォントにマウスポインターを合わせると、フォントが一時的に適用されて表示されます。

5. フォントをクリックすると、フォントの適用が確定されます。

ヒント　ミニツールバーを使う

フォントは、セルを右クリックすると表示されるミニツールバーでも変更することができます。

ヒント　一部の文字だけを変更するには？

セルを編集できる状態にして、文字の一部分を選択すると、選択した部分のフォントや文字サイズだけを変更することができます。

文字の一部分を選択します。

ステップアップ　文字の書式をまとめて変更する

<ホーム>タブの<フォント>グループの ⤵ をクリックして表示される<セルの書式設定>ダイアログボックスの<フォント>（P.364の「ステップアップ」参照）では、フォントや文字サイズ、文字のスタイルや色などをまとめて変更することができます。

Section 39 セルの背景に色を付ける

覚えておきたいキーワード
- ☑ 塗りつぶしの色
- ☑ 標準の色
- ☑ テーマの色

セルの背景に色を付けると、見やすい表になります。セルの背景色を設定するには、＜ホーム＞タブの＜塗りつぶしの色＞を利用して、＜テーマの色＞や＜標準の色＞から色を選択します。また、Excelにあらかじめ用意された＜セルのスタイル＞を利用することもできます。

1 セルの背景に＜標準の色＞を設定する

メモ 同じ色を繰り返し設定する

右の手順で色を設定すると、＜塗りつぶしの色＞コマンドの色も指定した色に変わります。別のセルをクリックして、＜塗りつぶしの色＞ をクリックすると、直前に指定した色を繰り返し設定することができます。

ヒント 一覧に目的の色がない場合は？

手順 3 で表示される一覧に目的の色がない場合は、最下段にある＜その他の色＞をクリックします。＜色の設定＞ダイアログボックスが表示されるので、＜標準＞や＜ユーザー設定＞で使用したい色を指定します。

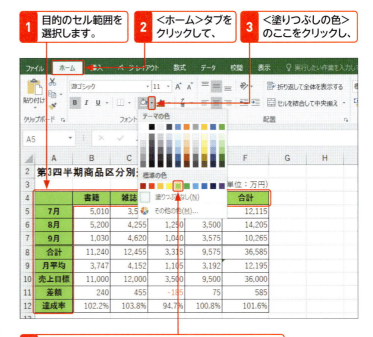

1. 目的のセル範囲を選択します。
2. ＜ホーム＞タブをクリックして、
3. ＜塗りつぶしの色＞のここをクリックし、
4. ＜標準の色＞から目的の色にマウスポインターを合わせると、色が一時的に適用されて表示されます。
5. 色をクリックすると、塗りつぶしの色が確定されます。

2 セルの背景に＜テーマの色＞を設定する

1 目的のセル範囲を選択します。

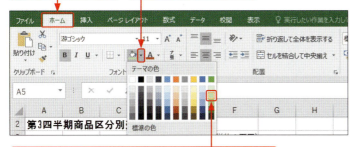

2 ＜ホーム＞タブをクリックして、

3 ＜塗りつぶしの色＞のここをクリックし、

4 ＜テーマの色＞から目的の色にマウスポインターを合わせると、色が一時的に適用されて表示されます。

5 色をクリックすると、塗りつぶしの色が確定されます。

ヒント テーマの色

＜テーマの色＞で設定する色は、＜ページレイアウト＞タブの＜テーマ＞の設定に基づいています（Sec.41参照）。＜テーマ＞でスタイルを変更すると、＜テーマの色＞で設定した色を含めてブック全体が自動的に変更されます。それに対し、＜標準の色＞で設定した色は、＜テーマ＞の変更に影響を受けません。

＜テーマの色＞は、＜テーマ＞のスタイルに基づいて自動的に変更されます。

ヒント セルの背景色を消去するには？

セルの背景色を消すには、手順で＜塗りつぶしなし＞をクリックします。

ステップアップ ＜セルのスタイル＞を利用する

＜ホーム＞タブの＜セルのスタイル＞を利用すると、Excelにあらかじめ用意された書式をタイトルに設定したり、セルにテーマのスタイルを設定したりすることができます。

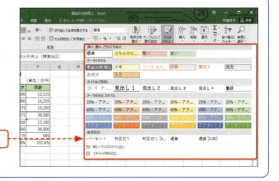

ここでスタイルを設定できます。

Section 40 列幅や行の高さを調整する

覚えておきたいキーワード
- ☑ 列幅
- ☑ 行の高さ
- ☑ 列幅の自動調整

数値や文字がセルにおさまりきらない場合や、表の体裁を整えたい場合は、列幅や行の高さを変更します。列幅や行の高さは、列番号や行番号の境界をマウスでドラッグしたり、数値で指定したりして変更します。また、セルのデータに合わせて列幅を調整することもできます。

1 ドラッグして列幅を変更する

メモ ドラッグ操作による列の幅や行の高さの変更

列番号や行番号の境界にマウスポインターを合わせ、ポインターの形が ✛ や ✚ に変わった状態でドラッグすると、列幅や行の高さを変更することができます。列幅を変更する場合は目的の列番号の右側に、行の高さを変更する場合は目的の行番号の下側に、マウスポインターを合わせます。

① 幅を変更する列番号の境界にマウスポインターを合わせ、ポインターの形が ✛ に変わった状態で、

② 右方向にドラッグすると、

③ 列の幅が変更されます。

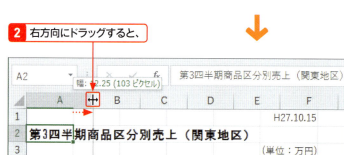

ヒント 列幅や行の高さの表示単位

変更中の列幅や行の高さは、マウスポインターの右上に数値で表示されます(手順 の図参照)。列幅は、Excelの既定のフォント(11ポイント)で入力できる半角文字の「文字数」で、行の高さは、入力できる文字の「ポイント数」で表されます。カッコの中には、ピクセル数が表示されます。

2 セルのデータに列幅を合わせる

1 幅を変更する列番号の境界にマウスポインターを合わせ、形が ✥ に変わった状態で、

2 ダブルクリックすると、

3 セルのデータに合わせて、列の幅が変更されます。

対象となる列内のセルで、もっとも長いデータに合わせて列幅が自動的に調整されます。

ヒント 複数の行や列を同時に変更するには？

複数の行または列を選択した状態で境界をドラッグするか、＜行の高さ＞ダイアログボックスまたは＜列幅＞ダイアログボックス（下の「ステップアップ」参照）を表示して数値を入力すると、複数の行の高さや列の幅を同時に変更できます。

複数の列を選択して境界をドラッグすると、列幅を同時に変更できます。

ステップアップ 列幅や行の高さを数値で指定する

列幅や行の高さは、数値で指定して変更することもできます。

列幅は、調整したい列をクリックして、＜ホーム＞タブの＜セル＞グループの＜書式＞から＜列の幅＞をクリックして表示される＜列幅＞ダイアログボックスで指定します。行の高さは、同様の方法で＜行の高さ＞をクリックして表示される＜行の高さ＞ダイアログボックスで指定します。

＜列幅＞ダイアログボックス

文字数を指定します。

＜行の高さ＞ダイアログボックス

ポイント数を指定します。

Section 41 表の見た目をまとめて変更する——テーマ

覚えておきたいキーワード
- ☑ テーマ
- ☑ 配色
- ☑ フォント

表の見た目をまとめて変更したいときは、テーマを利用すると便利です。テーマを利用すると、ブック全体のフォントやセルの背景色、塗りつぶしの効果などの書式をまとめて変更することができます。また、テーマの配色やフォントを個別にカスタマイズすることもできます。

1 テーマを変更する

キーワード テーマ

「テーマ」とは、フォントやセルの背景色、塗りつぶしの効果などの書式をまとめたもので、ブック全体の書式をすばやくかんたんに設定できる機能です。テーマの配色やフォントを個別に変更することもできます。設定したテーマは、ブック内のすべてのワークシートに適用されます。

ヒント テーマを変更しても設定が変わらない?

<ホーム>タブの<塗りつぶしの色>や<フォントの色>で<標準の色>を設定したり、<フォント>を<すべてのフォント>の一覧から設定したりした場合は、テーマは適用されません。

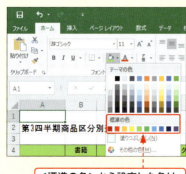

<標準の色>から設定した色は、テーマが適用されません。

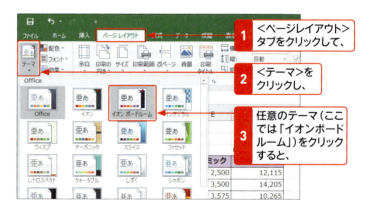

テーマを変更する前の表です。

1. <ページレイアウト>タブをクリックして、
2. <テーマ>をクリックし、
3. 任意のテーマ(ここでは「イオンボードルーム」)をクリックすると、
4. 表を含むブック全体のテーマが変更されます。

2 テーマの配色やフォントを変更する

1 <ページレイアウト>タブをクリックして、

2 <配色>をクリックし、

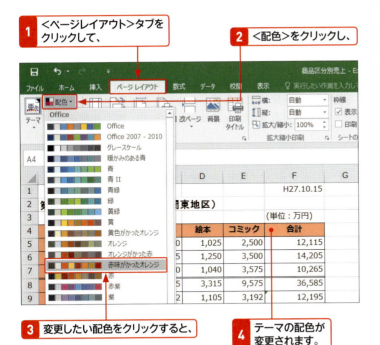

3 変更したい配色をクリックすると、

4 テーマの配色が変更されます。

5 <ページレイアウト>タブの<フォント>をクリックして、

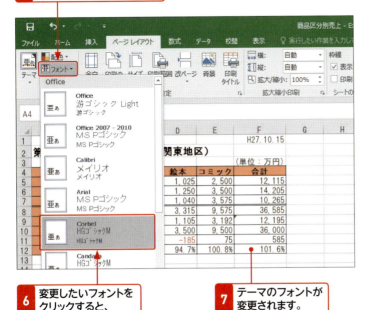

6 変更したいフォントをクリックすると、

7 テーマのフォントが変更されます。

メモ テーマの色

テーマを変更すると、<ホーム>タブの<塗りつぶしの色>や<フォントの色>から選択できる<テーマの色>も、設定したテーマに合わせて変更されます。

<テーマの色>も、設定したテーマに合わせて変更されます。

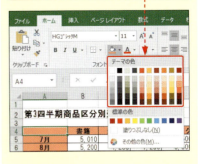

メモ テーマのフォント

テーマを変更すると、<ホーム>タブの<フォント>から選択できる<テーマのフォント>も、設定したテーマに合わせて変更されます。

<テーマのフォント>も、設定したテーマに合わせて変更されます。

ヒント テーマをもとに戻すには?

既定ではOfficeテーマが設定されています。テーマをもとに戻すには、前ページの手順3で<Office>をクリックします。

Section 42 セルを結合する

覚えておきたいキーワード
- ☑ セルの結合
- ☑ セルを結合して中央揃え
- ☑ セル結合の解除

隣り合う複数のセルは、結合して1つのセルとして扱うことができます。結合したセル内の文字配置は、通常のセルと同じように任意に設定することができるので、複数のセルにまたがる見出しなどに利用すると、表の体裁を整えることができます。

1 セルを結合して文字を中央に揃える

ヒント 結合するセルにデータがある場合は?

結合するセルの選択範囲に複数のデータが存在する場合は、左上端のセルのデータのみが保持されます。ただし、空白のセルは無視されます。

ヒント セルの結合を解除するには?

セルの結合を解除するには、結合されたセルを選択して、<セルを結合して中央揃え>をクリックするか、下の手順で操作します。

1 ここをクリックして、
2 <セル結合の解除>をクリックします。

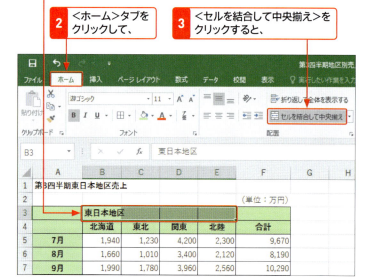

1 セル[B3]から[E3]までを選択します。
2 <ホーム>タブをクリックして、
3 <セルを結合して中央揃え>をクリックすると、

4 セルが結合され、文字の配置が自動的に中央揃えになります。
5 これらのセルも同様に結合します。

2 文字配置を維持したままセルを結合する

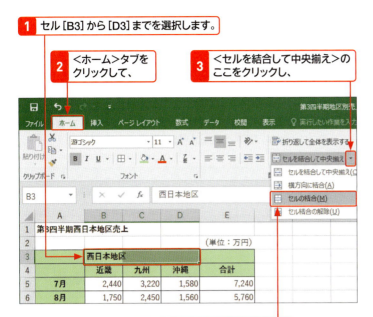

1 セル[B3]から[D3]までを選択します。
2 <ホーム>タブをクリックして、
3 <セルを結合して中央揃え>のここをクリックし、
4 <セルの結合>をクリックすると、

> **メモ　文字配置を維持したままセルを結合する**
>
> <ホーム>タブの<セルを結合して中央揃え>をクリックすると、セルに入力されていた文字が中央に配置されます。セルを結合したときに、データを中央に配置したくない場合は、左の手順で操作します。

5 文字の配置が左揃えのままセルが結合されます。
6 これらのセルも同様に結合します。

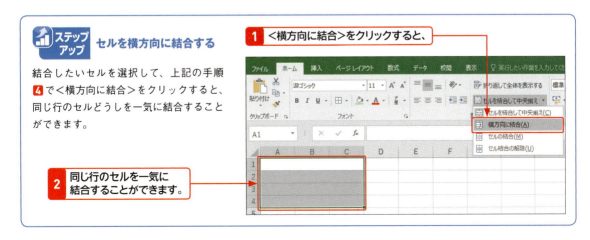

ステップアップ　セルを横方向に結合する

結合したいセルを選択して、上記の手順 4 で<横方向に結合>をクリックすると、同じ行のセルどうしを一気に結合することができます。

1 <横方向に結合>をクリックすると、
2 同じ行のセルを一気に結合することができます。

Section 43 ふりがなを表示する

覚えておきたいキーワード
- ふりがなの表示
- ふりがなの編集
- ふりがなの設定

セルに入力した文字には、かんたんな操作でふりがなを表示させることができます。表示されたふりがなが間違っていた場合は、通常の文字と同様の操作で修正することができます。また、ふりがなは初期状態ではカタカナで表示されますが、ひらがなで表示したり、配置を変更したりすることも可能です。

1 文字にふりがなを表示する

メモ ふりがなを表示するための条件

右の手順で操作すると、ふりがなの表示／非表示を切り替えることができます。ただし、ふりがな機能は文字を入力した際に保存される読み情報を利用しているため、ほかの読みで入力した場合は修正が必要です。また、ほかのアプリケーションで入力したデータをセルに貼り付けた場合などは、ふりがなが表示されません。

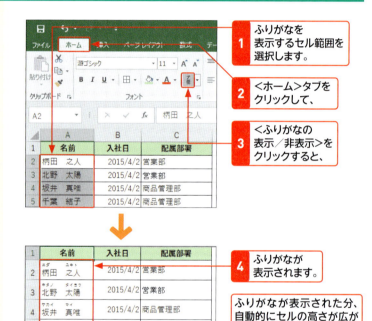

1. ふりがなを表示するセル範囲を選択します。
2. <ホーム>タブをクリックして、
3. <ふりがなの表示／非表示>をクリックすると、
4. ふりがなが表示されます。

ふりがなが表示された分、自動的にセルの高さが広がります。

2 ふりがなを編集する

ヒント ふりがな編集のそのほかの方法

ふりがなの編集は、<ホーム>タブの<ふりがなの表示／非表示>の▼をクリックし、<ふりがなの編集>をクリックしても行うことができます(次ページの手順3の図参照)。

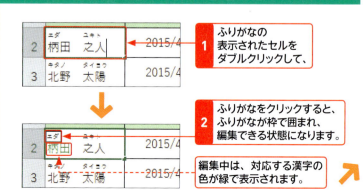

1. ふりがなの表示されたセルをダブルクリックして、
2. ふりがなをクリックすると、ふりがなが枠で囲まれ、編集できる状態になります。

編集中は、対応する漢字の色が緑で表示されます。

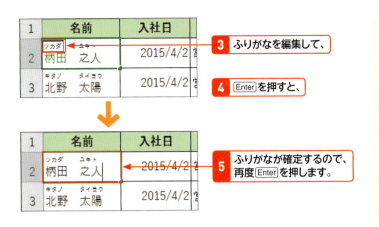

3 ふりがなの種類や配置を変更する

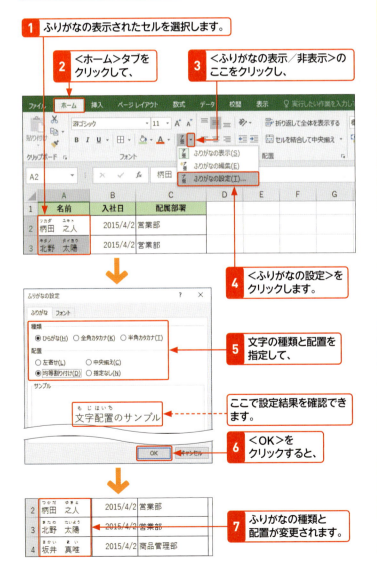

ステップアップ ふりがなのフォントや文字サイズの変更

左の手順で表示される＜ふりがなの設定＞ダイアログボックスの＜フォント＞では、ふりがなのフォントやスタイル、文字サイズなどを変更することができます。

ふりがなのフォントや文字サイズなどを変更することができます。

Section 44 セルの書式だけを貼り付ける

覚えておきたいキーワード
- ☑ 書式のコピー
- ☑ 書式の貼り付け
- ☑ 書式の連続貼り付け

セルに設定した罫線や色、配置などの書式を、別のセルに繰り返し設定するのは手間がかかります。このようなときは、もとになる表の書式をコピーして貼り付けることで、同じ形式の表をかんたんに作成することができます。書式は連続して貼り付けることもできます。

1 書式をコピーして貼り付ける

メモ 書式のコピー

書式のコピー機能を利用すると、書式だけをコピーして別のセル範囲に貼り付けることができます。同じ書式を何度も設定したい場合に利用すると便利です。

ヒント 書式をコピーするそのほかの方法

書式のみをコピーするには、右の手順のほかに、<貼り付け>の下部をクリックすると表示される<その他の貼り付けオプション>の<書式設定>を利用する方法もあります(Sec.45参照)。

第4章 文字とセルの書式

セルに設定している背景色と文字色、文字配置をコピーします。

1. 書式をコピーするセルをクリックします。
2. <ホーム>タブをクリックして、
3. <書式のコピー/貼り付け>をクリックすると、
4. 書式がコピーされ、マウスポインターの形が変わります。

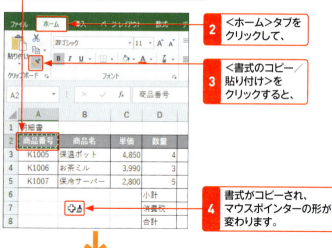

5. 貼り付ける位置でクリックすると、
6. 書式だけが貼り付けられます。

2 書式を連続して貼り付ける

セルに設定している背景色を連続してコピーします。

1 書式をコピーするセル範囲を選択します。

2 <ホーム>タブをクリックして、

3 <書式のコピー／貼り付け>をダブルクリックすると、

4 書式がコピーされ、マウスポインターの形が変わります。

5 貼り付ける位置でクリックすると、

6 書式だけが貼り付けられます。

7 マウスポインターの形が のままなので、

8 続けて書式を貼り付けることができます。

メモ 書式の連続貼り付け

書式を連続して貼り付けるには、<書式のコピー／貼り付け> をダブルクリックし、左の手順に従います。<書式のコピー／貼り付け>では、次の書式がコピーできます。

①表示形式
②文字の配置、折り返し、セルの結合
③フォント
④罫線の設定
⑤文字の色やセルの背景色
⑥文字サイズ、スタイル、文字飾り

ヒント 書式の連続貼り付けを中止するには？

書式の連続貼り付けを中止して、マウスポインターをもとに戻すには、Esc を押すか、<書式のコピー／貼り付け> を再度クリックします。

Section 45 形式を選択して貼り付ける

覚えておきたいキーワード
- ☑ 貼り付け
- ☑ 形式を選択して貼り付け
- ☑ 貼り付けのオプション

計算式の結果だけをコピーしたい、表の列幅を保持してコピーしたい、表の縦と横を入れ替えたい、といったことはよくあります。この場合は、<貼り付け>のオプションを利用すると数式だけ、値だけ、書式設定だけといった個別の貼り付けが可能となります。

1 <貼り付け>で利用できる機能

<貼り付け>の下部をクリックすると表示されるメニューを利用すると、コピーしたデータをさまざまな形式で貼り付けることができます。それぞれのアイコンにマウスポインターを合わせると、適用した状態がプレビューされるので、結果をすぐに確認することができます。

1. <貼り付け>のここをクリックすると、
2. 貼り付けのオプションメニューが表示されます。

グループ	アイコン	項目	概要
貼り付け		貼り付け	セルのデータすべてを貼り付けます。
		数式	セルの数式だけを貼り付けます。
		数式と数値の書式	セルの数式と数値の書式を貼り付けます(P.382参照)。
		元の書式を保持	もとの書式を保持して貼り付けます。
		罫線なし	罫線を除く、書式や値を貼り付けます。
		元の列幅を保持	もとの列幅を保持して貼り付けます(P.383参照)。
		行列を入れ替える	行と列を入れ替えてすべてのデータを貼り付けます。
値の貼り付け		値	セルの値だけを貼り付けます(P.381参照)。
		値と数値の書式	セルの値と数値の書式を貼り付けます。
		値と元の書式	セルの値ともとの書式を貼り付けます。
その他の貼り付けオプション		書式設定	セルの書式のみを貼り付けます。
		リンク貼り付け	もとのデータを参照して貼り付けます。
		図	もとのデータを図として貼り付けます。
		リンクされた図	もとのデータをリンクされた図として貼り付けます。
形式を選択して貼り付け	形式を選択して貼り付け(S)...		<形式を選択して貼り付け>ダイアログボックスが表示されます(P.383参照)。

2 値のみを貼り付ける

1 コピーするセル範囲を選択して、

2 <ホーム>タブをクリックし、

3 <コピー>をクリックします。

 コピーするセルには、数式と通貨形式が設定されています。

4 別シートの貼り付け先のセルをクリックして、

5 <ホーム>タブをクリックします。

6 <貼り付け>のここをクリックして、

7 <値>をクリックすると、

8 数式と数値の書式が取り除かれて、値だけが貼り付けられます。

 <貼り付けのオプション>が表示されます(右の「ヒント」参照)。

Section 45 形式を選択して貼り付ける

メモ 値の貼り付け

<貼り付け>のメニューを利用すると、必要なものだけを貼り付ける、といったことがかんたんにできます。ここでは「値だけの貼り付け」を行います。貼り付ける形式を<値>にすると、数式や数値の書式が設定されているセルをコピーした場合でも、表示されている計算結果の数値や文字だけを貼り付けることができます。

メモ ほかのブックへの値の貼り付け

セル参照を利用している数式の計算結果をコピーし、別のワークシートに貼り付けると、正しい結果が表示されません。これは、セル参照が貼り付け先のワークシートのセルに変更されて、正しい計算が行えないためです。このような場合は、値だけを貼り付けておくと、計算結果だけを利用できます。

ヒント <貼り付けのオプション>の利用

貼り付けたあと、その結果の右下に<貼り付けのオプション>(Ctrl)が表示されます。これをクリックすると、貼り付けたあとで結果を手直しするためのメニューが表示されます。メニューの内容は、前ページの貼り付けのオプションメニューと同じものです。

3 数式と数値の書式を貼り付ける

メモ 数式と数値の書式の貼り付け

手順7のように貼り付ける形式を＜数式と数値の書式＞にすると、表の罫線や背景色などを除いて、数式と数値の書式だけを貼り付けることができます。なお、「数値の書式」とは、数値に設定した表示形式のことです。

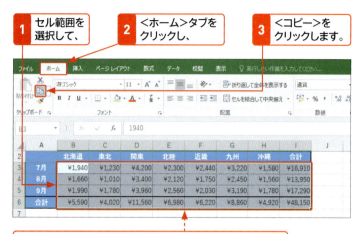

1 セル範囲を選択して、
2 ＜ホーム＞タブをクリックし、
3 ＜コピー＞をクリックします。

セルに背景色を付けて、罫線のスタイルを変更した表です。

4 別シートの貼り付け先のセルをクリックして、
5 ＜ホーム＞タブをクリックします。
6 ＜貼り付け＞のここをクリックして、

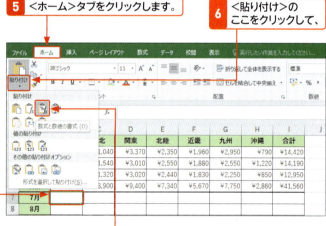

ヒント 数式のみの貼り付け

右の手順7で＜数式＞をクリックすると、「¥」や桁区切り、罫線、背景色を除いて、数式だけが貼り付けられます。数式ではなく値が入力されたセルは、値が貼り付けられます。

7 ＜数式と数値の書式＞をクリックすると、

8 背景色や罫線が解除されて、数式と数値の書式だけが貼り付けられます。

数式が正しく貼り付けられています。

ヒント 数式の参照セルは自動的に変更される

貼り付ける形式を＜数式と数値の書式＞や＜数式＞にした場合、通常の貼り付けと同様に、数式のセル参照は自動的に変更されます。

4 もとの列幅を保持して貼り付ける

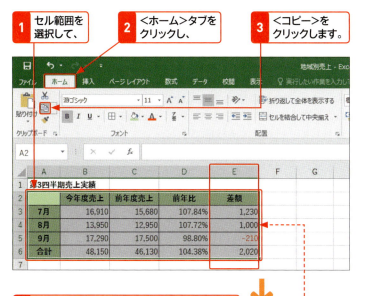

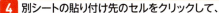

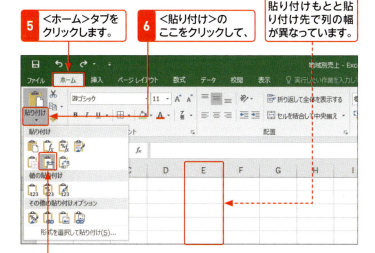

メモ 列の幅を保持した貼り付け

左の例のように、貼り付けもとと貼り付け先の列幅が異なる場合、単なる貼り付けでは列幅が不足して数値が正しく表示されないことがあります。列幅を保持して貼り付けを行う場合は、左の手順で操作します。

ステップアップ ＜形式を選択して貼り付け＞ダイアログボックス

＜貼り付け＞の下部をクリックして表示される一覧から＜形式を選択して貼り付け＞をクリックすると、＜形式を選択して貼り付け＞ダイアログボックスが表示されます。このダイアログボックスを利用すると、さらに詳細な条件を設定して貼り付けることができます。

貼り付けの形式を選択することができます。

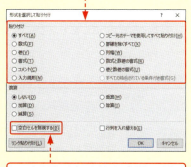

ここをクリックしてオンにすると、データが入力されていないセルは貼り付けられません。

Section 46 条件に基づいて書式を変更する

覚えておきたいキーワード
- ☑ 条件付き書式
- ☑ 相対評価
- ☑ ルールのクリア

条件を指定して、条件に一致するセルの背景色を変えたり、数値に色を付けたりして、特定のセルを目立たせて表示するには、条件付き書式を設定します。条件付き書式とは、指定した条件に基づいてセルを強調表示したり、データを相対的に評価したりして、視覚化する機能です。

1 特定の値より大きい数値に色を付ける

メモ 値を指定して評価する

条件付き書式の＜セルの強調表示ルール＞では、ユーザーが指定した値をもとに、指定の値より大きい／小さい、指定の範囲内、指定の値に等しい、などの条件でセルを強調表示することで、データを評価することができます。

ヒント 既定値で用意されている書式

条件付き書式の＜セルの強調表示ルール＞と＜上位／下位ルール＞では、各ダイアログボックスの＜書式＞メニューに、あらかじめいくつかの書式が用意されています。これら以外の書式を利用したい場合は、メニューの最下段の＜ユーザー設定の書式＞をクリックして、個別に書式を設定します。

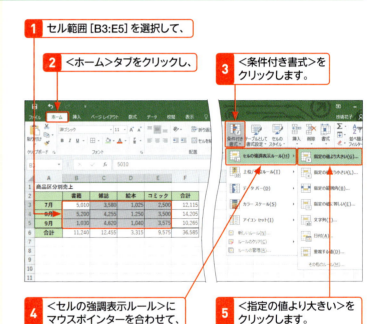

1 セル範囲 [B3:E5] を選択して、
2 ＜ホーム＞タブをクリックし、
3 ＜条件付き書式＞をクリックします。
4 ＜セルの強調表示ルール＞にマウスポインターを合わせて、
5 ＜指定の値より大きい＞をクリックします。

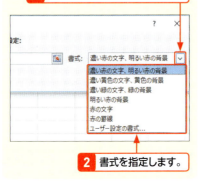

1 ＜書式＞のここをクリックして、
2 書式を指定します。

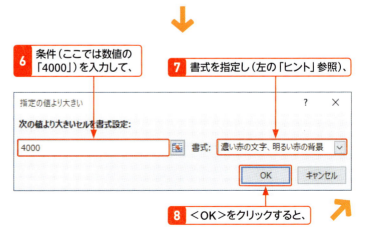

6 条件（ここでは数値の「4000」）を入力して、
7 書式を指定し（左の「ヒント」参照）、
8 ＜OK＞をクリックすると、

9 指定した値より大きい数値のセルに書式が設定されます。

2 平均値より小さい数値に色を付ける

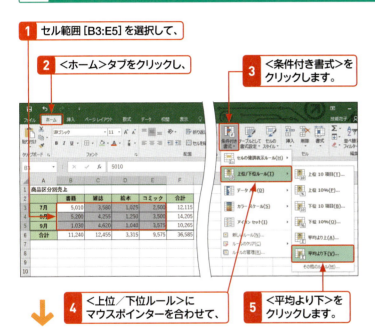

1 セル範囲[B3:E5]を選択して、
2 <ホーム>タブをクリックし、
3 <条件付き書式>をクリックします。

メモ　数値や割合を指定して評価する

条件付き書式の<上位／下位ルール>では、「上位または下位○項目」、「上位または下位○パーセント」、「平均より上または下」のセルに書式を設定します。なお、値を指定して評価する場合は、通常<セルの強調表示ルール>で行いますが、平均より上、平均より下の場合は、<上位／下位ルール>で設定するほうがかんたんです。

4 <上位／下位ルール>にマウスポインターを合わせて、
5 <平均より下>をクリックします。

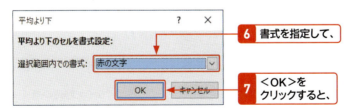

6 書式を指定して、
7 <OK>をクリックすると、

8 平均より小さい数値のセルのみに書式が設定されます。

3 数値の大小に応じて色やアイコンを付ける

メモ 条件付き書式による相対評価

条件付き書式の<データバー><カラースケール><アイコンセット>では、ユーザーが値を指定しなくても、選択したセル範囲の最大値・最小値を自動計算し、データを相対評価して、以下のいずれかの方法で書式が表示されます。これらの条件付き書式は、データの傾向を粗く把握したい場合に便利です。

①データバー
　値の大小に応じて、セルにグラデーションや単色で「カラーバー」を表示します。右の例のようにプラスとマイナスの数値がある場合は、マイナス、プラス間に境界線が適用されたカラーバーが表示されます。

②カラースケール
　値の大小に応じて、セルのカラーを切り替えます。

③アイコンセット
　値の大小に応じて、3段階・4段階または5段階で評価して、対応するアイコンをセルの左端に表示します。

セルにデータバーを表示する

1 セル範囲[E3:E9]を選択して、 **2** <ホーム>タブをクリックし、

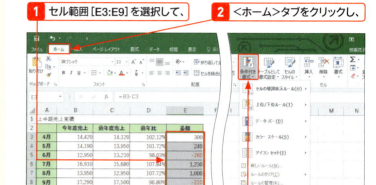

3 <条件付き書式>をクリックします。

4 <データバー>にマウスポインターを合わせて、 **5** 目的のデータバー(ここでは<水色のデータバー>)をクリックすると、

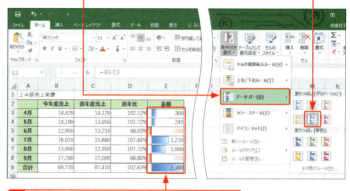

6 値の大小に応じたカラーバーが表示されます。

ヒント <クイック分析>を利用する

条件付き書式は、<クイック分析>を使って設定することもできます。
目的のセル範囲をドラッグして、右下に表示される<クイック分析>をクリックし、<書式>から目的のコマンドをクリックします。メニューから選択するよりかんたんに設定できますが、選択できるコマンドの種類が限られます。

1 セル範囲[B3:E5]を選択して、 **2** <クイック分析>をクリックし、

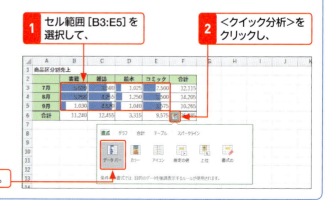

3 <書式>から目的のコマンドをクリックします。

Section 46 条件に基づいて書式を変更する

セルにアイコンセットを表示する

1. セル範囲[D3:D9]を選択して、
2. <ホーム>タブをクリックし、
3. <条件付き書式>をクリックします。

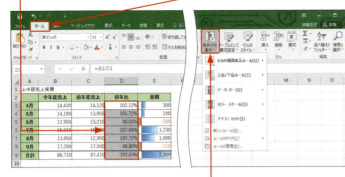

4. <アイコンセット>にマウスポインターを合わせて、
5. 目的のアイコンセット（ここでは<5つの矢印（色分け）>）をクリックすると、

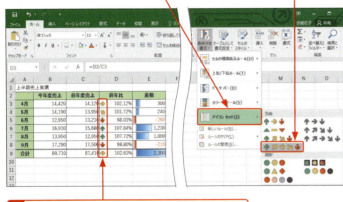

6. 値の大小に応じて5種類の矢印が表示されます。

ステップアップ　条件付き書式の設定を編集する

設定を編集したいセル範囲を選択して、<条件付き書式>をクリックし、<ルールの管理>をクリックします。<条件付き書式ルールの管理>ダイアログボックスが表示されるので、編集したいルールをクリックし、<ルールの編集>をクリックして編集します。

1. 編集するルールをクリックして、
2. <ルールの編集>をクリックします。

ヒント　条件付き書式の設定を解除するには？

設定を解除したいセル範囲を選択して、右下に表示される<クイック分析>をクリックし、<書式>から<書式のクリア>をクリックします。
また、<条件付き書式>をクリックして、<ルールのクリア>から<選択したセルからルールをクリア>をクリックしても解除できます。

1. 設定を解除したいセル範囲を選択して、
2. <クイック分析>をクリックし、
3. <書式>のここをクリックします。

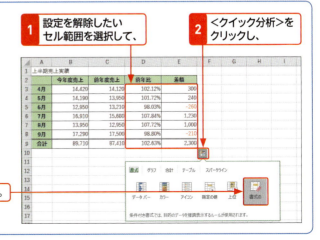

第4章　文字とセルの書式

387

Section 46

4 数式を使って条件を設定する

ヒント　数式を使った条件付き書式の設定

右の手順では、ほかのセルを参照して計算した結果をもとに書式設定を行うため、＜新しい書式ルール＞ダイアログボックスを利用します。条件を数式で指定する場合は、次の点に注意してください。

- 冒頭に「=」を入力します。
- セル参照を指定すると、最初は絶対参照で入力されるので、必要に応じて相対参照や複合参照に変更します。

メモ　書式の設定

手順7で＜書式＞をクリックすると、＜セルの書式設定＞ダイアログボックスが表示されます。右の手順では、＜塗りつぶし＞でセルの背景色を設定しています。

前月比が「1」より大きいかどうかで書式設定します。

1 セル [B4] をクリックして、
2 ＜ホーム＞タブをクリックし、
3 ＜条件付き書式＞をクリックして、

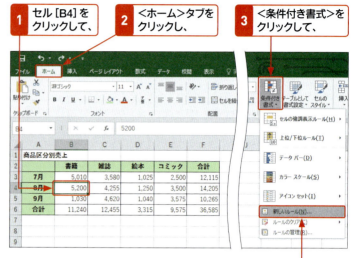

4 ＜新しいルール＞をクリックします。

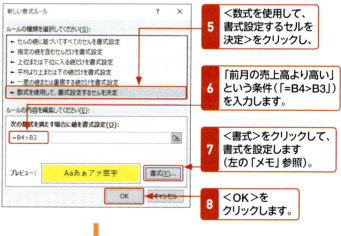

5 ＜数式を使用して、書式設定するセルを決定＞をクリックし、
6 「前月の売上高より高い」という条件（「=B4>B3」）を入力します。
7 ＜書式＞をクリックして、書式を設定します（左の「メモ」参照）。
8 ＜OK＞をクリックします。

9 セル [B4] をコピーして、セル範囲 [B4:E5] に書式を貼り付けると（左下の「ヒント」参照）、前月比1以上のセルに背景色が設定されます。

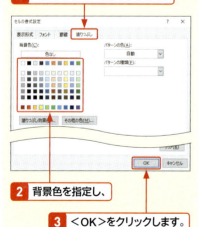

1 ＜塗りつぶし＞をクリックして、
2 背景色を指定し、
3 ＜OK＞をクリックします。

ヒント　書式を貼り付ける

手順9で書式を貼り付けるには、セル [B4] をコピーしたあと、セル範囲 [B4:E5] を選択して＜貼り付け＞の下部をクリックし、＜書式設定＞をクリックします（Sec.45参照）。

388

Chapter 05

第5章

セル・シート・ブックの操作

Section	47	行や列を挿入・削除する
	48	行や列をコピー・移動する
	49	セルを挿入・削除する
	50	セルをコピー・移動する
	51	文字列を検索する
	52	文字列を置換する
	53	行や列を非表示にする
	54	見出しを固定する
	55	ワークシートを操作する
	56	ウィンドウを分割・整列する
	57	シートやブックを保護する

Section 47 行や列を挿入・削除する

覚えておきたいキーワード
- ☑ 行／列の挿入
- ☑ 行／列の削除
- ☑ 挿入オプション

表を作成したあとで新しい項目が必要になった場合は、行や列を挿入してデータを追加します。また、不要になった項目は、行単位または列単位で削除することができます。挿入した行や列には上の行や左の列の書式が適用されますが、不要な場合は書式を解除することができます。

1 行や列を挿入する

メモ 行を挿入する

行を挿入すると、選択した行の上に新しい行が挿入され、選択した行以下の行は、1行分下方向に移動します。挿入した行には上の行の書式が適用されるので、下の行の書式を適用したい場合は、右の手順を実行します。書式が不要な場合は、手順7で<書式のクリア>をクリックします。

メモ 列を挿入する

列を挿入する場合は、列番号をクリックして列を選択します。右の手順4で<シートの列を挿入>をクリックすると、選択した列の左に新しい列が挿入され、選択した列以降の列は、1列分右方向に移動します。

列番号[B]を選択して列を挿入した例

	A	B	C	D	E
1	第3四半期東日本地区売上				
2			7月	8月	9月
3	北海道		1,940	1,660	1,990
4	東北		1,230	1,010	1,780
5	関東		4,200	3,400	3,960
6	北陸		2,300	2,120	2,560
7	合計		9,670	8,190	10,290

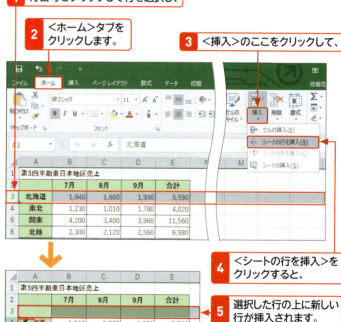

行を挿入する

1. 行番号をクリックして行を選択し、
2. <ホーム>タブをクリックします。
3. <挿入>のここをクリックして、
4. <シートの行を挿入>をクリックすると、
5. 選択した行の上に新しい行が挿入されます。
6. <挿入オプション>をクリックして、
7. <下と同じ書式を適用>をクリックすると、
8. 挿入した行の書式が下と同じものに変更されます。

2 行や列を削除する

列を削除する

1 列番号をクリックして、削除する列を選択します。

2 <ホーム>タブをクリックして、

3 <削除>のここをクリックし、

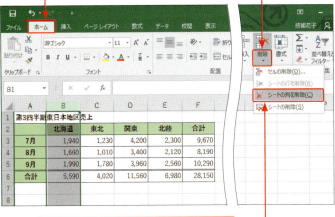

4 <シートの列を削除>をクリックすると、

5 列が削除されます。

6 数式が入力されている場合は、自動的に再計算されます。

メモ 行や列を挿入・削除するそのほかの方法

行や列の挿入と削除は、選択した行や列を右クリックすると表示されるメニューからも行うことができます。

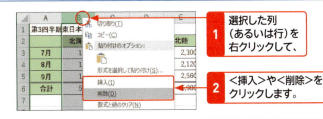

1 選択した列（あるいは行）を右クリックして、

2 <挿入>や<削除>をクリックします。

メモ 行を削除する

行を削除する場合は、行番号をクリックして削除する行を選択します。左の手順 **4** で<シートの行を削除>をクリックすると、選択した行が削除され、下の行がその位置に移動してきます。

ヒント 挿入した行や列の書式を設定できる

挿入した行や列には、上の行（または左の列）の書式が適用されます。上の行（左の列）の書式を適用したくない場合は、行や列を挿入すると表示される<挿入オプション>をクリックし、挿入した行や列の書式を、下の行（または右の列）と同じ書式にしたり、書式を解除したりすることができます（前ページ参照）。

列を挿入して<挿入オプション>をクリックした場合

Section 48 行や列をコピー・移動する

覚えておきたいキーワード
- ☑ コピー
- ☑ 切り取り
- ☑ 貼り付け

データを入力して書式を設定した行や列を、ほかの表でも利用したいことはよくあります。この場合は、行や列をコピーすると効率的です。また、行や列を移動することもできます。列や行を移動すると、数式のセル参照も自動的に変更されるので、計算をし直す必要はありません。

1 行や列をコピーする

メモ 列をコピーする

列をコピーする場合は、列番号をクリックして列を選択し、右の手順でコピーします。列の場合も行と同様に、セルに設定している書式も含めてコピーされます。

ヒント コピー先にデータがある場合は？

行や列をコピーする際、コピー先にデータがあった場合は上書きされてしまうので、注意が必要です。

メモ マウスのドラッグ操作でコピー・移動する

行や列のコピーや移動は、マウスのドラッグ操作で行うこともできます。コピー・移動する行や列を選択してセルの枠にマウスポインターを合わせ、ポインターの形が  に変わった状態でドラッグすると、移動されます。Ctrlを押しながらドラッグすると、コピーされます。

行をコピーする

1. 行番号をクリックして行を選択し、
2. <ホーム>タブをクリックして、
3. <コピー>をクリックします。

4. 行をコピーする位置の行番号をクリックして、
5. <ホーム>タブの<貼り付け>をクリックすると、

6. 選択した行が書式も含めてコピーされます。

Ctrlを押しながらドラッグすると、コピーされます。

2 行や列を移動する

列を移動する

1 列番号をクリックして、移動する列を選択し、

2 <ホーム>タブをクリックして、

3 <切り取り>をクリックします。

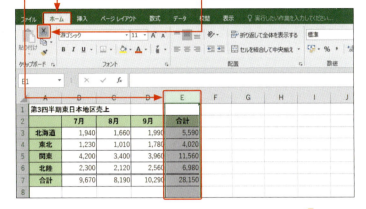

4 列を移動する位置の列番号をクリックして、

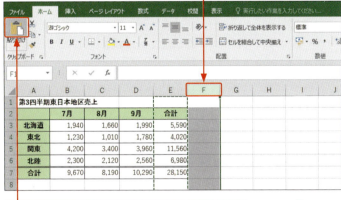

5 <ホーム>タブの<貼り付け>をクリックすると、

6 列が移動されます。

7 数式が入力されている場合、セル参照も自動的に変更されます。

メモ 行を移動する

行を移動する場合は、行番号をクリックして移動する行を選択し、左の手順で移動します。行や列を移動する場合も、貼り付け先にデータがあった場合は、上書きされるので注意が必要です。

ステップアップ 上書きせずにコピー・移動する

現在のセルを上書きせずに、行や列をコピーしたり移動したりすることもできます。マウスの右クリックで対象をドラッグし、コピーあるいは移動したい位置でマウスのボタンを離し、<下へシフトしてコピー>あるいは<下へシフトして移動>をクリックします。この操作を行うと、指定した位置に行や列が挿入されます。

1 マウスの右クリックでドラッグし、

2 マウスのボタンを離して、

3 <下へシフトしてコピー>あるいは<下へシフトして移動>をクリックします。

Section 49 セルを挿入・削除する

覚えておきたいキーワード
- ☑ セルの挿入
- ☑ セルの削除
- ☑ セルの移動方向

行単位や列単位で挿入や削除を行うだけではなく、セル単位でも挿入や削除を行うことができます。セルを挿入・削除する際は、挿入や削除後のセルの移動方向を指定します。挿入したセルには上や左のセルの書式が適用されますが、不要な場合は書式を解除することができます。

1 セルを挿入する

メモ セルを挿入するそのほかの方法

セルを挿入するには、右の手順のほかに、選択したセル範囲を右クリックすると表示されるメニューの＜挿入＞を利用する方法があります。

ヒント 挿入後のセルの移動方向

セルを挿入する場合は、右の手順のように＜セルの挿入＞ダイアログボックスで挿入後のセルの移動方向を指定します。指定できる項目は次の4とおりです。

①右方向にシフト
　選択したセルとその右側にあるセルが、右方向へ移動します。
②下方向にシフト
　選択したセルとその下側にあるセルが、下方向へ移動します。
③行全体
　行を挿入します。
④列全体
　列を挿入します。

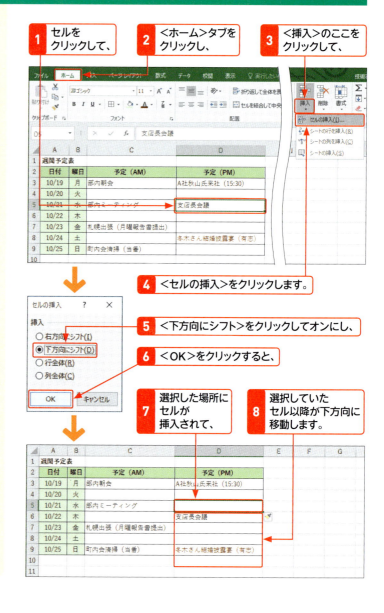

1 セルをクリックして、
2 ＜ホーム＞タブをクリックし、
3 ＜挿入＞のここをクリックして、
4 ＜セルの挿入＞をクリックします。
5 ＜下方向にシフト＞をクリックしてオンにし、
6 ＜OK＞をクリックすると、
7 選択した場所にセルが挿入されて、
8 選択していたセル以降が下方向に移動します。

394

2 セルを削除する

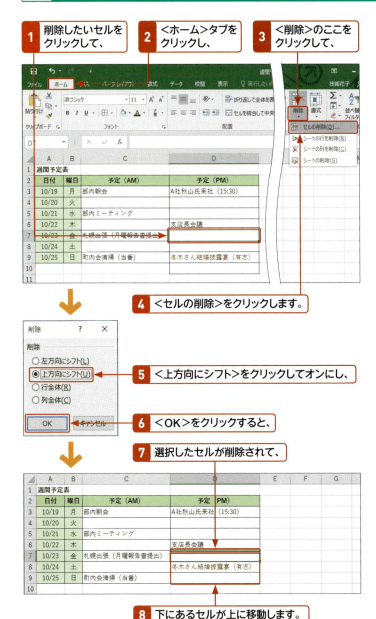

メモ セルを削除するそのほかの方法

セルを削除するには、左の手順のほかに、選択したセル範囲を右クリックすると表示されるメニューの<削除>を利用する方法があります。

ヒント 削除後のセルの移動方向

セルを削除する場合は、左の手順のように<削除>ダイアログボックスで削除後のセルの移動方向を選択します。選択できる項目は次の4とおりです。

① **左方向にシフト**
削除したセルの右側にあるセルが左方向へ移動します。

② **上方向にシフト**
削除したセルの下側にあるセルが上方向へ移動します。

③ **行全体**
行を削除します。

④ **列全体**
列を削除します。

ヒント 挿入したセルの書式を設定できる

挿入したセルの上のセル（または左のセル）に書式が設定されていると、<挿入オプション>が表示されます。これを利用すると、挿入したセルの書式を上下または左右のセルと同じ書式にしたり、書式を解除したりすることができます。

395

Section 50 セルをコピー・移動する

覚えておきたいキーワード
☑ コピー
☑ 切り取り
☑ 貼り付け

セルに入力したデータをほかのセルでも使用したいことはよくあります。この場合は、セルをコピーして利用すると、同じデータを改めて入力する手間が省けます。また、入力したデータをほかのセルに移動することもできます。削除して入力し直すより効率的です。

1 セルをコピーする

メモ　セルをコピーするそのほかの方法

セルをコピーするには右の手順のほかに、セルを右クリックすると表示されるメニューの＜コピー＞と＜貼り付け＞を利用する方法があります。

1 セルをクリックして、

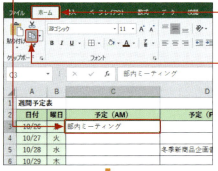

2 ＜ホーム＞タブをクリックし、
3 ＜コピー＞をクリックします。

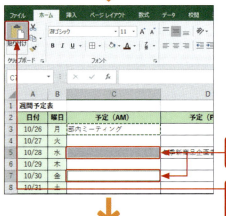

4 貼り付け先のセルをクリックして選択し、
5 ＜ホーム＞タブの＜貼り付け＞をクリックすると、

6 セルがコピーされます。

ヒント　離れた位置にあるセルを同時に選択するには？

離れた位置にあるセルを同時に選択するには、最初のセルをクリックしたあと、Ctrlを押しながら別のセルをクリックします。

2 セルを移動する

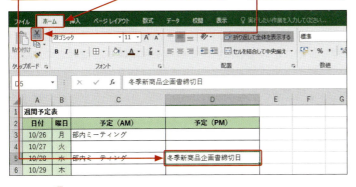

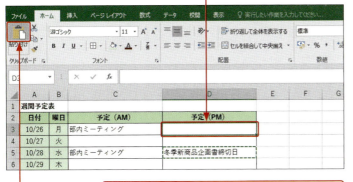

メモ セルのコピーや移動

セルをコピーしたり移動したりする場合、貼り付け先のデータは上書きされるので注意が必要です。

メモ 罫線も切り取られる

セルに罫線を設定してある場合は、セルを移動すると罫線も移動してしまいます。罫線を引く前に移動をするか、移動したあとに罫線を設定し直します。

ヒント マウスのドラッグ操作でコピー・移動する

セルのコピーや移動は、マウスのドラッグ操作で行うこともできます。コピー・移動するセルをクリックしてセルの枠にマウスポインターを合わせ、ポインターの形が変わった状態でドラッグすると、セルが移動されます。Ctrlを押しながらドラッグすると、コピーされます。

ポインターの形が変わった状態でドラッグすると、セルが移動されます。

Section 51 文字列を検索する

覚えておきたいキーワード
- ☑ 検索
- ☑ 検索範囲
- ☑ ワイルドカード

データの中から特定の文字を見つけ出したい場合、行や列を一つ一つ探していくのは手間がかかります。この場合は、検索機能を利用すると便利です。検索機能では、文字を検索する範囲や方向など、詳細な条件を設定して検索することができます。また、検索結果を一覧で表示することもできます。

1 ＜検索と置換＞ダイアログボックスを表示する

メモ 検索範囲を指定する

文字の検索では、アクティブセルが検索の開始位置になります。また、あらかじめセル範囲を選択して右の手順に従うと、選択したセル範囲だけを検索することができます。

1 表内のいずれかのセルをクリックします。

ヒント 検索から置換へ

＜検索と置換＞ダイアログボックスの＜検索＞で検索を行ったあとに＜置換＞に切り替えると、検索結果を利用して置換を行うことができます。

2 ＜ホーム＞タブをクリックして、

3 ＜検索と選択＞をクリックし、

4 ＜検索＞をクリックすると、

5 ＜検索と置換＞ダイアログボックスの＜検索＞が表示されます。

ステップアップ ワイルドカード文字の利用

検索文字列には、ワイルドカード文字「＊」（任意の長さの任意の文字）と「？」（任意の1文字）を使用できます。たとえば「第一＊」と入力すると「第一」や「第一営業部」「第一事業部」などが検索されます。「第？研究室」と入力すると「第一研究室」や「第二研究室」などが検索されます。

2 文字を検索する

1 検索したい文字を入力し、 **2** <次を検索>をクリックすると、

3 文字が検索されます。

4 再度<次を検索>をクリックすると、

5 次の文字が検索されます。

ヒント　検索文字が見つからない場合は？

検索する文字が見つからない場合は、検索の詳細設定（下の「ステップアップ」参照）で検索する条件を設定し直して、再度検索します。

メモ　検索結果を一覧表示する

手順**2**で<すべて検索>をクリックすると、検索結果がダイアログボックスの下に一覧で表示されます。

ステップアップ　検索の詳細設定

<検索と置換>ダイアログボックスで<オプション>をクリックすると、右図のように検索条件を細かく設定することができます。

- 検索場所をシートかブックで指定します。
- 検索方向を行か列で指定します。
- 検索対象の属性を指定します。
- 検索する文字の書式を指定します。
- 検索する文字の属性を指定します。

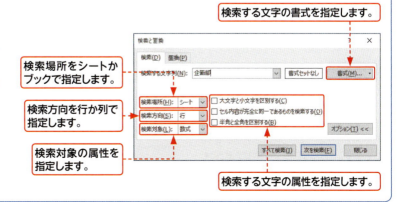

Section 52 文字列を置換する

覚えておきたいキーワード
- ☑ 置換
- ☑ 置換範囲
- ☑ すべて置換

データの中にある特定の文字だけを別の文字に置き換えたい場合、一つ一つ見つけて修正するのは手間がかかります。この場合は、置換機能を利用すると便利です。置換機能を利用すると、検索条件に一致するデータを個別に置き換えたり、すべてのデータをまとめて置き換えたりすることができます。

1 ＜検索と置換＞ダイアログボックスを表示する

> **メモ　置換範囲を指定する**
>
> 文字の置換では、ワークシート上のすべての文字が置換の対象となります。特定の範囲の文字を置換したい場合は、あらかじめ目的のセル範囲を選択してから、右の手順で操作します。

1 表内のいずれかのセルをクリックします。

2 ＜ホーム＞タブをクリックして、

3 ＜検索と選択＞をクリックし、

4 ＜置換＞をクリックすると、

5 ＜検索と置換＞ダイアログボックスの＜置換＞が表示されます。

> **ステップアップ　置換の詳細設定**
>
> ＜検索と置換＞ダイアログボックスの＜オプション＞をクリックすると、検索する文字の条件を詳細に設定することができます。設定内容は、＜検索＞と同様です。P.399の「ステップアップ」を参照してください。

2 文字を置換する

4 置換する文字が検索されます。

5 <置換>をクリックすると、

6 指定した文字に置き換えられ、

7 次の文字が検索されます。

8 同様に<置換>をクリックして、文字を置き換えていきます。

メモ データを一つ一つ置換する

左の手順で操作すると、1つずつデータを確認しながら置換を行うことができます。検索された文字を置換せずに次を検索する場合は、<次を検索>をクリックします。置換が終了すると、確認のダイアログボックスが表示されるので<OK>をクリックし、<検索と置換>ダイアログボックスの<閉じる>をクリックします。

ヒント まとめて一気に置換するには？

左の手順3で<すべて置換>をクリックすると、検索条件に一致するすべてのデータがまとめて置き換えられます。

ステップアップ 特定の文字を削除する

置換機能を利用すると、特定の文字を削除することができます。たとえば、セルに含まれるスペースを削除したい場合は、<検索する文字列>にスペースを入力し、<置換後の文字列>に何も入力せずに置換を実行します。

1 スペースを削除したい場合は、<検索する文字列>にスペースを入力し、

2 <置換後の文字列>に何も入力せずに置換を実行します。

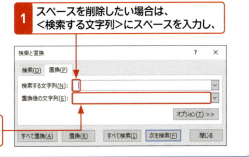

Section 53 行や列を非表示にする

覚えておきたいキーワード
- ☑ 列の非表示
- ☑ 行の非表示
- ☑ 列／行の再表示

特定の行や列を削除するのではなく、一時的に隠しておきたい場合があります。このようなときは、行や列を非表示にすることができます。非表示にした行や列は印刷されないので、必要な部分だけを印刷したいときにも便利です。非表示にした行や列が必要になったときは再表示します。

1 列を非表示にする

列を非表示にする そのほかの方法

列を非表示にするには、右の手順のほかに、非表示にする列全体を選択し、右クリックすると表示されるメニューから＜非表示＞をクリックする方法があります。

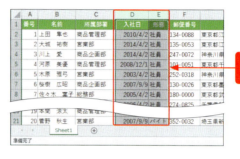

1 非表示にする列全体を選択して、

行を非表示にする

行を非表示にするには、行番号をクリックまたはドラッグして非表示にしたい行全体を選択するか、非表示にしたい行に含まれるセルやセル範囲を選択し、右の手順 **5** で＜行を表示しない＞をクリックします。

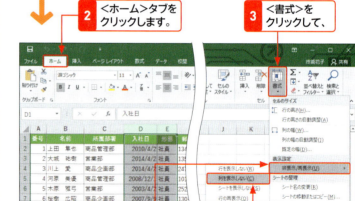

2 ＜ホーム＞タブをクリックします。

3 ＜書式＞をクリックして、

4 ＜非表示／再表示＞にマウスポインターを合わせ、

5 ＜列を表示しない＞をクリックすると、

ヒント 非表示にした行や列は印刷されない

行や列を非表示にして印刷を実行すると、非表示にした行や列は印刷されず、画面に表示されている部分だけが印刷されます。

6 選択した列が非表示になります。

2 非表示にした列を再表示する

前ページで非表示にした列を再表示します。

1 非表示にした列をはさむ左右の列を、列番号をドラッグして選択します。

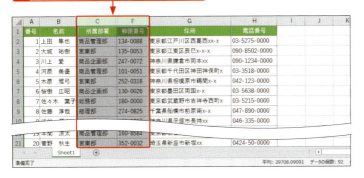

2 <ホーム>タブをクリックして、

3 <書式>をクリックします。

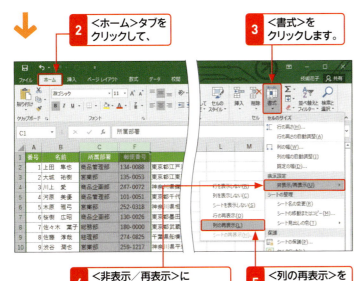

4 <非表示/再表示>にマウスポインターを合わせて、

5 <列の再表示>をクリックすると、

6 非表示にした列が再表示されます。

メモ 列を再表示するそのほかの方法

非表示にした列を再表示するには、左の手順のほかに、非表示にした列をはさむように左右の列を選択し、右クリックすると表示されるメニューから<再表示>をクリックする方法があります。

メモ 非表示にした行を再表示する

非表示にした行を再表示する場合は、非表示の行をはさむように上下の行を選択したあと、手順**5**で<行の再表示>をクリックします。

ヒント 左端の列や上端の行を再表示するには?

左端の列や上端の行を非表示にした場合は、もっとも端の列番号か行番号から、ウィンドウの左側あるいは上に向けてドラッグし、非表示の列や行を選択します(下図参照)。続いて、左の手順(左端の列の場合)に従うと、非表示にした左端の列や上端の行を再表示することができます。

もっとも端にある列番号を左側にドラッグして選択します。

Section 54 見出しを固定する

覚えておきたいキーワード
- ウィンドウ枠の固定
- 行の固定
- 行と列の固定

大きな表の場合、ワークシートをスクロールすると表題や見出しが見えなくなり、入力したデータが何を表すのかわからなくなることがあります。このような場合は、表題や見出しの行や列を固定しておくと、スクロールしても、常に必要な行や列を表示させておくことができます。

1 見出しの行を固定する

メモ 見出しの行や列の固定

見出しの行を固定するには、固定する行の1つ下の先頭(いちばん左)のセルをクリックして、右の手順で操作します。見出しの列を固定するには、固定する列の右隣の先頭(いちばん上)のセルをクリックして、同様の操作を行います。

この見出しの行を固定します。

1 固定する行の1つ下の先頭(いちばん左)のセルをクリックして、

2 <表示>タブをクリックします。

3 <ウィンドウ枠の固定>をクリックして、

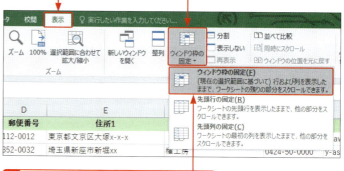

4 <ウィンドウ枠の固定>をクリックすると、

5 見出しの行が固定されて、境界線が表示されます。

ヒント 先頭行や先頭列の固定

<ウィンドウ枠の固定>をクリックして、<先頭行の固定>あるいは<先頭列の固定>をクリックすると、先頭行や先頭列を固定することができます。この場合、事前にセルをクリックしていなくてもかまいません。

境界線より下のウィンドウ枠内がスクロールします。

2 行と列を同時に固定する

この2つのセルを固定します。

1 このセルをクリックして、
2 <表示>タブをクリックします。
3 <ウィンドウ枠の固定>をクリックして、

メモ 行と列を同時に固定する

行と列を同時に固定するには、固定したいセルの右斜め下のセルをクリックして左の手順で操作します。クリックしたセルの左上のウィンドウ枠が固定されて、残りのウィンドウ枠内をスクロールすることができます。

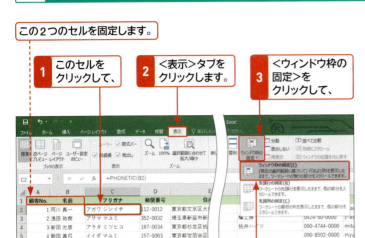

4 <ウィンドウ枠の固定>をクリックすると、

5 この2つのセルが固定され、

6 選択したセルの上側と左側に境界線が表示されます。

7 このペアの矢印だけが連動してスクロールします。

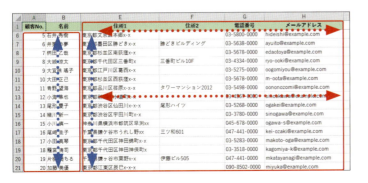

ヒント ウィンドウ枠の固定を解除するには？

ウィンドウ枠の固定を解除するには、<表示>タブをクリックして<ウィンドウ枠の固定>をクリックし、<ウィンドウ枠固定の解除>をクリックします。

1 <ウィンドウ枠の固定>をクリックして、

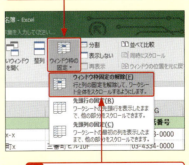

2 <ウィンドウ枠固定の解除>をクリックします。

Section 55 ワークシートを操作する

覚えておきたいキーワード
- ワークシートの追加／削除
- ワークシートの移動／コピー
- シート名の変更

Excel 2016の標準設定では、新規に作成したブックには1枚のワークシートが表示されています。必要に応じてワークシートを追加したり、不要になったワークシートを削除したりすることができます。また、コピーや移動、シート名やシート見出しの色を変更することもできます。

1 ワークシートを追加する

メモ　ワークシートの追加

ワークシートを追加するには、シート見出しの右端にある＜新しいシート＞をクリックする方法と、＜ホーム＞タブの＜挿入＞を使う方法があります。右のようにワークシートをどこに追加するかによって、どちらかの方法を選ぶとよいでしょう。

シートの最後に追加する

1 ＜新しいシート＞をクリックすると、

2 新しいワークシートがシートの後ろに追加されます。

選択したシートの前に追加する

1 シート見出しをクリックして、
2 ＜ホーム＞タブをクリックします。
3 ＜挿入＞のここをクリックして、

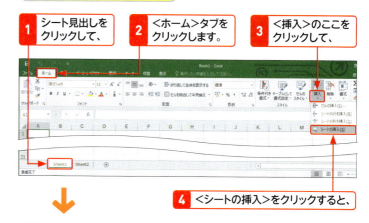

4 ＜シートの挿入＞をクリックすると、

5 選択していたシートの前に新しいワークシートが追加されます。

メモ　ワークシートの枚数

Excel 2016の標準設定では、あらかじめ1枚のワークシートが用意されています。

2 ワークシートを削除する

1 削除するシート見出しをクリックします。

2 <ホーム>タブをクリックして、

3 <削除>のここをクリックし、

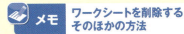
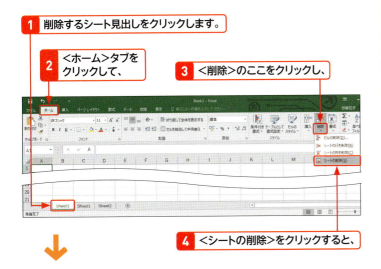

メモ ワークシートを削除するそのほかの方法

左の手順のほかに、シート見出しを右クリックすると表示されるメニューから<削除>をクリックしても、削除することができます。

4 <シートの削除>をクリックすると、

5 選択していたシートが削除されます。

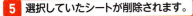

3 ワークシートを移動・コピーする

1 シート見出し上でマウスのボタンを押したままにすると、マウスポインターの形が変わります。

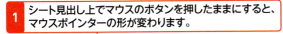

メモ ワークシートをコピーする

ワークシートをコピーするには、移動と同様の手順でシート見出しをドラッグし、挿入する位置で[Ctrl]を押しながら、マウスのボタンを離します。[Ctrl]を押している間はマウスポインターの形が ▷ に変わります。

コピーされたシート名には、元のシート名の末尾に「(2)」「(3)」などの連続した番号が付きます。

2 移動先へドラッグすると、

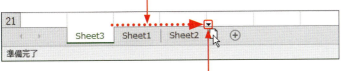

3 シートの移動先に▼マークが表示され、

4 マウスから指を離すと、その位置にシートが移動します。

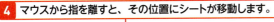

Section 55

4 ブック間でワークシートを移動・コピーする

メモ ブック間でのシートの移動・コピーの条件

ブック間でワークシートの移動・コピーを行うには、対象となるすべてのブックを開いておきます。

メモ シートを移動・コピーするそのほかの方法

右の手順のほかに、シート見出しを右クリックすると表示されるメニューから<移動またはコピー>をクリックしても、手順5の<シートの移動またはコピー>ダイアログボックスが表示されます。

ヒント ブック間でのシートのコピー

右の手順ではブックを移動しましたが、コピーする場合は、<シートの移動またはコピー>ダイアログボックスでコピー先のブックとシートを指定して、<コピーを作成する>をクリックしてオンにし、<OK>をクリックします。

コピーする場合は、ここをクリックしてオンにします。

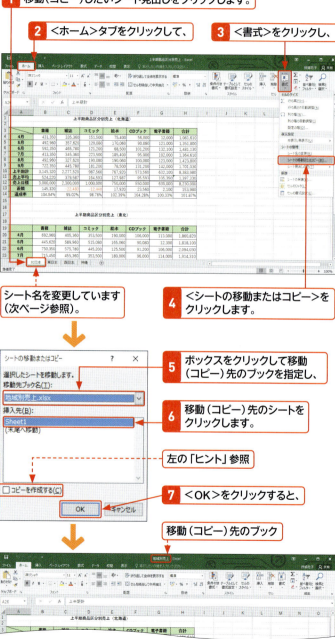

移動(コピー)もとと、移動(コピー)先のブックを開いておきます。

1 移動(コピー)したいシート見出しをクリックします。
2 <ホーム>タブをクリックして、
3 <書式>をクリックし、
4 <シートの移動またはコピー>をクリックします。

シート名を変更しています（次ページ参照）。

5 ボックスをクリックして移動(コピー)先のブックを指定し、
6 移動(コピー)先のシートをクリックします。

左の「ヒント」参照

7 <OK>をクリックすると、

移動(コピー)先のブック

8 指定したブック内のシートの前に、シートが移動(コピー)されます。

5 シート名を変更する

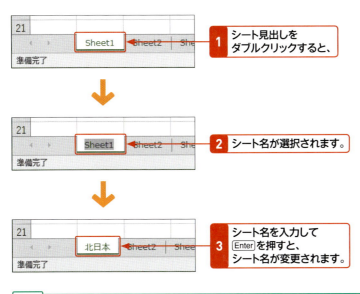

メモ　シート名で使える文字

シート名は半角・全角にかかわらず31文字まで入力できますが、半角・全角の「¥」「*」「?」「:」「'」「/」と半角の「[ ]」は使用できません。また、シート名を空白（なにも文字を入力しない状態）にすることはできません。

6 シート見出しに色を付ける

メモ　シート見出しの色

シート見出しに色を付けたシートが選択されている状態では、手順 6 の図のように表示されます。ほかのシートを選択している場合は、シート見出し全体に色が表示されます。

ほかのシートが選択されている場合は、このように表示されます。

ヒント　シート見出しの色を取り消すには？

シート見出しの色を取り消すには、手順 5 で＜色なし＞をクリックします。

Section 56 ウィンドウを分割・整列する

覚えておきたいキーワード
- ☑ ウィンドウの分割
- ☑ 新しいウィンドウを開く
- ☑ ウィンドウの整列

ウィンドウを上下や左右に分割して2つの領域に分けて表示させると、ワークシート内の離れた部分を同時に表示することができて便利です。また、1つのブックを複数のウィンドウで表示させると、同じブックにある別々のシートを比較しながら作業を行うことができます。

1 ウィンドウを上下に分割する

メモ ウィンドウの分割

ウィンドウを分割するには、右の手順で操作します。分割したウィンドウは別々にスクロールすることができるので、離れた位置のセル範囲を同時に見ることができます。

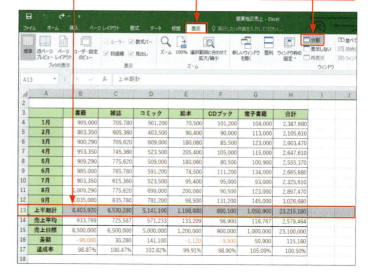

1. 分割したい位置の下の行をクリックします。
2. <表示>タブをクリックして、
3. <分割>をクリックすると、

ヒント ウィンドウを左右に分割するには？

ウィンドウを左右に分割するには、分割したい位置の右の列をクリックして、右の手順2、3を実行します。

4. ウィンドウが指定した位置で上下に分割され、分割バーが表示されます。

ヒント ウィンドウの分割を解除するには？

分割を解除するには、選択されている<分割>を再度クリックするか、分割バーをダブルクリックします。

2 1つのブックを左右に並べて表示する

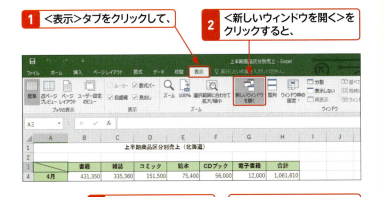

1 ＜表示＞タブをクリックして、
2 ＜新しいウィンドウを開く＞をクリックすると、

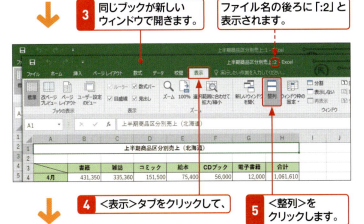

3 同じブックが新しいウィンドウで開きます。
ファイル名の後ろに「:2」と表示されます。

4 ＜表示＞タブをクリックして、
5 ＜整列＞をクリックします。

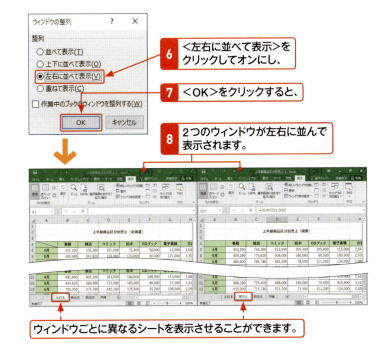

6 ＜左右に並べて表示＞をクリックしてオンにし、
7 ＜OK＞をクリックすると、
8 2つのウィンドウが左右に並んで表示されます。

ウィンドウごとに異なるシートを表示させることができます。

メモ タイトルバーに表示されるファイル名

1つのブックを並べて表示すると、タイトルバーに表示されるファイル名の後ろに「:1」「:2」などの番号が表示されます。この番号は、ウィンドウを区別するためのもので、実際にファイル名が変わったわけではありません。

ヒント ウィンドウを1つだけ閉じるには？

複数のウィンドウが並んで表示されている場合に、ウィンドウを1つだけ閉じるには、閉じたいウィンドウ右上の＜閉じる＞をクリックします。

ステップアップ 複数のブックを並べて表示する

複数のブックを左右に並べて表示することもできます。複数のブックを開いた状態で、手順 4 ～ 7 を実行します。

Section 57 シートやブックを保護する

覚えておきたいキーワード
- ☑ 範囲の編集を許可
- ☑ シートの保護
- ☑ ブックの保護

データが変更されたり、移動や削除されたりしないように、特定のシートやブックを保護することができます。表全体を編集できないようにするにはシートの保護を、ブックの構成に関する変更ができないようにするにはブックの保護を設定します。また、特定のセル範囲だけを編集可能にすることもできます。

1 シートの保護とは

「シートの保護」とは、ワークシートやブックのデータが変更されたり、移動、削除されたりしないように、特定のワークシートやブックをパスワード付き、またはパスワードなしで保護する機能のことです。

- シートの保護が設定されたシートでは…
- 保護されたシートのデータは変更することができません。
- 編集がロックされたシート
- 編集が許可されたセル範囲
- 特定のセル範囲に対してデータの編集を許可するように設定することができます。

2 データの編集を許可するセル範囲を設定する

メモ 編集を許可するセル範囲の設定

シートを保護すると、既定ではすべてのセルの編集ができなくなりますが、特定のセル範囲だけデータの編集を許可することもできます。ここでは、シートを保護する前に、データの編集を許可するセル範囲を指定します。

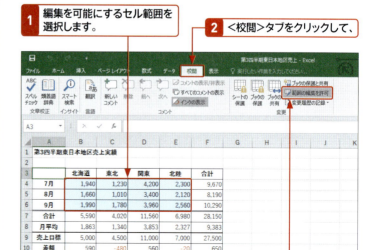

1. 編集を可能にするセル範囲を選択します。
2. <校閲>タブをクリックして、
3. <範囲の編集を許可>をクリックし、

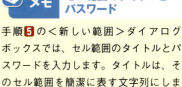

4 <新規>をクリックします。

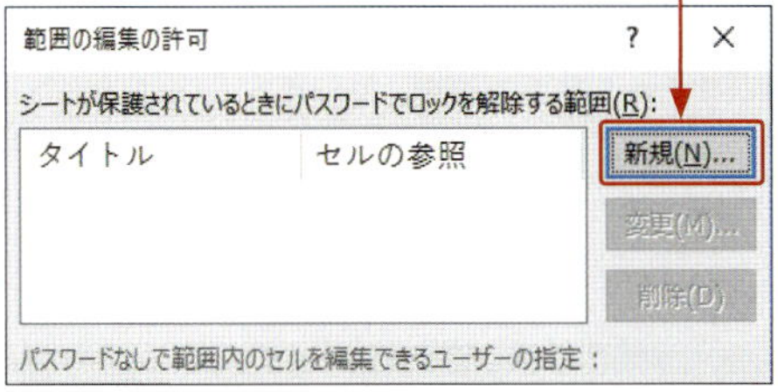

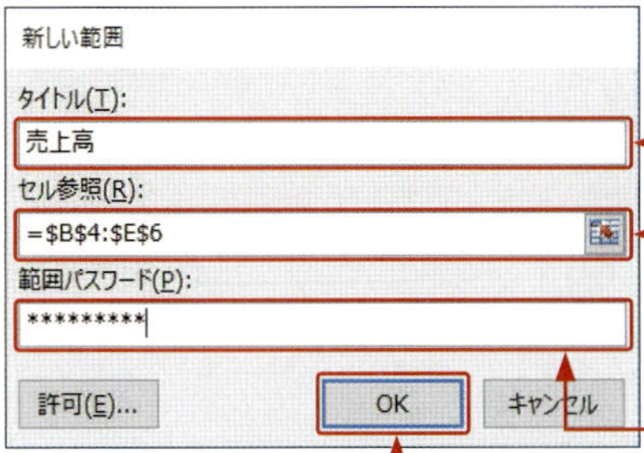

5 編集を許可するセル範囲の名前を入力して、

6 選択したセル範囲が設定されていることを確認します。

7 パスワードを入力して（省略可）、

8 <OK>をクリックします。

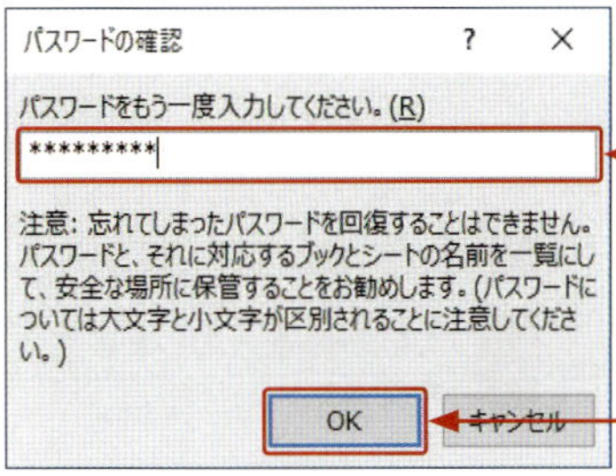

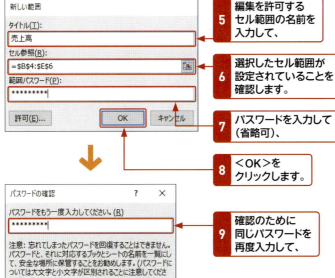

9 確認のために同じパスワードを再度入力して、

10 <OK>をクリックすると、

11 編集を許可するセル範囲が設定されるので、

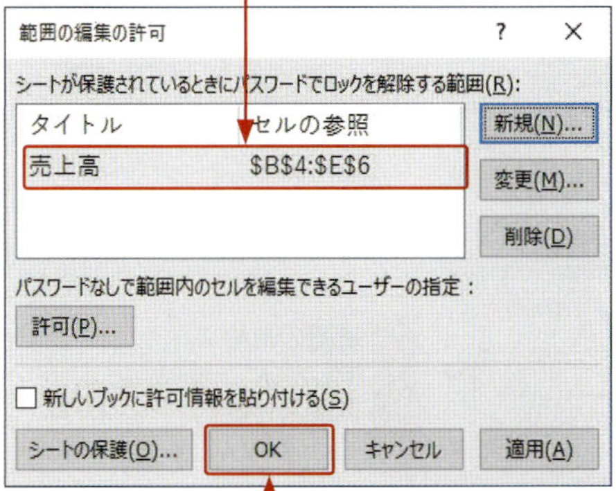

12 <OK>をクリックします。

ここまでの設定が完了したら、次ページの手順でシートを保護します。

メモ　セル範囲のタイトルとパスワード

手順**5**の<新しい範囲>ダイアログボックスでは、セル範囲のタイトルとパスワードを入力します。タイトルは、そのセル範囲を簡潔に表す文字列にします。とくに、複数のセル範囲を登録したときには重要になります。
パスワードは、指定した範囲のデータ編集を特定のユーザーに許可するためのパスワードです。パスワードは省略することができますが、省略すると、すべてのユーザーがシートの保護を解除したり、保護された要素を変更したりすることができるようになります。

ヒント　編集可能なセル範囲の設定を削除するには？

編集を許可したセル範囲の設定を削除するには、手順**2**、**3**の操作で<範囲の編集の許可>ダイアログボックスを表示して、目的のセル範囲をクリックし、<削除>をクリックします。

3 シートを保護する

メモ シートの保護を解除するパスワード

手順4で入力するパスワードは、シートの保護を解除するためのパスワードです（次ページの「ヒント」参照）。このパスワードは、前ページの手順7で入力したものとは違うパスワードにすることをおすすめします。

ヒント 許可する操作を設定する

＜シートの保護＞ダイアログボックスでは、保護されたシートでユーザーに許可する操作を設定することができます。たとえば、「行の挿入は許可するが、削除は許可しない」などのように設定することができます。

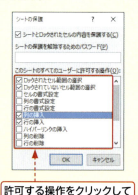

許可する操作をクリックしてオンにします。

P.412でデータの編集を許可するセル範囲を設定しています。

1 ＜校閲＞タブをクリックして、

2 ＜シートの保護＞をクリックします。

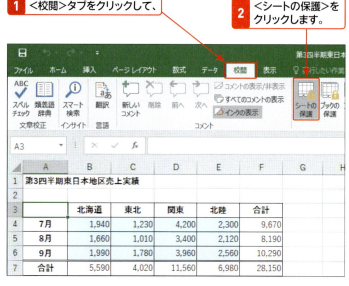

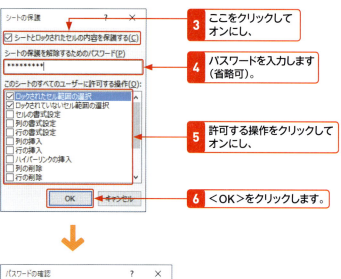

3 ここをクリックしてオンにし、

4 パスワードを入力します（省略可）。

5 許可する操作をクリックしてオンにし、

6 ＜OK＞をクリックします。

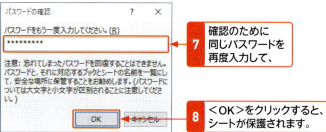

7 確認のために同じパスワードを再度入力して、

8 ＜OK＞をクリックすると、シートが保護されます。

編集が許可されたセルのデータを編集する

1 編集が許可されたセルのデータを編集しようとすると（P.412参照）、

2 パスワードの入力を要求されます。P.413で設定したパスワードを入力して、

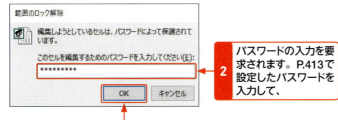

3 ＜OK＞をクリックすると、データを編集することができます。

保護されたセルのデータを編集する

1 保護されたシートのデータを編集しようとすると（前ページ参照）、

2 ダイアログボックスが表示されて、データを編集することができません。

3 ＜OK＞をクリックして、ダイアログボックスを閉じます。

メモ　シートの保護

シートの保護を設定すると、セルに対する操作が制限され、設定したパスワードを入力しない限り、データが編集できなくなります。セルに対して制限されるのは、設定時に許可した操作（前ページの手順**5**の図）以外のすべての操作です。

ヒント　シートの保護を解除するには？

シートの保護を解除するには、＜校閲＞タブをクリックして、＜シート保護の解除＞をクリックします。パスワードを設定している場合はパスワードの入力が要求されるので、パスワードを入力します。

1 ＜シート保護の解除＞をクリックして、

2 パスワードを入力し、

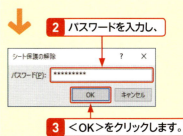

3 ＜OK＞をクリックします。

4 ブックを保護する

メモ ブックの保護対象

＜シート構成とウィンドウの保護＞ダイアログボックスの＜シート構成＞では、次のような要素が保護されます。

- 非表示にしたワークシートの表示
- ワークシートの移動、削除、非表示、名前の変更
- 新しいワークシートやグラフシートの挿入
- ほかのブックへのシートの移動やコピー

1. ＜校閲＞タブをクリックして、
2. ＜ブックの保護＞をクリックします。

 3. ＜シート構成＞がオンになっていることを確認して、

4. パスワードを入力し（省略可）、

5. ＜OK＞をクリックします。

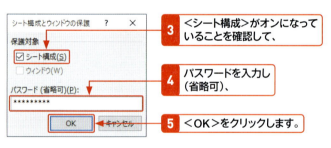

6. 確認のために同じパスワードを再度入力して、

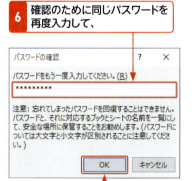

7. ＜OK＞をクリックすると、ブックが保護されます。

ヒント ブックの保護を解除するには？

ブックの保護を解除するには、＜校閲＞タブをクリックして＜ブックの保護＞をクリックします。パスワードを設定している場合はパスワードの入力が要求されるので、パスワードを入力します。

1. ＜ブックの保護＞をクリックして、
2. パスワードを入力し、
3. ＜OK＞をクリックします。

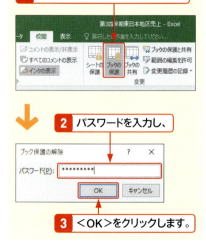

Chapter 06

第6章

表の印刷

Section	58	印刷機能の基本
	59	ワークシートを印刷する
	60	1ページにおさまるように印刷する
	61	改ページの位置を変更する
	62	印刷イメージを見ながらページを調整する
	63	ヘッダーとフッターを挿入する
	64	指定した範囲だけを印刷する
	65	2ページ目以降に見出しを付けて印刷する
	66	ワークシートをPDFに変換する

Section 58 印刷機能の基本

覚えておきたいキーワード
- ☑ ＜印刷＞画面
- ☑ 印刷プレビュー
- ☑ ＜ページレイアウト＞タブ

作成した表やグラフなどを思いどおりに印刷するには、印刷に関する基本を理解しておくことが大切です。Excelでは、印刷プレビューで印刷結果を確認しながら各種設定が行えるので、効率的に印刷できます。ここでは、印刷画面各部の名称と機能、印刷画面で設定できる各種機能を確認しておきましょう。

1 ＜印刷＞画面の各部の名称と機能

＜ファイル＞タブをクリックして＜印刷＞をクリックすると、下図の＜印刷＞画面が表示されます。この画面に、印刷プレビューやプリンターの設定、印刷内容に関する各種設定など、印刷を実行するための機能がすべてまとめられています。

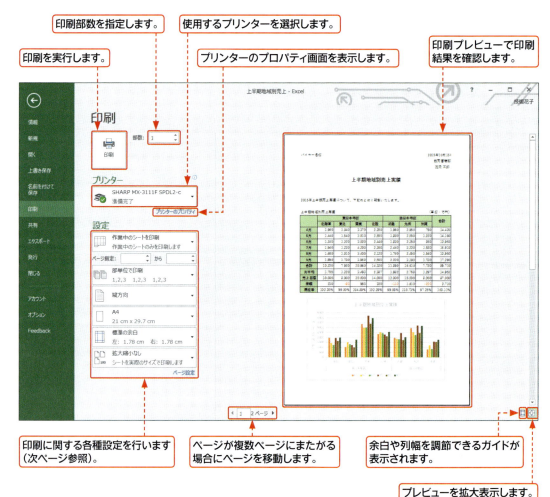

第6章 表の印刷

2 ＜印刷＞画面の印刷設定機能

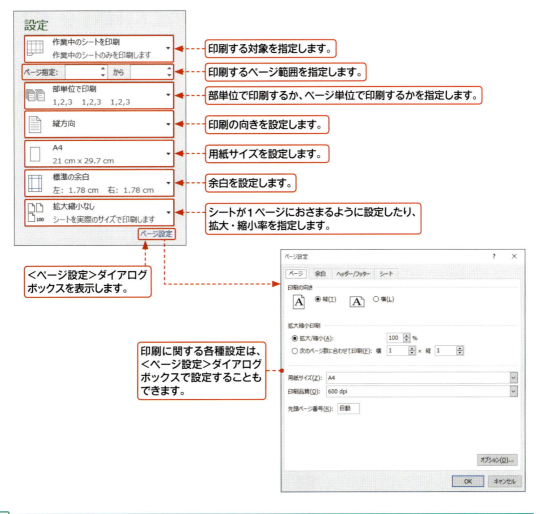

3 ＜ページレイアウト＞タブの利用

余白や印刷の向き、用紙サイズは、＜ページレイアウト＞タブの＜ページ設定＞グループでも設定することができます。

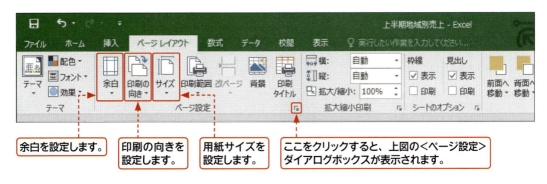

Section 59 ワークシートを印刷する

覚えておきたいキーワード
- ☑ 印刷プレビュー
- ☑ ページ設定
- ☑ 印刷

作成したワークシートを印刷する前に、印刷プレビューで印刷結果のイメージを確認すると、意図したとおりの印刷が行えます。Excelでは、＜印刷＞画面で印刷結果を確認しながら、印刷の向きや用紙、余白などの設定を行うことができます。設定内容を確認したら、印刷を実行します。

1 印刷プレビューを表示する

メモ プレビューの拡大・縮小の切り替え

印刷プレビューの右下にある＜ページに合わせる＞をクリックすると、プレビューが拡大表示されます。再度クリックすると、縮小表示に戻ります。

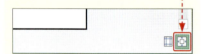
＜ページに合わせる＞をクリックすると、プレビューが拡大表示されます。

1 ＜ファイル＞タブをクリックして、

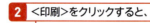

2 ＜印刷＞をクリックすると、

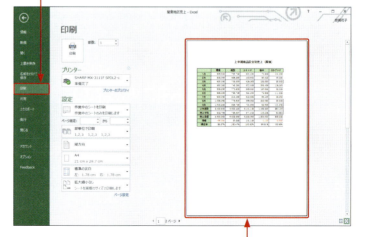

ヒント 複数ページのイメージを確認するには？

ワークシートの印刷が複数ページにまたがる場合は、印刷プレビューの左下にある＜次のページ＞、＜前のページ＞をクリックすると、次ページや前ページの印刷イメージを確認することができます。

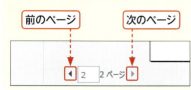
前のページ　次のページ

3 ＜印刷＞画面が表示され、右側に印刷プレビューが表示されます。

2 印刷の向きや用紙サイズ、余白の設定を行う

1 <印刷>画面を表示しています（前ページ参照）。

2 ここをクリックして、

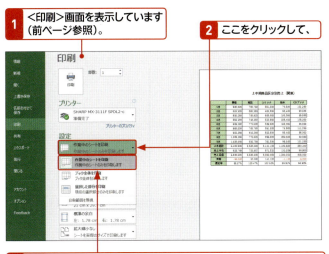

3 印刷する対象（ここでは<作業中のシートを印刷>）を指定します。

4 ここをクリックして、

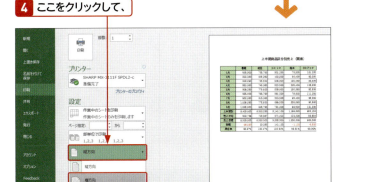

右の「メモ」参照

5 印刷の向き（ここでは<横方向>）を指定します。

6 ここをクリックして、

7 使用する用紙（ここでは<B5>）を指定します。

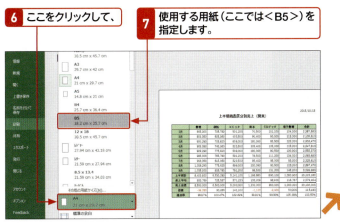

メモ そのほかのページ設定の方法

ページ設定は、左の手順のほか、<ページレイアウト>タブの<ページ設定>グループのコマンドや、<印刷>画面の下側にある<ページ設定>をクリックすると表示される<ページ設定>ダイアログボックス（P.423の「メモ」参照）からも行うことができます。

これらのコマンドを利用します。

ヒント 複数のシートをまとめて印刷するには？

ブックに複数のシートがあるとき、シートをまとめて印刷したい場合は、手順**3**で<ブック全体を印刷>を指定します。

ヒント　データを拡大・縮小して印刷するには？

ワークシート上のデータを拡大あるいは縮小して印刷するには、＜印刷＞画面の下側にある＜拡大縮小なし＞をクリックして縮小方法を設定します（Sec.60参照）。また、＜ページ設定＞ダイアログボックスの＜ページ＞で拡大／縮小率を指定することもできます（次ページの「メモ」参照）。

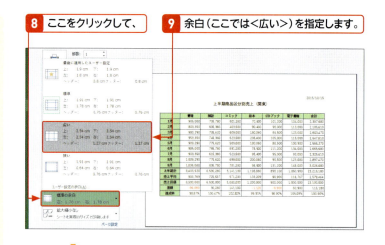

8 ここをクリックして、
9 余白（ここでは＜広い＞）を指定します。

10 設定した内容が印刷プレビューに反映されます。

3 印刷を実行する

メモ　印刷を実行する

各種設定が完了したら、＜印刷＞をクリックして印刷を実行します。

ステップアップ　プリンターの設定を変更する

プリンターの設定を変更する場合は、＜プリンターのプロパティ＞をクリックして、プリンターのプロパティ画面を表示します。

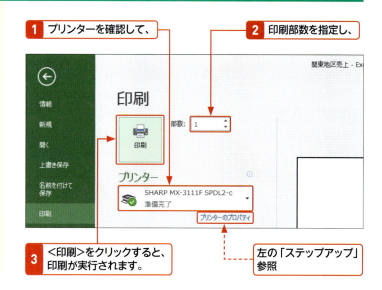

1 プリンターを確認して、
2 印刷部数を指定し、
3 ＜印刷＞をクリックすると、印刷が実行されます。
左の「ステップアップ」参照

メモ ＜ページ設定＞ダイアログボックスの利用

印刷の向きや用紙サイズ、余白などのページ設定は、＜ページ設定＞ダイアログボックスでも行うことができます。＜ページ設定＞ダイアログボックスは、＜印刷＞画面の下側にある＜ページ設定＞をクリックするか、＜ページレイアウト＞タブの＜ページ設定＞グループにある をクリックすると表示されます。

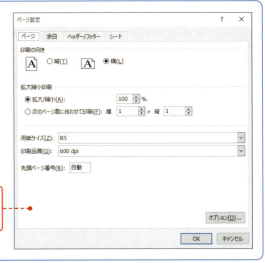

印刷の向きや用紙サイズ、拡大・縮小率、余白などのページ設定を行うことができます。

ヒント 印刷プレビューで余白を設定する

印刷プレビューで＜余白の表示＞をクリックすると、余白やヘッダー／フッターの位置を示すガイド線が表示されます。右図のようにガイド線をドラッグすると、余白やヘッダー／フッターの位置を変更できます。

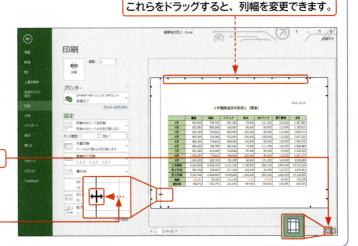

これらをドラッグすると、列幅を変更できます。

1 ＜余白の表示＞をクリックします。

2 ガイド線にマウスポインターを合わせてドラッグすると、余白の位置を変更できます。

ステップアップ ワークシートの枠線を印刷するには？

通常、ユーザーが罫線を設定しなければ、表の枠線は印刷されません。罫線を設定していなくても、ワークシートに枠線を付けて印刷したい場合は、＜ページレイアウト＞タブの＜枠線＞の＜表示＞と＜印刷＞をクリックしてオンにし、印刷を行います。

＜枠線＞の＜表示＞と＜印刷＞をオンにして印刷を行います。

Section 60 1ページにおさまるように印刷する

覚えておきたいキーワード
- ☑ 拡大縮小
- ☑ 余白
- ☑ ページ設定

表を印刷したとき、列や行が次のページに少しだけはみ出してしまう場合があります。このような場合は、シートを縮小したり、余白を調整したりすることで1ページにおさめることができます。印刷プレビューで設定結果を確認しながら調整すると、印刷の無駄を省くことができます。

1 印刷プレビューで印刷状態を確認する

メモ 印刷状態の確認

表が2ページに分割されているかどうかは、印刷プレビューの左下にあるページ番号で確認できます。<次のページ>をクリックすると、分割されているページが確認できます。

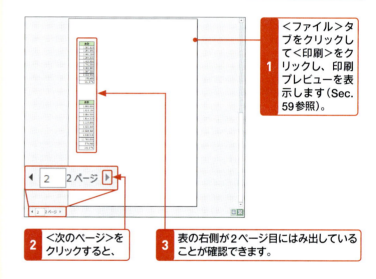

1 <ファイル>タブをクリックして<印刷>をクリックし、印刷プレビューを表示します（Sec.59参照）。

2 <次のページ>をクリックすると、

3 表の右側が2ページ目にはみ出していることが確認できます。

2 はみ出した表を1ページにおさめる

メモ 拡大縮小の設定

右の例では、列幅が1ページにおさまるように設定しましたが、行が下にはみ出す場合は、<すべての行を1ページに印刷>をクリックします。また、行と列の両方がはみ出す場合は、<シートを1ページに印刷>をクリックします。

シートを縮小する

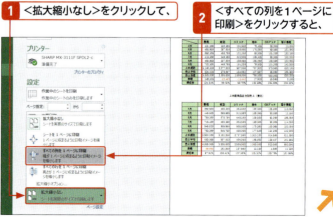

1 <拡大縮小なし>をクリックして、

2 <すべての列を1ページに印刷>をクリックすると、

3 表が1ページにおさまるように縮小されます。

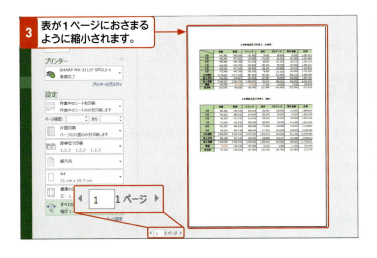

余白を調整する

1 <標準の余白>をクリックして、

2 <狭い>をクリックすると、

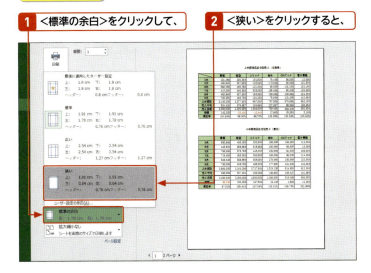

3 印刷領域が広がり、表が1ページにおさまります。

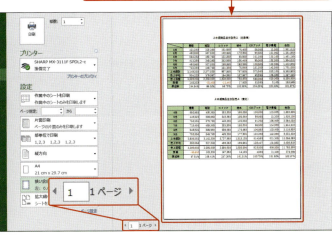

メモ 余白を調整する

<印刷>画面の下側にある<ページ設定>をクリックすると表示される<ページ設定>ダイアログボックスの<余白>を利用すると、余白を細かく設定することができます。

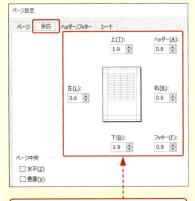

余白を細かく設定することができます。

ヒント 表を用紙の中央に印刷するには？

<ページ設定>ダイアログボックスの<余白>にある<水平>をクリックしてオンにすると表を用紙の左右中央に、<垂直>をクリックしてオンにすると表を用紙の上下中央に印刷することができます。

表を用紙の中央に印刷することができます。

Section 60 1ページにおさまるように印刷する

Excel 第6章 表の印刷

425

Section 61 改ページの位置を変更する

覚えておきたいキーワード
- ☑ 改ページプレビュー
- ☑ 改ページ位置
- ☑ 標準ビュー

サイズの大きい表を印刷すると、自動的にページが分割されますが、区切りのよい位置で改ページされるとは限りません。このようなときは、改ページプレビューを利用して、目的の位置で改ページされるように設定します。ドラッグ操作でかんたんに改ページ位置を変更することができます。

1 改ページプレビューを表示する

キーワード 改ページプレビュー

改ページプレビューでは、ページ番号や改ページ位置がワークシート上に表示されるので、どのページに何が印刷されるかを正確に把握することができます。また、印刷するイメージを確認しながらセルのデータを編集することもできます。

1 <表示>タブをクリックして、

2 <改ページプレビュー>をクリックすると、

3 改ページプレビューが表示されます。

4 印刷される領域が青い太枠で囲まれ、改ページ位置に破線が表示されます。

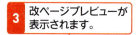

メモ 改ページプレビューの表示

改ページプレビューは、右の手順のほかに、画面の右下にある<改ページプレビュー>をクリックしても表示できます。

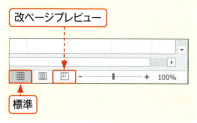

ワークシート上にページ番号が表示されます。

Section 61 改ページの位置を変更する

2 改ページ位置を移動する

1 改ページ位置を示す青い破線にマウスポインターを合わせて、

	A	B	C	D	E	F	G	H
30	差額	-99,650	162,200	187,560	13,120	4,560	11,300	279,090
31	達成率	97.51%	105.41%	107.36%	101.31%	100.75%	101.88%	102.37%
32								
33								
34				上半期商品区分別売上（関東）				
35								
36		書籍	雑誌	コミック	絵本	CDブック	電子書籍	合計
37	4月	953,350	745,360	523,500	205,400	105,000	115,000	2,647,610
38	5月	909,290	775,620	509,000	180,060	80,500	100,900	2,555,370
39	6月	985,000	765,780	591,200	78,500	111,200	134,000	2,665,680
40	7月	903,350	615,360	523,500	95,400	95,000	93,000	2,325,610
41	8月	1,009,290	775,620	699,000	200,060	90,500	123,000	2,897,470
42	9月	1,035,000	835,780	781,200	98,500	131,200	145,000	3,026,680
43	上半期計	5,795,280	4,513,520	3,627,400	857,920	613,400	710,900	16,118,420
44	売上平均	965,880	752,253	604,567	142,987	102,233	118,483	2,686,403

メモ 改ページ位置を示す線

ユーザーが改ページ位置を指定していない場合、改ページプレビューには、自動的に設定された改ページ位置が青い破線で表示されます（手順**1**の図参照）。ユーザーが改ページ位置を指定すると、改ページ位置が青い太線で表示されます（手順**3**の図参照）。

↓

2 改ページする位置までドラッグすると、

	A	B	C	D	E	F	G	H
30	差額	-99,650	162,200	187,560	13,120	4,560	11,300	279,090
31	達成率	97.51%	105.41%	107.36%	101.31%	100.75%	101.88%	102.37%
32								
33								
34				上半期商品区分別売上（関東）				
35								
36		書籍	雑誌	コミック	絵本	CDブック	電子書籍	合計
37	4月	953,350	745,360	523,500	205,400	105,000	115,000	2,647,610
38	5月	909,290	775,620	509,000	180,060	80,500	100,900	2,555,370
39	6月	985,000	765,780	591,200	78,500	111,200	134,000	2,665,680
40	7月	903,350	615,360	523,500	95,400	95,000	93,000	2,325,610
41	8月	1,009,290	775,620	699,000	200,060	90,500	123,000	2,897,470
42	9月	1,035,000	835,780	781,200	98,500	131,200	145,000	3,026,680
43	上半期計	5,795,280	4,513,520	3,627,400	857,920	613,400	710,900	16,118,420
44	売上平均	965,880	752,253	604,567	142,987	102,233	118,483	2,686,403

↓

3 変更した改ページ位置が青い太線で表示されます。

	A	B	C	D	E	F	G	H
30	差額	-99,650	162,200	187,560	13,120	4,560	11,300	279,090
31	達成率	97.51%	105.41%	107.36%	101.31%	100.75%	101.88%	102.37%
32								
33								
34				上半期商品区分別売上（関東）				
35								
36		書籍	雑誌	コミック	絵本	CDブック	電子書籍	合計
37	4月	953,350	745,360	523,500	205,400	105,000	115,000	2,647,610
38	5月	909,290	775,620	509,000	180,060	80,500	100,900	2,555,370
39	6月	985,000	765,780	591,200	78,500	111,200	134,000	2,665,680
40	7月	903,350	615,360	523,500	95,400	95,000	93,000	2,325,610
41	8月	1,009,290	775,620	699,000	200,060	90,500	123,000	2,897,470
42	9月	1,035,000	835,780	781,200	98,500	131,200	145,000	3,026,680
43	上半期計	5,795,280	4,513,520	3,627,400	857,920	613,400	710,900	16,118,420
44	売上平均	965,880	752,253	604,567	142,987	102,233	118,483	2,686,403

ヒント 画面表示を標準ビューに戻すには？

改ページプレビューから標準の画面表示（標準ビュー）に戻すには、＜表示＞タブの＜標準＞をクリックするか（下図参照）、画面右下にある＜標準＞ をクリックします。

Excel 第6章 表の印刷

Section 62 印刷イメージを見ながらページを調整する

覚えておきたいキーワード
- ページレイアウト
- ページレイアウトビュー
- 拡大縮小印刷

ページレイアウトビューを利用すると、レイアウトを確認しながら、セル幅や余白などを調整することができます。また、はみ出している部分をページにおさめたり、拡大・縮小印刷の設定を行うことができます。データの編集もできるので、編集するために標準ビューに切り替える必要がありません。

1 ページレイアウトビューを表示する

キーワード ページレイアウトビュー

ページレイアウトビューは、表などを用紙の上にバランスよく配置するために用いるレイアウトです。ページレイアウトビューを利用すると、印刷イメージを確認しながらデータの編集やセル幅の調整、余白の調整などが行えます。

ヒント ページ中央への配置

ページレイアウトビューで作業をするときは、＜ページ設定＞ダイアログボックスの＜余白＞でページを左右中央に設定しておくと、ページをバランスよく調整することができます（P.425の「ヒント」参照）。

メモ ページレイアウトビューの表示

ページレイアウトビューは、右の手順のほかに、画面の右下にある＜ページレイアウト＞をクリックしても表示できます。

ページレイアウト

1 ＜表示＞タブをクリックして、

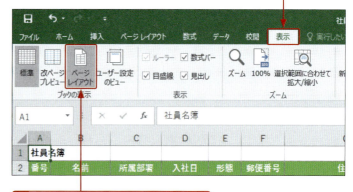

2 ＜ページレイアウト＞をクリックすると、

3 ページレイアウトビューが表示されます。

4 全体が見づらい場合は、＜ズーム＞をドラッグして表示倍率を変更します。

2 ページの横幅を調整する

列がはみ出しているのを1ページにおさめる

1 <ページレイアウト>タブをクリックします。

2 <横>のここをクリックして、

3 <1ページ>をクリックすると、

この部分があふれています。

4 表の横幅が1ページにおさまります。

ヒント 行がはみ出している場合は？

行がはみ出している場合は、<縦>の▼をクリックして、<1ページ>をクリックします。

行がはみ出している場合は、ここで設定します。

ヒント 拡大・縮小率の指定

拡大・縮小の設定を元に戻すには、<縦>や<横>を<自動>に設定し、<拡大／縮小>を「100%」に戻します。<拡大／縮小>では、拡大率や縮小率を設定することもできます。

ステップアップ 列幅をドラッグして調整する

表の横や縦があふれている場合、ドラッグして列幅や行の高さを調整し、ページにおさめることもできます。縮めたい列や行の境界をドラッグします。

列幅を調整したい列の右の境界をドラッグします。

Section 63 ヘッダーとフッターを挿入する

覚えておきたいキーワード
- ヘッダー
- フッター
- ページレイアウトビュー

シートの上部や下部にファイル名やページ番号などの情報を印刷したいときは、ヘッダーやフッターを挿入します。シートの上部余白に印刷される情報をヘッダー、下部余白に印刷される情報をフッターといいます。ファイル名やページ番号のほかに、現在の日時やシート名、画像なども挿入できます。

1 ヘッダーを設定する

キーワード ヘッダー／フッター

「ヘッダー」とは、シートの上部余白に印刷されるファイル名やページ番号などの情報をいいます。「フッター」とは、下部余白に印刷される情報をいいます。

メモ ヘッダー／フッターの設定

ヘッダーやフッターを挿入するには、右の手順で操作します。画面のサイズが大きい場合は、<挿入>タブの<テキスト>グループの<ヘッダーとフッター>を直接クリックします。また、<表示>タブの<ページレイアウト>をクリックしてページレイアウトビューに切り替え（Sec.62参照）、画面上のヘッダーかフッターをクリックしても同様に設定できます。

ヒント ヘッダーの挿入場所を変更するには？

手順5では、ヘッダーの中央のテキストボックスにカーソルが表示されますが、ヘッダーの位置を変えたいときは、左側あるいは右側のテキストボックスをクリックして、カーソルを移動します。

ヘッダーにファイル名を挿入する

1 <挿入>タブをクリックして、
2 <テキスト>をクリックし、

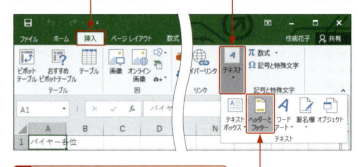

3 <ヘッダーとフッター>をクリックします。

4 ページレイアウトビューに切り替わり、

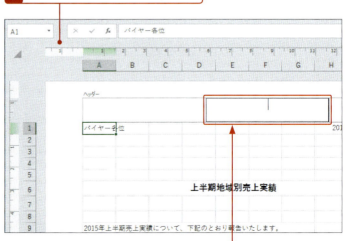

5 ヘッダー領域の中央のテキストボックスにカーソルが表示されます。

6 <デザイン>タブをクリックして、

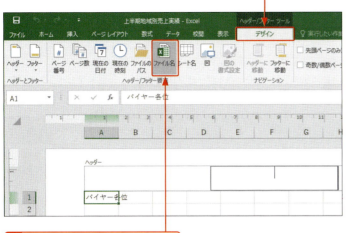

7 <ファイル名>をクリックすると、

8 「&[ファイル名]」と挿入されます。

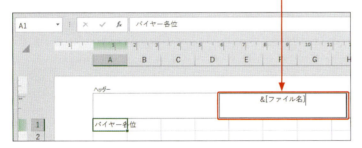

9 ヘッダー領域以外の部分をクリックすると、

10 実際のファイル名が表示されます。

11 <表示>タブをクリックして、

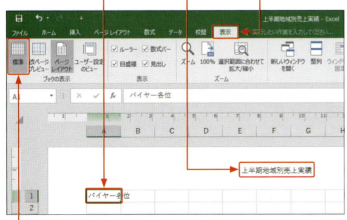

12 <標準>をクリックし、標準ビューに戻ります。

ステップアップ 定義済みのヘッダー／フッターの設定

あらかじめ定義済みのヘッダーやフッターを設定することもできます。ヘッダーは、<デザイン>タブの<ヘッダー>をクリックして表示される一覧から設定します。フッターの場合は、<フッター>をクリックして設定します。

1 <ヘッダー>をクリックして、

2 ヘッダーに表示する要素を指定します。

ヒント 画面表示を標準ビューに戻すには？

画面を標準ビューに戻すには、左の手順 **11**、**12** のように操作するか、画面の右下にある<標準>をクリックします。なお、カーソルがヘッダーあるいはフッター領域にある場合は、<表示>タブの<標準>コマンドは選択できません。

2 フッターを設定する

メモ ヘッダーとフッターを切り替える

ヘッダーとフッターの位置を切り替えるには、＜デザイン＞タブの＜フッターに移動＞＜ヘッダーに移動＞をクリックします。

ヒント フッターの挿入場所を変更するには？

手順4では、フッターの中央のテキストボックスにカーソルが表示されますが、フッターの位置を変えたいときは、左側あるいは右側のテキストボックスをクリックして、カーソルを移動します。

ステップアップ 先頭ページに番号を付けたくない場合は？

先頭ページに番号を付けたくない場合は、＜デザイン＞タブの＜オプション＞グループの＜先頭ページのみ別指定＞をクリックしてオンにします。

フッターにページ番号を挿入する

1 ＜挿入＞タブをクリックして、＜テキスト＞から＜ヘッダーとフッター＞をクリックします（P.430参照）。

2 ＜デザイン＞タブをクリックして、

3 ＜フッターに移動＞をクリックすると、

4 フッター領域の中央のテキストボックスにカーソルが表示されます。

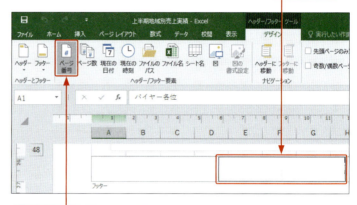

5 ＜ページ番号＞をクリックすると、

6 「&［ページ番号］」と挿入されます。

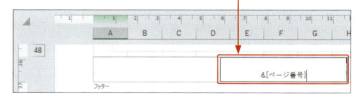

7 フッター領域以外の部分をクリックすると、

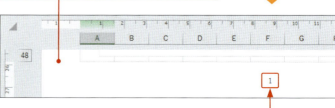

8 実際のページ番号が表示されます。

ヒント ヘッダーやフッターに設定できる項目

ヘッダーやフッターは、<デザイン>タブにある9種類のコマンドを使って設定することができます。それぞれのコマンドの機能は右図のとおりです。これ以外に、任意の文字や数値を直接入力することもできます。

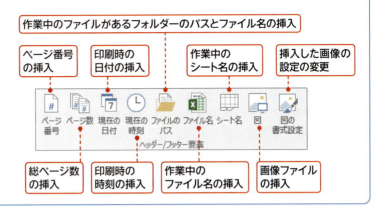

- 作業中のファイルがあるフォルダーのパスとファイル名の挿入
- ページ番号の挿入
- 印刷時の日付の挿入
- 作業中のシート名の挿入
- 挿入した画像の設定の変更
- 総ページ数の挿入
- 印刷時の時刻の挿入
- 作業中のファイル名の挿入
- 画像ファイルの挿入

ステップアップ <ページ設定>ダイアログボックスを利用する

ヘッダー/フッターは、<ページ設定>ダイアログボックスの<ヘッダー/フッター>を利用しても設定することができます。<余白>を利用すると、通常の余白だけでなく、ヘッダーやフッターの印刷位置を指定することもできます。
<ページ設定>ダイアログボックスは、<ページレイアウト>タブの<ページ設定>グループにある をクリックすると表示されます。

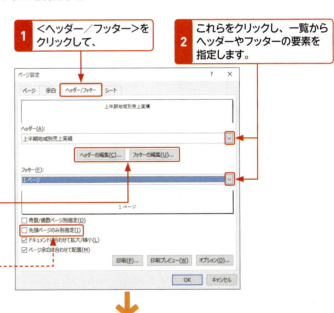

1. <ヘッダー/フッター>をクリックして、
2. これらをクリックし、一覧からヘッダーやフッターの要素を指定します。
3. <ヘッダーの編集>や<フッターの編集>をクリックすると、
   - <先頭ページのみ別指定>は、ここで設定できます。

4. ヘッダーやフッターを詳細に設定することができます。

Section 64 指定した範囲だけを印刷する

覚えておきたいキーワード
- ☑ 印刷範囲
- ☑ 印刷範囲のクリア
- ☑ 選択した部分を印刷

大きな表の中の一部だけを印刷したい場合、方法は2とおりあります。いつも同じ部分を印刷したい場合は、あらかじめ印刷範囲を設定しておきます。指定したセル範囲を一度だけ印刷する場合は、＜印刷＞画面で＜選択した部分を印刷＞を指定して、印刷を行います。

1 印刷範囲を設定する

ヒント 印刷範囲を解除するには？

設定した印刷範囲を解除するには、＜印刷範囲＞をクリックして、＜印刷範囲のクリア＞をクリックします（手順3の図参照）。印刷範囲を解除すると、＜名前ボックス＞に表示されていた「Print_Area」も削除されます。

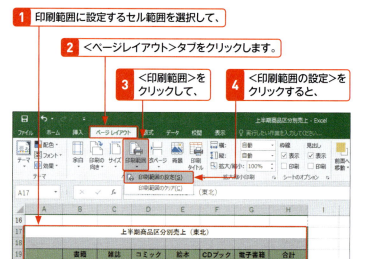

ステップアップ 印刷範囲の設定を追加する

印刷範囲を設定したあとに、別のセル範囲を印刷範囲に追加するには、追加するセル範囲を選択して＜印刷範囲＞をクリックし、＜印刷範囲に追加＞をクリックします。

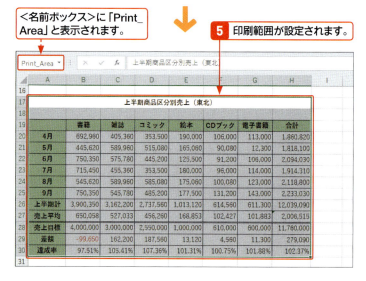

2 特定のセル範囲を一度だけ印刷する

1 印刷したいセル範囲を選択して、

2 <ファイル>タブをクリックします。

3 <印刷>をクリックして、

ステップアップ 離れたセル範囲を印刷範囲として設定する

離れた場所にある複数のセル範囲を印刷範囲として設定する場合は、Ctrlを押しながら複数のセル範囲を選択します。そのあとで、印刷範囲を設定するか、選択した部分を印刷します。この場合は、セル範囲ごとに別のページに印刷されます。

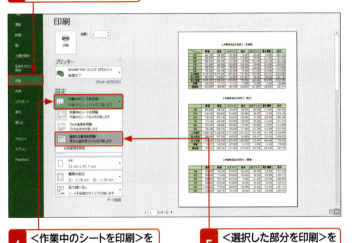

4 <作業中のシートを印刷>をクリックし、

5 <選択した部分を印刷>をクリックすると、

6 手順1で選択した範囲だけが印刷されます。

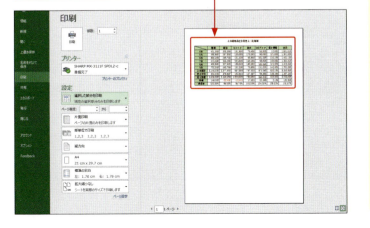

Section 65 2ページ目以降に見出しを付けて印刷する

覚えておきたいキーワード
- ☑ 印刷タイトル
- ☑ タイトル行
- ☑ タイトル列

複数のページにまたがる縦長または横長の表を作成した場合、そのまま印刷すると2ページ目以降には行や列の見出しが表示されないため、見づらくなってしまいます。このような場合は、すべてのページに表題や行／列の見出しが印刷されるように設定します。

1 列見出しをタイトル行に設定する

メモ 印刷タイトルの設定

行見出しや列見出しを印刷タイトルとして利用するには、右の手順で＜ページ設定＞ダイアログボックスの＜シート＞を表示して、＜タイトル行＞や＜タイトル列＞に目的の行や列を指定します。

この2行をタイトル行に設定します。

1 ＜ページレイアウト＞タブをクリックして、

2 ＜印刷タイトル＞をクリックします。

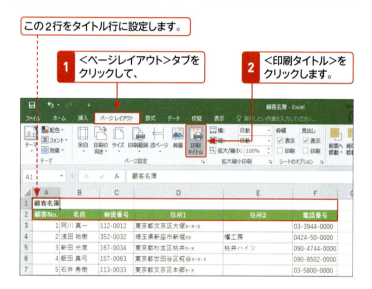

メモ タイトル列を設定する

右の手順では、タイトル行を設定していますが、タイトル列を設定する場合は、手順 3 で＜タイトル列＞のボックスをクリックして、見出しに設定したい列をドラッグして指定します。

見出しにしたい列を指定します。

3 ＜タイトル行＞のボックスをクリックして、

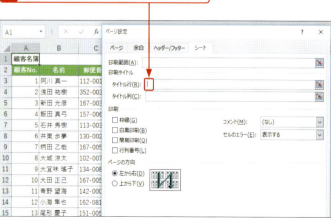

Section 65　2ページ目以降に見出しを付けて印刷する

4 見出しにしたい行をドラッグすると、

ドラッグ中は、ダイアログボックスが折りたたまれます。

5 タイトル行が指定されます。

6 ＜印刷プレビュー＞をクリックして、

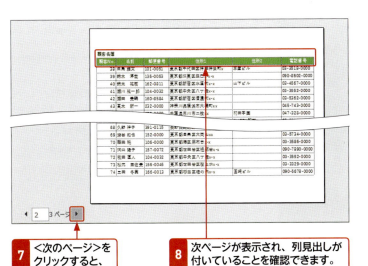

7 ＜次のページ＞をクリックすると、

8 次ページが表示され、列見出しが付いていることを確認できます。

ヒント ＜ページ設定＞ダイアログボックスが邪魔な場合は？

＜ページ設定＞ダイアログボックスが邪魔で見出しにしたい行を指定しづらい場合は、ダイアログボックスのタイトルバーをドラッグすると、移動できます。

ステップアップ 行番号や列番号を印刷する

Excelの標準設定では、画面に表示されている行番号や列番号は印刷されません。行番号や列番号を印刷したい場合は、＜ページレイアウト＞タブの＜見出し＞の＜印刷＞をクリックしてオンにします。

＜見出し＞の＜印刷＞をオンにすると、行番号や列番号が印刷できます。

Section 66 ワークシートをPDFに変換する

覚えておきたいキーワード
- ☑ PDF 形式
- ☑ エクスポート
- ☑ PDF ／ XPS の作成

Excelでは、作成した文書をPDF形式で保存することができます。PDF形式で保存すると、レイアウトや書式、画像などがそのまま維持されるので、パソコン環境に依存せずに、同じ見た目で文書を表示することができます。Excelを持っていない人とのやりとりに利用するとよいでしょう。

1 ワークシートをPDF形式で保存する

キーワード PDFファイル

「PDFファイル」は、アドビシステムズ社によって開発された電子文書の規格の1つです。レイアウトや書式、画像などがそのまま維持されるので、パソコン環境に依存せずに、同じ見た目で文書を表示することができます。

1 PDF形式で保存したいシートを表示して、

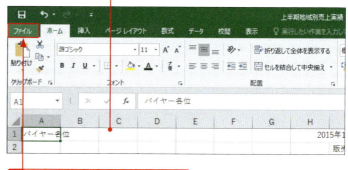

2 ＜ファイル＞タブをクリックします。

3 ＜エクスポート＞をクリックして、

4 ＜PDF／XPSドキュメントの作成＞をクリックし、

メモ PDF形式で保存するそのほかの方法

ワークシートをPDF形式で保存するには、ここで解説したほかにも以下の2つの方法があります。

① 通常の保存時のように＜名前を付けて保存＞ダイアログボックスを表示して（P.269参照）、＜ファイルの種類＞を＜PDF＞にして保存します。

② ＜印刷＞画面を表示して（P.420参照）、＜プリンター＞を＜Microsoft Print to PDF＞に設定し、＜印刷＞をクリックして保存します。

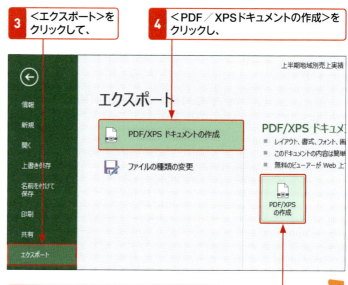

5 ＜PDF／XPSの作成＞をクリックします。

6 保存先を指定して、 **7** ファイル名を入力します。

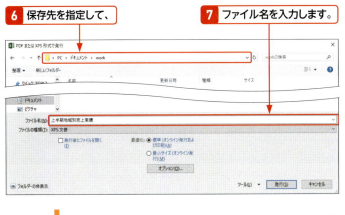

8 ＜ファイルの種類＞のここをクリックして、

9 ＜PDF＞をクリックします。

10 ＜標準（オンライン発行および印刷）＞がオンになっていることを確認して、

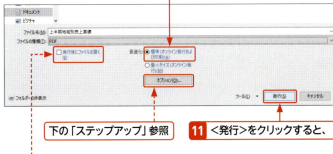

下の「ステップアップ」参照

右の「ヒント」参照

11 ＜発行＞をクリックすると、

12 ワークシートがPDFファイルに変換されます。

ヒント　発行後にファイルを開く

＜発行後にファイルを開く＞をクリックしてオンにすると、手順**11**で＜発行＞をクリックしたあとにPDFファイルが開きます。その際、＜このファイルを開く方法を選んでください＞という画面が表示された場合は、＜Microsoft Edge＞をクリックして＜OK＞をクリックします。

メモ　最適化とは？

＜最適化＞では、発行するPDFファイルの印刷品質を指定します。印刷品質を高くしたい場合は、＜標準（オンライン発行および印刷）＞をオンにします。印刷品質よりもファイルサイズを小さくしたい場合は、＜最小サイズ（オンライン発行）＞をオンにします。

ステップアップ　発行対象を指定する

標準では、選択しているワークシートのみがPDFファイルとして保存されますが、ブック全体や選択した部分のみをPDFファイルにすることもできます。＜PDFまたはXPS形式で発行＞ダイアログボックスで＜オプション＞をクリックして、発行対象を指定します。

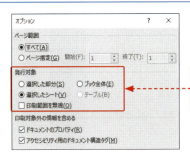

ここでPDF形式のファイルにする範囲を指定します。

2 PDFファイルを開く

メモ PDFファイルを開く

PDFファイルをダブルクリックすると、PDFファイルに関連付けられたアプリが起動して、ファイルが表示されます。右の手順ではMicrosoft Edgeが起動していますが、パソコン環境によっては、リーダーやAdobe Acrobat Readerなど、別のアプリが起動することもあります。

1 タスクバーにある＜エクスプローラー＞をクリックします。

2 PDFファイルの保存先を表示すると、

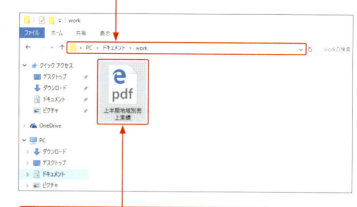

3 PDFファイルが保存されているのが確認できます。ダブルクリックすると、

4 Microsoft Edgeが起動して、PDFファイルが表示されます。

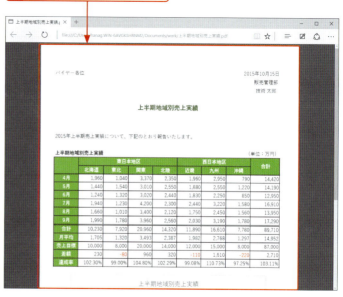

ヒント PDFファイルをWordで開く

PDFファイルをWordで開くこともできます。WordでPDFファイルを開く場合は、注意を促すダイアログボックスが表示されます。＜OK＞をクリックすると、Wordで編集可能なファイルに変換されて表示されます。ただし、グラフィックなどを多く使っている場合は、もとのPDFとまったく同じ表示にはならない場合があります。

Chapter 07

第7章

グラフの利用

Section	67	グラフの種類と用途
	68	グラフを作成する
	69	グラフの位置やサイズを変更する
	70	グラフ要素を追加する
	71	グラフのレイアウトやデザインを変更する
	72	目盛の範囲と表示単位を変更する
	73	グラフの書式を設定する
	74	セルの中にグラフを作成する
	75	グラフの種類を変更する

Section 67 グラフの種類と用途

覚えておきたいキーワード
- ☑ グラフ
- ☑ グラフの種類
- ☑ グラフの用途

Excelには大きく分けて15種類のグラフがあり、それぞれに、機能や見た目の異なる複数のグラフが用意されています。目的にあったグラフを作成するには、それぞれのグラフの特徴を理解しておくことが重要です。ここでは、Excelで作成できる主なグラフとその用途を確認しておきましょう。

1 データを比較する

集合縦棒グラフ

棒の長さで値を示します。項目間の比較や一定期間のデータの変化を示すときに適しています。棒を伸ばす方向によって「縦棒グラフ」と「横棒グラフ」があります。「集合棒グラフ」は、各項目を構成する要素を横に並べた棒グラフで、単純に値を比較したいとき利用します。

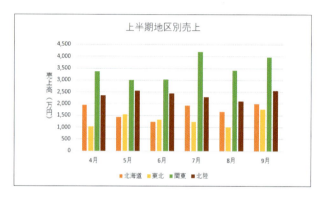

積み上げ縦棒グラフ

各項目を構成する要素を縦に積み重ねた棒グラフです。各項目の総量を比較しながら、同時にその構成比も比較できます。

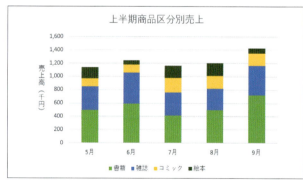

100%積み上げ横棒グラフ

各項目の総量を100%として、個々の要素の構成比を表します。それぞれの要素の、項目全体に占める割合を把握・比較するのに適しています。

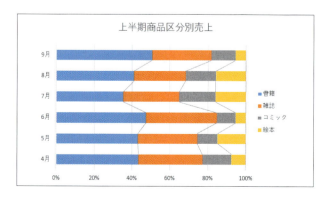

2 データの推移を見る

折れ線グラフ

時間の経過に伴うデータの推移を、折れ曲がった線で表します。一般に時間の経過を横軸に、データの推移を縦軸に表します。

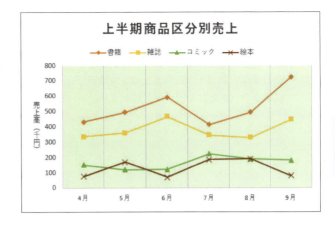

面グラフ

折れ線グラフの下部を塗りつぶしたグラフです。標準の面グラフには、奥のデータが手前のデータで隠れてしまうという欠点があるため、一般的には要素を積み上げた「積み上げ面グラフ」が使われます。積み上げ面グラフでは、時間の経過に伴う総量と構成比の推移を表します。

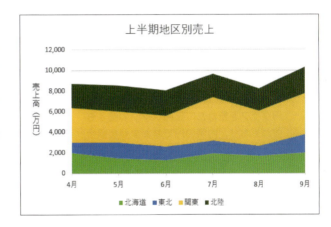

3 異なるデータの関連性を見る

複合グラフ

異なる種類のグラフを組み合わせたグラフで、折れ線と棒、棒と面などの組み合わせがよく使われます。量と比率のような単位が違うデータや、比較と推移のような意味合いが違う情報をまとめて表現したいときに利用します。

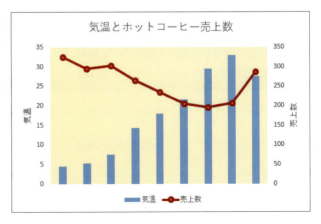

4 全体に占める割合を見る

円グラフ

円全体を100%として、円を構成する扇形の大きさでそれぞれのデータの割合を表します。表の1つの列または1つの行にあるデータだけを円グラフにします。

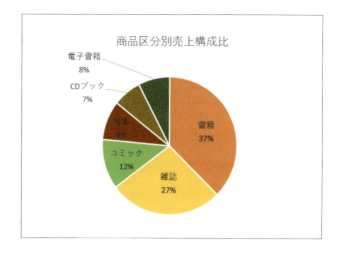

ドーナツグラフ

中央に穴が開いた円グラフです。Excelで作成されるドーナツグラフは、2つの円グラフを重ねた二重円グラフの働きも兼ねており、内側の円でおおまかな割合を、外側の円で詳細な割合を表す場合などに利用します。

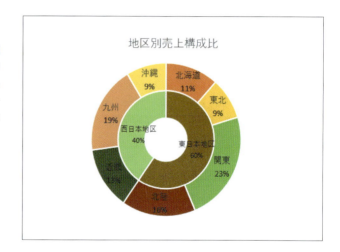

補助円グラフ付き円グラフ

割合の小さい値をわかりやすく表現したり、ある値を強調するときに利用します。「補助円グラフ付き円グラフ」と「補助縦棒付き円グラフ」があります。右図は補助円グラフ付き円グラフです。

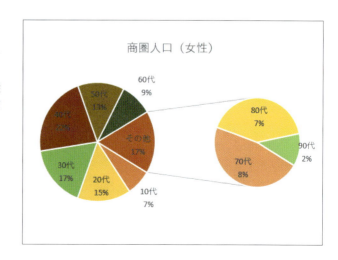

5 そのほかの主なグラフ

散布図

2つの項目の関連性を点で表すグラフです。ばらつきのあるデータに対して、データの相関関係を確認するときに利用します。近似曲線といわれる線を引くことで、データの傾向を視覚的に把握することもできます。

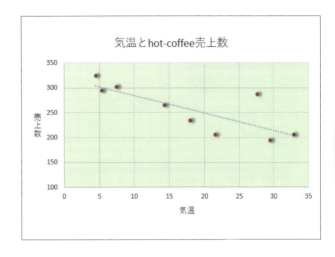

レーダーチャート

中心から放射状に伸ばした線の上にデータ系列を描くグラフです。中心点を基準にして相対的なバランスを見たり、ほかの系列と比較したりするときに利用します。

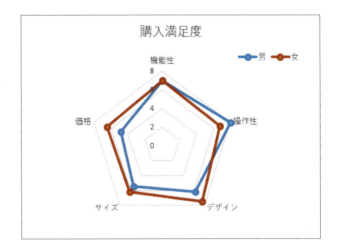

ツリーマップ

データを階層で整理して示すグラフです。階層間の値を比較したり、階層内の割合を把握・比較するときに利用します。ツリーマップはExcel 2016で新しく追加されたグラフです。ほかに、サンバーストも、データを階層で整理して示すためのグラフです。

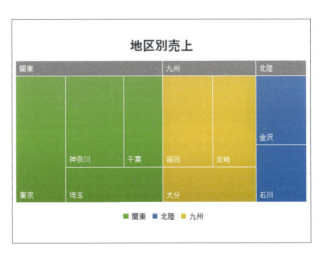

Section 68 グラフを作成する

覚えておきたいキーワード
- ☑ おすすめグラフ
- ☑ すべてのグラフ
- ☑ クイック分析

＜挿入＞タブの＜おすすめグラフ＞を利用すると、表の内容に適したグラフをかんたんに作成することができます。また、＜グラフ＞グループに用意されているコマンドや、グラフにするセル範囲を選択すると表示される＜クイック分析＞を利用してグラフを作成することもできます。

第7章 グラフの利用

1 ＜おすすめグラフ＞を利用してグラフを作成する

メモ おすすめグラフ

「おすすめグラフ」を利用すると、利用しているデータに適したグラフをすばやく作成することができます。グラフにする範囲を選択して、＜挿入＞タブの＜おすすめグラフ＞をクリックすると、ダイアログボックスの左側に＜おすすめグラフ＞が表示されます。グラフをクリックすると、右側にグラフがプレビューされるので、利用したいグラフを選択します。

1. グラフのもとになるセル範囲を選択して、
2. ＜挿入＞タブをクリックし、
3. ＜おすすめグラフ＞をクリックします。

4. 作成したいグラフ（ここでは＜集合縦棒＞）をクリックして、

左の「ヒント」参照

ヒント すべてのグラフ

＜グラフの挿入＞ダイアログボックスで＜すべてのグラフ＞をクリックすると、Excelで利用できるすべてのグラフの種類が表示されます。＜おすすめグラフ＞に目的のグラフがない場合は、＜すべてのグラフ＞から選択することができます。

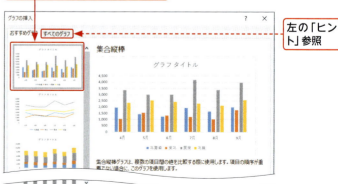

5. ＜OK＞をクリックすると、

Section 68 グラフを作成する

<グラフツール>の<デザイン>タブと<書式>タブが表示されます。

右の「ヒント」参照

6 グラフが作成されます。

7 「グラフタイトル」と表示されている部分をクリックしてタイトルを入力し、

8 タイトル以外をクリックすると、タイトルが表示されます。

ヒント グラフの右上に表示されるコマンド

作成したグラフをクリックすると、グラフの右上に<グラフ要素><グラフスタイル><グラフフィルター>の3つのコマンドが表示されます。これらのコマンドを利用して、グラフ要素を追加したり（Sec.70参照）、グラフのスタイルを変更したり（Sec.71参照）することができます。

メモ <グラフ>グループにあるコマンドを使う

グラフは、<グラフ>グループに用意されているコマンドを使っても作成することができます。<挿入>タブをクリックして、グラフの種類に対応したコマンドをクリックし、目的のグラフを選択します。

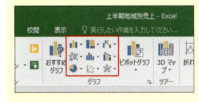

メモ <クイック分析>を使う

グラフにするセル範囲を選択すると右下に表示される<クイック分析>を利用しても、グラフを作成することができます。

1 <クイック分析>をクリックして、

2 <グラフ>をクリックし、

3 グラフの種類を指定します。

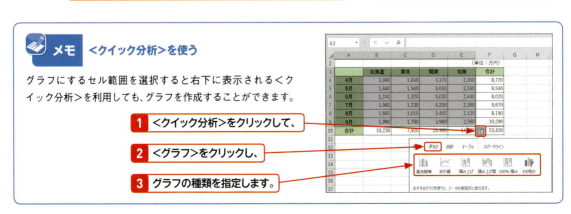

Section 69 グラフの位置やサイズを変更する

覚えておきたいキーワード
- ☑ グラフの移動
- ☑ グラフシート
- ☑ グラフのサイズ変更

グラフは、グラフのもととなるデータが入力されたワークシートの中央に作成されますが、任意の位置に移動したり、ほかのシートやグラフだけのシートに移動したりすることができます。また、グラフ全体のサイズを変更したり、それぞれの要素のサイズを個別に変更したりすることもできます。

1 グラフを移動する

メモ グラフの選択

グラフの移動や拡大／縮小など、グラフ全体の変更を行うには、グラフを選択します。グラフエリア（Sec.70参照）の何もないところをクリックすると、グラフが選択されます。

1 グラフエリアの何もないところをクリックしてグラフを選択し、

2 移動する場所までドラッグすると、

3 グラフが移動されます。

ステップアップ グラフをコピーする

グラフをほかのシートにコピーするには、グラフをクリックして選択し、＜ホーム＞タブの＜コピー＞をクリックします。続いて、貼り付け先のシートを表示して貼り付けるセルをクリックし、＜ホーム＞タブの＜貼り付け＞をクリックします。

2 グラフをほかのシートに移動する

1 <新しいシート>をクリックして、

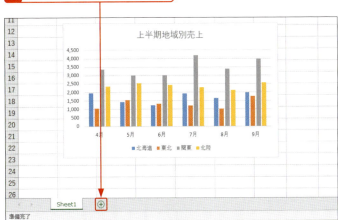

ヒント グラフの移動先

グラフは、ほかのシートに移動したり、グラフだけが表示されるグラフシートに移動したりすることができます。どちらも<グラフの移動>ダイアログボックス（次ページ参照）から移動先を指定します。ほかのシートに移動する場合は、移動先のシートをあらかじめ作成しておく必要があります。

2 新しいシートを作成しておきます。

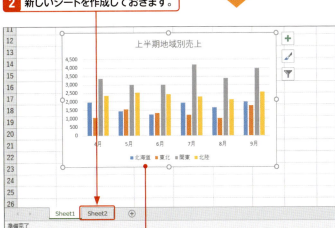

3 移動したいグラフをクリックして、

4 <デザイン>タブをクリックし、

5 <グラフの移動>をクリックします。

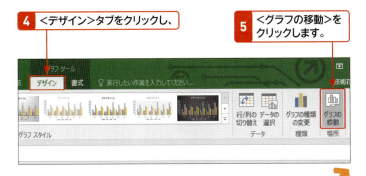

ステップアップ グラフ要素を移動する

グラフエリアにあるすべてのグラフ要素（Sec.70参照）は、移動することができます。グラフ要素を移動するには、グラフ要素をクリックして、周囲に表示される枠線上にマウスポインターを合わせ、ポインターの形が✥に変わった状態でドラッグします。

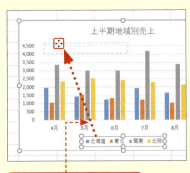

枠線上にマウスポインターを合わせてドラッグします。

キーワード グラフシート

「グラフシート」とは、グラフのみが表示されるワークシートのことです。グラフだけを印刷する場合などに使用します。

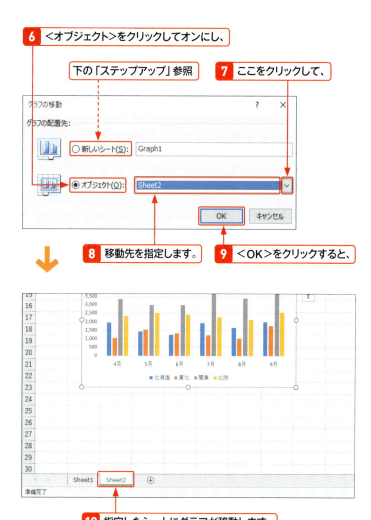

6 <オブジェクト>をクリックしてオンにし、
下の「ステップアップ」参照
7 ここをクリックして、
8 移動先を指定します。
9 <OK>をクリックすると、
10 指定したシートにグラフが移動します。

ステップアップ グラフシートの作成

<グラフの移動>ダイアログボックスでグラフの移動先を<新しいシート>にすると、指定したシート名で新しいグラフシートが作成され、グラフが移動されます。

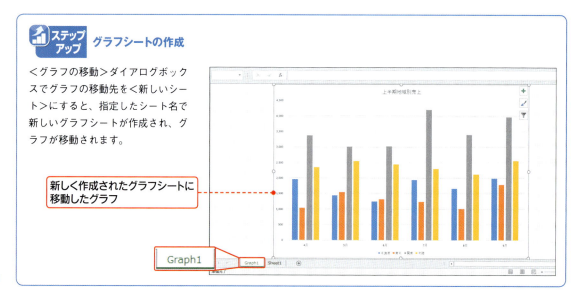

新しく作成されたグラフシートに移動したグラフ

3 グラフのサイズを変更する

1 サイズを変更したいグラフをクリックします。

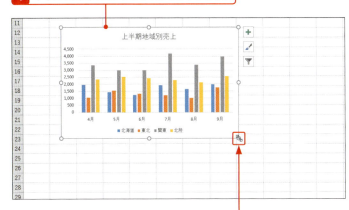

2 サイズ変更ハンドルにマウスポインターを合わせて、

3 変更したい大きさになるまでドラッグすると、

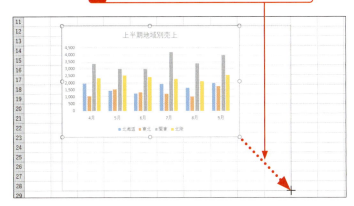

4 グラフのサイズが変更されます。

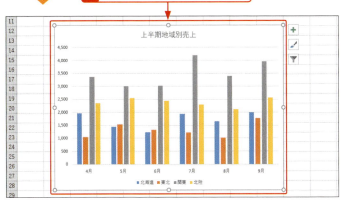

グラフのサイズを変更しても、文字サイズや凡例などの表示はもとのサイズのままです。

メモ サイズ変更ハンドル

「サイズ変更ハンドル」とは、グラフエリアを選択すると周りに表示される丸いマークのことです（手順**1**の図参照）。マウスポインターをサイズ変更ハンドルに合わせると、ポインターが両方に矢印の付いた形に変わります。その状態でドラッグすると、グラフのサイズを変更することができます。

ヒント 縦横比を変えずに拡大／縮小するには？

グラフの縦横比を変えずに拡大／縮小するには、[Shift]を押しながら、グラフの四隅のサイズ変更ハンドルをドラッグします。また、[Alt]を押しながらグラフの移動やサイズ変更を行うと、グラフをセルの境界線に揃えることができます。

メモ グラフ要素のサイズを変更する

グラフ要素のサイズも、グラフと同様に変更することができます。サイズを変更したいグラフ上の要素（P.453の「ヒント」参照）をクリックし、サイズ変更ハンドルにマウスポインターを合わせて、ドラッグします。

Section 70 グラフ要素を追加する

覚えておきたいキーワード
- グラフ要素
- 軸ラベル
- 目盛線

作成した直後のグラフには、グラフタイトルと凡例だけが表示されていますが、必要に応じて軸ラベルやデータラベル、目盛線などを追加することができます。これらのグラフ要素を追加するには、グラフをクリックすると表示される<グラフ要素>を利用すると便利です。

1 軸ラベルを表示する

メモ グラフ要素

グラフをクリックすると、グラフの右上に3つのコマンドが表示されます。一番上の<グラフ要素>を利用すると、タイトルや凡例、軸ラベルや目盛線、データラベルなどの追加や削除が行えます。

縦軸ラベルを表示する

1 グラフをクリックして、

2 <グラフ要素>をクリックします。

キーワード 軸ラベル

「軸ラベル」とは、グラフの横方向と縦方向の軸に付ける名前のことです。縦棒グラフの場合は、横方向(X軸)を「横(項目)軸」、縦方向(Y軸)を「縦(値)軸」と呼びます。

3 <軸ラベル>にマウスポインターを合わせて、

4 ここをクリックし、

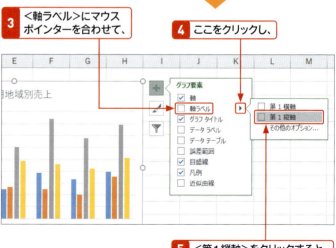

5 <第1縦軸>をクリックすると、

ヒント 横軸ラベルを表示するには

横軸ラベルを表示するには、手順5で<第1横軸>をクリックします。

6 グラフエリアの左側に「軸ラベル」と表示されます。

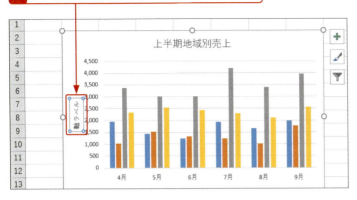

グラフの外のセルをクリックすると、グラフ要素のメニューが閉じます。

7 クリックして軸ラベルを入力し、

8 軸ラベル以外をクリックすると、軸ラベルが表示されます。

メモ 軸ラベルを表示するそのほかの方法

軸ラベルは、＜デザイン＞タブの＜グラフ要素を追加＞から表示することもできます。＜グラフ要素を追加＞をクリックして、＜軸ラベル＞にマウスポインターを合わせ、＜第1縦軸＞をクリックします。

1 ＜グラフ要素を追加＞をクリックして、

2 ＜軸ラベル＞にマウスポインターを合わせ、

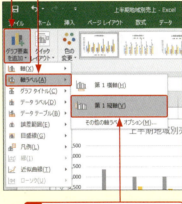

3 ＜第1縦軸＞をクリックします。

ヒント グラフの構成要素

グラフを構成する部品のことを「グラフ要素」といいます。それぞれのグラフ要素は、グラフのもとになったデータと関連しています。ここで、各グラフ要素の名称を確認しておきましょう。

縦（値）軸 / グラフタイトル / プロットエリア / 縦（値）軸ラベル / 凡例 / 横（項目）軸 / 横（項目）軸ラベル / グラフエリア

2 軸ラベルの文字方向を変更する

メモ 軸ラベルの書式設定

右の手順では＜軸ラベルの書式設定＞作業ウィンドウが表示されますが、作業ウィンドウの名称と内容は、選択したグラフ要素によって変わります。作業ウィンドウを閉じるときは、右上の＜閉じる＞ ⊠ をクリックします。

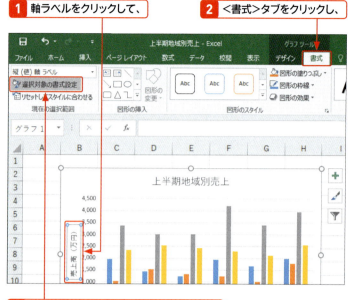

1 軸ラベルをクリックして、
2 ＜書式＞タブをクリックし、
3 ＜選択対象の書式設定＞をクリックします。

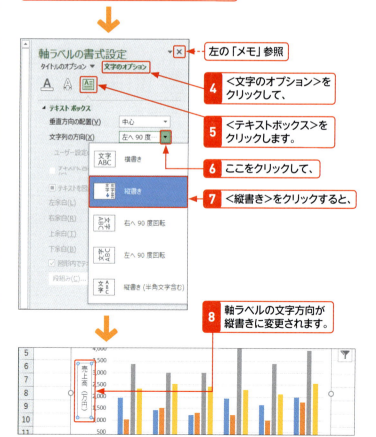

左の「メモ」参照
4 ＜文字のオプション＞をクリックして、
5 ＜テキストボックス＞をクリックします。
6 ここをクリックして、
7 ＜縦書き＞をクリックすると、
8 軸ラベルの文字方向が縦書きに変更されます。

ステップアップ データラベルを表示する

グラフにデータラベル（もとデータの値）を表示することもできます。＜グラフ要素＞をクリックして、＜データラベル＞にマウスポインターを合わせて ▶ をクリックし、表示する位置を指定します（P.455手順3の図参照）。特定の系列だけにラベルを表示したい場合は、表示したいデータ系列をクリックしてからデータラベルを設定します。吹き出しや引き出し線を使ってデータラベルをグラフに接続することも可能です。

データラベルを吹き出しで表示することもできます。

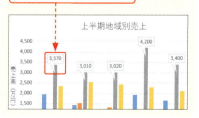

3 目盛線を表示する

主縦軸目盛線を表示する

1 グラフをクリックして、 **2** <グラフ要素>をクリックします。

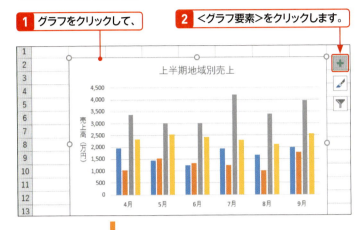

3 <目盛線>にマウスポインターを合わせて、 **4** ここをクリックし、

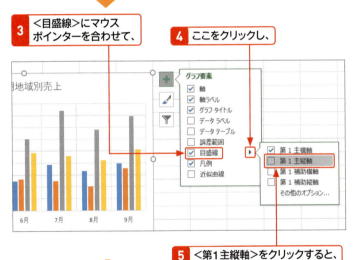

5 <第1主縦軸>をクリックすると、

6 主縦軸目盛線が表示されます。

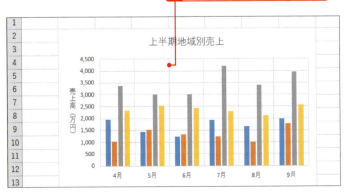

キーワード　目盛線

「目盛線」とは、データを読み取りやすいように表示される線のことです。グラフを作成すると、自動的に主横軸目盛線が表示されますが、グラフを見やすくするために、主縦軸に目盛線を表示させることができます。また、下図のように補助目盛線を表示することもできます。

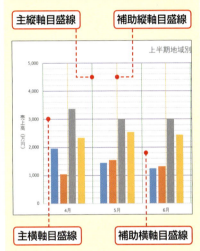

ヒント　グラフ要素のメニューを閉じるには？

<グラフ要素>をクリックすると表示されるメニューを閉じるには、グラフの外のセルをクリックします。

Section 71 グラフのレイアウトやデザインを変更する

覚えておきたいキーワード
- クイックレイアウト
- グラフスタイル
- 色の変更

作成したグラフのレイアウトやデザインは、あらかじめ用意されている＜クイックレイアウト＞や＜グラフスタイル＞から好みの設定を選ぶだけで、かんたんに変えることができます。また、＜色の変更＞でグラフの色とスタイルをカスタマイズすることもできます。

1 グラフ全体のレイアウトを変更する

ヒント グラフの文字サイズを変更する

グラフ内の文字サイズを変更する場合は、＜ホーム＞タブの＜フォントサイズ＞を利用します。グラフ全体の文字サイズを一括で変更したり、特定の要素の文字サイズを変更したりすることができます。

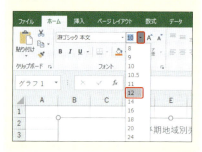

1 グラフをクリックして、＜デザイン＞タブをクリックします。

2 ＜クイックレイアウト＞をクリックして、

3 使用したいレイアウト（ここでは＜レイアウト9＞）をクリックすると、

ステップアップ 行と列を切り替える

＜デザイン＞タブの＜行／列の切り替え＞をクリックすると、グラフの行と列を入れ替えることができます。

4 グラフ全体のレイアウトが変更されます。

軸ラベル名を入力しています。

2 グラフのスタイルを変更する

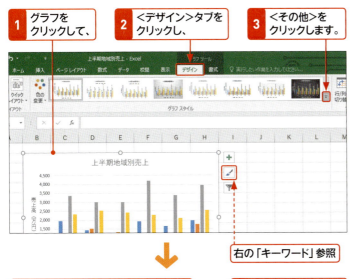

1. グラフをクリックして、
2. <デザイン>タブをクリックし、
3. <その他>をクリックします。

右の「キーワード」参照

4. 使用したいスタイル（ここでは<スタイル11>）をクリックすると、
5. グラフのスタイルが変更されます。

キーワード グラフスタイル

「グラフスタイル」は、グラフの色やスタイル、背景色などの書式があらかじめ設定されているものです。グラフのスタイルは、グラフをクリックすると表示される<グラフスタイル>から変更することもできます。

メモ スタイルを設定する際の注意

Excelに用意されている「グラフスタイル」を適用すると、それまでに設定していたグラフ全体の文字サイズやフォント、タイトルやグラフエリアなどの書式が変更されてしまうことがあります。グラフのスタイルを適用する場合は、これらを設定する前に適用するとよいでしょう。

ステップアップ グラフの色を変更する

グラフの色とスタイルをカスタマイズすることもできます。グラフをクリックして、<デザイン>タブの<色の変更>をクリックすると、色の一覧が表示されます。一覧から使用したい色をクリックすると、グラフ全体の色味が変更されます。

1. <色の変更>をクリックして、
2. 目的の色をクリックします。

Section 72 目盛の範囲と表示単位を変更する

覚えておきたいキーワード
- ☑ <書式>タブ
- ☑ 軸の書式設定
- ☑ 表示単位の設定

グラフの縦軸に表示される数値の桁数が多いと、プロットエリアが狭くなり、グラフが見にくくなります。このような場合は、縦（値）軸ラベルの表示単位を変更すると見やすくなります。また、数値の差が少なくて大小の比較がしにくい場合は、目盛の範囲や間隔などを変更すると比較がしやすくなります。

1 縦（値）軸の範囲と表示単位を変更する

ヒント 縦（値）軸の範囲と間隔

縦（値）軸の範囲と間隔は、<軸の書式設定>作業ウィンドウで変更できます。<最小値>や<最大値>に数値を指定すると、範囲を設定できます。<目盛>に数値を入力すると、グラフの縦（値）軸の数値を設定した間隔で表示できます。

1 縦（値）軸をクリックして、

2 <書式>タブをクリックし、

3 <選択対象の書式設定>をクリックします。

4 ここでは、<最小値>の数値を「5000000」に変更します。

ヒント 指定した範囲や間隔をもとに戻すには？

右の手順で変更した軸の<最小値>や<最大値>、<目盛>をもとの<自動>に戻すには、再度<軸の書式設定>作業ウィンドウを表示して、数値ボックスの右に表示されている<リセット>をクリックします。

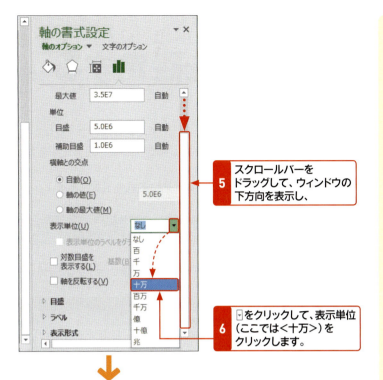

5 スクロールバーをドラッグして、ウィンドウの下方向を表示し、

6 ▼をクリックして、表示単位（ここでは＜十万＞）をクリックします。

7 ＜表示単位のラベルをグラフに表示する＞をクリックしてオフにし、

8 ＜閉じる＞をクリックすると、

9 軸の最小値と表示単位が変更されます。

10 軸ラベルに合うように、「円」を「十万円」に変更します（右の「メモ」参照）。

メモ 表示単位の設定

縦（値）軸に表示される数値の桁数が多くてグラフが見にくい場合は、表示単位を変更すると、数値の桁数が減りグラフを見やすくすることができます。左の例では、データの表示単位を「十万」にすることで、「5,000,000」を「50」と表示します。

なお、手順7で＜表示単位のラベルをグラフに表示する＞をオンにすると、＜表示単位＞で選択した単位がグラフ上に表示されます。

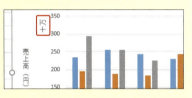

ステップアップ ＜グラフフィルター＞の利用

グラフをクリックすると右上に表示される＜グラフフィルター＞をクリックすると、グラフに表示する系列やカテゴリを選択することができます。

1 ＜グラフフィルター＞をクリックすると、

2 表示する系列やカテゴリを選択できます。

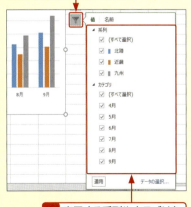

Section 72 目盛の範囲と表示単位を変更する

Excel 第7章 グラフの利用

459

Section 73 グラフの書式を設定する

覚えておきたいキーワード
- ☑ グラフエリアの書式設定
- ☑ 塗りつぶし
- ☑ 効果

グラフの基本的な要素の設定がすんだら、グラフに書式を設定して、見栄えを変えてみましょう。グラフ要素には個別に書式を設定することができますが、あまり飾りすぎると見づらくなるので、全体的なバランスを考えて必要な部分にのみ書式を設定します。ここでは、グラフエリアに書式を設定します。

1 グラフエリアに書式を設定する

ヒント グラフ要素の選択

グラフ要素を選択するには、グラフ上で選択するほかに、<書式>タブの<グラフ要素>の ▼ をクリックすると表示される一覧で選択する方法もあります。要素の選択に迷った場合は、この方法で選択するとよいでしょう。

1 ここをクリックすると、

2 グラフ要素が一覧表示されます。

1 グラフをクリックして、

2 <書式>タブをクリックし、

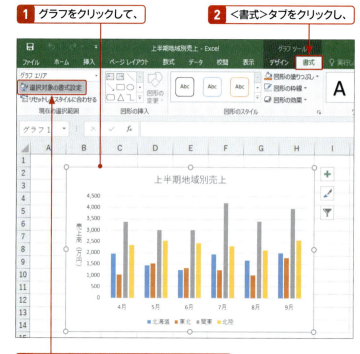

3 <選択対象の書式設定>をクリックします。

4 <塗りつぶし>をクリックして、

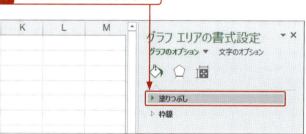

メモ 枠線の設定

右の例では、塗りつぶしを設定しましたが、手順4で<枠線>をクリックすると、グラフ要素の枠線に色を付けたり、枠線の種類を変更したり、角を丸くしたりすることができます。

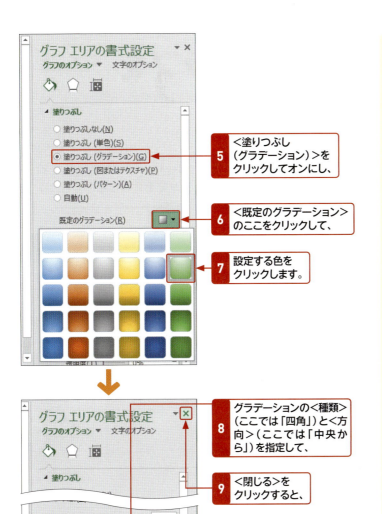

メモ さまざまなグラフ要素に設定が可能

ここではグラフエリアに書式を設定していますが、グラフタイトル、プロットエリア、凡例などの要素にも同様の方法で書式を設定することができます。書式を設定したいグラフ要素をクリックして＜書式＞タブをクリックし、＜選択対象の書式設定＞をクリックして、目的の書式を設定します。

ステップアップ グラフ要素に効果を付ける

選択した要素の作業ウィンドウで＜効果＞をクリックすると、グラフ要素に影や光彩、ぼかしを付けたり、3-D書式にするなど、さまざまな書式を設定することができます。

Section 74 セルの中にグラフを作成する

覚えておきたいキーワード
- ☑ スパークライン
- ☑ スタイル
- ☑ 頂点（山）の表示／非表示

Excelでは、1つのセルの中に小さくおさまるグラフを作成することもできます。このグラフをスパークラインといいます。スパークラインを利用すると、データの推移や傾向が視覚的に表現でき、データが変更された場合でも、スパークラインに瞬時に反映されるので便利です。

1 スパークラインを作成する

キーワード　スパークライン

「スパークライン」とは、1つのセル内におさまる小さなグラフのことで、折れ線、縦棒、勝敗の3種類が用意されています。それぞれのスパークラインは、選択範囲の中の1行分のデータに相当します。スパークラインを使用すると、データ系列の傾向を視覚的に表現することができます。

1. スパークラインを配置する場所を作成して、クリックします。
2. ＜挿入＞タブをクリックして、
3. ＜スパークライン＞グループにあるグラフの種類をクリックします。
4. スパークラインを作成するデータ範囲を指定し、
5. 作成する場所を確認して、
6. ＜OK＞をクリックすると、
7. セルの中にグラフが作成されます。

メモ　スパークラインの作成

スパークラインを作成するには、右の手順のように、グラフの種類、もとになるデータのセル範囲、グラフを描く場所を指定します。

2 スパークラインのスタイルを変更する

1 作成したスパークラインをクリックして、

2 <デザイン>タブをクリックし、

3 <その他>をクリックします。

4 使用したいスタイルをクリックすると、

5 スパークラインのスタイルが変更されます。

6 フィルハンドルをドラッグして、スパークラインをほかのセルにも作成します。

ヒント スパークラインの色を変更する

スパークラインは、左の手順のようにあらかじめ用意されているスタイルを適用するほかに、<デザイン>タブの<スパークラインの色>や<マーカーの色>で色や太さ、マーカーの色などを個別に変更することもできます。

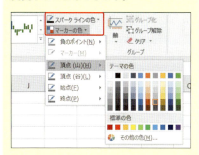

ステップアップ スパークラインの表示を変更する

<デザイン>タブの<表示>グループのコマンドを利用すると、スパークライングループのデータの頂点（山）や頂点（谷）、始点や終点の色を変えたり、折れ線の場合はマーカーを付けたりして強調表示することができます。

1 <頂点（山）>をクリックしてオンにすると、

2 最高値のグラフの色が変わります。

Section 75 グラフの種類を変更する

覚えておきたいキーワード
- グラフの種類の変更
- 折れ線グラフ
- 複合グラフ

グラフの種類は、グラフを作成したあとでも、＜グラフの種類の変更＞を利用して変更することができます。また、棒グラフを折れ線グラフなどと組み合わせた複合グラフに変更する際も、組み合わせるグラフの種類や軸などをかんたんに選択することができます。

1 グラフの種類を変更する

ヒント グラフのスタイル

グラフの種類を変更すると、＜グラフスタイル＞に表示されるスタイル一覧も、グラフの種類に合わせたものに変更されます。グラフの種類を変更したあとで、好みに応じてスタイルを変更するとよいでしょう。

スタイル一覧もグラフの種類に合わせたものに変更されます。

棒グラフを折れ線グラフに変更する

1 グラフをクリックして、

2 ＜デザイン＞タブをクリックし、

3 ＜グラフの種類の変更＞をクリックします。

4 グラフの種類をクリックして、

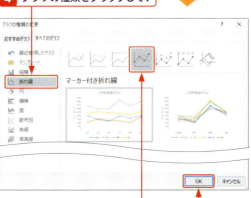

5 目的のグラフをクリックし、

6 ＜OK＞をクリックすると、

7 グラフの種類が変更されます。

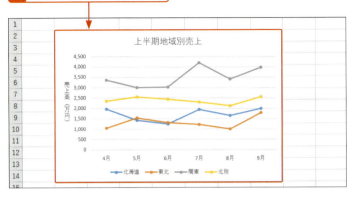

新機能 グラフの種類

Excel 2016では、大きく分けて15種類のグラフを作成することができます。新たに以下の5種類のグラフが追加されました。

① ツリーマップ
② サンバースト
③ ヒストグラム
④ 箱ひげ図
⑤ ウォーターフォール

2 複合グラフを作成する

1 この範囲を選択して集合縦棒グラフを作成します。

	A	B	C	D	E	F	G	H	I	J
1	気温とhot-coffee売上数									
2										
3		1月	2月	3月	4月	5月	6月	7月	8月	9月
4	気温	4.5	5.4	7.5	14.3	18	21.6	29.5	32.9	27.6
5	売上数	325	295	302	265	234	205	195	206	287

キーワード 複合グラフ

「複合グラフ」とは、縦棒と折れ線など、異なる種類のグラフを組み合わせたグラフのことです。複合グラフは、グラフの値の範囲が大きく異なる場合や、複数の種類のデータがある場合に使用します。ここでは、気温と売上数の推移をグラフにし、売上数のデータ系列だけを折れ線グラフにした複合グラフを作成します。

2 変更したいデータ系列をクリックして、

3 <デザイン>タブをクリックし、

4 <グラフの種類の変更>をクリックします。

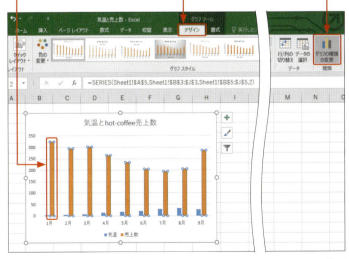

465

ヒント ＜グラフの挿入＞から作成することもできる

ここで作成した複合グラフは、＜グラフの挿入＞ダイアログボックスを利用して作成することもできます。＜挿入＞タブの＜おすすめグラフ＞をクリックし、＜すべてのグラフ＞で＜組み合わせ＞をクリックします。

ヒント 折れ線の色を変更する

折れ線の色を変更するには、折れ線をクリックして＜書式＞タブをクリックし、＜図形の枠線＞の右側をクリックして、使用したい色を指定します。

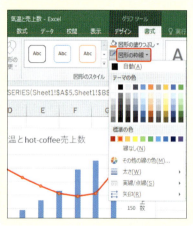

5 ＜組み合わせ＞をクリックして、

6 目的のグラフ（ここでは＜集合縦棒-第2軸の折れ線＞）をクリックします。

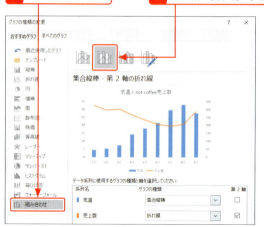

7 ＜売上数＞のここをクリックして、

8 ＜マーカー付き折れ線＞をクリックし、

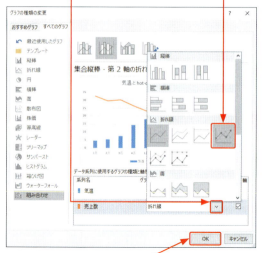

9 ＜OK＞をクリックすると、

10 選択したデータ系列が折れ線に変更され、複合グラフが作成できます。

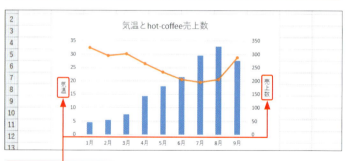

11 軸ラベルを追加します（Sec.70参照）。

Chapter 08

第8章
データベースとしての利用

Section		
	76	データベースとは？
	77	データを並べ替える
	78	条件に合ったデータを抽出する
	79	データを自動的に加工する
	80	テーブルを作成する
	81	テーブル機能を利用する
	82	アウトライン機能を利用する
	83	ピボットテーブルを作成する
	84	ピボットテーブルを操作する

Section 76 データベースとは？

覚えておきたいキーワード
☑ 列ラベル
☑ レコード
☑ フィールド

データベースとは、さまざまな情報を一定のルールに従って集積したデータの集まりのことです。Excelはデータベース専用のアプリではありませんが、表を規則に従った形式で作成すると、特定の条件に合ったデータを抽出したり、並べ替えたりするデータベース機能を利用することができます。

1 データベース形式の表とは？

データベース機能を利用するには、表を作るときにあらかじめデータをデータベース形式で入力しておく必要があります。データベース形式の表とは、列ごとに同じ種類のデータが入力され、先頭行に列の見出しとなる列ラベル（列見出し）が入力されている一覧表のことです。

データベース形式の表

データベース形式の表を作成する際の注意点

項目	注意事項
表形式	データベース機能は、1つの表に対してのみ利用することができます。ただし、データベース形式の表から作成したテーブルの場合は、複数のテーブルに対してデータベース機能を利用することができます。
	データベース形式の表とそれ以外のデータを区別するためには、最低1つの空白列か空白行が必要です。ただし、テーブルでは、空白列や空白行で表を区別する必要はありません。
	データベース形式の表には、空白列や空白行は入れないようにします。ただし、テーブルでは、空白列や空白行がある場合でも、並べ替えや集計を行うことができます。
列ラベル	列ラベルは、表の先頭行に作成します。
	列ラベルには、各フィールドのフィールド名を入力します。
フィールド	それぞれの列を指します。同じフィールドには、同じ種類のデータを入力します。
	各フィールドの先頭には、並べ替えや検索に影響がないように、余分なスペースを挿入しないようにします。
レコード	1行のデータを1件として扱います。

2 データベース機能とは？

Excelのデータベース機能では、データの並べ替え、抽出、加工など、さまざまなデータ処理を行うことができます。また、ピボットテーブルやピボットグラフを作成すると、データをいろいろな角度から分析して必要な情報を得ることができます。

データを並べ替える

特定のフィールドを基準にデータを並べ替えることができます。

レコードを抽出する

オートフィルターを利用して、条件に合ったレコードを抽出することができます。

3 テーブルとは？

データベース形式の表をテーブルに変換すると、データの並べ替えや抽出、集計列の追加や列ごとの集計などをすばやく行うことができます。「テーブル」は、データを効率的に管理するための機能です。

データベース形式の表から作成したテーブル

オートフィルターを利用するためのボタンが追加され、いろいろな条件でデータを絞り込むことができます。

集計行を追加すると、平均や合計、個数などを瞬時に求めることができます。

フィールド（列）を追加して、集計結果をかんたんに求めることができます。

Section 77 データを並べ替える

覚えておきたいキーワード
- ☑ データの並べ替え
- ☑ 昇順
- ☑ 降順

データベース形式の表では、データを昇順や降順で並べ替えたり、五十音順で並べ替えたりすることができます。並べ替えを行う際は、基準となるフィールド（列）を指定しますが、フィールドは1つだけでなく、複数指定することができます。また、独自の順序でデータを並べ替えることも可能です。

1 データを昇順や降順に並べ替える

メモ データの並べ替え

データベース形式の表を並べ替えるには、基準となるフィールドのセルをあらかじめ指定しておく必要があります。なお、右の手順では昇順で並べ替えましたが、降順で並べ替える場合は、手順3で＜降順＞ をクリックします。

データを昇順に並べ替える

1 並べ替えの基準となるフィールドの任意のセルをクリックします。

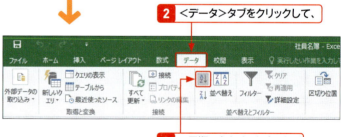

2 ＜データ＞タブをクリックして、

3 ＜昇順＞をクリックすると、

4 指定したフィールドを基準にして、表全体が昇順に並べ替えられます。

ヒント データが正しく並べ替えられない！

表内のセルが結合されていたり、空白の行や列があったりする場合は、表全体のデータを並べ替えることはできません。並べ替えを行う際は、表内にこのような行や列、セルがないかどうかを確認しておきます。また、ほかのアプリケーションで作成したデータをコピーした場合は、ふりがな情報が保存されていないため、日本語を正しく並べ替えられないことがあります。

2 2つの条件で並べ替える

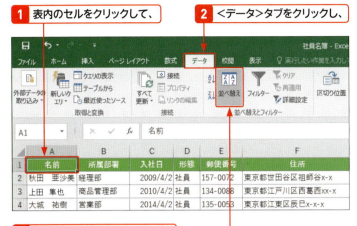

1 表内のセルをクリックして、
2 <データ>タブをクリックし、
3 <並べ替え>をクリックします。
4 <最優先されるキー>のここをクリックして、

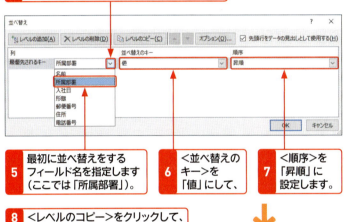

5 最初に並べ替えをするフィールド名を指定します（ここでは「所属部署」）。
6 <並べ替えのキー>を「値」にして、
7 <順序>を「昇順」に設定します。

8 <レベルのコピー>をクリックして、

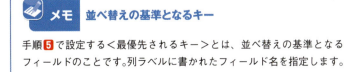

ヒント 昇順と降順の並べ替えのルール

昇順では、0～9、A～Z、日本語の順で並べ替えられ、降順では逆の順番で並べ替えられます。また、初期設定では、日本語は漢字・ひらがな・カタカナの種類に関係なく、ふりがなの五十音順で並べ替えられます。アルファベットの大文字と小文字は区別されません。

メモ 並べ替えの基準となるキー

手順 **5** で設定する<最優先されるキー>とは、並べ替えの基準となるフィールドのことです。列ラベルに書かれたフィールド名を指定します。

Section 77 データを並べ替える

ヒント 2つ以上の基準で並べ替えたい場合は？

2つ以上のフィールドを基準に並べ替えたい場合は、＜並べ替え＞ダイアログボックスの＜レベルのコピー＞をクリックして、並べ替えの条件を設定する行を追加します。最大で64の条件を設定できます。並べ替えの優先順位を変更する場合は、＜レベルのコピー＞の右横にある＜上へ移動＞やや＜下へ移動＞で調整することができます。

優先順位を変更する場合は、これらをクリックします。

9 2番目に並べ替えをするフィールド名を指定します（ここでは「入社日」）。

10 ＜並べ替えのキー＞を「値」にして、

11 ＜順序＞を「降順」に設定し、

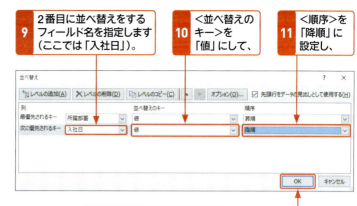

12 ＜OK＞をクリックすると、

13 指定した2つのフィールド（「所属部署」と「入社日」）を基準に、表全体が並べ替えられます。

ステップアップ セルに設定された色で並べ替えることもできる

上の手順では、＜並べ替えのキー＞に「値」を指定しましたが、セルに入力された値だけでなく、塗りつぶしの色やフォントの色、条件付き書式などの機能で設定したセルの色やフォントの色、セルのアイコンなどを条件にすることもできます。

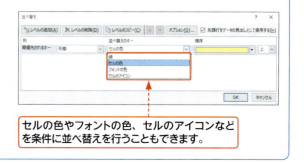

セルの色やフォントの色、セルのアイコンなどを条件に並べ替えを行うこともできます。

3 独自の順序で並べ替える

1 表内のセルをクリックして、<データ>タブの<並べ替え>をクリックします。

2 並べ替えをするフィールド名を指定し（ここでは「形態」）、

3 ここをクリックして、

4 <ユーザー設定リスト>をクリックします。

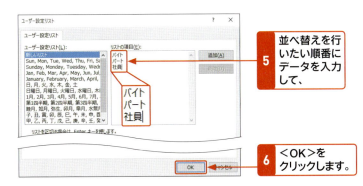

5 並べ替えを行いたい順番にデータを入力して、

6 <OK>をクリックします。

7 <並べ替え>ダイアログボックスで<OK>をクリックすると、

8 手順5で入力した項目の順に表全体が並べ替えられます。

メモ リストの項目の入力

手順5では、Enterを押して改行をしながら、並べ替えを行いたい順に1行ずつデータを入力します。

ヒント 設定したリストを削除するには？

設定したリストを削除するには、左の手順で<ユーザー設定リスト>ダイアログボックスを表示します。削除するリストをクリックして<削除>をクリックし、確認のダイアログボックスで<OK>をクリックします。

1 削除するリストをクリックして、

2 <削除>をクリックし、

3 <OK>をクリックします。

Section 78 条件に合ったデータを抽出する

覚えておきたいキーワード
- ☑ フィルター
- ☑ オートフィルター
- ☑ トップテンオートフィルター

データベース形式の表にフィルターを設定すると、オートフィルターが利用できるようになります。オートフィルターは、任意のフィールド（列）に含まれるデータのうち、指定した条件に合ったものだけを表示する機能です。日付やテキスト、数値など、さまざまなフィルターを利用できます。

1 オートフィルターを利用してデータを抽出する

キーワード　オートフィルター

「オートフィルター」は、任意のフィールドに含まれるデータのうち、指定した条件に合ったものだけを表示する機能です。1つのフィールドに対して、細かく条件を設定することもできます。たとえば、日付を指定して抽出したり、指定した値や平均より上、または下の値だけといった抽出をすばやく行うことができます。

1. 表内のセルをクリックします。
2. ＜データ＞タブをクリックして、
3. ＜フィルター＞をクリックすると、

4. すべての列ラベルに が表示され、オートフィルターが利用できるようになります。

メモ　オートフィルターの設定と解除

＜データ＞タブの＜フィルター＞をクリックすると、オートフィルターが設定されます。オートフィルターを解除する場合は、再度＜フィルター＞をクリックします。

Section 78 条件に合ったデータを抽出する

5 ここをクリックして、

6 <検索>ボックスに抽出したいデータを入力し、

7 <OK>をクリックすると、

8 データが抽出されます。

フィルターを適用すると、ボタンの表示が変わります。

9 ここをクリックして、

10 <"商品名"からフィルターをクリア>をクリックすると、

11 フィルターがクリアされます。

メモ データを抽出するそのほかの方法

左の手順では、<検索>ボックスを使いましたが、その下にあるデータの一覧で抽出条件を指定することもできます。抽出したいデータのみをオンにし、そのほかのデータをオフにして<OK>をクリックします。

1 抽出したいデータのみをクリックしてオンにし、

2 <OK>をクリックします。

ヒント フィルターの条件をクリアするには？

フィルターの条件をクリアしてすべてのデータを表示するには、オートフィルターのメニューを表示して、<"○○"からフィルターをクリア>をクリックします（手順**10**参照）。

Excel 第8章 データベースとしての利用

475

2 トップテンオートフィルターを利用する

メモ トップテンオートフィルターの利用

フィールドの内容が数値の場合は、トップテンオートフィルターを利用することができます。トップテンオートフィルターを利用すると、フィールド中の数値データを比較して、「上位5位」「下位5位」などのように、表示するデータを絞り込むことができます。

「売上金額」の上位5位までを抽出する

1 「売上金額」のここをクリックして、
2 ＜数値フィルター＞にマウスポインターを合わせ、
3 ＜トップテン＞をクリックします。

ヒント 上位と下位

手順4では＜上位＞と＜下位＞を指定できます。＜上位＞は数値の大きいものを、＜下位＞は数値の小さいものを表示します。

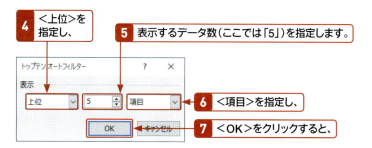

4 ＜上位＞を指定し、
5 表示するデータ数（ここでは「5」）を指定します。
6 ＜項目＞を指定し、
7 ＜OK＞をクリックすると、
8 「売上金額」の上位5位までのデータが抽出されます。

ヒント 項目とパーセント

手順6では＜項目＞と＜パーセント＞を指定できます。＜項目＞を指定すると上または下から、いくつのデータを表示するかを設定できます。＜パーセント＞を指定すると、上位または下位何パーセントのデータを表示するかを設定できます。たとえば、データが30個あるフィールドで、「上位10項目」を設定すると上から10個のデータが表示され、「上位10パーセント」を設定すると30個あるデータ内の上位10パーセント、つまり3個が表示されます。

3 複数の条件を指定してデータを抽出する

「価格」が10,000円以上30,000円以下のデータを抽出する

1 「価格」のここをクリックして、

2 <数値フィルター>にマウスポインターを合わせ、

3 <指定の範囲内>をクリックします。

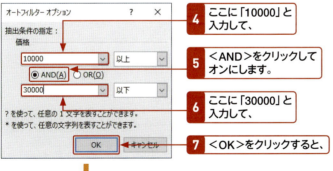

4 ここに「10000」と入力して、

5 <AND>をクリックしてオンにします。

6 ここに「30000」と入力して、

7 <OK>をクリックすると、

8 「価格」が「10,000以上かつ30,000以下」のデータが抽出されます。

メモ 2つの条件を指定してデータを抽出する

<オートフィルターオプション>ダイアログボックスでは、1つの列に2つの条件を設定することができます。左の例では、手順**5**で<AND>をオンにしましたが、<OR>をオンにすると、「30,000以上または10,000以下」などの2つの条件を組み合わせたデータを抽出することができます。ANDは「かつ」、ORは「または」と読み替えるとわかりやすいでしょう。

ステップアップ ワイルドカード文字の利用

オートフィルターメニューの検索ボックスや、<オートフィルターオプション>ダイアログボックスで条件を入力する場合は、「？」や「＊」などのワイルドカード文字が使用できます。「？」は任意の1文字を、「＊」は任意の長さの任意の文字を表します。

データの抽出にはワイルドカード文字が使用できます。

Section 79 データを自動的に加工する

覚えておきたいキーワード
- フラッシュフィル
- フラッシュフィルオプション
- 区切り位置

Excelには、入力済みのデータに基づいて、残りのデータが自動的に入力される**フラッシュフィル**機能が搭載されています。たとえば、住所録の姓と名を別々のセルに分割したり、電話番号の形式を変換したりと、ある一定のルールに従って文字列を加工する場合に利用できます。

1 データを分割する

キーワード フラッシュフィル

「フラッシュフィル」は、データをいくつか入力すると、入力したデータのパターンに従って残りのデータが自動的に入力される機能です。

名前を「姓」と「名」に分割する

1. 分割するデータ（ここでは「名前」から姓を取り出したもの）を入力して、Enterを押します。

2. <データ>タブをクリックして、

3. <フラッシュフィル>をクリックすると、

4. 残りの「姓」が自動的に入力されます。

5. 「名」のフィールド（列）も同様の方法で入力します。

ヒント フラッシュフィルが使えない場合は？

フラッシュフィルが利用できるのは、ここで紹介した例のように、データになんらかの一貫性がある場合です。データに一貫性がない場合は、関数を利用したり、<データ>タブの<区切り位置>を利用して分割しましょう。

2 データを一括で変換する

電話番号の形式を変換する

1 変換後のデータ（ここでは「電話番号」のハイフンをカッコに置き換えたもの）を入力し、Enter を押します。

2 ＜データ＞タブをクリックして、

3 ＜フラッシュフィル＞をクリックすると、

4 残りの電話番号が同じ形式に変換されて、自動的に入力されます。

ヒント　ショートカットキーを使う

手順 **2**、**3** で＜データ＞タブの＜フラッシュフィル＞をクリックするかわりに、Ctrl を押しながら E を押しても、フラッシュフィルが実行できます。

メモ　フラッシュフィルオプション

フラッシュフィルでデータを入力すると、右下に＜フラッシュフィルオプション＞が表示されます。このコマンドを利用すると、入力したデータをもとに戻したり、変更されたセルを選択したりすることができます。

Section 80 テーブルを作成する

覚えておきたいキーワード
- ☑ テーブル
- ☑ オートフィルター
- ☑ テーブルスタイル

データベース形式の表をテーブルに変換すると、データの並べ替えや抽出、レコード（行）の追加やフィールド（列）ごとの集計などをすばやく行うことができます。また、書式が設定済みのテーブルスタイルもたくさん用意されているので、見栄えのする表をかんたんに作成することができます。

1 表をテーブルに変換する

キーワード テーブル

「テーブル」は、表をより効率的に管理するための機能です。表をテーブルに変換すると、レコードの追加やデータの集計、重複レコードの削除、抽出などがすばやく行えます。

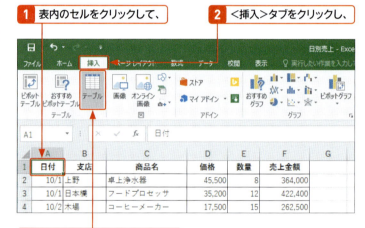

1 表内のセルをクリックして、
2 <挿入>タブをクリックし、
3 <テーブル>をクリックします。

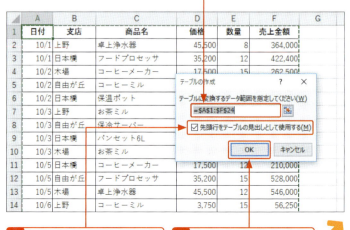

4 テーブルに変換するデータ範囲を確認して、
5 ここをクリックしてオンにし、
6 <OK>をクリックすると、

メモ 列見出しをテーブルの列ラベルとして利用する

データベース形式の表の列見出しを、テーブルの列ラベルとして利用する場合は、手順5をオンにします。表に列見出しがない場合は、<先頭行をテーブルの見出しとして使用する>をオフにすると、先頭レコードの上に自動的に列ラベルが作成されます。

7 テーブルが作成されます。

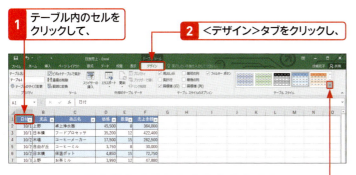

列見出しにフィルターが設定され、オートフィルターを利用できるようになります（Sec.78参照）。

> **メモ ＜クイック分析＞コマンドの利用**
>
> ＜クイック分析＞コマンドを利用してテーブルを作成することもできます。テーブルに変換する範囲を選択すると、右下に＜クイック分析＞  が表示されるので、クリックすると表示されるメニューの＜テーブル＞から＜テーブル＞をクリックします。

2 テーブルのスタイルを変更する

1 テーブル内のセルをクリックして、

2 ＜デザイン＞タブをクリックし、

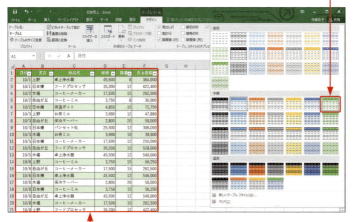

3 ＜テーブルスタイル＞の＜その他＞をクリックします。

⬇

4 使用したいスタイルをクリックすると、

5 テーブルのスタイルが変更されます。

> **メモ テーブルスタイル**
>
> テーブルには、色や罫線などの書式があらかじめ設定されたテーブルスタイルがたくさん用意されています。スタイルはかんたんに設定できるので、自分好みのスタイルを選ぶとよいでしょう。

> **ヒント テーブルを通常のセル範囲に戻すには？**
>
> 作成したテーブルを通常のセル範囲に戻すには、＜デザイン＞タブの＜範囲に変換＞をクリックし、確認のダイアログボックスで＜はい＞をクリックします。ただし、セルの背景色は保持されます。
>
>

Section 81 テーブル機能を利用する

覚えておきたいキーワード
- ☑ レコードの追加
- ☑ フィールドの追加
- ☑ 集計行の追加

テーブル機能を利用すると、フィールド（列）やレコード（行）をかんたんに追加することができます。追加時には、設定されている書式も自動的に適用されます。また、データの集計、重複行の削除、データの絞り込みなどもすばやく行うことができます。

1 テーブルにレコードを追加する

メモ 新しいレコードの追加

テーブルの最終行に新しいデータを入力すると、レコードが追加され、自動的にテーブルの範囲が拡張されます。追加した行には、背景色が自動的に設定されます。

1 テーブルの最終行の下のセルにデータを入力して、

	A	B	C	D	E	F	G
14	10/6	上野	コーヒーミル	3,750	15		
15	10/6	自由が丘	コーヒーメーカー	17,500	15		
16	10/6	日本橋	卓上浄水器	45,500	12		
17	10/6	木場	保冷サーバー	2,800	20		
18	10/8	日本橋	コーヒーミル	3,750	15		
19	10/8	自由が丘	卓上浄水器	45,500	12		
20	10/8	木場	コーヒーメーカー	17,500	15		
21	10/8	上野	フードプロセッサ	35,200	12		
22	10/9	日本橋	お茶ミル	3,990	20		
23	10/9	自由が丘	パンセット6L	25,500	20		
24	10/9	木場	フードプロセッサ	35,200	15		
25	10/10	上野	コーヒーミル	3,750	12		
26	10/10						
27							

2 Tabを押すと、

3 新しいレコードが追加され、テーブルの範囲も拡張されます。

	日付	支店	商品名	価格	数量	F	G
14	10/6	上野	コーヒーミル	3,750	15		
15	10/6	自由が丘	コーヒーメーカー	17,500	15		
16	10/6	日本橋	卓上浄水器	45,500	12		
17	10/6	木場	保冷サーバー	2,800	20		
18	10/8	日本橋	コーヒーミル	3,750	15		
19	10/8	自由が丘	卓上浄水器	45,500	12		
20	10/8	木場	コーヒーメーカー	17,500	15		
21	10/8	上野	フードプロセッサ	35,200	12		
22	10/9	日本橋	お茶ミル	3,990	20		
23	10/9	自由が丘	パンセット6L	25,500	20		
24	10/9	木場	フードプロセッサ	35,200	15		
25	10/10	上野	コーヒーミル	3,750	12		
26	10/10						
27							
28							

ヒント テーブルの途中に行や列を追加するには？

テーブルの途中にレコードを追加するには、追加したい位置の下の行番号を右クリックして、＜挿入＞をクリックします。また、フィールドを追加するには、追加したい位置の右の列番号を右クリックして、＜挿入＞をクリックします。追加したレコードやフィールドには、テーブルの書式が自動的に設定されます。

2 集計用のフィールドを追加する

「売上金額」のフィールドを追加して、計算結果を表示します。

1 セル[F1]に「売上金額」と入力して、Enterを押すと、

	A	B	C	D	E	F	G
1	日付	支店	商品名	価格	数量	売上金額	
2	10/1	上野	卓上浄水器	45,500	8		
3	10/1	日本橋	フードプロセッサ	35,200	12		
4	10/2	木場	コーヒーメーカー	17,500	15		
5	10/2	自由が丘	コーヒーミル	3,750	8		
6	10/2	日本橋	保温ポット	4,850	15		
7	10/3	上野	お茶ミル	3,990	12		
8	10/3	自由が丘	保冷サーバー	2,800	20		
9	10/3	日本橋	パンセット6L	25,500	12		

2 最終列に自動的に新しいフィールドが追加されます。

3 セル[F2]に半角で「=」と入力して、

4 参照先をクリックすると、

5 列見出しの名前([@価格])が表示されます。

6 続けて「*」と入力して、

7 次の参照先をクリックすると、

8 列見出しの名前([@数量])が表示されます。

9 Enterを押すと、計算結果が求められます。

	A	B	C	D	E	F	G
1	日付	支店	商品名	価格	数量	売上金額	
2	10/1	上野	卓上浄水器	45,500	8	364000	
3	10/1	日本橋	フードプロセッサ	35,200	12	422400	
4	10/2	木場	コーヒーメーカー	17,500	15	262500	
5	10/2	自由が丘	コーヒーミル	3,750	8	30000	
6	10/2	日本橋	保温ポット	4,850	15	72750	
7	10/3	上野	お茶ミル	3,990	12	47880	
8	10/3	自由が丘	保冷サーバー	2,800	20	56000	
9	10/3	日本橋	パンセット6L	25,500	12	306000	

10 ほかのレコードにも自動的に数式がコピーされて、計算結果が表示されます。

メモ 新しいフィールドの追加

左の例のようにテーブルの最終列にデータを入力して確定すると、テーブルの最終列に新しいフィールドが自動的に追加されます。また、数式を入力すると、ほかのレコードにも自動的に数式がコピーされて、計算結果が表示されます。

ヒント テーブルで数式を入力すると…

テーブルで数式を入力する際、引数となるセルを指定すると、セル参照ではなく、[@価格][@数量]などの列の名前が表示されるので、何の計算をしているかがわかりやすくなります。

ステップアップ 列見出しをリストから指定する

手順**3**で「=[」と入力すると、列見出しの一覧が表示されるので、「価格」をダブルクリックして指定することもできます。続いて、「]*[」と入力すると、同様に列見出しの一覧が表示されるので、「数量」をダブルクリックして「]」を入力し、Enterを押します。

Section 81 テーブル機能を利用する

3 テーブルに集計行を表示する

  メモ 集計行の作成

右の手順で表示される集計行では、フィールドごとにデータの合計や平均、個数、最大値、最小値などを求めることができます。なお、集計行を削除するには、手順3でオンにした<集計行>をクリックしてオフにします。

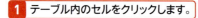

1 テーブル内のセルをクリックします。
2 <デザイン>タブをクリックして、
3 <集計行>をクリックしてオンにすると、

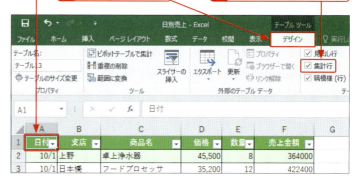

4 集計行が追加されます。
5 集計したいフィールドのセルをクリックして、ここをクリックし、

ステップアップ スライサーの挿入

テーブルにスライサーを追加することができます。スライサーとは、データを絞り込むための機能です。<デザイン>タブの<スライサーの挿入>をクリックすると、<スライサーの挿入>ダイアログボックスが表示されるので、絞り込みに利用する列見出しを指定します（P.494参照）。

6 集計方法を指定すると、 　左下の「メモ」参照
7 集計結果が表示されます。

メモ 右端のフィールドの集計結果

右の手順で集計行を表示すると、集計行の右端のセルには、そのフィールドの集計結果が自動的に表示されます。テーブルの右端のフィールドが数値の場合は合計値が、文字の場合はデータの個数が表示されます。

484

4 重複したレコードを削除する

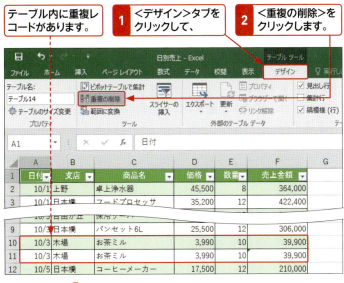

テーブル内に重複レコードがあります。

1 <デザイン>タブをクリックして、
2 <重複の削除>をクリックします。

メモ 重複レコードの削除

左の手順で操作すると重複データが自動的に削除されますが、どのデータが重複しているのか、どのデータが削除されたのかは明示されません。完全に同じレコードだけが削除されるように、手順 3 ではすべての項目を選択するとよいでしょう。

3 <すべて選択>をクリックして、
4 <OK>をクリックします。

5 <OK>をクリックすると、

6 重複していたレコードが削除されます。

ヒント 通常の表で重複行を削除するには？

テーブルに変換していない通常の表でも、重複データを削除することができます。重複データを削除したい表を範囲指定して、<データ>タブの<重複の削除>をクリックします。

Section 82 アウトライン機能を利用する

覚えておきたいキーワード
- ☑ アウトライン
- ☑ グループ
- ☑ レベル

アウトライン機能を利用すると、集計行や集計列の表示、それぞれのグループの詳細データの参照などをすばやく行うことができます。アウトラインは、行のアウトライン、列のアウトライン、あるいは行と列の両方のアウトラインを作成することができます。

1 アウトラインとは？

「アウトライン」とは、ワークシート上の行や列をレベルに分けて、下のレベルのデータの表示／非表示をかんたんに切り替えることができるしくみのことです。アウトラインを作成すると、下図のようなアウトライン記号が表示されます。アウトラインは、最大8段階のレベルまで作成可能です。

アウトラインの作成例

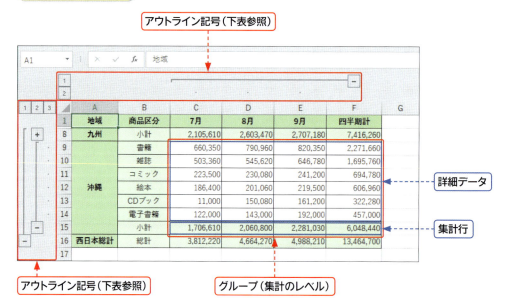

アウトラインの記号の意味

アウトライン記号	概　要
1 / 2	レベルごとの集計を表示します。
1 2 3	1 をクリックすると、総計が表示されます。番号のいちばん大きい記号をクリックすると、すべてのデータが表示されます。
−	グループの詳細データを非表示にします。
＋	グループの詳細データを表示します。

2 集計行を自動的に作成する

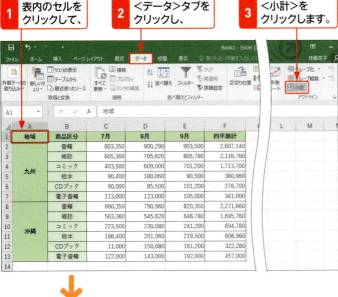

メモ 小計や総計を自動的に求める

左の手順で操作すると、小計や総計行を自動挿入してデータを集計し、アウトラインを作成することができます。ただし、自動挿入されたセルの罫線は設定されません。左の例では、集計後に手動で罫線を引いています。

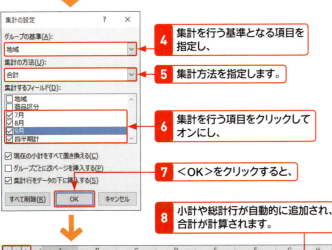

ヒント 集計をクリアするには

集計をクリアするには、左の手順 1 〜 3 の操作で＜集計の設定＞ダイアログボックスを表示し、＜すべて削除＞をクリックします。

3 アウトラインを自動作成する

メモ アウトラインの自動作成

すでに集計行や集計列が用意されている表の場合は、右の手順で操作すると、自動的にアウトラインを作成することができます。

1. 表内のセルをクリックして、
2. <データ>タブをクリックします。
3. <グループ化>のここをクリックして、
4. <アウトラインの自動作成>をクリックすると、
5. アウトラインが自動的に作成されます。

ステップアップ アウトラインを手動で作成する

目的の部分だけにアウトラインを作成したい場合は、作成したい範囲を選択して、手順4で<グループ化>をクリックし、表示されるダイアログボックスで<行>あるいは<列>を指定し、<OK>をクリックします。

4 アウトラインを操作する

ヒント アウトラインを解除するには

アウトラインを解除するには、<データ>タブの<グループ解除>の▼をクリックして、<アウトラインのクリア>をクリックします。

1. ここをクリックすると、

2 クリックしたグループの詳細データが非表示になります。

3 ここをクリックすると、

4 レベル2の集計行だけが表示されます。

5 ここをクリックすると、

6 クリックしたグループの詳細データが表示されます。

7 ここをクリックすると、

8 クリックしたグループの詳細データが非表示になります。

9 ここをクリックすると、詳細データが表示されます。

🔍 キーワード レベル

「レベル」とは、グループ化の段階のことです。アウトラインには、最大8段階までのレベルを設定することができます。

💡 ヒント 行や列を非表示にして印刷すると…

アウトラインを利用して、詳細データなどを非表示にした表を印刷すると、画面の表示どおりに印刷されます。

Section 83 ピボットテーブルを作成する

覚えておきたいキーワード
- ピボットテーブル
- フィールドリスト
- ピボットテーブルスタイル

データベース形式の表のデータをさまざまな角度から分析して必要な情報を得るには、ピボットテーブルが便利です。ピボットテーブルを利用すると、表の構成を入れ替えたり、集計項目を絞り込むなどして、違った視点からデータを見ることができます。

1 ピボットテーブルとは？

「ピボットテーブル」とは、データベース形式の表から特定のフィールドを取り出して集計した表です。スライサーを追加して、ピボットテーブルのデータを絞り込むこともできます。

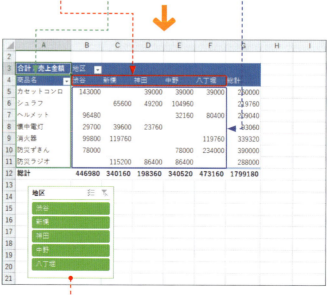

データベース形式の表

ピボットテーブルの例

スライサーを追加すると、絞り込みを視覚的に実行できます（Sec.84参照）。

2 ピボットテーブルを作成する

1 ピボットテーブルのもととなる表内のセルをクリックして、

2 <挿入>タブをクリックし、

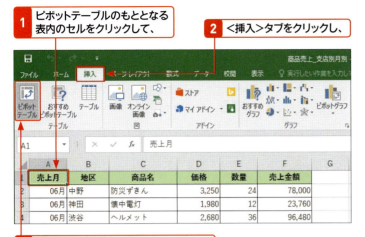

3 <ピボットテーブル>をクリックします。

ヒント そのほかのピボットテーブルの作成方法

<挿入>タブをクリックして、<おすすめピボットテーブル>をクリックすると表示される<おすすめピボットテーブル>ダイアログボックスを利用しても、ピボットテーブルを作成することができます。

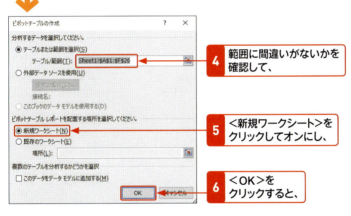

4 範囲に間違いがないかを確認して、

5 <新規ワークシート>をクリックしてオンにし、

6 <OK>をクリックすると、

ヒント 使用するデータ範囲を選択する

手順4では、選択していたセルを含むデータベース形式の表全体が、自動的に選択されます。データの範囲を変更したい場合は、ワークシート上のデータ範囲をドラッグして指定し直します。

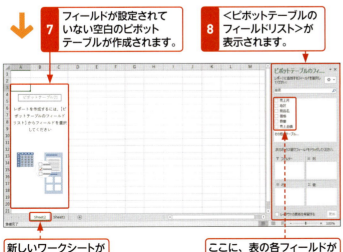

7 フィールドが設定されていない空白のピボットテーブルが作成されます。

8 <ピボットテーブルのフィールドリスト>が表示されます。

新しいワークシートが追加されます。

ここに、表の各フィールドが表示されます。

メモ ピボットテーブルのフィールドリスト

ピボットテーブルは、空のピボットテーブルのフィールドに、データベースの各フィールドを配置することで作成します。フィールドを配置するには、次の3つの方法があります。

① <ピボットテーブルのフィールドリスト>で、表示するフィールド名をクリックしてオンにし、既定の領域に追加したあとで、適宜移動する（次ページ参照）。
② フィールド名を右クリックして、追加したい領域を指定する。
③ フィールドを目的のフィールド領域にドラッグする。

3 空のピボットテーブルにフィールドを配置する

メモ　行ボックス

＜行＞ボックス内のフィールドは、ピボットテーブルの縦方向に「行ラベル」として表示されます。＜行＞ボックスには、縦に行見出し名として並べたいアイテムのフィールドを設定します。Excelでは、最初にテキストデータのすべてのフィールドを＜行＞ボックスに並べて、そのあとで各ボックスに移動する、という方法でピボットテーブルを作成します。

メモ　値ボックス

＜値＞ボックス内のフィールドは、ピボットテーブルのデータ範囲に配置されます。＜値＞ボックスに設定した数値がピボットテーブルの集計の対象となり、集計結果がデータ範囲に表示されます。

メモ　列ボックス

＜列＞ボックス内のフィールドは、ピボットテーブルの横方向に「列ラベル」として表示されます。

メモ　フィルターボックス

＜フィルター＞ボックス内のフィールドは、ピボットテーブルの上に表示されます。レポートフィルターのアイテムを切り替えて、アイテムごとの集計結果を表示することができます。省略してもかまいません。

1 「商品名」フィールドをクリックしてオンにすると、

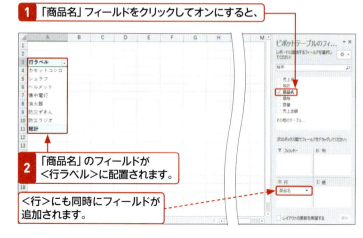

2 「商品名」のフィールドが＜行ラベル＞に配置されます。

＜行＞にも同時にフィールドが追加されます。

3 同様に、テーブルに表示する「地区」と「売上金額」のフィールドをクリックしてオンにします。

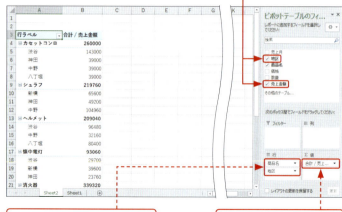

テキストデータのフィールドは＜行＞に追加されます。

数値データのフィールドは＜値＞に追加されます。

4 横に「地区」を並べるために、

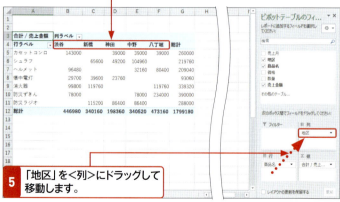

5 「地区」を＜列＞にドラッグして移動します。

4 ピボットテーブルのスタイルを変更する

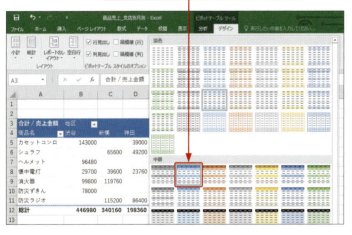

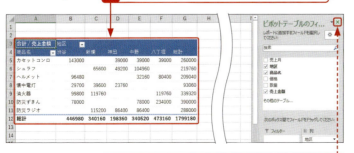

メモ 行や列ラベルの文字を変更する

行ラベルや列ラベルの文字を変更するには、＜行ラベル＞や＜列ラベル＞をクリックして数式バーに文字列を表示し、そこで変更するとかんたんに行えます。

ヒント フィールドリストの表示／非表示

＜ピボットテーブルのフィールドリスト＞を再び表示するには、＜分析＞タブをクリックして、＜フィールドリスト＞をクリックします。

メモ 作成もとのデータが変更された場合は？

ピボットテーブルの作成もとのデータが変更された場合は、ピボットテーブルに変更を反映させることができます。＜分析＞タブをクリックして、＜更新＞をクリックします。

Section 84 ピボットテーブルを操作する

覚えておきたいキーワード
- ☑ スライサー
- ☑ ピボットグラフ
- ☑ フィールドボタン

ピボットテーブルには、データの絞り込みをすばやく実行できるスライサー機能があります。スライサーで絞り込む項目を指定すると、該当するデータのみを表示することができます。また、ピボットテーブルの集計結果をグラフにすることができます。

1 スライサーを追加する

キーワード スライサー

「スライサー」は、ピボットテーブルのデータを絞り込むための機能です。スライサーを追加すると、データの絞り込みがすばやく実行できます。

ヒント スライサーのサイズを変更する/移動する

スライサーの大きさを変更するには、スライサーをクリックし、周囲に表示されるサイズ変更ハンドルをドラッグします。また、スライサーを移動するには、スライサーにマウスポインターを合わせ、ポインターの形が変わった状態でドラッグします。

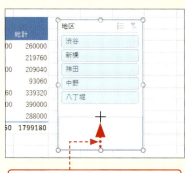

サイズ変更ハンドルにマウスポインターを合わせて、ドラッグします。

Sec.83で作成したピボットテーブルを使用します。

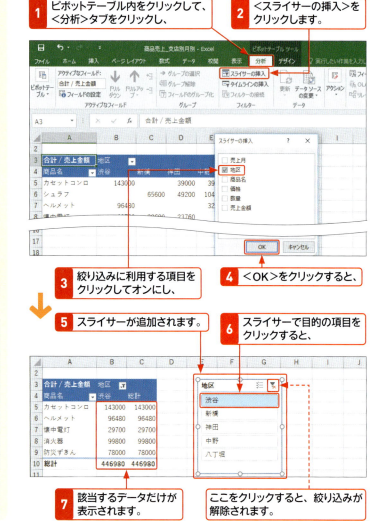

1 ピボットテーブル内をクリックして、<分析>タブをクリックし、
2 <スライサーの挿入>をクリックします。
3 絞り込みに利用する項目をクリックしてオンにし、
4 <OK>をクリックすると、
5 スライサーが追加されます。
6 スライサーで目的の項目をクリックすると、
7 該当するデータだけが表示されます。

ここをクリックすると、絞り込みが解除されます。

2 ピボットテーブルの集計結果をグラフ化する

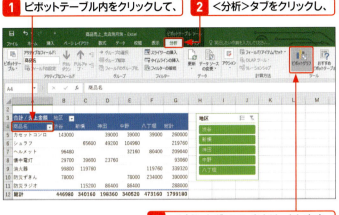

1 ピボットテーブル内をクリックして、
2 <分析>タブをクリックし、
3 <ピボットグラフ>をクリックします。

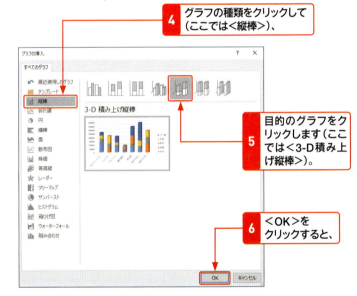

4 グラフの種類をクリックして（ここでは<縦棒>）、
5 目的のグラフをクリックします（ここでは<3-D積み上げ縦棒>）。
6 <OK>をクリックすると、

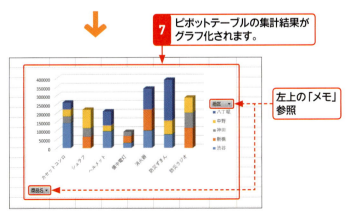

7 ピボットテーブルの集計結果がグラフ化されます。

左上の「メモ」参照

メモ <フィールドボタン>の表示

ピボットテーブルの結果をグラフ化すると、<フィールドボタン>が自動的に追加されます。このコマンドを利用すると、表示データを絞り込んだり、並べ替えをしたりすることができます。結果はグラフにもすぐに反映されます。

ヒント <フィールドボタン>を非表示にする

グラフに表示される<フィールドボタン>は表示/非表示を切り替えることができます。<分析>タブの<表示/非表示>グループの<フィールドボタン>の下部をクリックして、切り替えるコマンドを指定します。

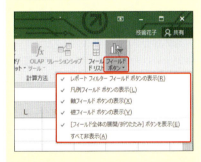

ヒント スライサーとの連動

ピボットグラフは、スライサーの動作と連動させることもできます。スライサーでデータを絞り込むと、グラフのデータにも反映されます。

Appendix 1 クイックアクセスツールバーをカスタマイズする

覚えておきたいキーワード
- ☑ クイックアクセスツールバー
- ☑ コマンドの追加
- ☑ リボンの下に表示

クイックアクセスツールバーには、WordやExcelで頻繁に使うコマンドが配置されています。初期設定では3つ（あるいは4つ）のコマンドが表示されていますが、必要に応じてコマンドを追加することができます。また、クイックアクセスツールバーをリボンの下に配置することもできます。

1 コマンドを追加する

 クイックアクセスツールバー

「クイックアクセスツールバー」は、よく使用する機能をコマンドとして登録しておくことができる領域です。クリックするだけで必要な機能を呼び出すことができるので、リボンで機能を探すよりも効率的です。

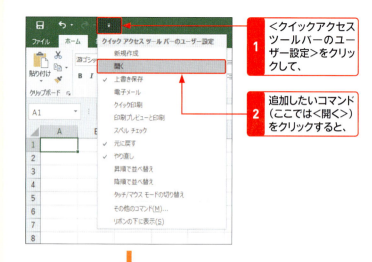

1. ＜クイックアクセスツールバーのユーザー設定＞をクリックして、
2. 追加したいコマンド（ここでは＜開く＞）をクリックすると、

 初期設定のコマンド

初期の状態では、クイックアクセスツールバーに以下の3つのコマンドが配置されています。また、タッチスクリーンに対応したパソコンの場合は、以下に加えて＜タッチ／マウスモードの切り替え＞が配置されています。

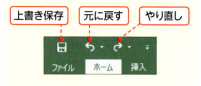

3. クイックアクセスツールバーに＜開く＞コマンドが追加されます。

ヒント コマンドを追加するそのほかの方法

タブに表示されているコマンドを追加することもできます。追加したいコマンドを右クリックして、＜クイックアクセスツールバーに追加＞をクリックします。

2 メニューやタブにないコマンドを追加する

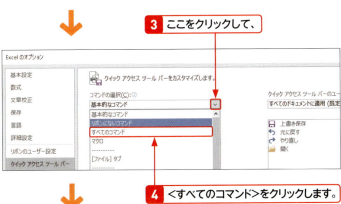

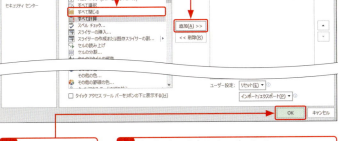

ステップアップ クイックアクセスツールバーを移動する

手順2で＜リボンの下に表示＞をクリックすると、クイックアクセスツールバーがリボンの下に表示されます。もとの位置に戻すには、＜クイックアクセスツールバーのユーザー設定＞をクリックして、＜リボンの上に表示＞をクリックします。

ヒント コマンドを削除するには？

クイックアクセスツールバーからコマンドを削除するには、削除したいコマンドを右クリックして、＜クイックアクセスツールバーから削除＞をクリックします。

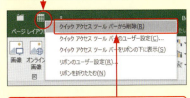

Appendix 2 Wordの便利なショートカットキー

Wordのウィンドウ上で利用できる、主なショートカットキーを紹介します。なお、＜ファイル＞タブの画面では利用できません。

基本操作

ショートカットキー	操作内容
Ctrl + N	新規文書を作成する。
Ctrl + O	＜ファイル＞タブの＜開く＞を表示する。
Ctrl + W	文書を閉じる。
Ctrl + S	文書を上書き保存する。
Alt + F4	Wordを終了する。複数のウィンドウを表示している場合は、そのウィンドウのみが閉じる。
F12	＜名前を付けて保存＞ダイアログボックスを表示する。
Ctrl + P	＜ファイル＞タブの＜印刷＞を表示する。
Ctrl + Z	直前の操作を取り消してもとに戻す。
Ctrl + Y	取り消した操作をやり直す。または、直前の操作を繰り返す。
Esc	現在の操作を取り消す。
F4	直前の操作を繰り返す。

表示の切り替え

ショートカットキー	操作内容
Ctrl + Alt + N	下書き表示に切り替える。
Ctrl + Alt + P	印刷レイアウト表示に切り替える。
Ctrl + Alt + O	アウトライン表示に切り替える。
Ctrl + Alt + I	＜ファイル＞タブの＜印刷＞を表示する。
Alt + F6	複数のウィンドウを表示している場合に、次のウィンドウを表示する。

文書内の移動

ショートカットキー	操作内容
Home (End)	カーソルのある行の先頭（末尾）へカーソルを移動する。
Ctrl + Home (End)	文書の先端（終端）へ移動する。
PageDown	1画面下にスクロールする。
PageUp	1画面上にスクロールする。
Ctrl + PageDown	次ページへスクロールする。
Ctrl + PageUp	前ページへスクロールする。

選択範囲の操作

ショートカットキー	操作内容
Ctrl + A	すべてを選択する。
Shift + ↑↓←→	選択範囲を上または下、左、右に拡張または縮小する。
Shift + Home	カーソルのある位置からその行の先頭までを選択する。

ショートカットキー	操作内容
Shift + End	カーソルのある位置からその行の末尾までを選択する。
Ctrl + Shift + Home	カーソルのある位置から文書の先頭までを選択する。
Ctrl + Shift + End	カーソルのある位置から文書の末尾までを選択する。

データの移動／コピー

ショートカットキー	操作内容
Ctrl + C	選択範囲をコピーする。
Ctrl + X	選択範囲を切り取る。
Ctrl + V	コピーまたは切り取ったデータを貼り付ける。

挿入

ショートカットキー	操作内容
Ctrl + Alt + M	コメントを挿入する。
Ctrl + K	＜ハイパーリンクの挿入＞ダイアログボックスを表示する。
Ctrl + Enter	改ページを挿入する。
Shift + Enter	行区切りを挿入する。

検索／置換

ショートカットキー	操作内容
Ctrl + F	＜ナビゲーション＞作業ウィンドウを表示する。
Ctrl + H	＜検索と置換＞ダイアログボックスの＜置換＞タブを表示する。
Ctrl + G ／ F5	＜検索と置換＞ダイアログボックスの＜ジャンプ＞タブを表示する。

文字の書式設定

ショートカットキー	操作内容
Ctrl + B	選択した文字に太字を設定／解除する。
Ctrl + I	選択した文字に斜体を設定／解除する。
Ctrl + U	選択した文字に下線を設定／解除する。
Ctrl + Shift + D	選択した文字に二重下線を設定／解除する。
Ctrl + D	＜フォント＞ダイアログボックスを表示する。
Ctrl + Shift + N	＜標準＞スタイルを設定する（書式を解除する）。
Ctrl + Shift + L	＜箇条書き＞スタイルを設定する。
Ctrl + Shift + C	書式をコピーする。
Ctrl + Shift + V	書式を貼り付ける。
Ctrl +] （[）	選択した文字のフォントサイズを1ポイント大きく（小さく）する。
Ctrl + L	段落を左揃えにする。
Ctrl + R	段落を右揃えにする。
Ctrl + E	段落を中央揃えにする。
Ctrl + J	段落を両端揃えにする。
Ctrl + M	インデントを設定する。
Ctrl + Shift + M	インデントを解除する。
Ctrl + 1 （5／2）*	行間を1行（1.5行／2行）にする。

*テンキーは利用できません。

Appendix 3 Excelの便利なショートカットキー

基本操作

キー	機能
Ctrl + N	新しいブックを作成する。
Ctrl + O	＜ファイル＞タブの＜開く＞画面を表示する。
Ctrl + F12	＜ファイルを開く＞ダイアログボックスを表示する。
Ctrl + P	＜ファイル＞タブの＜印刷＞画面を表示する。
Ctrl + Z	直前の操作を取り消す。
Ctrl + Y	取り消した操作をやり直す。または直前の操作を繰り返す。
Ctrl + W	ファイルを閉じる。
Ctrl + F1	リボンを非表示／表示する。
Ctrl + S	上書き保存する。
F12	＜名前を付けて保存＞ダイアログボックスを表示する。
F1	＜Excelヘルプ＞画面を表示する。
Alt + F4	Excelを終了する。

データの入力・編集

キー	機能
F2	セルを編集可能にする。
Shift + F3	＜関数の挿入＞ダイアログボックスを表示する。
Alt + Shift + =	SUM関数を入力する。
Ctrl + ;	今日の日付を入力する。
Ctrl + :	現在の時刻を入力する。
Ctrl + C	セルをコピーする。
Ctrl + X	セルを切り取る。
Ctrl + V	コピーまたは切り取ったセルを貼り付ける。
Ctrl + +(テンキー)	セルを挿入する。
Ctrl + -(テンキー)	セルを削除する。
Ctrl + D	選択範囲内で下方向にセルをコピーする。
Ctrl + R	選択範囲内で右方向にセルをコピーする。
Ctrl + F	＜検索と置換＞ダイアログボックスの＜検索＞を表示する。
Ctrl + H	＜検索と置換＞ダイアログボックスの＜置換＞を表示する。

セルの書式設定

キー	機能
Ctrl + Shift + ^	＜標準＞スタイルを設定する。
Ctrl + Shift + 4	＜通貨＞スタイルを設定する。
Ctrl + Shift + 1	＜桁区切りスタイル＞を設定する。
Ctrl + Shift + 5	＜パーセンテージ＞スタイルを設定する。
Ctrl + Shift + 3	＜日付＞スタイルを設定する。
Ctrl + B	太字を設定／解除する。
Ctrl + I	斜体を設定／解除する。
Ctrl + U	下線を設定／解除する。

セル・行・列の選択

キー	機能
Ctrl + A	ワークシート全体を選択する。
Ctrl + Shift + :	アクティブセルを含み、空白の行と列で囲まれるデータ範囲を選択する。
Ctrl + Shift + Home	選択範囲をワークシートの先頭のセルまで拡張する。
Ctrl + Shift + End	選択範囲をデータ範囲の右下隅のセルまで拡張する。
Shift + ↑ (↓←→)	選択範囲を上(下、左、右)に拡張する。
Ctrl + Shift + ↑ (↓←→)	選択範囲をデータ範囲の上(下、左、右)に拡張する。
Shift + Home	選択範囲を行の先頭まで拡張する。
Shift + BackSpace	選択を解除する。

ワークシートの挿入・移動・スクロール

キー	機能
Shift + F11	新しいワークシートを挿入する。
Ctrl + Home	ワークシートの先頭に移動する。
Ctrl + End	データ範囲の右下隅のセルに移動する。
Ctrl + PageUp	前(左)のワークシートに移動する。
Ctrl + PageDown	後(右)のワークシートに移動する。
Alt + PageUp (PageDown)	1画面左(右)にスクロールする。
PageUp (PageDown)	1画面上(下)にスクロールする。

＊ Home、End、PageUp、PageDown は、キーボードによっては Fn と同時に押す必要があります。

Appendix 4 ローマ字・かな変換表

あ行	あ	い	う	え	お
	A	I	U	E	O
	うぁ	うぃ		うぇ	うぉ
	WHA	WHI		WHE	WHO

か行	か	き	く	け	こ
	KA	KI	KU	KE	KO
	が	ぎ	ぐ	げ	ご
	GA	GI	GU	GE	GO
	きゃ	きぃ	きゅ	きぇ	きょ
	KYA	KYI	KYU	KYE	KYO
	ぎゃ	ぎぃ	ぎゅ	ぎぇ	ぎょ
	GYA	GYI	GYU	GYE	GYO

さ行	さ	し	す	せ	そ
	SA	SI (SHI)	SU	SE	SO
	ざ	じ	ず	ぜ	ぞ
	ZA	ZI	ZU	ZE	ZO
	しゃ	しぃ	しゅ	しぇ	しょ
	SYA	SYI	SYU	SYE	SYO
	じゃ	じぃ	じゅ	じぇ	じょ
	ZYA	ZYI	ZYU	ZYE	ZYO

た行	た	ち	つ	て	と
	TA	TI (CHI)	TU (TSU)	TE	TO
	だ	ぢ	づ	で	ど
	DA	DI	DU	DE	DO
	でゃ	でぃ	でゅ	でぇ	でょ
	DHA	DHI	DHU	DHE	DHO
	ちゃ	ちぃ	ちゅ	ちぇ	ちょ
	TYA	TYI	TYU	TYE	TYO

な行	な	に	ぬ	ね	の
	NA	NI	NU	NE	NO
	にゃ	にぃ	にゅ	にぇ	にょ
	NYA	NYI	NYU	NYE	NYO

は行	は	ひ	ふ	へ	ほ
	HA	HI	HU (FU)	HE	HO
	ば	び	ぶ	べ	ぼ
	BA	BI	BU	BE	BO
	ぱ	ぴ	ぷ	ぺ	ぽ
	PA	PI	PU	PE	PO
	ひゃ	ひぃ	ひゅ	ひぇ	ひょ
	HYA	HYI	HYU	HYE	HYO
	ふぁ	ふぃ	ふゅ	ふぇ	ふぉ
	FA	FI	FYU	FE	FO

ま行	ま	み	む	め	も
	MA	MI	MU	ME	MO
	みゃ	みぃ	みゅ	みぇ	みょ
	MYA	MYI	MYU	MYE	MYO

や行	や		ゆ		よ
	YA		YU		YO

ら行	ら	り	る	れ	ろ
	RA	RI	RU	RE	RO
	りゃ	りぃ	りゅ	りぇ	りょ
	RYA	RYI	RYU	RYE	RYO

わ行	わ		を		ん
	WA		WO		N (NN)

- 「ん」の入力方法
  「ん」の次が子音の場合は N を1回押し、「ん」の次が母音の場合または「な行」の場合は N を2回押します。
  例) さんすう SANSUU   例) はんい HANNI   例) みかんの MIKANNNO
- 促音「っ」の入力方法
  子音のキーを2回押します。
  例) やってきた YATTEKITA   例) ほっきょく HOKKYOKU
- 「ぁ」「ぃ」「ゃ」などの入力方法
  A や I、YA を押す前に、L または X を押します。
  例) わぁーい WALA-I   例) うぃんどう UXINDOU

索引

索引（Word）

記号・数字

○付き数字	82, 85
1から再開	121
1行目のインデント	130
2段組み	138

A〜Z

ABOVE(計算式)	222
AVERAGE(計算式)	224
BackStageビュー	37
BELOW(計算式)	222
Bingイメージ検索	180
Ctrl + B	110
Ctrl + C	96
Ctrl + U	111
Ctrl + V	96, 98
Ctrl + X	98
Excelの表の貼り付け	228
F6 〜 F10	75
IMEパッド	78
LEFT(計算式)	222
MAX(計算式)	225
Microsoft Excelワークシートオブジェクト	230
Microsoft IMEユーザー辞書ツール	237
Officeのクリップボード	100
RIGHT(計算式)	222
Shift + ↑	95
Shift + ↓	95
Shift + ← / →	95
Shift + CapsLock	76
Shift + Ctrl	166
Shift + Enter	87
Shift + F1	105
Shift + Tab	201
Shift + カタカナひらがな	71
SmartArt	182
SmartArtグラフィックの選択	182
SmartArtツール	183
SmartArtの書式設定	185
SUM	222
Webレイアウトモード	39
Windows 10	32
Word 2016	30
Word 2016の起動	32
Word 2016の終了	34
Wordのオプション	38, 77, 235, 239

あ行

アート効果	178
あいさつ文	125
アウトラインモード	39
アシスタントの追加(SmartArt)	184
新しいコメント	242
新しいスタイル	154
新しいフォルダー	49
アプレットバー	78
網かけ	143
アルファベットの入力	76
イラストの挿入	180
インクコメント	243
インク注釈	243
インクツール	243
印刷	64
印刷部数	65
印刷プレビュー	64
印刷レイアウトモード	38
インデント	130
インデントと行間隔	132
インデントマーカー	130
インデントを増やす	133
インデントを減らす	133
上揃え(セル)	218
上書き	91
上書き保存	49
上書きモード	90
上付き文字	84
英字入力	70
絵柄(ページ罫線)	198
エクスプローラー	49, 54
閲覧モード	39
オートコレクトのオプション	116
オブジェクト	156
オブジェクトのグループ化	169
オブジェクトの選択と表示	168
オブジェクトの配置	167
オンライン画像	180
オンラインテンプレートの検索	57

か行

カーソル	88
改行	86
回転角度	163
改ページ	136

改ページ位置の自動修正	137	計算式	222
囲い文字	85	形式を選択して貼り付け	145, 229
囲み線	142	罫線の削除	205
加算	223	罫線の書式設定	217
箇条書き	116	罫線のスタイル	217
箇条書きの解除	117	罫線の変更	216
下線	111	罫線を引く	203
下線の色	111	結合の解除	212
画像の挿入	176, 180	検索	232
カタカナの入力	72	＜検索と置換＞ダイアログボックス	233
カタカナひらがな	71	減算	223
片面印刷	66	降順	226
かな入力	71	ゴシック体	106
かな変換表	501	五十音順の並べ替え	227
環境依存	82	コピー	96
漢字の並べ替え	227	コマンド	36
漢字の入力	73, 78	コマンドの追加（クイックアクセスツールバー）	496
関数貼り付け	224	コメント	242
＜記号と特殊文字＞ダイアログボックス	83	コメントの表示	242
記号の入力	82		

さ行

既定に設定	63, 107	再開	53
既定の図形に設定	165	最近使ったアイテム	53, 54
既定の貼り付けの設定	145	最近使ったファイル	52
行送り	62	最背面へ移動	168
境界線を引く	139	再変換	75
行間隔	134	最優先されるキー	227
行数	62, 63	左右中央揃え(図形)	167
強制改行	87	左右中央揃え(セル)	218
行高の変更	214	左右に整列(図形)	167
行頭文字	116	サンセリフ系	106
行の削除	210	字送り	62
行の選択	93	字下げ	130
行の挿入	208	下書きモード	40
行番号	235	下揃え(セル)	218
曲線	158	下付き文字	84
切り取り	98	自動調整(表)	215
均等割り付け	122, 124	写真の挿入	176
クイックアクセス	55	写真の背景の削除	178
クイックアクセスツールバー	36, 46, 496	写真の保存先	176
クイック表作成	204	斜体	110
空行	87	ジャンプリスト	55
組み込み	249	乗算	223
グラデーション	161	昇順	226
グラフィックのリセット	185	小数点揃え(タブ)	129
繰り返し	47	承諾(変更履歴)	246
グリッド線	167	ショートカットキー	498
クリップボード	96, 100	除算	223
グループ化	169	書式	104
グループ解除	169	書式のコピー／貼り付け	146
計算結果の更新	225		

索引

<書式の詳細>作業ウィンドウ … 105
書式を結合 … 102, 145
新規 … 33, 56
新規文書 … 56
シンプルな変更履歴／コメント … 242, 245
垂直スクロールバー … 36
垂直ルーラー … 36
水平ルーラー … 36
ズームスライダー … 36, 45, 64
図形 … 156
図形内の文字 … 164
図形の移動 … 166
図形の回転 … 163
図形の重なり順 … 168
図形の形状 … 162
図形の効果 … 163
図形のコピー … 166
図形のサイズ … 162
図形の削除 … 159
<図形の書式設定>作業ウィンドウ … 174
図形のスタイル … 161
図形の整列 … 167
図形の追加(SmartArt) … 184
図形の塗りつぶし … 160
図形の枠線 … 157, 161, 175
スタート画面にピン留めする … 35
スタイル … 148, 150
スタイルギャラリー … 148, 150
<スタイル>作業ウィンドウ … 154
スタイルセット … 149
<スタイルの変更>ダイアログボックス … 152
図ツール … 177
ステータスバー … 36
図のスタイル … 177
<図の挿入>ダイアログボックス … 176
すべてのアプリ … 32
すべての書式をクリア … 108, 115, 152
すべての変更履歴／コメント … 245
スペルチェック … 238
セクション … 140
セクション区切り … 140
セクションごとに振り直し … 235
設定対象 … 143, 198
セリフ系 … 106
セル … 200, 206
セル間の移動 … 201
セルの結合 … 212
セルの削除 … 211
セルの選択 … 206
セルの挿入 … 211

セルの背景色 … 219
セルの分割 … 213
セル番地 … 223
全画面表示 … 45
<線種とページ罫線と網かけの設定>ダイアログボックス … 142, 197
<選択>作業ウィンドウ … 168
先頭ページのみ別指定 … 191
線なし … 161
線の太さ … 157
前面へ移動 … 168
総画数アプレット … 80
挿入マーク … 208
挿入モード … 90
ソフトキーボードアプレット … 78

た行

ダイアログボックス起動ツール … 43
タイトル行(表) … 226
タイトルバー … 36
多角形の描画 … 158
高さを揃える … 215
タスクバーにピン留めする … 35
タッチ／マウスモードの切り替え … 33
タッチモード … 33
縦書き … 62, 63
縦書きテキストボックスの描画 … 172
縦書き文書の作成 … 63
縦棒(タブ) … 129
タブ(編集記号) … 126, 202
タブ(リボン) … 36
タブ位置 … 128
タブ位置の解除 … 127
タブとコマンドの表示 … 45
<タブとリーダー>ダイアログボックス … 128
段組み … 138
単語登録 … 236
単語の選択 … 92
<単語の登録>ダイアログボックス … 236
<単語の変更>ダイアログボックス … 237
段の幅 … 139
段落 … 86, 104, 122
段落間隔 … 135
段落記号 … 36, 86, 234
段落書式 … 104
<段落>ダイアログボックス … 128, 134, 137
段落の選択 … 94
段落番号 … 118
置換 … 233
中央揃え … 122, 123

中央揃え(タブ)	129
頂点の編集	158
手書きアプレット	79
テキストウィンドウ	183
テキストの追加	164
テキストのみ保持	145
テキストボックス	172
テキストボックスのサイズ変更	173
テキストボックスのスタイル	175
テキストボックスの余白	174
テキストボックスの枠線	175
テクスチャ	161
点線	157
テンプレート	57
テンプレートの保存	58
同音異義語	73
等幅フォント	106
特殊文字	83
閉じる	50

な行

内部(文字列の折り返し)	171
<ナビゲーション>作業ウィンドウ	40, 232
名前の変更	49
名前を付けて保存	48
並べ替え	226
並べて比較	248
二重取り消し線	114
日本語入力	70, 72
入力オートフォーマット	88, 116
入力モード	70
入力モードの切り替え	71
塗りつぶし(セル)	219
塗りつぶしなし	160

は行

背景の色	143
配置ガイド	166, 181
配置ガイドの使用	167
背面へ移動	168
白紙の文書	33, 56
幅を揃える	215
貼り付け	96, 98
貼り付けのオプション	97, 102, 145, 229
貼り付ける形式	144
半角英数モード	70, 76
半角／全角	71
反射	115
比較	248
比較結果文書	249

左インデントマーカー	130, 132
左揃え	122, 125
左揃え(タブ)	129
<日付と時刻>ダイアログボックス	195
日付の挿入	195
日付を自動的に更新	195
描画キャンバス	169
描画ツール	156, 160
表記ゆれ	240
表記ゆれチェック	241
表示形式(計算式)	222
表示選択ショートカット	36
表紙の挿入	196
表示モード	38
表スタイルのオプション	221
表ツール	201
<表の行／列／セルの削除>ダイアログボックス	211
<表の行／列／セルの挿入>ダイアログボックス	211
表の結合	212
表の削除	210
表の作成	200
表の書式	218
表のスタイル	221
表の選択	207
表の挿入	200
表の分割	213
ひらがなの入力	72
ファイルの種類	48
<ファイルを開く>ダイアログボックス	53
ファンクションキー	75
フィールド更新	225
フォント	106, 108
フォントサイズ	109
<フォント>ダイアログボックス	62, 107, 111
フォントの色	112
フォントの変更	108
フォントの変更(表)	220
吹き出し	159
複数ページの印刷	68
複文節	74
部首アプレット	81
フッター	190, 192
フッターの印刷位置	195
フッターの削除	193
太字	110
ぶら下げインデントマーカー	130, 131
フリーフォーム	158
ブロック選択	95
プロポーショナルフォント	106
文(センテンス)の選択	93

索引

文章校正	238
文章の削除	90
文章の修正	88
文書サイズ	60
文書の回復	34
文書の自動回復	51
文書の番号書式	120
＜文書の比較＞ダイアログボックス	248
文書の保存	48
文書を閉じる	50
文書を開く	52
文節	74
文の先頭文字を大文字にする	77
平均	224
ページ／セクション区切りの挿入	136
ページ区切り	136
ページ罫線	197
ページ設定	60
＜ページ設定＞ダイアログボックス	61, 62
ページ番号	190
ページ番号の削除	191
ヘッダー	190, 192
ヘッダー／フッターツール	191
ヘッダーの印刷位置	195
ヘッダーの削除	193
ヘッダーの編集	193
変更履歴ウィンドウ	245
変更履歴とコメントの表示	245
変更履歴の記録	244
変更履歴の表示／非表示	245
編集記号の表示／非表示	126, 234
ペンの色	217
ペンのスタイル	216
ペンの太さ	216
傍点	114
他の文書を開く	52
保存	48
保存されていない文書の回復	51

ま行

右インデント	133
右揃え	122, 123
右揃え（セル）	218
右揃え（タブ）	129
見出し（ナビゲーション）	40
ミニツールバー	41, 113
明朝体	106
無変換	71
文字一覧アプレット	78, 84
文字カテゴリ	85
文字書式	104, 110
文字数	63
文字の色	112
文字のオプション	174
文字の効果と体裁	114
文字の削除	89
文字の選択	75
文字の配置	174
文字方向	63
文字列の移動	98
文字列の上書き	91
文字列の折り返し	170, 171
文字列の検索	232
文字列のコピー	96
文字列の選択	92
文字列の挿入	90
文字列の置換	233
文字列の幅に合わせる	215
文字列の方向	164, 173
元に戻す	46
元の書式を保持	145

や行

やり直し	46
ユーザー辞書ツール	237
用紙サイズ	60
用紙に合わせて配置（図形）	167
用紙の向き	61, 63
横書き	62
横書きテキストボックスの描画	172
予測候補	72
余白	61
余白（テキストボックス）	174
読みやすさの評価	239

ら行

リボン	36, 42
リボンの固定	45
リボンの表示／非表示	44
リボンの表示オプション	44
リボンを折りたたむ	45
両端揃え	122, 125
両端揃え（セル）	218
両面印刷	66
リンク貼り付け	230
ルーラー	36, 61, 126
レイアウトオプション	157, 170, 181
列数	200
列の削除	210
列の挿入	209

列幅の変更	214
レベルの表示	39
連続番号	235
ローマ字入力	71
ローマ字変換表	501

わ行

ワードアート	186
ワードアートの移動	187
ワードアートの効果	189
ワードアートの書式変更	187
ワードアートのスタイル変更	188
ワープロソフト	30

索引（Excel）

記号・数字

#####	286, 347
#DIV/0!	348
#N/A	349
#NAME?	348
#NULL!	349
#NUM!	349
#REF!	349
#VALUE!	347
$（ドル）	325, 327
%（算術演算子）	320
%（パーセンテージスタイル）	285
－（引き算）	320
*（かけ算）	320
,（関数）	317
,（桁区切りスタイル、通貨スタイル）	285, 354
／（割り算）	320
:（コロン）	317, 337
^（べき乗）	320
"（ダブルクォーテーション）	341
￥（通貨スタイル）	285, 357
＋（足し算）	320
＜（左辺が右辺より小さい）	341
＜＝（左辺が右辺以下）	341
＜＞（不等号）	341
＝（等号）	316, 317, 318, 341
＞（左辺が右辺より大きい）	341
＞＝（左辺が右辺以上）	341
100％積み上げ横棒グラフ	442

A～Z

AND	477
AVERAGE関数	309, 333
Backstageビュー	283
COUNTIF関数	345
COUNTIFS関数	345
Excel	252
Excel 2016	252
Excelの画面構成	258
Excelの既定のフォント	366
Excelの起動	254
Excelの終了	256
Excelヘルプ	276
F4	325, 327
IF関数	338
INT関数	343
Microsoft Office	252
OneDrive	268
OR	477
PDF形式で保存	438
PDFファイルを開く	440
ROUND関数	342
ROUNDDOWN関数	343
ROUNDUP関数	343
SUM関数	306
SUMIF関数	344
SUMIFS関数	344

あ行

アイコンセット	387
アウトライン	486
アウトライン記号	486
アウトラインの作成	488
アクティブセル	284
アクティブセルの移動方向	286
アクティブセルの移動方法	287
アクティブセル領域の選択	300
値の貼り付け	381
新しいウィンドウを開く	411
新しいシート	406
移動	304
印刷	418, 422
＜印刷＞画面の機能	418

索引

印刷タイトルの設定	436
印刷の向き	421
印刷範囲の設定	434
印刷プレビュー	420
インデント	359
ウィンドウの整列	411
ウィンドウの分割	410
ウィンドウ枠の固定	404
上揃え	358
上付き	364
ウォーターフォール	465
上書き保存	269
エラーインジケーター	346
エラー値	346
エラーチェック	350
エラーチェックオプション	346, 350
円グラフ	444
オートSUM	306, 309
オートコンプリート	288
オートフィル	290
オートフィルオプション	292
オートフィルター	474
おすすめグラフ	446
同じデータの入力	290
折れ線グラフ	443
折れ線グラフの色	466

か行

開始セル	317
拡大／縮小印刷	422, 424
下線	365
カラースケール	386
カラーリファレンス	322
関数	317, 332
関数オートコンプリート	336
関数の書式	317
関数の挿入	332, 335
関数の入力方法	332
関数のネスト(入れ子)	338
＜関数＞ボックス	337, 339
関数ライブラリ	332
起動	254
行と列の同時固定	405
行の移動	393
行のコピー	392
行の再表示	403
行の削除	391
行の選択	301
行の挿入	390
行の高さの変更	370

行の非表示	402
行番号	258
行番号の印刷	437
切り上げ	343
切り捨て	343
均等割り付け	361
クイックアクセスツールバー	258, 496
クイック分析	308, 386
空白のブック	255, 280
区切り位置	478
グラフ	442
グラフエリア	453
グラフエリアの書式設定	460
グラフシート	259, 450
グラフスタイル	457
グラフタイトル	453
グラフの移動	448
グラフの色の変更	457
グラフの行と列の切り替え	456
グラフのコピー	448
グラフのサイズ変更	451
グラフの作成	446
グラフの種類の変更	464
グラフの選択	448
グラフの文字サイズの変更	456
グラフのレイアウトの変更	456
グラフフィルター	459
グラフ要素	453
グラフ要素の書式設定	460
グラフ要素の選択	460
グラフ要素の追加	452
クリア	297
繰り返す	265
クリップボード	305
形式を選択して貼り付け	380
罫線	310, 312
罫線の色の変更	314
罫線の削除	310, 311
罫線の作成	311
罫線のスタイル	312
桁区切りスタイル	354
検索	398
検索条件	345
合計をまとめて求める	308
合計を求める	306
降順	470
コピー	302

さ行

| 最近使用した関数 | 332, 337 |

最近使ったアイテム	274
サイズ変更ハンドル	451
算術演算子	316, 320
参照先の変更	322
参照範囲の変更	323
参照方式	324
参照方式の切り替え	325
サンバースト	465
散布図	445
シート	259
シートの縮小	424
シートの保護	412
シート見出し	258
シート見出しの色	409
シート名の変更	409
軸ラベル	452
軸ラベルの表示	452
軸ラベルの文字方向	454
時刻の入力	286
四捨五入	342
下揃え	358
下付き	364
斜線	311
斜体	364
ジャンプリストからブックを開く	275
集計行の自動作成	487
集計行の追加	484
集合縦棒グラフ	442
終了	256
終了セル	317
縮小印刷	424
縮小して全体を表示	360
上下中央揃え	358
条件付き書式	384
昇順	470
小数点以下の桁数の変更	355
ショートカットキー	500
書式	353
書式のクリア	297
書式のコピー	378
書式のみコピー	293
書式の連続貼り付け	379
シリアル値	356
数式	316
数式と数値の書式の貼り付け	382
数式の検証	350
数式のコピー	321, 326
数式の入力	318
数式のみの貼り付け	382
数式バー	258, 332
数値の切り上げ	343
数値の切り捨て	343
数値の四捨五入	342
数値の書式	382
ズーム	266
ズームスライダー	258
スクロールバー	258
スタート画面	255
スタート画面にピン留めする	257
スタートメニューにExcelのアイコンを登録する	257
ステータスバー	258
スパークラインの作成	462
すべてクリア	297
スライサーの挿入	484, 494
絶対参照	324, 327
セル	259
セル参照	316, 319
セルの移動	397
セルの結合	374
セルのコピー	293, 396
セルの削除	395
セルのスタイル	369
セルの挿入	394
セルの背景色	368
セルの表示形式	352, 354
セル範囲の選択	298
セル範囲名	330
セル番地	316, 320
全画面表示モード	267
選択した部分を印刷	435
選択の解除	299
選択範囲に合わせて拡大／縮小	267
先頭行の固定	404
先頭列の固定	404
線の色	314
線のスタイル	312
操作アシスト	276
相対参照	321, 324, 326

た行

ダイアログボックス	262
タイトル行の設定	436
タイトルバー	258
タイトル列の設定	436
タスクバーにExcelのアイコンを登録する	257
タスクバーにピン留めする	257
タッチ／マウスモードの切り替え	255
縦書き	361
縦(値)軸	453
縦(値)軸の間隔の変更	458

索引

縦(値)軸の範囲の変更 ……………………… 458
縦(値)軸ラベル ……………………………… 453
タブ …………………………………………… 258
置換 …………………………………………… 400
中央揃え ……………………………………… 358
重複レコードの削除 ………………………… 485
通貨記号 ……………………………………… 357
通貨スタイル ………………………………… 357
通貨表示形式 ………………………………… 357
積み上げ縦棒グラフ ………………………… 442
ツリーマップ ………………………………… 445
データの移動 ………………………………… 304
データの置き換え …………………………… 294
データのコピー ……………………………… 302
データの削除 ………………………………… 296
データの修正 ………………………………… 294
データの相対評価 …………………………… 386
データの抽出 ………………………………… 474
データの並べ替え …………………………… 470
データの入力 ………………………………… 284
データの貼り付け …………………………… 302
データバー …………………………………… 386
データベース形式の表 ……………………… 468
データラベルの表示 ………………………… 454
テーブル ………………………………… 469, 480
テーブルスタイル …………………………… 481
テーブルの作成 ……………………………… 480
テーマ ………………………………………… 372
テーマの色 ……………………………… 369, 373
テーマの配色 ………………………………… 373
テーマのフォント …………………………… 373
テーマの変更 ………………………………… 372
テンプレート ………………………………… 281
ドーナツグラフ ……………………………… 444
閉じる(ブック) ……………………………… 272
トップテンオートフィルター ……………… 476
取り消し線 …………………………………… 364
ドロップダウンリストから選択 …………… 289

な行

名前の管理 …………………………………… 331
名前の定義 …………………………………… 330
名前ボックス …………………………… 258, 330
名前を付けて保存 …………………………… 268
並べ替え ……………………………………… 470
並べ替えの基準となるキー ………………… 471
二重下線 ……………………………………… 365
入力済みのデータの入力 …………………… 289
入力モードの切り替え ……………………… 287
塗りつぶしの色 ……………………………… 368

は行

パーセンテージスタイル …………………… 355
箱ひげ図 ……………………………………… 465
パスワードの解除 …………………………… 270
パスワードの設定 …………………………… 270
バックアップファイルの作成 ……………… 270
離れた位置にあるセルの選択 ……………… 300
貼り付け ……………………………………… 380
貼り付けのオプション ………………… 303, 380
半角英数入力モード ………………………… 287
凡例 …………………………………………… 453
比較演算子 …………………………………… 341
引数 …………………………………………… 317
引数の指定 …………………………………… 333
引数の修正 …………………………………… 334
ヒストグラム ………………………………… 465
左揃え ………………………………………… 358
日付の入力 …………………………………… 286
日付の表示形式(日付スタイル) ……… 286, 356
ピボットグラフ ……………………………… 495
ピボットテーブル …………………………… 490
ピボットテーブルスタイル ………………… 493
ピボットテーブルの更新 …………………… 493
ピボットテーブルの作成 …………………… 491
ピボットテーブルのフィールドリスト …… 491
表計算ソフト ………………………………… 252
表形式 ………………………………………… 468
表示形式 ………………………………… 284, 352, 354
表示単位の変更(グラフ) …………………… 459
表示倍率の変更 ……………………………… 266
標準の色 ……………………………………… 368
標準ビュー ……………………………… 427, 431
表を1ページにおさめる ………………… 424, 429
表を用紙の中央に印刷する ………………… 425
ひらがな入力モード ………………………… 287
開く(ブック) ………………………………… 274
＜ファイル＞タブ …………………………… 283
ファイル名の変更 …………………………… 271
フィールド …………………………………… 468
フィールドの追加 …………………………… 483
フィールドボタンの表示／非表示 ………… 495
フィールドリストの表示／非表示 ………… 493
フィルターのクリア ………………………… 475
フィルハンドル ……………………………… 290
フォントサイズ ……………………………… 366
フォントの色 ………………………………… 362
フォントの変更 ……………………………… 367
複合グラフ ……………………………… 443, 465
複合参照 ………………………………… 324, 328

複数シートをまとめて印刷	421
ブック	259
ブック全体を印刷	421
ブックの回復	273
ブックの切り替え	283
ブックの削除	275
ブックの新規作成	280
ブックの保護	416
ブックの保存	268
ブックを閉じる	272
ブックを並べて表示する	411
ブックを開く	274
フッター	430
フッターの設定	432
太字	363
フラッシュフィル	478
ふりがなの表示	376
ふりがなの編集	376
プリンターのプロパティ	422
プロットエリア	453
平均を求める	309
ページ設定	421, 423
ページのはみ出しの調整	429
ページレイアウトビュー	428
ヘッダー	430
ヘッダーの設定	430
編集を許可する範囲の設定	412
補助円グラフ付き円グラフ	444
保存	268
保存形式の選択	269
保存されていないブックの回復	273
保存場所の指定	268

ま行

右揃え	358
見出しの固定	404
ミニツールバー	263, 366, 367
目盛線	455
目盛線の表示	455
面グラフ	443
文字飾り	364
文字サイズの変更	366
文字色の変更	362
文字の大きさをセル幅に合わせる	360
文字の折り返し	359
文字の角度の設定	361
文字の検索	399
文字の縦位置の設定	360
文字の置換	401
文字の配置	358
文字を縦書きにする	361
もとに戻す	264
戻り値	317

や行

やり直す	265
游ゴシック	366
用紙サイズ	421
横(項目)軸	453
横(項目)軸ラベル	453
予測候補の表示	288
予測入力	288
余白の設定	421, 423, 425
読み取り専用モードで保存	270

ら行

リボン	258, 260
リボンの表示／非表示	261
レーダーチャート	445
レコード	468
レコードの追加	482
列の移動	393
列のコピー	392
列の再表示	403
列の削除	391
列の選択	301
列の挿入	390
列の非表示	402
列幅の変更	370
列幅を保持した貼り付け	383
列番号	258
列番号の印刷	437
列見出し	468
列ラベル	468
連続データの入力	291, 292

わ行

ワークシート	258
ワークシート全体の選択	301
ワークシートの移動	407, 408
ワークシートの印刷	420
ワークシートの拡大／縮小	266
ワークシートのコピー	407, 408
ワークシートの削除	407
ワークシートの追加	406
ワイルドカード文字	398, 477
枠線の印刷	423

お問い合わせについて

本書に関するご質問については、本書に記載されている内容に関するもののみとさせていただきます。本書の内容と関係のないご質問につきましては、一切お答えできませんので、あらかじめご了承ください。また、電話でのご質問は受け付けておりませんので、必ずFAXか書面にて下記までお送りください。
なお、ご質問の際には、必ず以下の項目を明記していただきますようお願いいたします。

1. お名前
2. 返信先の住所またはFAX番号
3. 書名（今すぐ使えるかんたん Word & Excel 2016）
4. 本書の該当ページ
5. ご使用のOSとソフトウェアのバージョン
6. ご質問内容

なお、お送りいただいたご質問には、できる限り迅速にお答えできるよう努力いたしておりますが、場合によってはお答えするまでに時間がかかることがあります。また、回答の期日をご指定なさっても、ご希望にお応えできるとは限りません。あらかじめご了承くださいますよう、お願いいたします。

問い合わせ先

〒162-0846
東京都新宿区市谷左内町21-13
株式会社技術評論社　書籍編集部
「今すぐ使えるかんたん Word & Excel 2016」質問係
FAX番号　03-3513-6167

http://gihyo.jp/book/

お問い合わせの例

FAX

1. お名前
   技術　太郎
2. 返信先の住所またはFAX番号
   03-XXXX-XXXX
3. 書名
   今すぐ使えるかんたん
   Word & Excel 2016
4. 本書の該当ページ
   404ページ
5. ご使用のOSとソフトウェアのバージョン
   Windows 10 Pro
   Excel 2016
6. ご質問内容
   見出しの行が固定できない。

※ご質問の際に記載いただきました個人情報は、回答後速やかに破棄させていただきます。

今すぐ使える かんたん Word & Excel 2016

2015年11月25日　初版　第1刷発行

著　者●技術評論社編集部＋AYURA
発行者●片岡 巌
発行所●株式会社 技術評論社
　　　　東京都新宿区市谷左内町21-13
　　　　電話　03-3513-6150　販売促進部
　　　　　　　03-3513-6160　書籍編集部
装丁●田邉 恵里香
本文デザイン●リンクアップ
編集／DTP●AYURA
担当●土井 清志
製本／印刷●大日本印刷株式会社

定価はカバーに表示してあります。

落丁・乱丁がございましたら、弊社販売促進部までお送りください。交換いたします。
本書の一部または全部を著作権法の定める範囲を超え、無断で複写、複製、転載、テープ化、ファイルに落とすことを禁じます。

©2015　技術評論社

ISBN978-4-7741-7709-0 C3055
Printed in Japan